贵州水力发电论文集

（2022）

贵州省水力发电工程学会
贵州乌江水电开发有限责任公司 ○ 编

西南交通大学出版社
·成 都·

图书在版编目（CIP）数据

贵州水力发电论文集. 2022 / 贵州省水力发电工程学会，贵州乌江水电开发有限责任公司编. -- 成都：西南交通大学出版社，2023.12
ISBN 978-7-5643-9645-9

Ⅰ. ①贵… Ⅱ. ①贵… ②贵… Ⅲ. ①水力发电工程 – 贵州 – 文集 Ⅳ. ①TV752.73-53

中国国家版本馆CIP数据核字（2023）第246110号

Guizhou Shuili Fadian Lunwenji（2022）

贵州水力发电论文集（2022）

贵州省水力发电工程学会　　编
贵州乌江水电开发有限责任公司

责 任 编 辑	李晓辉
封 面 设 计	何东琳设计工作室
出 版 发 行	西南交通大学出版社
	（四川省成都市金牛区二环路北一段111号
	西南交通大学创新大厦21楼）
营销部电话	028-87600564　028-87600533
邮 政 编 码	610031
网　　　址	http://www.xnjdcbs.com
印　　　刷	四川煤田地质制图印务有限责任公司
成 品 尺 寸	210 mm × 297 mm
印　　　张	17.5
字　　　数	589千
版　　　次	2023年12月第1版
印　　　次	2023年12月第1次
书　　　号	ISBN 978-7-5643-9645-9
定　　　价	100.00元

图书如有印装质量问题　本社负责退换
版权所有　盗版必究　举报电话：028-87600562

编委会

顾　　　　问　　吴　玮　张海超　周正荣　罗　涛

　　　　　　　　李志强　段　伟　曹　骏　任廷华

主 任 委 员　　段　伟

副主任委员　　李家常　杨桃萍

委　　　　员　（按姓氏笔画排列）

　　　　　　　　马习耕　朱俊俊　任廷华　李家常　李朝新　李泽宏

　　　　　　　　李零一　段　伟　武绍元　杨桃萍　赵再兴　项华伟

　　　　　　　　高　英　袁代江　徐　林　崔　进　章　立　湛伟杰

　　　　　　　　谢　敏　曾　旭

主　　　编　　段　伟

副 主 编　　谢　敏

前 言

贵州省水力发电工程学会是贵州省水力发电科技工作者自发组成的学术团体。学会的重要任务之一是构筑贵州水电领域理论研讨和技术交流的学术平台——《贵州水力发电》杂志。

《贵州水力水电》杂志于1986年7月创刊，当时为内刊，每季度发行1期。1996年第1期以后为公开发行的水电科技刊物，仍为季刊。2003年后，改为双月刊出版发行。2012年10月因故停刊。2014年11月3日，学会第六次会员代表大会决定恢复。2015年第1期后，便改为内部资料性水力发电技术刊物，为学会会刊，每季度发行1期。

《贵州水力发电》自创刊以来，大力宣传国家的水电方针、政策，反映水力发电建设成就，交流水电建设与管理经验，传播水力发电科技成果，推广与水电有关的新技术、新工艺、新材料，促进了贵州的水力资源开发与建设，助力了水电科技水平提高与进步，推动了水电学术交流与人才成长，深得贵州水电工作者的喜爱。本书是2022年贵州省水电工作理论联系实践的优秀成果，在编印过程中也得到了各会员单位的大力支持与配合，谨表谢忱，并希望继续得到你们的理解、重视、支持。

贵州省水力发电工程学会

2023年5月

目 录

· 试验与研究 ·

长江益公堤裂缝成因数值模拟分析 ……………………………………………… 罗玮，周玮　2

自然愈合混凝土及被动愈合混凝土研究进展 ……………………………… 刘雨冰，方伟，杨金娣　6

混凝土用碱水剂比选试验研究 ………………………………………… 方伟，王建琦，徐志丹　10

KNF 掺和料含量对自密实混凝土性能影响分析 ……………………………………… 王纪州　14

某水电站真空激光准直系统变形观测数据研究 ……………………………………… 郭金龙　17

· 新能源 ·

抽水蓄能电站洪水调节探索 ………………………………… 赵江艳，周清平，李思宇，赵乔　22

· 移民与环保 ·

抽水蓄能电站边坡绿化喷播植草技术应用浅析 ……………………………… 胡雯泷，瞿丹丹　27

水电工程移民安置方式适宜性分析 …………………………………………………… 许在德　29

乌江下游水电梯级开发对陆生生态敏感区影响分析评价 …………………………… 邱兴春　32

城区河湖库水系连通与水生态修复设计及实践 ……………………………………… 王志鹏　37

· 水库与调度 ·

乌江梯级电站耗水率影响因素分析及对策 …………………………………… 周金江，冯欢　41

·设计与施工·

篇名	作者	页码
金龙水库重力坝设计	张文胜，何涛洪，张全意	45
高海拔寒冷地区碾压混凝土温控防裂技术	杨宁安	49
芭蕉窝水库防渗处理方案的确定及处理	钟思梅，徐雷	52
泥灰岩涌水隧洞塌方及初期支护变形处理技术	邱芸，朱家快	55
沙沱水电站消力池排水优化设计	李沐春，闫文峰，彭崇华，陈颖	58
碾压混凝土坝层间结合渗压监测分析	程淑芬，钟辉	60
预应力混凝土静压管桩技术	夏兵兵，刘伟，吴见	63
HDPE管道放坡开挖施工边坡的稳定性分析	何井斌	66
建筑工程木模版（方）循环利用技术	刘智强，王鹏程，李秀智	70
生石灰粉在黏土心墙坝中的应用	杨先文，曾旭，张全意	74
大沙坝水库大坝面板集中性裂缝成因分析及处理	曹军	78
中小型地下厂房快速开挖技术研究与应用	廖彬	81
黏土质砾层围堰钢板桩引孔施工技术	夏兵兵，程志华，邓辉红	84
喀斯特地区某水库左岸渗漏问题研究	朱江	87
自由测站边角交会法在某土石坝平面控制网中的应用	郭金龙，韩继宗，马云龙	90
多支护体系在深基坑中的应用	邱芸	94
溢洪道水工模型实验与优化设计	罗玮，周玮	98
贵州大茅坡水库坝基大流量渗漏处理	曹军	101
深埋小断面高陡坡大涌水隧洞抽排水技术	陈遥，李晓佳	104
黔东南州水利工程石料场选址与选料分析	杨世武，杨代璇	107
节能分部式除尘工艺在制砂系统中的应用研究	程洪泉，姚大军，万林波	111
水环境治理工程施工信息采集与大数据管控技术研究	彭晓帆，周炜坡，吴康福	114
高海拔高寒地区暴雪道路安全高效贯通施工技术	刘召，房自强	117
基于分流条件恶化工况下截流实施要点分析	周洪云，安辉	120
某水库大坝除险加固经验探讨	杨世武，石勇	125
DG水电站多断层基坑梯段爆破开挖试验	蔡畅，向前，沈国武	129
超深抛石挤淤施工技术应用	石景建，吴晓祥，熊曼丽，罗婵英	132
生态鱼塘地基处理及生态排放建设初探	李迪光，杨健，张夏娟	136
高海拔水利工程高边坡监测系统研究与应用	赵鹏飞，梅峰	138
大中型水电厂剪断销剪断保护优化设计	彭俊先	141

水电厂励磁低励限制与失磁保护的配合校核计算	唐邦洪，宋文韬，陈明松	145
水电站地下厂房智能化通风系统研究	令狐娇龙	148
220 kV 接地线电动收线装置设计与应用	郑攀登	153

·运行与管理·

关于水利水电设计单位转型发展的建议	陈大松，陈勇	157
流域水电运行风险"源·网"一体化管理	徐伟	161
乌江集控远程操作自动化需求分析	石建明	165
乌江集控中心监控系统防误操作功能的实现	朱明星	167
"表格日报式"调度意图控制单在乌江集控的应用	龙潭	170
乌江流域水电站二次防雷接地系统分析	杨康，唐小波	174
乌江渡发电厂水电远程诊断平台的设计与开发	令狐争争	176
乌江渡发电厂老厂厂房温度过高原因分析及改造建议	叶长红	179
立轴水轮发电机组 C 级检修态的接力器换型改造	麻国，向浩，余涛，罗乐，陈倪政，郭筱君	182
主材年度区域集中框架采购的实践与创新	翟华军	186
大型水电流域检修体制改革与发展探索	曾超，周红卫	189
远控模式下调度运行专业融合管理探索	龙潭	192
水电行业信息系统运维服务研究与实践	谢志奇	195
乌江渡发电厂专家系统开发建设综述	令狐争争	199
水轮发电机转速装置异常导致停机原因分析及防范措施	王贤发	202
大花水电站推力头加工误差对悬式水轮机发电机轴线影响分析	苟开君，覃贵生，张围围	205
发电机主中引出线温度超高原因分析及处理	周文静	207
乌江渡发电厂 2 号水轮发电机调速器分段关闭改造	周硕	210
组合电气中六氟化硫分解产物含量与潜伏性缺陷判断关系的探索	刘唯	212
大中型水轮机活动导叶端面密封改造	谭军，令狐争争	215
乌江渡发电厂 2 号机工作密封改造	刘芮麟	218
乌江渡发电厂一号厂发电机空气冷却器结露原因分析	郭秋妮	220
220 kV GIS 气室 SF_6 分解产物异常跟踪与处理	廖优林	222
基于 Python 实现生产报表的自动生产与发送	朱明星，石建明，胡应权	224
水轮发电机组开机并网案例分析及日常维护建议	夏祥	228

大型水电机组检修全过程管控	令狐争争，谭军	231
机组倒闸操作耗时较长原因分析及处理	郑攀登，施洋，郑元庆，顾天星，范松玲	235
乌江梯级水电站远控模式下孤网运行的几点思考	杨康，陈宇	238
大花水、格里桥水库调度策略探讨	冯欢，王俊莉	241
乌江流域降水量预报图的自动制作与发送	朱明星，石建明	243
微信自动发送公司运行日报的应用	石建明，朱明星	247
乌江流域集控中心全能运行值班员培训初探	胡强蔚	250
大中型水电厂构建智能巡检系统的设计与应用	张举世	253
格里桥电站水轮发电机转子动态接地故障排查及处理	杨杰，黄磊	256
水轮发电机推力瓦温异常升高原因分析及防范措施	王贤发	259
GNSS系统在水电站高危边坡安全监测中的应用	麻国，杨先艾，李太清	262
水电运行现场值守与远程集控重要性分析	王国兵	266

试验与研究

长江益公堤裂缝成因数值模拟分析

罗玮[1]，周玮[2]

(1. 中国电建集团贵阳勘测设计研究院有限公司，贵州贵，550081；
2. 江西省水利投资集团有限公司，江西南昌，330029)

摘要：益公堤淤泥质黏土基础段采取堤背加高加固方式，已多处出现纵向裂缝，严重影响长江大堤安全。以往相关的裂缝成因分析较少，尚无此类成因的定量研究成果。本文通过研究典型堤段裂缝探槽，利用经验公式、有限元分析等理论与方法，模拟多种特定工况分析，探讨堤防裂缝的形成机制及其主要影响因素；再研究堤基沉降固结量及沉降的时间效应问题，并将计算结果和实测结果进行比较，验证计算模型的合理性。该成果可供堤防及类似工程的裂缝防治参考。

关键词：堤防；裂缝；有限单元法；数值；模拟

1 概述

长江益公堤为Ⅱ级堤防，设计堤顶高程 22.56～22.37 m，迎水侧设 0.5 m 高 "L" 形防浪墙。堤顶宽 8.0 m，内外边坡 1∶3，在堤内侧设计堤顶高程以下 3 m 处设 6 m 宽二坡台，防渗墙设计见图 1。

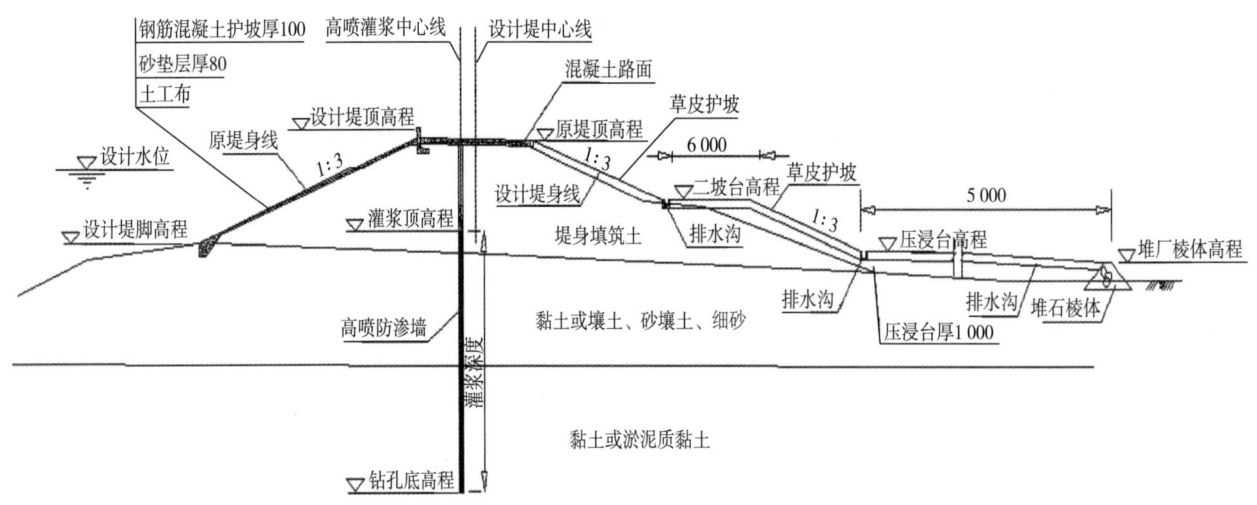

图 1 防渗墙设计示意图

2005 年 11 月九江市发生了 5.7 级地震，益公堤段 K4+200～K4+600 m 处出现了不同程度的纵向裂缝，为修复地震产生的裂缝，2006 年将堤顶沥青路面改为混凝土路面。2009 年 8 月益公堤段 K4+300～K4+500 m 段堤顶混凝土路面出现纵向裂缝，长约 200 m，目前，裂缝发展到长 535 m。

(1) 纵向裂缝。混凝土路面见到明显不连续的纵向裂缝，临水坡预制块、堤顶防浪墙、堤后背水坡、堤内压浸台均未发现裂缝。不连续纵向裂缝范围 K2+928～K4+786 m，长约 1.858 km。经开挖查视，较明显的连续纵向裂缝有 7 条，纵向裂缝上宽下窄，到一定土层深度自然泯灭。

(2) 横向裂缝。与纵向裂缝相比，横向裂缝比较细密。在纵向裂缝段，横向裂缝一般错列分布，呈现不连贯的特征，缝宽 1～3 mm。在没有纵向裂缝段，局部出现了 3 处横向裂缝，缝宽 1～3 mm。

本文以长江益公堤段典型裂缝为例，现场开挖探明裂缝分布，利用多种方法分别计算堤基(身)土层沉降固结量，分析裂缝产生的机理，研究堤基沉降固结量与沉降时间效应关系。

收稿日期：2021-11-22.
作者简介：罗玮，高级工程师，从事水工结构研究工作.

2 裂缝变形监测

对益公堤裂缝段布置6个监测断面,逐月监测,共22次,数据表明:

(1) 布设的6个断面39个监测点,水平位移累计量2~4 mm,水平位移较小。

(2) 监测断面各点垂直位移变化数据具有一定规律性,监测堤段监测点总体随水位升降而升降,总体处于不断下沉状态,累计平均已达到10~18 mm,最大监测点位于D6断面(淤泥质黏土断面),累计沉降达28.8 mm。

3 堤防裂缝数值模拟方法

3.1 有限元分析模型输入

土层、荷载和边界条件等基于便捷的CAD图形输入,PLAXIS具有非结构有限元网格的自动生成功能,并且可以根据需要选择整体或局部网格细化。

3.2 模型单元

在平面问题中,土体选用6节点或15节点三角形单元。根据问题的性质选择合适的单元类型,大小与排列,应尽可能正确模拟原来的土体和结构。

3.3 土的模型

PLAXIS提供了摩尔-库仑模型、高级土体模型和自定义土体模型。

(1) 摩尔-库仑模型(Mohr-Coulomb Model)。采用该模型的土体是否破坏,采用摩尔-库仑破坏准则来进行判别。一旦土体内任意平面上的剪应力达到了土的抗剪强度,土就发生破坏,而任意平面上的抗剪强度只是该面上法向应力函数,即:

$$\tau_f = c + \sigma\tan\varphi$$

摩尔-库仑模型参数:压缩模量E、泊松比ν、黏聚力c、摩擦角φ。

(2) 软土蠕变模型(Sotf-Soil-Creep Model)。软土蠕变模型中对于变形参数采用以下经验公式:

修正压缩指数 $\lambda^* = \dfrac{C_c}{(1+e_0)\ln 10}$

式中:$C_c = \dfrac{e_1 - e_2}{\lg\left(\dfrac{p_2}{p_1}\right)}$ 为压缩指数;修正膨胀指数 $\kappa^* \approx \lambda^*/10$;修正蠕变指数 $\mu^* \approx \lambda^*/30$;泊松比 $\nu \approx 0.2$。

4 裂缝成因分析

4.1 规范公式方法计算

堤身和堤基的最终沉降量计算公式:

$$S = m\sum_{i=1}^{n}\left(\dfrac{e_{1i} + e_{2i}}{1+e_{1i}}h_i\right)$$

式中:S为最终沉降量,mm;n为压缩层范围的土层数;e_{1i}为第i土层在平均自重应力作用下的孔隙比;e_{2i}不第i土层在平均自重应力和平均附加应力共同作用下的孔隙比;h_i为第i土层的厚度,mm;m为修正系数,可取1.0,软土地基可采用1.3~1.6。

取桩号3+800 m断面堤顶靠临水侧和靠背水侧分别计算。堤顶靠临水侧填土当量厚度为1.45 m,靠背水侧填土当量厚度为4.1 m,将此填土厚度作为均布荷载施加于堤身。不同厚度填土的作用范围以防渗墙为界,靠临水侧填土作用范围为4 m,靠背水侧填土作用范围为19 m。所得沉降量分别为37.2 mm和105.4 mm,沉降差为68.2 mm。

4.2 有限元计算方法

4.2.1 计算模型与参数

取2个不同地层计算断面,采用二维有限元分析模型,将堤身表层人工填土、地基深层土用摩尔-库仑模型模拟,堤基低液限黏土(淤泥质黏土层)和低液限粉土(淤泥质砂土层)用软土蠕变模型模拟。

采用平面应变模型模拟堤防沉降问题,单元类型选取15节点三角形单元划分网格,防渗墙采用板单元模拟,本构模型采用线弹性模型。采用接触界面单元模拟防渗墙与堤防之间的相互作用,两者相互作用的程度系数$R_{met}=0.6$。

有限元计算范围:上下游各取6~8倍的堤高,堤基为3~4倍的堤高(至细砂或砂砾层)。计算模型如图2所示。

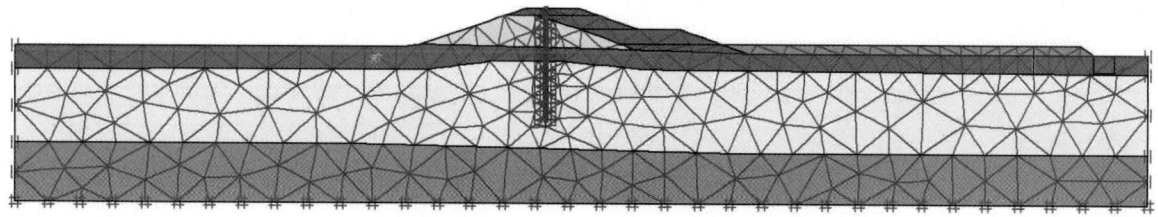

图2 桩号4+388 m断面节点网格示意图

4.2.2 计算工况及成果

对有、无纵向裂缝段,选取典型断面分别进行模拟施工过程计算、多年平均水位无防渗墙计算、多年平均水位有防渗墙计算、沉降20～30 a预测、观测期沉降及设置超载和排水孔等工况。

4.2.2.1 无纵向裂缝段

(1)沉降计算及沉降预测。堤防变形发生在新填筑区域,堤顶内侧和二坡台处变形最大。经过5 a沉降、堤顶路面施工及11 a沉降,堤防的沉降速率由前5 a的7.954 mm/a减小为5 a至11 a的2.518 mm/a,沉降较大区域逐渐由堤顶外侧向内侧扩大,断面沉降主要成果见表1。

表 1 桩号3+515 m断面沉降成果

项目	沉降量/m				沉降差/m	沉降率/(mm/a)
	堤顶外侧	防渗墙顶	防渗墙内侧1 m处	堤顶内侧		
沉降5 a	0.131	0.136	0.141	0.166	0.035	7.954
沉降11 a	0.144	0.149	0.156	0.185	0.041	2.518
沉降21 a	0.153	0.158	0.165	0.197	0.044	1.2
沉降31 a	0.158	0.162	0.17	0.205	0.047	0.8

堤防沉降速率逐渐降低,但是经过31 a的沉降次固结作用仍未完成,同时,随着沉降发展堤身各点沉降差有加大的趋势。

(2)堤内应力。桩号3+515 m堤防断面在沉降11 a和沉降21 a后,堤防内部的拉应力截断点随沉降发展有所增加,拉应力截断点集中于防渗墙上部,防渗墙两侧均有分布。

(3)防渗墙影响计算。防渗墙对于堤防沉降的限制作用明显,堤顶外侧(防浪墙)、防渗墙顶、防渗墙内侧1 m处及堤顶内侧的沉降量分别由设置防渗墙工况下的0.131 m、0.136 m、0.141 m、0.166 m,增加为0.148 m、0.166 m、0.167 m、0.179 m,而最大沉降差则由0.035 m减少为0.031 m(堤顶外侧-堤顶内侧)。防渗墙对堤顶各点影响效应表现为距防渗墙愈近,影响效应愈强。由于防渗墙对于沉降发展的延迟作用,易造成起始设置防渗墙位置两侧堤防的不均匀沉降,从而引起裂缝产生。

4.2.2.2 纵向裂缝段

(1)沉降计算及沉降预测。堤防变形发生在新填筑区域,堤顶内侧、防渗墙两侧和二坡台处变形最大。堤防的沉降速率由前5 a的17.174 mm/a减小为5 a至11 a的5.813 mm/年,沉降较大区域逐渐由堤顶外侧向内侧扩大,固结沉降趋势与无裂缝堤段情况相似。4+388 m断面沉降成果见表2。

表 2 桩号4+388 m断面沉降主要成果

项目	沉降量/m				沉降差/m	沉降率/(mm/a)
	堤顶外侧	防渗墙顶	防渗墙内侧1m处	堤顶内侧		
沉降5 a	0.201	0.201	0.226	0.255	0.051	17.174
沉降11 a	0.227	0.228	0.261	0.294	0.067	5.813
沉降21 a	0.246	0.247	0.287	0.324	0.078	3.0
沉降31 a	0.259	0.259	0.302	0.342	0.083	1.8

堤防沉降速率虽然逐渐降低,但是经过31 a的沉降次固结作用仍未完成,同时,随着沉降发展堤身各点沉降差有加大的趋势。与桩号3+515 m断面相比,纵向裂缝段堤防堤基土固结变形量与软弱黏性土厚度密切相关。在堤轴线方向上,除电排站加固地基外,软弱黏性土均存在沉降变形,且厚度大则沉降变形量也相对大;就振孔高喷垂直防渗墙堤段而言,通过堤顶裂缝反推原理发现,在目前状况,软弱黏性土厚度大于5 m段堤顶裂缝明显,软弱黏性土厚度小于5 m段堤顶裂缝则不明显。

(2)堤内应力。堤防在沉降11 a和沉降21 a后,堤防内部的拉应力截断点有所增加,位置集中于防渗墙上部,两侧均有分布。

(3)防渗墙影响计算。防渗墙对于堤防沉降的限制作用明显。堤顶外侧(防浪墙)、防渗墙顶、防渗墙内侧1 m处及堤顶内侧的沉降量分别由设置防渗墙工况下的0.201 m、0.201 m、0.226 m、0.255 m,增加为0.244 m、0.277 m、0.282 m、0.279 m,而最大沉降差则由0.054 m减少为0.038,最大沉降差位置由"堤顶外侧-堤顶内侧"移至"堤顶外侧-堤中心"。所以设置防渗墙对于堤身的固结沉降有所延迟,防渗墙对堤顶各点的影响效应表现为距离防渗墙愈近,影响效应愈强。同时设置防渗墙也不利于沉降的协调发展,有造成不均匀沉降的趋势。

(4)超静孔压计算。堤基各点的超静孔压在随着堤防填筑的施工过程而变化，填筑期增大，施工间歇期消散；在施工过程结束后，堤基内防渗墙外侧及底端的超静孔压在 1 a 内逐渐消散完毕，数值趋于静水压力；原有堤防内侧坡脚的超静孔压在 2 a 左右时逐渐消散完毕。超静孔压消散完毕，即表示堤基沉降基本进入次固结阶段。堤基近期的沉降、变形以致开裂主要是由堤基敏感土层的次固结沉降（S_s）作用引起的。原有堤防内侧坡脚的超静孔压在堤顶路面施工期间有微弱的增加过程，增长幅度 0.054 kN/m²，但是因堤顶路面施工影响堤顶沉降量最大增加 0.002 63 m。

（5）超载影响计算。在堤顶位置设置相当于公路车道荷载的均布超载（$q=10.5$ kN/m），在 1 a 时间的沉降过程中，堤顶外侧（防浪墙）、防渗墙顶、防渗墙内侧 1 m 处及堤顶内侧各点的沉降量分别较施加超载前增加 0.005 m、0.005 m、0.006 m、0.004 m；而同时段内未施加超载各点的次固结沉降量为 0.00 m、0.00 m、0.001 m、0.001 m。说明堤顶的超载对于堤防的沉降影响效应明显而直接，同时由于堤防各部位沉降固结程度不同，相同的均布荷载也易引起堤身各部位的不均匀沉降。

（6）地下水变动影响计算。堤顶外侧（防浪墙）、防渗墙顶、防渗墙内侧 1 m 处及堤顶内侧各点的沉降量均较排水明渠开挖前增加 0.001 m；二坡台和压浸台处沉降量分别由 0.255 m 和 0.147 m 增加到 0.257 m 和 0.158 m，沉降量增加了 0.002 m 和 0.011 m。说明堤内设置排水明渠对于堤防的沉降影响效应与距离排水明渠距离有关，压浸台由于距离排水明渠较近，沉降量影响最为明显，其他各点虽影响较小，但仍较正常次固结沉降有所增加；同时也表明地下水位的变动对于堤基固结影响较大，地下水位的下降会加速堤基的沉降。

5 结论

（1）堤身荷载存在时间差异，早期的老堤身填土与加固整治加高培厚及压浸吹填土的加载时间不同。一方面表现为老填土对堤基软土的先期固结作用，使得加固整治后软土沉降量或沉降速率会有所减少或减慢；另一方面表现为堤基应力的调整，使得堤基土的压缩变形会趋于协调。

（2）防渗墙自身对于堤防的沉降量的直接影响不明显。由于防渗墙割断了地下水与长江水的水力关系，若遇外河水位下降或堤内侧地下水位由于开挖（排水）影响降低时，防渗墙两侧地下水水位相差过大，将可能引起两侧土体的不均匀沉降，导致裂缝产生。

（3）在堤顶出现超载后会引起堤防的沉降，即使原本稳定的堤防也会重新开始新一轮的固结沉降过程。由于堤防各部位沉降固结程度不同，相同的均布荷载也易引起堤身各部位的不均匀沉降。

（4）堤内人工开挖降低地下水位或施工中井点降水措施，均会对堤防的固结沉降产生较大影响。

（5）堤防自身的稳定安全性会随着沉降固结过程而有所改善。在排除了堤防堤基中由于流沙管涌而引起的堤防塌陷外，堤防的安全系数随着沉降固结过程的基本变化趋势为缓慢上升，最终稳定。

（6）裂缝是由于多种因素作用下产生，主要因素是堤身下部淤泥质黏土、淤泥质细沙等土体由于固结排水、发生不均匀沉降变形，导致产生裂缝。

参考文献：

[1] GB 50286—2013 堤防工程设计规范[S].

[2] 林超明,周琼.堤防应力、变形及稳定分析——以劳龙虎水道航道整治工程为例[J].水运工程,2005(6).110-114.

[3] 王建军,杨顺.堤防裂缝处理方案探讨[J].河南水利与南水北调,2010(8).

[4] 王小永.黄河焦作段左岸堤防纵向裂缝成因浅析[J].人民黄河,2006(5).

[5] 徐勤学,魏代现,等.沭河大官庄段左岸堤防裂缝成因浅析及处理[J].山东水利,2003(5).

[6] 蔡庆通.堤防基础排水固结处理的地基沉降分析[J].水利科技,2009(03).

[7] 陈武奎.黄河堤防纵向裂缝成因及对策[J].河南科技,2010(09).

[8] 沈细中,冯夏庭.山东东明黄河标准化堤防裂缝成因数值分析[J].岩土力学与工程学报,2007(2).

[9] 李昂,花剑岚.新老堤防结合面加固措施探究[J].水利技术监督,2013(5).

[10] 李旭东.FLAC3D 在边坡稳定性分析中的应用[J].中国水运,2008(4).

[11] 李思慎.长江重要堤防隐蔽工程建设中的防渗处理[J].长江科学院院报,2000(S1).

[12] 濮家骝.土工离心模型试验及其应用的发展趋势[J].岩土工程学报,1996(5).

[13] 赵寿刚,常向前.黄河山东东明河段堤防工程裂缝成因及防治对策[J].地质灾害与环境保护,2007(1).

[14] 吴伟功,刘丰收,李振灵,等.黄河某堤段堤身裂缝成因分析[J].华北水利水电学院学报,2004(2).

[15] 张瑞怡,戴其祥,董美丽,等.黄河下游堤防隐患特征与治理对策[J].人民黄河,2001(9).

自然愈合混凝土及被动愈合混凝土研究进展

刘雨冰，方伟，杨金娣

（中国电建集团贵阳勘测设计研究院有限公司，贵州贵阳，550081）

摘要：混凝土结构在使用过程中普遍会出现开裂现象，裂缝促进混凝土劣化，影响混凝土的服役寿命，因此混凝土裂缝修复技术受到了广泛关注。混凝土裂缝自愈合是混凝土修复工程的重要研究方向，根据混凝土自愈类型的不同，自然愈合混凝土及被动愈合混凝土是自愈混凝土的重要类型，本文主要综述国内外关于自然愈合混凝土及被动愈合混凝土的研究进展，指出这两类混凝土目前存在的主要问题，并展望自愈混凝土的发展趋势和应用前景。

关键词：混凝土；裂缝；愈合

1 概述

混凝土是当前建设工程中使用最广泛的材料，它具有高强度、耐久性好、可塑性强及原材料来源丰富的特点。混凝土的缺点也很明显，它是一种脆性材料，抗拉强度低，混凝土使用过程中，在荷载（如静荷载及动荷载）、变形（如不均匀沉降及收缩膨胀）和环境（如温湿度变化）的影响下，混凝土中的拉应力超过了混凝土的抗拉强度，将导致混凝土开裂。混凝土开裂难以避免，裂缝为空气中的 H_2O、CO_2、O_2、氯化物及硫酸盐等进入混凝土提供了通道，这些介质不仅会诱发钢筋锈蚀，还会侵蚀混凝土并使其发生劣化，形成"混凝土劣化→混凝土开裂→有害物质侵蚀→进一步劣化"的恶性循环，最终导致结构安全性下降、影响正常使用及缩短建构筑物使用寿命。当前裂缝修复技术主要为结构加固法、表面处理法、灌浆法、填充法等，这些方法一定程度上能够填补裂缝，但成本高昂、效果有限且难以持久、肉眼难见的外观微小裂缝和内部裂缝及隐蔽工程中的裂缝难以识别等缺点很突出。近年来，现代科学迅猛发展，上述混凝土的修复技术已逐渐不能适应现代工程对材料提出的要求，因此学术界及工程界一直在积极探索裂缝修复新技术。

1925 年，Abrams 偶然发现混凝土试件在抗拉强度试验开裂后，将其放在室外 8 a，裂缝竟然有所愈合，并且强度还得到了提高，从此拉开了混凝土材料自愈研究的序幕。自愈（self-healing），即强调创伤即便不被积极主动关注，仍能依靠系统原有能力自然处治。随着仿生学技术越来越多应用在社会，仿生学理论及实践启迪了研究人员对混凝土自愈的思考，若混凝土能够模仿生物对创伤的感知和生物组织对创伤部位愈合的机能，自动化及智能化地及时感知环境条件，响应受损情况，并自动对损伤部位进行修复，势必有利于混凝土使用过程中的维护，因此自愈合混凝土的研究应用得到了越来越多的关注。

自然愈合混凝土及被动愈合混凝土是自愈混凝土的重要类型，本文将综述自然愈合混凝土及被动愈合混凝土的研究进展。

2 自然愈合混凝土

自然愈合混凝土是指混凝土损伤部位中未水化或水化不充分的胶凝材料加速水化或进一步反应生产新的反应产物弥合裂缝的过程，具体而言，自愈现象主要来源于游离钙离子形成碳酸钙或氢氧化钙、未水化的水泥进一步水化、水中杂质的沉积以及水泥基体水化膨胀，胶凝材料的组成和结构、龄期、温湿度条件、环境介质及裂缝宽度等裂缝的愈合效果起着主要作用。

胶凝材料体系是影响混凝土自然愈合效果的关键因素。超低水胶比、大用量的胶凝材料配合比导致未水化的胶凝材料在混凝土中的含量更多，自愈机制体现得很明显。刘小艳等研究了水泥强度等级、掺合料、纤维对混凝土损伤自愈性能的影响，研究表明，低强度等级水泥大粒径颗粒含量较多，未水化的水泥颗粒含量较多，愈合效果要优于高强度等级水泥的混凝土，粉煤灰由于二次水化反应生成的水化硅酸钙、水化铝酸钙以及水化硫铝酸钙能够填塞裂缝，有助于裂缝自愈，纤维的加入可以限制裂纹开展和细化裂缝，也有助于裂缝的自愈。阚

收稿日期：2022-04-24.
作者简介：刘雨冰，贵州贵阳人，工程师，从事水工材料研究工作

黎黎等研究了纤维增强水泥基材料通过本身材料对裂缝限制能力的增强,为混凝土自愈提供了有利条件。石东升等研究了经冻融循坏后粒化高炉矿渣代砂混凝土与普通河砂混凝土的自愈性,指出粒化高炉矿渣能提高裂缝自愈能力,并通过SEM分析混凝土自愈的微观表现为裂缝处发生了二次水化,宏观表现为抗压强度得到了提高。Wang等研究证明硫铝酸盐基膨胀剂(CSA)在适当的添加量下,可以增强水泥基材料表面裂纹闭合和透气性愈合效果;赵顺增等发现掺了高性能混凝土膨胀剂(HCSA)的水泥及材料具有更好的自愈性能。常洪雷等评估砂浆裂缝宽度和透水性,指出生石灰和硫铝酸钙类膨胀剂有助于裂缝自愈,初始裂缝宽度越小,裂缝的自愈程度越高。

混凝土的环境条件是影响混凝土自然愈合效果的另一关键因素。Huang等对水泥基材料自愈行为进行了表征和量化,指出在水泥浆体养护前期,其自愈行为主要靠未水化的水泥进一步水化,柴鹏、程东辉等进一步指出裂缝出现的龄期越早,裂缝自愈的效果就越好。Edvardsen指出在水养条件下,裂缝早期的自愈效果显著。Reinhardt指出温度越高,自愈过程越快。石宝存等指出在碱性条件下裂缝愈合效果最好。

此外,自然愈合混凝土还有其他研究成果,如Ter Heide N等运用混凝土结构内在的自修复原理,做不同宽度裂缝的自愈合的对比试验得出,越窄的裂缝通过混凝土内在的自我修复越容易完全被愈合。姚武等研究表明混凝土材料存在一个损伤阈值,当混凝土的损伤低于损伤阈值时,自愈合率随着损伤量的增大而增大,当混凝土损伤超过损伤阈值时,自愈合率随着损伤量的增大而降低。

3 被动愈合混凝土

被动愈合混凝土主要是指混凝土内部掺入修复剂,当临界裂缝产生时,混凝土内部的修复剂会修复裂缝。修复剂可以直接添加或封装添加,修复剂进行封装时,临界裂缝的产生会使得容器跟随开裂并释放修复剂,从而修复裂缝。目前修复剂的封装容器主要有微胶囊及中空纤维管两大类。

3.1 微胶囊修复技术

微胶囊是一种带有聚合物壁壳,具有微米级的封闭式微型容器,微胶囊能够包埋固体、液体和气体,在一定条件下,以一定的速率释放包埋物质,广泛应用于食品、轻工、医疗、生物技术等领域。影响微胶囊修复技术的主要因素为壁材、修复剂及使用掺量。

微胶囊修复技术研究中比较常见的壁材是聚乙二醇(PVA)。Lee等采用聚PVA包裹复合胶凝材料制备微胶囊,避免修复组分在制备过程中发生反应,实现了其长时间的修复效果;房国豪研究了以硫铝酸盐水泥(CSA)为囊芯,乙基纤维素(EC)为囊壁的CSA/EC和以氢氧化钙(Ca(OH)$_2$)为囊芯,乙基纤维素(EC)为囊壁的Ca(OH)$_2$/EC两种微胶囊体系,结果表明前者可以有效修裂缝,后者可以有效阻止钢筋锈蚀。金城阳等采用圆锅造粒法制备微胶囊,PVA作为胶囊壁材,用15%膨润土、76%反应修复剂、7%膨胀剂及2%PVA粉末混合作为胶囊芯材,通过渗透性测试评价微胶囊掺量和裂缝宽度对裂缝修复效率的影响,研究表明当裂缝宽度一定时,微胶囊掺量越高,裂缝修复率越高,并且修复的持续时间随着微胶囊掺量的增加而延长,当微胶囊掺量一定时,裂缝宽度越小,修复效果越好。常洪雷等试验探究了PVA作为胶囊的性能,结果显示PVA薄膜能够在高pH值环境中保持稳定,适合作为胶囊壁材,并指出为保证胶囊掺入材料基体后的完整性及裂缝出现前修复剂的有效性,胶囊颗粒应具备一定的硬度及较好的防水性,粒径为0.5~4.0mm的胶囊在基体内分布均匀,且裂缝的出现可以触发胶囊开裂。欧进萍和匡亚川通过有限元分析软件ANSYS对内置胶囊混凝土的损伤自修复全过程进行计算分析,表明内置胶囊混凝土具有良好的自修复能力,并利用ANSYS确定了胶囊的合理壁厚。

修复剂的成分及效果是微胶囊修复技术的研究前沿及热点。White等使用尿醛树脂作为微胶囊的壳膜,使用环戊二烯二聚体作为黏合剂掺入微胶囊,环戊二烯二聚体释放后与混凝土内预掺的催化剂发生交联聚合反应,达到了修复混凝土裂缝的效果。林智扬等以九水硅酸钠为主要囊芯材料、乙基纤维素为囊壁材料制备了一种粒径为1 000~1 250 μm的自修复混凝土微胶囊,结果表明以氟硅酸钠为固化剂的微胶囊自修复水泥砂浆有明显的自修复性能。Huang H等将硅酸钠溶液作为芯材,混凝土开裂后,硅酸钠溶液与混凝土中的Ca(OH)$_2$发生反应生成水化硅酸钙(CSH)填充裂缝。孙金成等制备了环氧微胶囊并开展砂浆裂缝自修复性能研究,试验表明微胶囊的掺入影响了砂浆强度,微胶囊掺量为3%时砂浆抗压强度的修复效果最好。Mihashi H等将2种成分的环氧树脂分别装入球形的尿素福尔马林壳中,壳破裂后,两种成分就会发生反应硬化并修复裂缝。Cailleux E等将桐油或Ca(OH)$_2$作为芯材,混凝土开裂后,桐油遇空气硬化，遇CO_2生成$CaCO_3$沉淀物堵塞裂缝，他们还考虑预先在混凝土中加入硬化剂，将双酚环氧树脂压缩至胶囊内，一旦胶囊破裂，双酚环氧树脂将会与硬化剂发生聚合反应产生沉淀物堵塞裂缝，无需与混凝土本身成分发生反应。金城阳采用高吸水树酯(SAP)、膨润土(BENTONE)、高性能混凝土膨胀剂(HCSA)、硫酸铝盐水泥(CSA)、水泥基渗透结晶防水材料(CCCW)作为修复剂，指出单独采用 SAP 或复合 25%SAP 及 75%CCCW 能够达到最优修复效果。

在微胶囊使用掺量的研究中，吕忠等利用 ABAQUS 有限元分析软件模拟了微胶囊自修复水泥基模型材料内微裂缝的产生、扩展、断裂过程及胶囊破裂行为，验证了裂缝迫使胶囊发生破裂的概率，指出球形/球柱形胶囊掺量为 1%~5% 时，有较好的修复效率。李文婷等探究了在酸碱侵蚀条件下微胶囊修复技术的修复效果，指出修复效果均随侵蚀溶液 pH 的提高而提高，微胶囊质量分数为 4% 时，养护 180d 的试件抗压强度回复率较高。

3.2 中空纤维管修复技术

中空纤维指贯通纤维轴向具有管状空腔的化学纤维，广泛应用于化工、轻工、医疗、生物技术等领域。影响中空纤维管修复技术的主要因素为尺寸、修复剂及使用掺量。

中空纤维管的尺寸主要对混凝土愈合效果及力学性能有较大的影响，Li 等指出裂缝宽度需要控制，过宽的裂缝将导致修复剂流出过快，影响修复效果，此外空心玻璃管必须有一定的厚度，否则会降低混凝土力学性能。吴翠莲等采用壁厚为 0.65 mm，管径 7 mm 的玻璃管分别注入环氧树脂、氯丁万能胶、聚氯乙烯胶黏剂作为修复剂，开展混凝土简支梁弯曲试验，并通过简支梁承载力的恢复情况分析裂缝修复效果，研究指出过多或过少的修复剂均会影响简支梁承载力的恢复，过多的玻璃长管会削弱简支梁的受拉力。

与微胶囊修复技术的研究较为类似，Dry 将黏结剂注入空心玻璃纤维中作为修复单元，放入混凝土中，从而形成了智能型仿生自愈合神经网络系统。当混凝土结构在使用过程中出现损伤和裂纹时，管内装的修复剂流出渗入裂缝中，由于化学反应使修复胶黏剂固化，从而起到抑制开裂修复混凝土裂缝的作用。习志臻等将含有聚氨酯、丙烯酸酯等修复剂材料的空心玻璃纤维埋入水泥砂浆基体中，在水泥砂浆内部形成智能型仿生自愈合系统。砂浆开裂后空心玻璃纤维断裂，致使修复剂流入基体，愈合基体微裂缝且修复损伤界面。Saini 等采用中空毛细玻璃管封装双环戊二烯(DCPD)和环氧树脂作为外加修复剂，修复率可达 45%~55%。

在中空纤维管使用掺量的研究中，张鸽志等在混凝土内置入玻璃管，并探究了裂缝自愈后抗压强度的变化规律，试验表明，研究结果表明，掺入玻璃管将削弱混凝土的抗压强度，提出了玻璃管最佳掺量为 1.0%~1.5%。

3.3 微生物诱导碳酸盐沉淀技术

自发现某些土壤细菌具有诱导碳酸钙晶体沉淀的能力后，Gollapudi 等在 1995 年首次尝试利用细菌诱导碳酸钙沉积对建筑基质渗漏进行控制，由此为混凝土的修复开辟了一条新的路径。徐建妙等借助科学计量学软件 CiteSpace 检测和可视化近 10a 来混凝土修复领域的研究热点，指出从 2016 年起混凝土微生物修复技术的研究越来越深入，证实了生物矿化在混凝土生物修复中的地位越来越高。微生物引起矿物沉积是因为潮湿环境里厌氧微生物新陈代谢生成尿素酶，尿素酶水解尿素生成氨气和二氧化碳，然后二氧化碳与周围溶液中的钙离子反应生成碳酸钙沉淀，微生物的作用不仅是生成尿素酶，而且为碳酸钙沉积提供了成核地点。这种微生物诱导碳酸盐沉淀技术(Microbial Induced Carbonate Precipitation，简称 MICP)形成的碳酸钙沉淀与混凝土基质具有较好的相容性，且其原位修复特性使得该方法更为经济环保和智能化。

微生物引起的矿物沉积过程可以用化学反应方程式简化为：

$$Ca^{2+} + Cell \rightarrow Cell-Ca^{2+} \quad (1)$$
$$Cl^- + HCO_3^- + NH_3 \leftrightarrow NH_4Cl + CO_3^{2-} \quad (2)$$
$$Cell-Ca^{2+} + CO_3^{2-} \rightarrow Cell-CaCO_3 \downarrow \quad (3)$$

彭慧等认为影响微生物修复技术效果的因素主要有环境 pH、Ca、培养基成分及菌种的选择。水泥基材料为碱性材料，水化后其内部为高碱环境，pH 为 12~13，所选微生物菌株应能有较强的耐碱性。混凝土基质内部的环境为微氧或厌氧环境，好氧菌的矿化能力不如厌氧尿素酶矿化菌的强。在微生物修复混凝土裂缝的研究上，菌株的选择和培养直接影响混凝土自愈的效果。Stocks 等发现在形成碳酸钙堵塞裂缝的过程中反应体系的 pH 与 $CaCO_3$ 沉积有一定关系。细胞周围的高 pH 导致了 $CaCO_3$ 晶体的出现。当细胞浓度过低时，单个微生物就会充当 $CaCO_3$ 形成的成核位点，由于微生物的活动，当碳酸钙晶体在成核位点上开始沉淀时，$CaCO_3$ 晶体的生长将引起 pH 的升高，CO_2 的产生和细胞表面与钙离子的结合。Dick 等利用球形芽孢杆菌和缓慢芽孢杆菌的尿素代谢驱动碳酸钙沉积，发现伴随着pH的上升最终导致碳酸钙发生沉淀。王瑞兴等指出pH的变化不仅对碳酸钙的形成有很大的决定作用，同时对其形态的多样性也有一定的影响。Peckman等利用硫酸盐还原菌还原硫酸盐生成硫化氢和碳酸氢根，硫化氢以气体逃逸，最终pH升高诱导了碳酸钙晶体沉积。Ehrlich等研究了在光合作用下藻类微生物诱导碳酸钙沉积的过程，利用水中溶解的无机碳，打破环境中碳酸根和碳酸氢根的平衡，导致pH升高，使游离的钙离子被诱导产生有修复作用的碳酸钙。Muynck等利用微胶囊技术盛装微生物对混凝土裂缝进行修复并取得了较好的效果，解决了微生物在高碱环境下难以存活的问题。

研究人员指出了Ca^{2+}种类和浓度对微生物沉积$CaCO_3$的晶型和其沉积均有一定影响。王瑞兴将$CaCl_2$溶液加入到已培养24 h的无Ca^{2+}存在的巴氏芽孢杆菌菌液中，发现迅速产生沉淀，将其过滤、烘干，沉淀呈白色细状粉末，能谱分析沉淀物质主要含有C、O、Ca三种元素。X射线衍射分析结果显示沉淀物质为$CaCO_3$，属方解石晶型，扫描电镜（SEM）观测$CaCO_3$颗粒呈规则球形，直径介于1~10 μm，分布均匀。

大多数学者基本的营养成分外，基本上都是选择尿素作为主要的代谢反应底物，并添加氯化钙来沉积碳酸钙，除此之外还选择添加酵母粉、蛋白胨、谷氨酸盐、乳酸钙等为微生物矿化所需基本的营养成分。Jonker等考虑到尿素为反应底物的修复体系在矿化过程中会产生大量的氨而增加混凝土钢筋腐蚀的风险，而且氨溢出到空气中也会给大气环境造成一定的压力，因此建议使用乳酸钙作为反应底物替代尿素。

不同类型的微生物对营养物质的代谢能力各不相同，在诱导碳酸钙形成和混凝土修复效果方面也会有所差异。Boquet等发现大多数细菌在适宜的条件下都能产生碳酸钙晶体。彭慧等将主要的几种不同菌种沉积碳酸钙修复裂缝进行总结，指出巴氏芽孢杆菌、球形芽孢杆菌、Bacillus sp. CT-5、希瓦氏菌、缓慢芽孢杆菌、黄色黏球菌、微球菌、枯草芽孢杆菌、假坚强芽孢杆菌、科氏芽孢杆菌均能起到对裂缝进行碳酸钙沉淀修复的效果。芽孢杆菌是使用最普遍的微生物，刘素瑞等认为芽孢杆菌具有耐碱性及沉积胶结功能，具有良好的研究前景。徐建妙等总结了由于混凝土内部为高碱环境，目前应用较多的为较强矿化活性的嗜碱菌或者较强存活能力的芽孢杆菌。芽孢存活时间更长，加之裂缝的形成利于进入的氧气和水分对芽孢的萌发效能，所以芽孢优异的抗逆性会显著提高了矿化菌在混凝土基质中的存活率，从而增强了修复效能。Rodriguez对比了巴氏芽孢杆菌和绿脓杆菌对水泥基试样自愈合能力的影响。结果表明：巴氏芽孢杆菌的矿物沉积能力远远高于绿脓杆菌。Tittelboom等采用球形芽孢杆菌开展了类似的混凝土裂缝修补试验，结果发现裂缝中产生生物沉淀物，对混凝土裂缝的愈合有推动作用。

4 自愈混凝土存在的问题

混凝土自愈功能的研究虽然已经取得了很多有价值的成果，一定程度上推动了混凝土智能化的发展，但目前还没有形成完善的理论、成熟的工艺和案例，仍处于探索阶段，难于应用在实际工程中。自愈混凝土当前存在的问题如下：

（1）混凝土自然愈合的方法对于裂缝的宽度有要求，较早的裂缝及较小的裂缝才可能得到较好的自愈效果。

（2）采用微胶囊和中空纤维管修复技术时，选择的壁材要满足受力灵敏度的高要求，即能响应混凝土开裂并及时释放修复剂；胶囊和中空纤维管的掺量要合适，太少不能完全修复，太多又会影响混凝土材料的宏观性；修复后修复剂将被消耗，混凝土内将形成一些微小空隙，会削弱混凝土的性能，且裂缝在修复好的位置再次开裂时，无法实现二次修复；此外，混凝土开裂的地方没有微胶囊

（3）微生物诱导碳酸盐沉淀技术近年来混凝土自愈技术的研究热点。微生物的量太多，会加大对水泥基材料的力学性能的影响；微生物的量太少，不足以及时有效地修复裂缝；微生物的载体还需要进一步探究及甄选；微生物新陈代谢酶化作用的裂缝修复过程将产生氨气，不利于环保，也不适用于民用工程；微生物修复技术修复裂缝的速度太慢，不适用于工期要求较高的工程；难以进行重复的裂缝修复也是一大问题。

（4）未建立起一个统一的自愈效果的评估方法，缺少统一标准的评估方法难以应用在实际工程中。

5 展望

现代多功能和智能建构筑物正蓬勃发展，自动化及智能化是未来社会前进的主旋律，在环保要求下绿色建筑和绿色材料是大势所趋。混凝土材料需要进一步提高层次，实现材料结构与智能一体化的境界。自愈混凝土的实现，能够确保结构的安全性和延长使用寿命，减少结构运行过程中的维护成本，必然为传统建材未来的发展注入活力和新机遇。

混凝土用减水剂比选试验研究

方伟，王建琦，徐志丹

(中国电建集团贵阳勘测设计研究院有限公司，贵州贵阳，550081)

摘要：混凝土中的水泥与减水剂之间可能存在着适应性的问题，且不同品种、不同掺量的减水剂对混凝土性能影响较大。为确保工程使用的减水剂满足国家相关标准及设计要求，本文对某工程混凝土拟选用的 4 种萘系减水剂和 4 种聚羧酸系减水剂进行了比选试验及减水剂与水泥的适应性试验，确定了不同品种减水剂的最优掺量，分析了影响水泥与减水剂适应性的因素，为该工程混凝土用减水剂的比选提供了参考依据。

关键词：减水剂；试验；适应性；混凝土

0 引言

随着国家基础建设的快速发展，各类建筑物对混凝土的强度、和易性、耐久性等要求也越来越高。目前在生产混凝土时，掺加减水剂是提高混凝土强度、改善其和易性、增强其耐久性的方法之一。减水剂是一种在维持混凝土坍落度基本不变的条件下，可以有效减少拌和用水量的混凝土外加剂。减水剂对水泥颗粒有分散作用，加入混凝土拌和物后能改善混凝土的工作性，减少其单位用水量和胶凝材料用量，提高混凝土拌和物的流动性。

但混凝土减水剂品种繁多，不同品种、不同掺量的减水剂对混凝土性能影响较大，而且混凝土中的水泥与减水剂之间常常存在着适应性不良[1]的问题。一般表现为：混凝土在搅拌、运输与成型过程中，凝结时间异常，出现闪凝、速凝、缓凝，甚至不凝的情况；或是坍落度损失快而大、减水效果低下、强度增长慢而少、水泥用量高，甚至出现泌水、离析等情况，影响混凝土的外观质量、力学和耐久等性能。

因此，针对工程已选用的水泥、砂石骨料、拌和用水等因素，对减水剂的品种、掺量进行试验研究，确定减水剂的品种，得到减水剂的最优掺量，对延长混凝土建筑物的使用寿命具有非常重要的意义。

为了选择合适的减水剂，国内某水电站工程选择了不同厂家的 4 种萘系减水剂和 4 种聚羧酸系减水剂进行比选试验，拟优选出 1 种萘系减水剂和 1 种聚羧酸系减水剂，分别用于碾压混凝土和常态混凝土施工。本文根据本次减水剂比选试验及减水剂与水泥的适应性试验的成果，统计分析了不同减水剂在不同掺量下，混凝土拌和物与水泥净浆的基本性能，得到了减水剂的减水率、保坍性能等指标，确定了减水剂的最优掺量，为该工程减水剂的选择提供了参考依据。

1 试验原材料

1.1 水泥

试验所用的水泥是华新水泥迪庆有限公司生产的 P.O 42.5 水泥，其物理性能试验结果见表 1。

表 1 水泥的物理性能试验结果

水泥厂家及品种	标准稠度/%	比表面积/(m²/kg)	安定性/mm	密度/(g/cm³)	凝结时间/min		抗折强度/MPa		抗压强度/MPa	
					初凝	终凝	3 d	28 d	3 d	28 d
华新 P.O 42.5	28.0	345	0.8	3.11	158	210	4.8	7.7	27.7	47.0
GB175—2007 P.O 42.5 水泥要求	/	≥300	C-A<5.0	/	≥45	≤600	≥3.5	≥6.5	≥17.0	≥42.5

1.2 砂石骨料

试验所用的粗、细骨料，均为工程现场砂石系统生产的人工骨料。其中，粗骨料按照规范《水工混凝土外加剂技术规程》DL/T 5100—2014 和《混凝土外加剂》GB 8076—2008 的要求，采用方孔筛进行筛分，将其筛分为 5～10 mm 和 10～20 mm 两种级配。细骨料的颗粒级配试验结果见表 2，粗、细骨料的品质试验结果见表 3。

收稿日期：2022-04-22.

作者简介：方伟，贵州遵义人，工程师，从事材料试验研究及现场管理工作.

表2 细骨料的颗粒级配试验结果

项目	筛孔尺寸/mm								细度模数
	>5	2.5	1.25	0.63	0.315	0.16	0.08	<0.08	
分计筛余/%	4.28	26.28	12.80	15.32	17.20	10.58	7.68	5.86	2.86
累计筛余/%	4.28	30.56	43.36	58.68	75.88	86.46	94.14	100	

表3 粗、细骨料品质试验结果

骨料品种		表观密度/(kg/m³)	吸水率/%	泥块含量/%	含泥量/%	针片状含量/%	超径/%	逊径/%
细骨料		2 660	1.2	0	—	—	—	—
粗骨料(5~10 mm)		2 680	0.76	0	0.71	7.5	0	0
粗骨料(10~20 mm)		2 680	0.70	0	0.45	9.2	0	0
DL/T5144—2015	细骨料	≥2 500	—	不允许	—	—	—	—
	粗骨料	≥2 550	≤2.5	—	≤1	≤15	<5	<10

表2和表3的试验结果表明，细骨料细度模数为2.86，石粉含量为13.54%，属中砂。粗、细骨料的各项性能指标均满足《水工混凝土施工规范DL/T5144—2015》的要求。

1.3 拌和用水

试验拌和用水为自来水，拌和时水温为20℃。

1.4 减水剂

试验所用的减水剂编号分别为1~8号，其中，1~4号样品为萘系缓凝高效减水剂，5~8号样品为聚羧酸系高性能减水剂。萘系缓凝高效减水剂厂家推荐掺量为0.6%~0.8%，聚羧酸系高性能减水剂厂家推荐掺量为0.6%~0.7%。

2 减水剂比选试验

对萘系缓凝高效减水剂和聚羧酸系高性能减水剂的混凝土性能试验，分别按照《水工混凝土外加剂技术规程》DL/T5100—2014和《混凝土外加剂》GB8076—2008的要求进行。

2.1 试验方法

萘系缓凝高效减水剂：基准混凝土和受检混凝土的水泥用量均为330 kg/m³，砂率均为39%，5~10 mm粒径的粗骨料质量占45%，10~20 mm粒径的粗骨料质量占55%，用水量为使混凝土坍落度达8 cm±1 cm时的用水量，减水剂的掺量均为0.6%（基准混凝土不掺减水剂）。采用60L强制式搅拌机进行拌和，减水剂加入拌和水中经溶解搅拌均匀后方投入拌和机，拌和时间为2 min。

聚羧酸系高性能减水剂：基准混凝土和受检混凝土的水泥用量均为360 kg/m³，砂率均为45%，5~10 mm粗骨料的质量占40%，10~20 mm粗骨料的质量占60%，用水量为使混凝土坍落度达(21±1) cm时的用水量，减水剂的掺量均为0.7%（基准混凝土不掺减水剂）。采用60L强制式搅拌机进行拌和，拌和时间为2 min。

2.2 试验结果与分析

2.2.1 萘系缓凝高效减水剂

掺萘系缓凝高效减水剂的混凝土性能试验结果：当减水剂掺量为0.6%时，4种萘系减水剂的试验结果均满足《水工混凝土外加剂技术规程》DL/T5100—2014中对缓凝高效减水剂的要求。从减水率来看，4号的减水率最高，可达21.0%，1号次之，可达18.0%；从凝结时间来看，1号的初凝时间差最大，4号次之；从28 d抗压强度比来看，4号最高，1号次之。对碾压混凝土来说，优先选择4号减水剂，因为它的减水率最高，有利于降低混凝土的用水量及胶凝材料用量，另外，其初凝时间长、28 d抗压强度比高，有利于提高碾压混凝土的层间结合性能和富裕强度。

2.2.2 聚羧酸系高性能减水剂

聚羧酸系减水剂的混凝土性能试验结果：当减水剂的掺量均为0.7%时，除减水率外，其他指标均满足国标要求，减水率不满足要求，可能是因为本工程的粗骨料含泥量偏高，而聚羧酸系减水剂对骨料中的含泥量比较敏感，导致减水剂减水效果不好，混凝土用水量增加[2]。在其他性能指标相差不大的条件下，6号减水剂的减水率最高，能有效降低混凝土的用水量和胶凝材料用量，节约工程造价，因此，对于泵送混凝土优先选择6号减水剂。

3 减水剂与水泥适应性及最优掺量试验

对水泥而言，影响它与减水剂适应性的主要因素有：水泥的品种、活性、细度、矿物组成[3]（C_3A和C_3S含量）和碱含量（K_2O+Na_2O）等。对减水剂而言，影响减水剂与水泥适应性的主要因素有：减水剂的种类、掺量、化学性质、交联度、磺化程度和平衡离子等。判断水泥与减水剂适应性的方法很多,但效果良好且实用性较强的是水泥净浆流动性[4-5]。适应性良好的水泥净浆流动度大,流动度经时损失小。

3.1 试验方法

对萘系缓凝高效减水剂和聚羧酸系高性能减水剂均采用固定水胶比0.35,单位用水量210 g,单位水泥用量600 g,采用不同的减水剂掺量(0.6%、0.8%、1.0%和1.2%等,直至水泥净浆流动度出现拐点)进行水泥净浆的流动度和流动度损失试验。其中流动度的损失试验方法为:采用水泥净浆搅拌机拌制水泥净浆,并测量加水后、30 min和60 min时的水泥净浆流动度。

3.2 试验结果与分析

3.2.1 萘系缓凝高效减水剂

萘系缓凝高效减水剂不同掺量与水泥净浆初始流动度关系见图1。

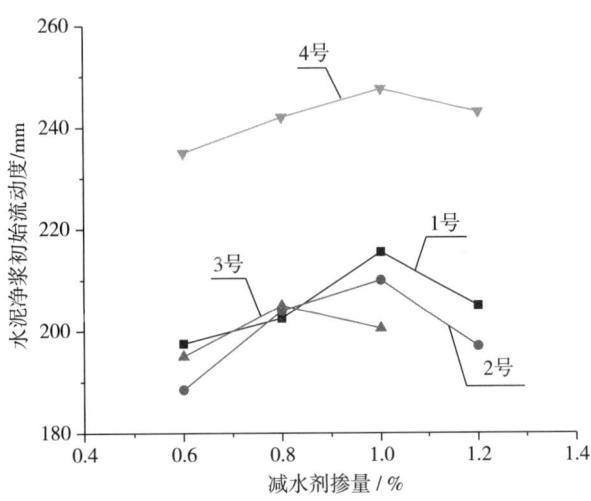

图1 萘系缓凝高效减水剂不同掺量与水泥净浆初始流动度关系图

从图1来看,当1号、2号和4号减水剂的掺量达到1.0%时,水泥的净浆流动度最大,减水剂掺量达到1.2%后,水泥净浆流动度下降,说明1.0%是1号、2号和4号减水剂的掺量饱和点,同理,3号减水剂的掺量饱和点是0.8%。

萘系缓凝高效减水剂与水泥的适应性结果如下:当减水剂掺量为1.0%时,4种减水剂的水泥净浆初始流动度排序为:4号>1号>2号>3号;1 h流动度损排序为:2号>3号>1号>4号。

综合水泥净浆初始流动度和流动度损失2个关键指标,在掺量相同的条件下,4号减水剂水泥净浆的初始流动度最大,1 h流动度损失最小,说明4号减水剂与华新水泥(迪庆)有限公司生产的P.O 42.5水泥的适应性最好。

3.2.2 聚羧酸系高性能减水剂试验结果与分析

聚羧酸系高性能减水剂不同掺量与水泥净浆初始流动度关系见图2。

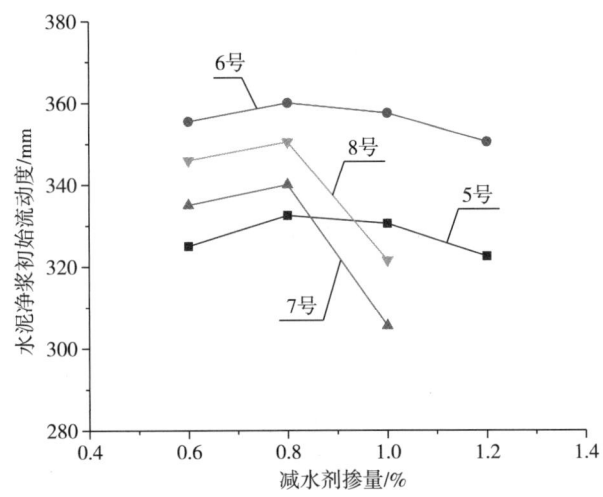

图2 不同聚羧酸系高性能减水剂掺量与水泥净浆初始流动度关系图

从图2来看,当5~8号减水剂的掺量达到0.8%时,水泥的净浆流动度最大,当掺量到达1.0%时,流动度反而减小,证明0.8%掺量是5号、6号、7号和8号减水剂的掺量饱和点。

聚羧酸系高性能减水剂与水泥的适应性试验结果:当减水剂掺量为0.8%时,4种减水剂的水泥净浆初始流动度比较结果为:6号>8号>7号>5号。且6号减水剂的水泥净浆初始流动度最大,说明6号减水剂与华新水泥(迪庆)有限公司生产的P.O 42.5水泥的适应性最好。

从掺减水剂水泥净浆的流动度损失试验结果来看,掺聚羧酸系高性能减水剂的水泥净浆放置1 h再搅拌4 min后,流动度反而均有不同程度的增加,经分析可能是因为部分聚羧酸减水剂被水泥颗粒吸附[6],随着时间的推移吸附量减少,从而提升了水泥净浆的流动性。

综上,4种聚羧酸系高性能减水剂与华新水泥(迪庆)有限公司P.O 42.5水泥的适应性排序为:6号>8号>7号>5号。4种聚羧酸系高性能减水剂的最优掺量均为0.8%。

3 结论

减水剂的品种选择以及减水剂与水泥的适应性问题,是影响混凝土拌和物和易性及质量的关键因素之一。本文通过对掺萘系减水剂和聚羧酸系减水剂的比选和减水剂与水泥的适应性试验,得出以下结论:

（1）掺 4 号减水剂混凝土的综合性能最优且与水泥的适应性最好，对于碾压混凝土优先选择 4 号萘系减水剂。掺 6 号减水剂的减水率最高且与水泥的适应性最好，对于泵送混凝土优先选择 6 号减水剂。

（2）4 种萘系减水剂和 4 种聚羧酸系减水剂与华新 P.O 42.5 水泥均有良好的适应性，其中萘系 1 号、3 号和 4 号减水剂的最优掺量为 1.0%，3 号减水剂的最优掺量为 0.8%，4 种聚羧酸系减水剂最优掺量均为 0.8%。

（3）在最优掺量下，掺萘系减水剂的水泥净浆放置 1 h 后，流动度均有不同程度的降低，而掺聚羧酸系减水剂的水泥净浆流动度均有不同程度的增加。这是由于部分聚羧酸减水剂被水泥颗粒吸附，随着时间的推移吸附量减少，从而提升了水泥净浆的流动性。因此，聚羧酸系减水剂的保坍性能要优于萘系减水剂，也更适合于泵送混凝土的施工。

（4）砂石骨料的含泥量对减水剂有吸附作用，可能导致减水剂减水效果降低，在工程施工时应加强骨料的清洗，降低骨料含泥量对外加剂和混凝土性能的影响。

参考文献：

[1] 石殿庆,朱小东,张英男,等. 水泥与高效减水剂适应性试验研究[J]. 混凝土, 2005(11):63-66.

[2] 方歆,魏鹏,曾春明. 集料含泥量对聚羧酸减水剂的影响及处理方法初探[J]. 江西建材, 2015(24):10.

[3] 孙洪达. 聚羧酸减水剂与水泥适应性探究[J]. 建材发展导向:上, 2015(1):267-268.

[4] 杨永民,林永权,林东,等. 减水剂饱和点与水泥浆体流动性及硬化性能关系的研究[J]. 混凝土, 2007(3):42-45.

[5] 郑大锋,邱学青,楼宏铭. 减水剂对新拌水泥浆体流变性能的影响研究[J]. 混凝土, 2007(10):51-53.

[6] 吴琼,安雪晖,柳春娜. 水泥水化对聚羧酸减水剂吸附及净浆流动性变化的影响[J]. 混凝土, 2015(11):83-87.

KNF 掺和料含量对自密实混凝土性能影响分析

王纪州

(中国水利水电第九工程局有限公司三公司，贵州贵阳，550008)

摘要：为探讨 KNF、粉煤灰掺量对自密实混凝土工作性能和力学性能的影响，文章对单掺 KNF 掺和料自密实混凝土和复掺粉煤灰、KNF 自密实混凝土进行了工作性能测试、力学性能试验。结果表明：在固定胶结料总量、砂率、水胶比、高效减水剂掺量、石子最大粒径为 20 mm 的前提下，KNF 掺量占胶结材料的质量百分比为 10%、KNF 掺和料与粉煤灰复掺比例为 3∶4 时新拌浆体的流动性好，T500 最低，相对最优；低于 10% 时，流动性变差。混凝土拌合物的流动性随着 KNF 掺和料单掺量的增加而增强，同时粉煤灰的加入可改善混凝土拌合物的抗离析性能。

关键词：自密实混凝土；配合比；设计；KNF 掺和料；性能；对比

0 引言

自密实混凝土 (self-compacting concrete, SCC) 又称自填充混凝土，是一种具有高流动性、抗离析性和良好变形能力，在自重作用下无需振捣就能填充模板和钢筋间隙的混凝土。自密实混凝土是一种既能满足实际工程强度方面的要求，又具有高流动性的混凝土，它甚至可以在不振捣或者少振捣的情况下穿过 60 mm 的钢筋间隙，并且不会出现离析或者泌水现象，这是普通混凝土难以实现的。与普通混凝土相比，具有施工方便、改善工作环境、降低工程造价和提高施工效率等优点。自密实混凝土拥有较多优点，被称为近几十年中混凝土建筑技术最具革命性的发展。

与普通混凝土相比，自密实混凝土的配合比还有一个突出的特点，即矿物掺合料掺量较高。大量研究表明，矿物掺合料对 SCC 工作性能的影响明显，矿物掺合料部分替代水泥以后，填充了浆料间的空隙，降低了浆料的需水量，改善了 SCC 泌水和离析，有些矿物掺合料甚至可以起到各相之间的润滑作用，减少摩擦，提升流动性。

1 工程概况

本课题依托于陆良项目，本工程块石混凝土总量约 4.7×10^4 m³，其中块石占比 55%，自密实混凝土占比 45%。混凝土性能要求：扩展度不小于 650 mm，T50 时间不大于 20 s，强度 C60。

KNF 高性能混凝土掺合料，是本 C60 自密实混凝土配合比里重要的掺和料，具有很高的化学活性和高致密性优势，是一种环保新型建筑材料，它以非常微小颗粒球状、均匀的粒径，填充于水泥颗粒空隙之间，有效的提高混凝土密实度，提高混凝土的抗渗性，从而减少了有害离子传递，有效遏制盐酸化学腐蚀，提高抗钢筋锈蚀能力，降低碱骨料反应。改善水泥浆骨料界面的黏附性，提高混凝土抗冲击韧性和抗弹性能。减小混凝土早龄期的自收缩，降低水泥水化热；提高混凝土力学性能与抗爆性能。提高混凝土强度、抗冻性和耐久性。

本文以 KNF 和粉煤灰作为自密实混凝土的掺合料，固定胶结料总量、砂率、水胶比、高效减水剂掺量不变，石子最大粒径为 20 mm 的前提下选择 KNF 掺和料、粉煤灰掺量作为主要参数，研究掺和料的不同掺量和对自密实混凝土工作性能、力学性能的影响，以便为类似 KNF 高性能掺和料自密实混凝土的实际工程应用提供参考。

2 试验概况

2.1 试验原材料及试验方法

自密实混凝土初始配合比设计参照 JGJ/T 283—2012《自密实混凝土应用技术规程》。

2.1.1 原材料

水泥为云南远东水泥有限责任公司 P·O 52.5，粉煤灰为贵州柏水电厂 F 类 I 级，碎石为陆良金利来采石场 5~20 mm，机制砂为陆良金利来采石场 0~5 mm，外加剂为江苏苏博特新材料股份有限公司 PCA®-I 聚羧酸高性能减水剂，掺和料为 KNF-高性能混凝土掺合料(北京科宁丰外加剂有限公司)。

2.1.2 性能要求

自密混凝土工作性能应达到：扩展度不小于650 mm，T50时间不大于20 s，强度C60。

2.1.3 试验配合比

本次研究，固定胶结料总量、砂率、水胶比、高效减水剂掺量不变，石子最大粒径为20 mm的前提下选择KNF掺和料、粉煤灰掺量作为主要参数，研究不同掺量，对混凝土的流动性、黏聚性与力学性能影响。按不同的配合比，共设计制作了7组混凝土试件。

试件S1、S2、S3、S4、S5、S6、S7中KNF掺和料掺量占胶结材料的质量百分比分别为34%、31%、14%、12%、10%、8%、8%，水胶比0.3，砂率47%，其他材料配比相同，配合比见表1。主要测试分析KNF掺和料对自密实混凝土强度和工作性能的影响。

表1 试验配合比

编号	水泥/(kg/m³)	碎石(5~20 mm)/(kg/m³)	砂/(kg/m³)	水/(kg/m³)	KNF掺和料/(kg/m³)	粉煤灰/(kg/m³)	减水剂/(kg/m³)	胶结料(kg/m³)	水胶比	砂率/%
S1	390	890	775	175	200	0	16.52	590	0.30	47
S2	410	890	780	175	180	0	16.52	590	0.30	47
S3	430	890	780	175	80	80	16.52	590	0.30	47
S4	440	800	710	175	70	80	16.52	590	0.30	47
S5	450	905	806	175	60	80	16.52	590	0.30	47
S6	460	915	800	175	50	80	16.52	590	0.30	47
S7	460	915	800(石粉含量13%)	175	50	80	16.52	590	0.30	47

注：S1~S6砂中石粉含量：不超过10%。

2.1.4 试验方法

试验方法参照《自密混凝土应用技术规程》在固定胶结料总量、砂率、水胶比、高效减水剂掺量不变，石子最大粒径为20 mm的前提下，调整水泥、KNF掺和料、砂、碎石、粉煤灰等因素，从试验中挑选出部分有代表性的点进行试验。通过优化主要包括：A(水泥)、B(碎石)、C(机制砂)、D(KNF掺和料)、E(粉煤灰)等配比。

评定指标为：扩展度不小于650 mm，T50时间不大于20 s，保水性良好，强度C60。

3 结果与讨论

3.1 试件工作性能分析

自密实混凝土应有良好的工作性能或施工性能，即要求新拌混凝土必须具备良好的填充性、间隙通过性和抗离析性，拌合物需具有足够的自密性，能够均匀密实地填充模型。目前，自密实混凝土拌合物的间隙通过性由L型仪或者U型仪检测，抗离析性由L型仪、U型仪或拌合物稳定性跳桌试验检测。

根据规程要求，对新拌自密实混凝土在目测其不离析、不泌水的前提下，采用坍落度筒和L型仪对每组配比的自密实混凝土进行工作性能试验。通过坍落度筒试验，测量混凝土的坍落度、扩展度、扩展度达到500 mm所经过的时间(即T500)。

通过对新拌混凝土的工作性能试验，得到了各组配合比试件基本的工作性能参数，见表2。

表2 自密实混凝土工作性能测试数据统计

试件编号	扩展度/mm	T50时间/s	保水性
S1	695	16	良好
S2	685	17	良好
S3	683	17	良好
S4	670	16	良好
S5	690	15	良好
S6	600	17	良好
S7	—	—	流动性差,离析严重,未留试块

根据试验数据：第7组因机制砂石粉(13%)含量太高，混凝土拌合物初始流动性差，后加入27.5 g外加剂，混凝土拌合物黏稠，浆体包裹性差，离析严重，该试配未留试块。

S1~S5各组试件的工作性能指标均能满足施工要求，后成型2组150 cm×150 cm×150 cm试块。S6试件扩展度600 mm，未能满足施工要求。

从测试结果来看，KNF掺和料与粉煤灰单掺或复掺，对混凝土的工作性能影响相差不大。但当KNF掺和料掺量低于胶结料总量的10%时，流动性变差，扩展度不能满足要求。KNF掺和料比粉煤灰更细，相同质量下需要更多水分，增稠作用更大，浆体的包裹性也因此提高，促进了骨料流动，两者共同作用，总体表现出变化不大的现象。

从经济性角度考虑，KNF掺和料掺量占胶结材料的质量百分比为10%，KNF掺和料与粉煤灰复掺比例为3∶4时(试件S5)，新拌浆体的流动性好，T500最低，相对最优。混凝土拌合物的流动性随着KNF掺和料单掺量的增加而增强。同时根据实验数据可知：粉煤灰的加入可改善混凝土拌合物的抗离析性能。

值得注意的是：当机制砂中石粉含量过大时，混凝土拌合物内水泥浆体黏性过大，流动性变差，就会对自密实混凝土工作性能造成一定的影响。

4.2 试件力学性能分析

遵循《混凝土物理力学性能试验方法标准》(GB/T 50081—2019)的规定，采用NYL-200D液压式压力试验机测量了不同混合比的自密实混凝土试件的力学性能。通过制作标准的立方体150 cm×150 cm×150 cm试块，采用标准养护，养护室温度(20±2)°C，相对湿度≥95%，保证每批次试件养护条件一致。养护至加载龄期取出试件，测定龄期分别为7、28 d的试件的抗压强度。每种试块每次取3个进行测试，取平均值。测试结果见表3。

表3 自密实混凝土力学性能测试数据

试件编号	立方体抗压强度/MPa		是否满足适配强度
	7 d	28 d	
S1	60.6	71.4	是
S2	59.9	70.2	是
S3	54.5	67.8	是
S4	58.3	66.6	是
S5	56.2	66.3	是
S6	扩展度达不到要求未留试块		—
S7	离析严重，未留试块		—

从测试结果来看，同龄期自密实混凝土的强度随KNF掺和料掺量的增加而增强，但复掺粉煤灰混凝土的后期强度速度也上升快。

4.3 KNF掺和料掺量最优试验室配合比的确定

根据S1~S7配合比试件的工作性能、力学性能试验获得的数据，在各组试件中，KNF单掺量、KNF与粉煤灰复掺比例对混凝土扩展度的影响不明显，但KNF掺量占胶结材料总量的质量百分比为10%，KNF与粉煤灰复掺比例为3∶4时(试件S5)，新拌浆体的流动性相对最优，T500最低，掺量低于占胶结材料的质量百分比10%时，流动性变差，扩展度不能满足要求。

本着经济合理、保证工程质量的原则，结合考虑施工当地原材料、现场施工工艺，作业面和气候环境等不利因素，为满足混凝土的强度，施工的和易性和耐久性，同时根据28 d强度满足设计60 MPa要求，最优配合比采用表S5配合比用于本工程施工。

经试拌，初步配合比坍落度和保水率满足规范要求，无需调整，混凝土的实测表观密度值为2 730 kg/m³与理论表观密度值2 700 kg/m³之差的绝对值为30未超过理论值的2%，可将本次计算出的试配配合比确定为混凝土最优配合比。

5 结论

(1) C60自密实混凝土的配合比设计应先根据实际工程需求，先确定坍落扩展度等级、扩展时间T500要求、抗离析性要求，然后按照设计步骤进行计算。自密实混凝土配合比进行计算时，需综合考虑各种原材料对其工作性和力学性能的影响以及经济性，对自密实混凝土进行调整，在试验的基础上，配合比设计更优化，可有效提高自密实混凝土的工作性能和力学性能。

(2) 本课题主要是在固定了砂率、胶结料总量、水胶比的基础上，开展相应的KNF掺和料的研究，但在后续的调配过程中发现：水胶比也是影响自密实混凝土工作性能的一个重要的参数，水胶比过大，抗离析性就偏差，水胶比过小，黏性大，流动性小，不密实。

(3) 通过制作自密实混凝土试件，固定胶结料总量、砂率、水胶比、高效减水剂掺量不变，石子最大粒径为20 mm的情况下选择KNF掺和料、粉煤灰掺量作为主要参数，针对KNF掺和料单掺量、KNF与粉煤灰复掺量等参数的组合变化，研究不同掺量，对混凝土的流动性、粘聚性与力学性能影响，测试了自密实混凝土试件的工作性能和力学性能。根据实验获得的数据，KNF掺和料单掺或KNF与粉煤灰复掺，对混凝土的工作性能影响相差不大。KNF掺和料比粉煤灰更细，相同质量下需要更多水分，增稠作用更大，浆体的包裹性也因此提高，促进了骨料流动，两者共同作用，总体表现出变化不大的现象。

(4) 本课题中KNF掺和料掺量占胶结材料的质量百分比为10%，KNF掺和料与粉煤灰复掺比例为3∶4时(试件S5)，新拌浆体的流动性相对最优，T500最低。掺量占胶结材料的质量百分比低于10%时，流动性变差，展度难以满足要求。

(5) 混凝土拌合物的流动性随着KNF掺和料单掺量的增加而增强。同时根据实验数据可知：粉煤灰的加入可改善混凝土拌合物的抗离析性能。

(6) 细骨料中石粉含量对自密实混凝土有影响，当机制砂中石粉含量过大时S7(石粉含量13%)混凝土拌合物内水泥浆体黏性过大，流动性变差，浆体包裹性差，会造成自密实混凝土离析。

某水电站真空激光准直系统变形观测数据研究

郭金龙

(中国电建集团贵阳勘测设计研究院有限公司,贵州贵阳,550081)

摘要:本文分析了某运行期水电站混凝土大坝坝顶真空激光准直系统监测数据与时效、气温、降雨量及库水位等环境量相关性,基于所选取年份的坝顶真空激光准直系统实测数据,通过采用监测统计模型对监测数据与环境量进行拟合分析,得出位移变化与环境量的相关系数,验证了时效及气温为引起大坝变形变化的主要因素,降雨量及库水位变化为次要因素的结论,从而为其他真空激光准直系统的数据分析提供参考。

关键词:变形;观测;真空激光准直系统;统计;模型;相关性

0 引言

大坝变形观测作为大坝安全监测的重点监测项目,无论是施工期用以监控大坝安全指导施工和设计,还是运行期掌握大坝运行规律都有着十分重要的意义[1],因此真空激光准直系统也在众多水电站中得到应用[2-6]。真空激光准直系统是利用激光的方向性强、亮度高、单色性和相干性好等特点和波带板激光衍射原理,以及激光在真空中传播不受大气折光的影响进行设计的,其既能监测顺河流向位移又可监测竖直位移,目前经过不断改进和完善,已成为测量精度高、稳定性好、维护和使用简便的大坝变形测量方法[7]。

1 系统介绍

某水电站大坝为碾压混凝土重力坝,最大坝高124 m,坝顶高程452.00 m,坝顶宽17 m,最大坝底宽80.61 m,坝顶全长310 m。大坝真空激光准直系统主要由激光发射装置、真空管道、平晶密封段、测点箱、真空泵、电磁阀、波带板起落架、双向光斑遥测坐标仪、数据采集系统、端点校核设备等组成,共布置8个测点(从右岸到左岸依次为LAB-1~LAB-8)。其中,激光发射装置为系统提供1个可以锁定光轴的激光点光源,安装于坝右0+0142.50 m(坝轴线位于坝中位置,LAB-4附近);真空管道为激光传送提供压强小于66 Pa的低真空环境;测点箱用于安放测点波带板及其控制装置;双向光斑遥测坐标仪安装在接收端,是真空激光准直系统的主要测控设备,能提供对各测点波带板起落的控制和光斑坐标的探测,安装于坝左0+0164.00 m;抽真空设备则确保管道真空度满足规范要求;端点位移监测设备用以校核基准线位置;数据采集系统用以控制系统进行数据采集,并对数据采集进行管理,测点布置如图1所示。

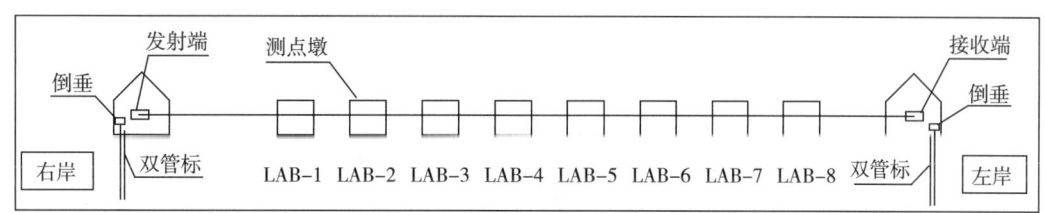

图1 真空激光准直系统布置示意图

1.1 系统原理

真空激光准直系统属于准直线法,利用三线准直原理:将激光装置置于A点,接收端置于B点,在发射端与接收端之间的观测墩上布置有波带板,波带板分别嵌固于各测点观测墩上,某水电站坝顶激光准直系统的接收端与发射端分别布置于坝左与坝右的观测房内,接收端与发射端处分别布置有倒垂及双管标,用于校核基点顺河流向及竖直向位移,如图2所示。各测点位移的采集利用波带板激光衍射原理,即激光通过小孔光栅后发生衍射,经过嵌固于测点处的波带板成像后在接收端的观测屏上被记录下来,被记录的光斑光强理想分布呈圆对称的高斯分布,当激光光斑落在观测屏CCD探测器的

收稿日期:2021-08-10.

作者简介:郭金龙,湖北宜昌人,工程师,从事大坝安全监测工作.

光敏面成像后,定标测出成像屏上各像素点的灰度值,从而用重心法计算出该观测墩波带板光斑能量中心的位置坐标。

$$X = \left\{ \frac{\sum_{ij} [I_{ij} \times (i-256/2)]}{\sum_{ij} I_{ij}} \right\} \times e_x \quad (1)$$

$$Y = \left\{ \frac{\sum_{ij} [I_{ij} \times (j-256/2)]}{\sum_{ij} I_{ij}} \right\} \times e_x \quad (2)$$

式中:X、Y 为波带板光斑能量中心的位置坐标;I_{ij} 为成像屏上像素点(i,j)的灰度值;e_x、e_y 为单位像素在X方向和Y方向的长度当量。

通过式(1)、式(2)得出的X、Y值为该点观测原值,当i点发生位移l_i时,在接收靶上的偏离值为L_i,按相似三角形原理$l_i/L_i = S_i/S$,即可求出i点偏离值l_i: $l_i = (S_i/S) \cdot L_i = k L_i$,式中,$S_i$、$S$分别为$A$点至$i$点(物距)和$A$至$B$点(系统全长)的距离,$k$为转移系数。由此求出待测部位的相对位移。对于该点的绝对位移则需对两端进行位移校核:

$$\Delta_{x绝} = \Delta_{相} + A_x + S_i \div S \ast (B_x - A_x)$$
$$= \Delta_{相} + A_x + k(B_x - A_x) \quad (3)$$
$$\Delta_{y绝} = \Delta_{相} + A_y + S_i \div S \ast (B_y - A_y)$$
$$= \Delta_{相} + A_y + k(B_y - A_y) \quad (4)$$

式中:$\Delta_{x绝}$、$\Delta_{y绝}$ 为测点的水平向与竖直向的绝对位移;$\Delta_{相}$—测点相对位移;S_i 为测点到发射端的距离;S 为发射端至接收端的距离;A_x、A_y 为激光发射端水平向与竖直向端点位移量;B_x、B_y 为激光接收端的水平向与竖直向端点位移量。

某水电站真空激光系统转移系数k在系统设计阶段已将各测点间距离写入数据收集程序,即收集数据已为测点偏移值L_i,系统成像原理见图2。

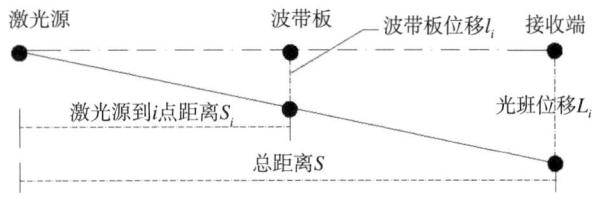

图 2 系统成像原理示意图

1.2 技术指标

功率:<80 W(不包括真空泵设备);
温度:−20~+60 ℃;
湿度:<95%RH;
测量范围:200 mm×150 mm(水平×垂直);
测量精度:±0.1 mm;
测量速度:1~6 帧/s;
最高真空度:13.1 Pa;
工作真空度:≤60 Pa;
最低真空度:1 310 Pa;
真空升压率:≤30 Pa/h;
真空泵自动启动2次间隔:>36 h;
正常监测自动抽气:<30 min。

2 观测数据分析

本文任意选取其中2 a的观测数据作为典型年份,同时限于篇幅限制,本文仅列举了真空激光准直系统的3个测点进行分析(LAB−2、LAB−4、LAB−6),其中LAB−2布设于坝右0+079.00 m,LAB−4布设于坝右0+008.50 m,LAB−6布设于坝左0+071.00 m,LAB−2与LAB−4间距为70.5 m,LAB−4与LAB−6间距为79.5 m,对该区段观测数据的水平位移及竖直位移数据进行分析。

2.1 环境量变化

电站大坝目前温度场已趋于稳定,坝体表层温度因埋设部位不深,受外界环境温度影响较大,故坝体表面温度受外界温度影响呈季节性周期性变化:夏季外界温度升高,坝体表面混凝土温度也相应升高,冬季外界温度降低,坝体表面温度也随之降低。

该水电站2009年开始下闸蓄水,之后水位逐步上升至434.13 m高程后开始发电,此后受上游来水量及发电流量的影响,水位小幅度变化,上游水位高程变化范围431.32~439.13 m,下游水位高程变化范围362.20~382.73 m。

电站片区年降雨主要集中在4—10月份,多年平均月降雨量总计为946.35 mm,占多年平均年降雨量的83.40%;各年月平均降雨量最大为每年6月份,为207.8 mm,12月份降雨量最小,降雨量为16.5 mm。

2.2 水平位移分析

图3为LAB−2、LAB−4及LAB−6三个测点水平位移过程线,从变化曲线初步推断(图中水平位移向下游方向为正):

(1)水平位移的变化呈周期性变化,库水位与尾水位周期性并不明显,水平位移的周期性变化受库水位、尾水位影响较小,而与测点附近混凝土温度具有较好的负相关性,即冬春季水平位移增大位移向下游变化,夏秋季往上游变化。

(2)各测点测值变化规律具有同步性,当测点处混凝土温度升高时,各测点向下游的位移量增加;当测点处混凝土温度降低时,各测点位移向上游回弹。

(3)水平位移的变化与混凝土温度的变化存在一定的滞后性。

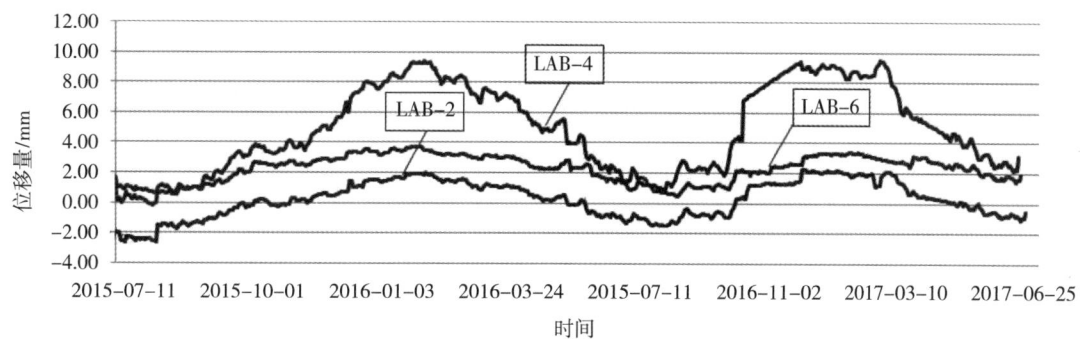

图 3　测点水平位移变化过程线

正倒垂线同样作为监测大坝变形的一种十分常用和有效的观测手段,其通过安装在大坝的不同关键部位来观测大坝平行轴线方向及垂直轴线方向的偏移量,在此选用布设于坝顶同一坝段校核后的正垂线监测数据,与当前真空激光准直系统观测数据进行对比。其中正垂2布设于坝右0+079.00 m,与真空激光测点 LAB-2 处于同一坝段位置;正垂1布设于坝右0+008.50 m,与真空激光测点 LAB-4 处于同一坝段位置,正垂3布设于坝左0+071.00 m,与真空激光测点 LAB-6 处于同一坝段位置。正倒垂线及真空激光准直系统作为2种不同的坝顶变形观测方法,正倒垂位移变化过程线详见图4。从观测结果可以看出,同一位置的水平位移量值均处于同一水平,各测点测值变化同样具有同步性,即具有明显的谐波性变化规律,同时,正垂数据与真空激光数据的统一也验证了真空激光准直系统数据的可靠性。

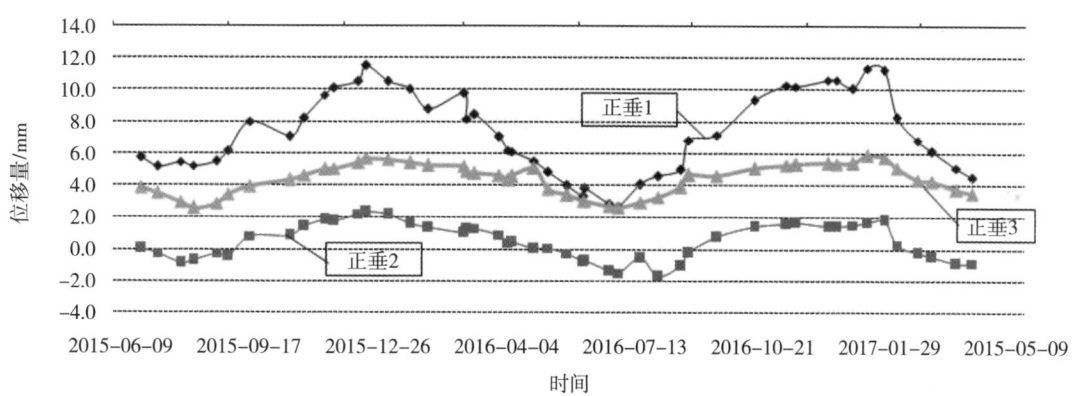

图 4　正倒垂位移变化过程线

2.3　竖直位移分析

从如图5的变化过程线可以看出,测点竖直位移变化呈现较好的规律,2—3月竖直位移达到最大,8—9月位移量最小,较温度变化有一定的滞后性,初步推断垂直位移的变化仍与温度变化相关性明显(竖直方向位移以竖直向下为正)。

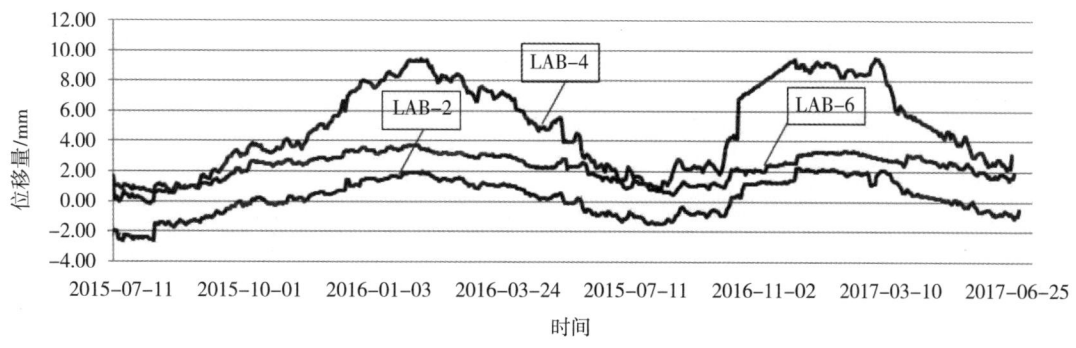

图 5　测点竖直位移历史过程线

2.4 位移相关性分析

从各监测数据对比来看，真空激光坝顶位移能够真实反映坝顶的位移状况，且竖直位移与水平位移有着近似的周期性变化规律，为了探究坝顶位移的变化与各环境量之间的关系，本节采用监测统计模型对真空激光坝顶位移量进行反演并做相关性分析。由于坝顶变形变化主要受温度、降雨量、库水位、尾水位及时效等因素影响，因此综合考虑该5种因素，坝顶位移的模型可以表示为：

$$y = \delta_A + \delta_B + \delta_C + \delta_D + \delta_E \quad (5)$$

式中：y 为坝顶位移量；δ_A 为坝顶位移温度分量；δ_B 为坝顶位移降雨量分量；δ_C 为坝顶位移库水位分量；δ_D 为坝顶位移尾水位分量；δ_E 为坝顶位移时效分量。

目前对于混凝土坝坝顶位移监测数学模型并未形成明确公认的因子构造形式，从今年的观测资料来看，坝址气温呈年周期性变化，则温度分量 δ_A 以周期性的谐波纳入温度时效分量中考虑；降雨对大坝变形的影响一般具有一定的滞后作用，因此采用前7日内平均降雨量作为影响因子；库水位与尾水位主要考虑其线性影响；时效分量一般与时间呈曲线关系。

则坝顶位移统计模型可表示为

$$y = a_1 \sin\frac{2\pi t}{365} + a_2 \sin\frac{4\pi t}{365} + a_3 \cos\frac{2\pi t}{365} + a_4 \cos\frac{4\pi t}{365} + BP_7 + \sum_{i=1}^{2} d_i I(t) + Ch_1 + Dh_2 \quad (6)$$

式中：a_1、a_2、a_3、a_4、B、C、D、$d_i(i=1,2)$ 为回归系数；$I_i(t)$ 为时效因子；t 为时间，$I_1 = t_1$，$I_2 = t^{-0.5}$。

结合以上模型对当前各测点进行回归分析，成果见表1和表2。根据测点当前测值拟合成果可知：各影响因子在坝顶变形中的贡献依次为：时效＞坝址气温＞降雨量＞库、尾水位，表明时效、气温为引起大坝变形变化的主要因素，降雨量及库水位的影响较为微弱。

表1 模型拟合成果检验

测点-方向	复相关系数 R	剩余标准差 S	F检验值
LAB-2(水平)	0.90	0.17	1060.4215
LAB-2(竖直)	0.89	0.11	14521.1781
LAB-4(水平)	0.91	0.13	4617.9122
LAB-4(竖直)	0.93	0.10	1529.4852
LAB-6(水平)	0.92	0.20	1727.2269
LAB-6(竖直)	0.88	0.12	3468.1665

表2 拟合成果统计

测点-方向	a_1	a_2	a_3	a_4	B	d_1	d_2	C	D
LAB-2(水平)	0.28027	0.19481	-0.92044	-0.49729	0.04248	3.817E-4	-6.82555	0.00102	-7.985E-4
LAB-2(竖直)	-0.80968	-0.02064	-0.57414	-0.49334	0.20442	0.00585	6.6526	0.00461	0.00497
LAB-4(水平)	0.5424	0.71399	-2.13574	-1.04117	0.1774	0.00175	-11.51318	0.00414	0.00424
LAB-4(竖直)	-1.22724	0.15272	-1.22629	-0.48488	0.28058	-0.00285	-6.41835	0.00653	0.00702
LAB-6(水平)	0.03661	-0.03548	-0.93425	-0.36334	0.09576	-1.768E-4	-1.85129	0.0045	-0.00135
LAB-6(竖直)	-0.96156	-0.03401	-0.76706	-0.37969	0.13104	0.0031	3.12234	0.00307	0.00295

3 结语

（1）该真空激光准直系统典型年份的观测结果符合混凝土重力坝的变形规律，观测数据稳定。

（2）该真空激光准直系统观测数据显示大坝水平位移的变化呈周期性变化，时效、气温为当前引起大坝变形变化的主要因素，降雨量及库水位的影响较为微弱。

（3）虽然真空激光准直系统各测点测值受温度影响位移变化有一定的滞后性，但是当温度升高或降低后一段时间，各测点位移均表现为增加或减小，即温度升高时，各测点向下游的位移量增加；当温度降低时，各测点位移向上游回弹。

参考文献：

[1] 何勇军,刘成栋,向衍,等.大坝安全监测与自动化[M].北京：中国水利水电出版社,2008.

[2] 冯林,李克锦,孟中,等.真空激光准直系统监测大坝变形[J].大坝观测与土工测试 1999,23(5):39-42.

[3] 白喜春,孙运国,齐冀龙.云峰电站大坝真空激光系统改造及成果分析[J].东北水利水电,2020,38(5):60-62.

[4] 罗文广,胡升伟,文聘,等.大坝视准线与真空激光观测值的衔接回归分析[J].人民黄河,2018,40(1):118-122.

[5] 汤祥,陈俊智,段会文.真空激光准直系统在金安桥水电站变形监测的应用[J].甘肃科学学报,2016,28(5):94-99.

[6] 李秋炎,宫玉强.真空激光准直系统在葛洲坝变形监测中的应用[J].水电自动化与安全监测,2013,37(4):30-34.

[7] DL/T5178-2016,混凝土坝安全监测技术规范[S].

新能源

抽水蓄能电站洪水调节探索

赵江艳，周清平，李思宇，赵乔

(中国电建集团贵阳勘测设计研究院有限公司，贵州贵阳，550081)

摘要：抽水蓄能电站运行不同于常规水电站，其发电流量对下水库调洪具有较大影响，尤其是利用已建水库作为下水库，涉及原有水库的安全问题，要结合实际情况考虑是否改扩建原有的泄洪建筑物，因此洪水调节显得尤为重要。本文首先明确抽水蓄能电站的特点以及洪水调节需考虑的主要问题，然后以GY抽水蓄能电站为例，入库洪水采用发电流量与下水库洪水过程进行滑动叠加组合，找出最不利的组合情况，以此复核校核洪水位，供类似工程参考。

关键词：抽水蓄能电站；洪水；调节；发电；流量

0 引言

抽水蓄能具有调峰、调频、调相、储能、系统备用和黑启动等功能，在保障大电网安全、促进新能源消纳、提升电力系统性能中发挥着重要作用。在"双碳目标"背景下，随着清洁能源大规模、高比例接入，迫切需要加快抽水蓄能建设以增强电力系统运行的灵活性、稳定性、安全性，提高清洁能源消纳能力。截至2020年底，全国抽水蓄能装机容量 $3089×10^7$ kW，未达到"十三五"规划的 $4×10^7$ kW 装机目标。虽然我国抽水蓄能装机规模位居世界第一，但抽水蓄能装机容量占电源总装机容量比例仅为1.5%，而发达国家一般在3.5%~8%，差距明显。"十四五"期间，我国将大力推动在建抽蓄电站按期投产，加快已纳入规划、条件成熟的抽蓄电站开工，加快被纳入中长期发展规划项目的前期工作。根据规划，到2025年，抽水蓄能投产总规模 $6.2×10^7$ kW 以上；到2030年，投产总规模 $1.2×10^8$ kW 左右。

我国当前正处在抽水蓄能电站快速发展的阶段，需要设计建设一大批抽水蓄能电站。与常规水电站相比，抽水蓄能电站的洪水调节计算方法虽然并无本质区别，但因抽水蓄能电站有其自身特点，洪水调节计算要考虑的问题与常规水电站相比也有差异。抽水蓄能电站的上水库和下水库之间通过输水系统相通，上下水库的水体在抽水与发电工况下互相交换，两个库实际上成为一个整体。抽水蓄能电站下水库调洪需要考虑入库洪水与发电流量的遭遇问题，尤其当天然洪水与发电流量差别不大时，发电流量的影响不容忽视。另外，由于天然洪水具有随机性，天然洪水与发电流量遭遇就具有随机性，寻找天然洪水与发电流量的最不利遭遇是下水库洪水调节的关键所在。

1 抽水蓄能电站概况

抽水蓄能电站有上下两个水库(池)。当上库的水流向下库时，就如常规的水力发电站，消耗水的位能转换为电能；相反，将下库的水输到上库时就是抽水蓄能，消耗电能转换为水的位能。抽水蓄能电站上下水库的开发方式主要取决于站址的自然条件。可以有几种方式：上下两库均由人工围建；上库由人工围建，下库则利用天然河道、湖泊、海湾或利用已经建成的水库；人工围建下库，而上库则为已建成的水库；上下两库均利用相近的天然河道或湖泊；在地形比较平坦的场合，只有上水库是露天的，而下水库、电站厂房及管道全部设在地下，也可利用报废的矿井。

抽水蓄能电站下库洪水调节计算需要考虑发电流量与入库洪水流量遭遇的情况。尤其是利用已有下库时，各频率相应的水库最高水位可能发生变化，水库原有的泄洪建筑物规模可能不再满足泄洪安全要求。考虑发电流量与天然洪水不利遭遇时，应遵循下库的下泄流量不大于坝址断面同频率天然洪峰流量的基本原则，不能人为加大下游洪水负担。在设计阶段按此原则通过技术经济比较，确定下库的坝顶高程、泄洪设备的型式、尺寸及布置。

根据设计洪水过程线，采用考虑发电流量与天然洪水流量遭遇进行下水库各频率洪水调节计算，复核设计阶段下水库的最高洪水位和最大下泄流量，

收稿日期：2022-01-10.
作者简介：赵江艳，湖北孝感人，助理工程师，从事水电水利工程规划设计工作.

若要维持原校核洪水位、设计洪水位不变,可以从以下两个方面入手:采取工程措施加大下游防洪能力,如考虑加高大坝,设置一定的防洪库容,或者增加相应的泄洪建筑物规模,增大安全泄量等;减小发电流量,或缩短发电时间。

2 洪水调节主要问题

2.1 水量平衡

洪水调节的本质是水量平衡问题,通过控制下泄流量,保证库水位不超过设计标准,同时避免人造洪水,即经洪水调节计算后的水库最大下泄流量,不应大于本场洪水过程最大流量。

采用水量平衡方程逐时段调算水库入库流量、下泄流量、蓄水量的变化过程,基本公式为

$$\frac{Q_1+Q_2}{2}\Delta t - \frac{q_1+q_2}{2}\Delta t = V_1 - V_2$$

$$q = f(w)$$

$$w = g(v)$$

式中:Q_1、Q_2 分别表示时段初、时段末的入库流量;q_1、q_2 分别表示时段初、时段末的出库流量;V_1、V_2 分别表示时段初、时段末的水库蓄水量;Δt 表示时段;$q=f(w)$ 表示水库下泄流量与库水位的关系,即泄流曲线;$w=g(v)$ 表示库位与蓄水量的关系,即库容曲线。

抽水蓄能电站下水库调洪计算除了考虑水库自身的水量平衡外,还要考虑上下水库间的水量平衡,即上下库死水位以上的蓄水量之和等于上库或下库的调节库容(调节库容是指上下库匹配的、供电站使用的库容,不包括其他综合利用库容)。

2.2 起调水位

根据《水电工程水利计算规范》(NB/T 10083—2018)的要求,未设防洪限制水位或运行控制水位的水库,起调水位应采用正常蓄水位。根据《抽水蓄能电站水能规划设计规范》(NB/T35071—2015)的要求,当下水库从正常蓄水位起调,不考虑发电或抽水流量,按洪水行程进行计算,与常规水电站的调洪过程完全一致。当考虑机组连续满发流量过程与下水库洪水过程进行滑动叠加组合时,需根据满发利用小时数反推起调水位。下水库起调水位与正常蓄水位之间的库容是为抽水蓄能电站预留的发电库容,预留库容等于发电流量与发电小时数的乘积。

2.3 泄洪方式

泄洪方式总体上可分为敞泄和控泄两类。敞泄是指当洪水来临时,开启所有泄洪通道,按水库最大泄流能力泄洪;控泄是指根据洪水来量、水库水位、泄量以及泄洪建筑物的消能情况和大坝安全的要求,控制闸门开度或其他泄洪通道的启闭。

3 工程实例

3.1 工程概况

GY抽水蓄能电站位于贵州省贵阳市修文县境内,站点位居黔中负荷中心,距贵阳中心城区直线距离约 38 km,距贵阳西 500 kV 变电站电气线路距离约 27 km,接入系统便利,电站对外交通便利,建设条件较好,建成后配合网内风电、光伏、火电运行,可减轻电网调峰压力,提高风电、光伏的吸纳率,改善火电机组的运行条件,提高系统安全运行可靠性,助力贵州构建以新能源为主的新型电力系统。

电站上水库位于乌江支流猫跳河下游六级红岩水电站库区"U"形河弯上游弧形段右岸,距已建的红岩水电站大坝约 7 km(直线距离),为一封闭岩溶洼地。根据上水库地形条件限制,西侧与西北侧为河岸悬崖,为保证开挖稳定,限制库盆开挖最外侧边缘与之最小距离为 100 m;东侧与南侧为较平缓山地,且南侧受到部分断层限制;东北侧则是开阔的垭口地段,地势逐渐降低。GY抽水蓄能电站上库根据地形条件采用上挖下填的方法,提高电站发电水头,减小水头变幅,开挖后的人工边坡总体稳定性好。

下库猫跳河六级红岩水电站1974年建成发电,原设计校核洪水标准和设计洪水标准分别是200 a一遇(0.5%)和50 a一遇(2%)。水库采用中孔泄洪,堰顶高程873.33 m,在坝顶以下17 m设5个 7 m×6.4 m(宽×高)中孔,出口处设平板钢闸门。1997年对大坝进行加固处理,坝体加高2.3 m,坝顶高程890.63 m,坝顶加高后,校核标准提高到500 a一遇,水库校核洪水位890.23m($P=0.2\%$),设计洪水位885.98 m($P=2\%$)。

红岩水库作为GY抽水蓄能电站的下库,GY抽蓄电站为一等大(1)型工程,下库红岩水库其校核洪水标准和设计洪水标准分别是1 000 a一遇(0.1%)和200 a一遇(0.5%)。考虑上游水库调蓄作用后,1 000 a一遇(0.1%)对应的洪峰流量是4 870 m³/s,为保证红岩水库校核洪水位890.23m不变,考虑在红岩水电站大坝上游右岸"U"形河湾附近新建1条泄洪洞。

泄洪洞进口位于红岩电站坝址上游直线距离约800 m,洞轴线直线布置,轴线方向N76°39′W穿过轿子山及狮子山之间的垭口下部,出口位于红岩

电站厂房下游约 180 m，总长 948 m，由引渠段、控制段、无压隧洞段、出口消能工段及消能防冲区等组成。进口底板高程为 871.33 m，堰面采用 WES 曲线，堰顶高程为 875.33 m。堰顶设 1 道平板检修闸门，孔口尺寸 7 m×7 m（宽×高），检修门后接工作弧门，弧门尺寸为 7 m×7 m（宽×高）。

3.2 下水库调洪原则

根据《水电工程水利计算规范》（NB/T 10083—2018）、《抽水蓄能电站水能规划设计规范》（NB/T 35071—2015）的要求，结合 GY 抽水蓄能电站的特点，制定下水库调洪原则如下：

（1）入库洪水应及时下泄，不宜侵占抽水蓄能电站发电库容。

（2）起调水位为死水位至正常蓄水位之间的任何水位。洪水调节计算过程中，应保持上下水库死水位以上总蓄水量不小于电站抽水发电蓄水量与备用水量之和。

（3）无预报预泄情况下，下水库泄洪洞与溢洪道同时参与泄洪，通过控制泄洪设施开度使当前下泄流量不得大于本次洪水过程已出现的最大天然流量，以避免本工程兴建造成下游的人为洪水。

（4）应考虑不同起调水位条件下，入库洪水过程与发电或抽水过程的滑动叠加组合，从偏安全角度考虑，叠加流量取 4 台机组满负荷发电运行时发电流量，叠加时段长根据上下库当前库容确定，最大取装机满发利用小时数 6 h。当下水库从正常蓄水位起调时，不应考虑与发电流量叠加。

（5）入库洪水采用机组连续满发流量过程与下水库洪水过程进行滑动叠加组合，找出最不利的组合情况，以此计算各频率相应的水库最高水位及相应最大下泄流量。

3.3 下水库调洪边界条件

（1）起调水位。当下水库从正常蓄水位 882.33 m 起调时，不考虑与发电流量叠加，满发利用小时取 0。下水库起调水位与正常蓄水位之间的库容是为抽水蓄能电站发电预留的库容，预留库容等于发电流量与发电小时数的乘积。从偏安全角度考虑，叠加流量取 4 台机组满负荷发电运行时发电流量 285 m³/s。满发利用小时取 0~6 h。据此推算下水库起调水位与满发利用小时数的关系如图 1 所示，拟合的关系式为 $y=-0.7335x+882.37$。当满发利用小时数取 6 h 时，下水库起调水位为 877.91 m。

（2）泄洪方式从最不利的角度考虑，下水库采用敞泄方式泄洪。新增泄洪洞孔口尺寸为 7 m×7 m（宽×高），堰顶高程 875.33 m，泄流曲线见图 2。

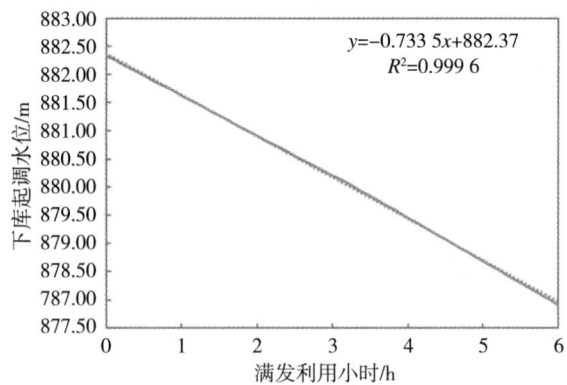

图 1 下库起调水位与满发利用小时关系图

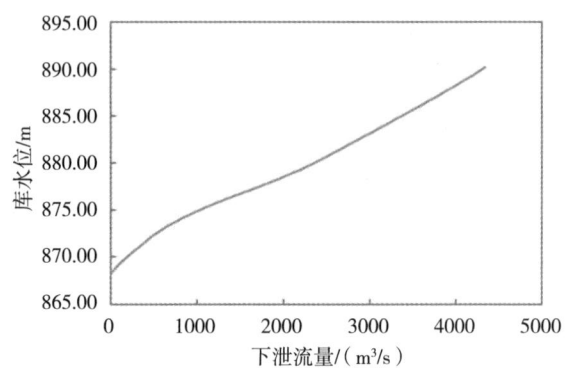

图 2 下库红岩水库泄流曲线

3.4 调洪成果及分析

不考虑与发电流量叠加，红岩水库 1 000 a 一遇入库洪水过程如图 3 所示，洪峰流量为 4 870 m³/s。遵循不能人造洪峰的原则，峰前或峰后滑动叠加发电流量，满发利用小时数取 0~6 h，对应起调水位 882.33~877.91 m。滑动叠加发电流量进行调洪计算，调洪成果与满发利用小时数的关系如图 4~5 所示。可以看出：

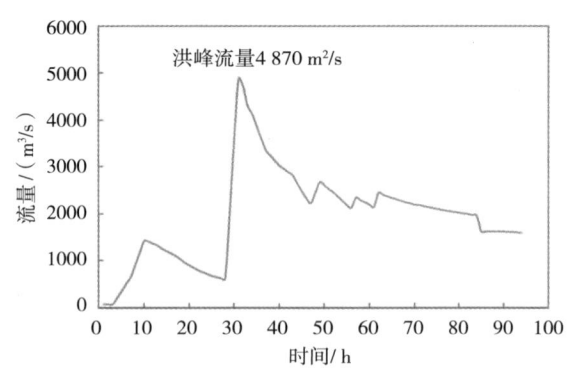

图 3 红岩水库入库洪水过程线（$P=0.1\%$）

（1）峰前叠加发电流量时，最高库水位和最大下泄流量随着满发利用小时数的增加先增大后减小，当满发利用小时数取 1.2 h 时，情况最为不利，最大库水位为 888.91 m，最大下泄流量为 4 110 m³/s。

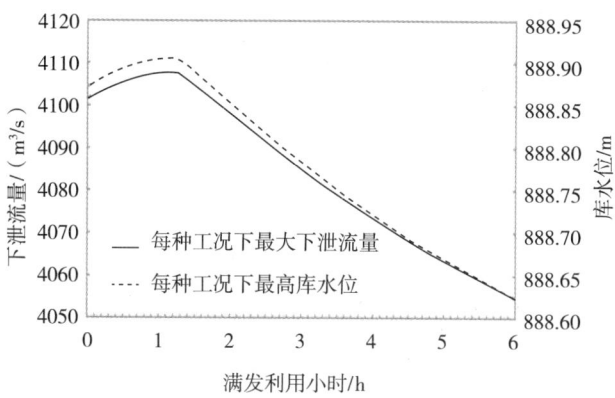

图 4 下水库调洪成果（峰前叠加满发流量）

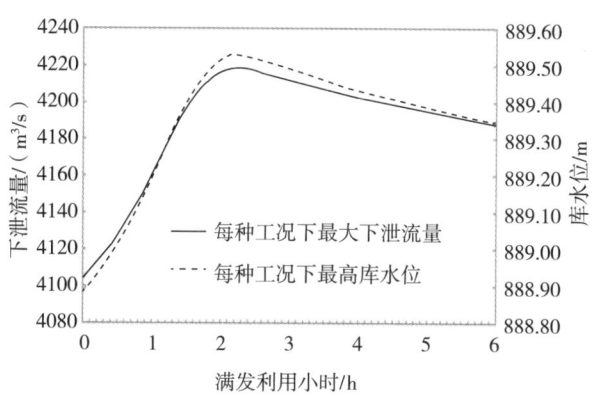

图 5 下水库调洪成果（峰后叠加满发流量）

（2）峰后叠加发电流量时，最高库水位和最大下泄流量随着满发利用小时数的增加先增大后减小，当满发利用小时数取 2.2 h 时，情况最为不利，最大库水位为 889.53 m，最大下泄流量为 4 220 m³/s。

从最不利的角度考虑，下水库的调洪成果均取最高值，即最大库水位为 889.53 m，最大下泄流量为 4 220 m³/s。此时，起调水位为 880.77 m，满发利用小时数为 2.2 h，满发流量叠加时段为 32.4 h 至 34.6 h，调洪过程线如图 6 所示。

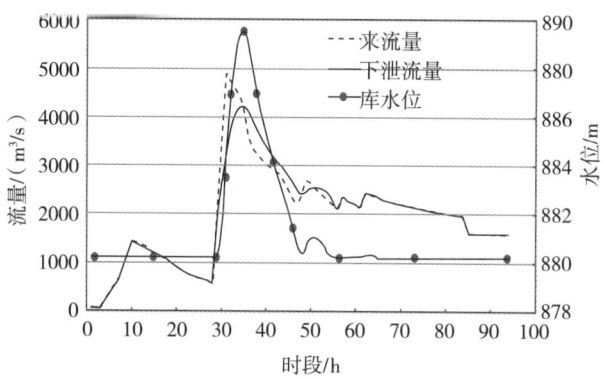

图 6 最不利工况下水库洪水调洪过程线（P＝0.1%）

经上述调洪成果分析，红岩校核洪水位 889.53 m 小于现状校核洪水位 890.23 m，从工程安全的角度出发，维持红岩水电站现状校核洪水位 890.23 m。

4 结语

在水库调蓄洪水的过程中，入库洪水、下泄洪水、拦蓄洪水的库容、水库水位的变化以及泄洪建筑物型式和尺寸等之间存在着密切的关系。水库调洪计算的目的，正是为了定量地找出它们之间的关系，从而为决定水库的有关参数和泄洪建筑物型式、尺寸或合理运用等提供依据。对于利用已有下库的抽水蓄能电站，涉及原有水库的防洪安全、枢纽安全、淹没影响、综合利用等众多方面，要结合实际情况考虑是否改扩建原有的泄洪建筑物，因此洪水调节显得尤为重要。

本文结合 GY 抽水蓄能电站的工程实际情况，对下水库洪水调节原则进行了研究，本阶段主要考虑新增泄洪建筑物规模以加大安全泄量，在此前提下，采用机组连续满发流量过程与下水库洪水过程进行滑动叠加组合，滑动叠加采用的步长缩短到 0.1 h，从而找出最不利的组合情况，以此计算校核标准下水库最高水位及相应最大下泄流量是否满足安全要求。该洪水调节计算过程可为类似工程提供一定的参考价值。

参考文献：

[1] 王娜. 抽水蓄能电站的洪水调节计算[J]. 东北水利水电, 2020(2):10-11.

[2] 曹飞, 王婷婷. 抽水蓄能电站下水库调洪计算特点分析[C]. 中国水力发电工程学会首届抽水蓄能技术发展青年论坛暨电网调峰与抽水蓄能专委会 2017 年年会.

[3] 张丹庆. 黑糜峰抽水蓄能电站下水库洪水调节分析[J]. 水力发电, 2010, 36(7):28-30.

[4] NB/T 10083—2018, 水电工程水利计算规范[S].

[5] 王春辉. 惠州抽水蓄能电站洪水调节计算[J]. 水力发电, 2009, 35(7):17-19.

[6] NB/T 35071－2015, 抽水蓄能电站水能规划设计规范[S].

[7] 吕景峰. 水利工程中若干水文问题的探讨[D]. 西安:西安理工大学, 2005.

[8] 鄢军军, 罗茜, 周铁柱. 五岳抽水蓄能电站下水库洪水调度规则研究[J]. 水力发电, 2020(3).

移民与环保

抽水蓄能电站边坡绿化喷播植草技术应用浅析

胡雯泷，瞿丹丹

(中国水利水电第八工程局有限公司，湖南长沙，410004)

摘要：文章结合湖南平江抽水蓄能电站的道路工程，全面系统地介绍了生态三维网喷播植草技术的工程技术原理、施工工艺流程，并对技术的优缺点进行了分析。可为边坡防护绿化提供借鉴。

关键词：抽水蓄能；生态三维网喷播植草；边坡防护；绿化

1 工程背景

湖南平江抽水蓄能电站位于湖南省岳阳市平江县福寿山镇境内，上水库位于平江县福寿山大福坪，下水库位于平江县福寿山镇百福村。电站所在区域环境敏感，工程区位于福寿山—汨罗江国家级风景名胜区范围内，上下水库之间区域为风景名胜区核心景区。工程于2019年9月25日开工，目前已进入主体工程施工阶段。场内共设计新建道路10.47 km，本文以16号道路为例介绍三维网喷播植草防护边坡技术。16号道路全长0.8 km，设计标准为水电工程场内三级，设计速度为20 km/h，路面宽度为6.5 m，采用水泥混凝土路面结构形式，共设计1.11万㎡边坡需要喷播植草。16号道路是开挖山林区域形成，施工过程中需要进行高填深挖，使得项目周边地貌与植被遭受到了严重破坏，土质多以花岗岩全风化土为主，考虑到抗冲刷能力较弱，设计采用三维网喷播植草防护边坡。

2 主要技术原理

生态三维网喷播植草技术又称土工网复合植被技术或草皮加筋技术，主要原理是在坡面植被未形成前，通过三维植被网自身致密的覆盖边坡表层土壤及其锚固作用，降低暴雨径流的冲刷能力和地表径流速度，使坡面减少风雨侵蚀，减少水土流失。坡面植被长成后，腐质层为边坡表层土壤提供了1个保护层，坡面植被根系与三维网、坡面紧密结合形成整体，使坡面减少雨水侵蚀，减少水土流失，保证坡面稳定。此项技术主要适用于边坡相对稳定，坡度不小于1∶1的土质边坡或者强风化严重的岩质边坡。

3 生态三维网喷播植草技术

生态三维网喷播植草技术是一种新的边坡防护方式，具有操作简单、施工组织方便、施工进度快、成效显著等优势，主要施工流程包括边坡开挖及处理、生态三维网固定、喷播种植、无纺布覆盖、养护管理等内容。

3.1 边坡开挖及处理

施工过程中需要严格按照设计图纸进行测量放样，严禁超越征地红线施工。施工过程中将道路边坡开挖或填筑到设计高程，并对坡面杂草、碎石等进行清理，防止其刺穿或者撕破生态三维土工网，并对松散部位进行夯实。回填压实度等应达到设计指标要求，使得整体整齐顺畅。

3.2 生态三维网固定

坡面绿色三维土工网主要作用是阻止表层覆土被水流带走。绿色三维土工网通常以标准的长度和宽度成卷供应，施工前应检查每卷产品长度，开卷前检查是否有损坏或者瑕疵。绿色三维土工网铺设在边坡之上，铺设长度方向与坡面方向平行，并需在坡顶延伸50 cm，埋入截水沟底部或埋入坡顶进行压顶处理。三维网纵向或横向搭接30 cm，搭接部位用直径8 mm钢筋制作的U形钉进行固定，U形钉间距1 m，在三维网固定过程中务必使三维土工网与坡面紧密结合。绿色三维土工网防护设计图见图1。

3.3 喷播种植

通过喷播种植将耕作土、泥炭土、保水剂、草种子、植物纤维、有机肥、缓释复合肥以及一定量的清水溶于喷播机内，各项配比需要严格按照设计方案进行。绿化基材配置需要经过机械充分搅拌，形成均匀的混合液，然后通过喷播机上的高压泵装置将混合液高速均匀喷射到已处理好的坡面上，也

收稿日期：2021-11-22.

作者简介：胡雯泷，河南上蔡人，助理工程师，从事水利水电工程施工管理工作；瞿丹丹，甘肃兰州人，助理工程师，从事水利水电工程技术管理工作.

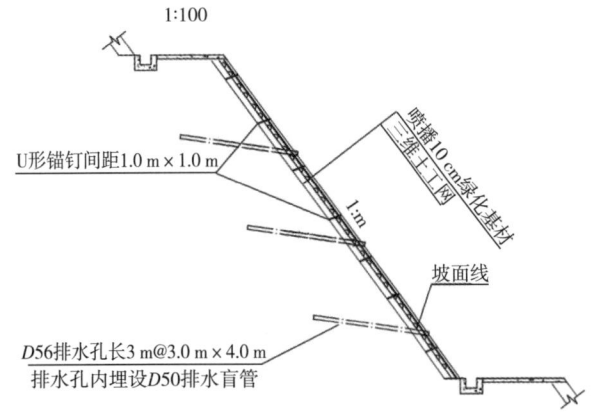

图1 绿色三维土工网防护设计示意图

可通过改良处理后的混凝土喷射机把基材混合料喷射到网垫之上，其中喷射厚度控制在10 cm。

绿色三维网喷植原材料配比为百喜草2%、耕作土58%、泥炭土30%、有机肥5%、植物纤维2%、保水剂0.1%、缓释复合肥2%。

3.4 无纺布覆盖

无纺布覆盖是植物发芽的重要保障措施，喷播种植后应及时对坡面进行无纺布覆盖。无纺布为可降解的一种新型材料，具有一定防水性、透气、柔韧、不助燃、无毒无刺激性。无纺布覆盖可根据现场气候条件及坡度进行单层覆盖，山地区域秋冬季应采用双层覆盖。无纺布覆盖的主要作用是保护草种及幼苗免受动物或鸟类的啃食及破坏；减少降雨对坡面种子及幼苗的冲刷；可以有效降低阳光照射强度，减小坡面水分的蒸发，确保植物发芽、生长有充足水分，为植物发芽及幼苗生长提供适宜的温度。夏季要进行浇水处理，必要时要进行除虫除害作业，确保喷播效果。

3.5 养护管理

养护管理是生态三维网喷播植草技术的重要环节，对后期植物成活率有重要作用。夏季高温，植物需要水份，要尽量避免中午进行水份浇筑，要采用喷淋或者喷雾形式，早晚各1次，确保种子发芽过程中水份充足。发芽成长期严禁采用高压水枪或者水管直接冲洒坡面。秋冬季节要关注种子的保温措施，平江抽水蓄能电站建设区域秋冬季节多雾多水，要利用有效光照时间进行养护。必要时揭开无纺布，加强通风和光照，促进草苗生长。喷播的材料配比中含有一定的幼苗需要的营养，一般不进行再次施肥，如果喷播后发现幼苗生长期过慢可进行适当施肥，一般选用复合肥料或者生物肥料，避免造成环境污染。针对可能发生的虫害，要适当喷洒生物制剂农药，确保喷播效果。一般在喷播结束之后7～10 d要检查草种发芽率，发芽率是否≥85%，施工坡面是否已经表现为绿色状态。30 d后植物覆盖率是否≥95%，植物高度是否超过了10 cm，对于未能发芽效果不好的区域要进行补种。

4 施工效果

绿色生态三维网喷播植草技术具有投资小、见效快、操作方便、施工速度快、适用性强等特点，能满足一般边坡绿化及防护要求，特别是在一般水保项目中，能确保水土稳固，满足植被覆盖要求，与传统护坡形式相比可减少投资30%～50%。16号道路工程边坡绿化施工完成之后，通过观察发现草籽6～10 d已经发芽，60 d基本形成了草坪，且长势良好，外观优美，多次受到外部专家的肯定。16号道路整体形象见图2。

图2 16号道路整体形象图

5 结语

在《抽水蓄能中长期发展规划（2021－2035年）》中，国家能源局提出了32字基本原则，其中生态优先排列在第一位。绿色生态三维网喷播植草技术是一个具有典型代表性的边坡防护技术，是未来发展的趋势，可以快速、经济地提升边坡施工质量以及绿化效果。本文以平江抽水蓄能电站16号道路工程为例，重点研究了喷播植草施工技术。研究表明，此项技术有效保证了道路边坡绿化效果及施工质量，也为后续抽水蓄能电站类似边坡防护工程施工提供了借鉴。

参考文献：

[1] 孙晋儒.三维网喷播植草技术在边坡防护工程中的应用[J].山西水利.2021(1):37-38.

[2] 张婧丽.公路边坡绿化喷播植草技术应用分析[J].黑龙江交通科技.2021(7):88-89.

[3] 潘定才,叶复萌,黄卫华.深圳抽水蓄能电站建设与生态环境协调发展研究[G].抽水蓄能电站建设文集.2010.

[4] 付宏渊.公路边坡防护工程[M].北京:人民交通出版社,2020.

水电工程移民安置方式适宜性分析

许在德

(贵州中水建设管理股份有限公司，贵州贵阳，550081)

摘要：通过分析黄金坪水电站多元化的移民安置方式在自然、社会经济、宗教文化等大环境下的适宜性，提出多元化的移民安置方式在诸多约束条件下的适宜选择。

关键词：移民；安置；方式；适宜性；黄金坪水电站

1 工程简介

黄金坪水电站地处大渡河上游河段，系大渡河干流水电规划"三库22级"的第12级电站，上接长河坝梯级电站，下游为泸定电站。水库正常蓄水位为1 476.00 m，相应库容为1.28亿 m³，死水位1 472.00 m，水库具有日调节能力。电站总装机容量850 MW，多年平均年发电量38.61亿 kWh。电站建设征地区共涉及康定市的4个乡镇、8个村。

建设征地区域属典型的高山峡谷区域，气候属河谷亚热带气候，四季分明；年平均温度15～17 ℃，降水量500～680 mm，无霜期250 d以上，热量充足；主要土壤有暗棕壤、山地褐土和潮土等，垂直分异明显，基带为褐土；该区主要产小麦、玉米、青稞、洋芋、豆类、蔬菜以及瓜果等；农作物为两年三熟或一年两熟，复种指数相对较高，大渡河河谷两岸支流、冲沟发育，间有零星的Ⅰ～Ⅲ级阶地分布。

2 社会经济环境对比分析

根据《康定县统计年鉴2009》，姑咱镇年末常住户数为3 401户，其中外来户数为325户，常住人口为15 457人，外来人口为1 519人。农村社会总产值为2037万元，其中农业总产值851万元、农村工业总产值367万元、农村建筑业总产值527万元、运输业总产值200万元、贸易餐饮业总产值92万元。

根据《康定县统计年鉴2013》，姑咱镇年末常住户数为5 946户，其中外来户数为3 567户，常住人口为18 258人，外来人口为10 881人。农村社会总产值为4557万元，其中农业总产值269万元、农村工业总产值109万元、农村建筑业总产值83万元、运输业总产值1 204万元、贸易餐饮业总产值147万元。

根据《康定县统计年鉴2015》，姑咱镇年末常住户数为6 057户，其中外来户数为3 662户，常住人口为17 852人，外来人口为10 356人。农村社会总产值为5249万元，其中农业总产值1701万元、农村工业总产值1 813万元、农村建筑业总产值1 000万元、运输业总产值330万元、贸易餐饮业总产值405万元。姑咱镇主要社会经济指标对比见表1。

表1 姑咱镇人口规模、产业产值变化情况统计

年份	常住户数/户	外来户数/户	常住人口/人	外来人口/人	农村社会总产值/万元	贸易餐饮业总产值/万元
2009	3 401	325	15 457	1 519	2 037	92
2013	5 946	3 567	18 258	10 881	4 557	147
2015	6 057	3 662	17 852	10 356	5 249	405

3 移民安置方式综述

在设计移民安置方式时，项目采取了多元化的移民安置方式，目的是保证移民都得到妥善安置，使其生产生活水平与移民前持平甚至超过原有水平。经分析，主要安置方式如下：

（1）集中安置方式。这种安置方式对安置地提出的基本要求是要保证安置地能够满足移民的基本生活生产需求。即移民在到达安置地后的生活要得到保障，生产要有一定的门路，并且要充分考虑移

收稿日期：2022-04-01.

作者简介：许在德，贵州毕节人，工程师，从事水利水电工程规划设计工作.

民在两地的经济收入水平差距,以最大限度地为移民提供更好的生活发展环境。黄金坪水电站集中安置点有3个,均属于统一规划建设,小区模式,分别为章古河坝集中安置点、姑咱集中安置点、长坝集中安置点。

(2)以土为本安置方式。这是基于大多数农村移民意愿、适应移民素质、风险较小的主要安置方式,也是稳定移民心态、安定移民生活以逐步致富的要求。土地安置是移民各有其地,满足了根本需要,解决了后顾之忧,但土地安置除受到土地空间的限制外,还受到土地质量的限制。黄金坪水电站采取的以土为本安置方式主要依托集中开发出来的土地,实现有土安置。

(3)非土安置方式。对于那些素质高,生产经营和谋生技能强,离开土地照样能维持生活的移民,可以采取自谋职业、项目复合安置(商铺安置)等非土安置方式。对于年老孤寡、完全丧失劳动力的移民,可以采取社会养老保障的非土安置方式。这样能够更好利用其他地区的安置资源,无疑是一种较为理想的状态,仅针对少数移民而言。

(4)逐年补偿安置方式。其作为一种新的安置方式,在四川省尚处于探索实施阶段,目前仅有个别水电站进行了有益的尝试,并且取得了较好的实施效果,既有的工作经验表明,淹没耕地较多的移民比较赞同逐年货币补偿这种安置方式。

4 移民安置方式适宜性分析

(1)自然环境下移民安置方式适宜性分析。从自然环境分析可以看出,黄金坪水电站建设征地涉及区域内,耕地资源匮乏,且耕地资源主要分布在河谷河滩地、阶地及邻近坡地上,质量较好的耕地会被大量淹没,同时,剩余耕地质量差、产量低,工程建设征地后,受征地影响的居民拥有的剩余耕地资源不能满足其提高生产生活水平的需求。另外,因自然、气候条件及社会环境等诸多差别,很多移民不愿搬迁到异地,而从安置地的角度来说,随着土地承包经营权的相对稳定和国家粮补政策的出台,农民开始惜地,安置地要采取调整土地来安置移民的方式实施起来难度越来越大。由此说明黄金坪水电工程移民的安置方式不能再依靠现有的土地进行农业安置,必须进行创新,于是,对集中开发土地的需求便应运而生,把新开发出来的土地安置给移民,以解决移民生产生活的问题。

(2)社会经济环境下移民安置方式适宜性分析。姑咱镇位于康定县东部,大渡河西岸,自古以来就是川藏贸易的主要市场所在地和康定折东地区的经济、交通、物流、文化的中心,S211线康丹公路贯通全境,还与国道318线相连,是康东片区的重要交通枢纽。区域内的民族文化程度普遍以小学及以下为主,由于移民受现代化教育程度低,劳动技能单一,其观念比较保守,求稳定心理强,对于水电资源开发引起的各种社会变化适应起来比较困难。区域内居民主要以种植业为主,在农村经济中以农业收入占比最大,其次为贸易餐饮、服务业。另外从社会经济环境的年度对比分析得出,5年内姑咱镇的外来户数和外来人口增长迅速,反映了姑咱镇的人口流动频繁,农村社会总产值也增长迅速,其中贸易餐饮业总产值连年增长,表明姑咱镇的人口流动从一个侧面反映了人口的购买力需求较大,刺激了商贸业的发展。由此说明,黄金坪水电工程的移民可结合城镇化方向来集中安置,并对那些生产经营和谋生技能强,离开土地依然能维持生活的移民进行商铺安置,以解决其生活问题,这是比较合理、适宜的。

(3)移民安置方式适宜性分析结论。移民搬迁安置方面,姑咱集中安置点建设在姑咱集镇内,章古河坝集中安置点和长坝安置点距离集镇中心也比较近,交通较为方便。三个安置点的建设,更加为集镇的社会经济发展注入新的力量,更加体现了城镇化方向集中安置。

由于土地资源相对匮乏,黄金坪水电站有土安置采取的是在章古山上和章古河坝集中开发整理土地,通过统一规划建设、培肥,按人均安置给章古河坝集中安置点、长坝集中安置点的个人,以保障移民生产生活问题。而黄金坪水电站非土安置,对于姑咱集中安置点的移民,采取的便是按人均标准划分商铺进行生产安置,以解决移民生产生活问题。对于少部分年老孤寡、完全丧失劳动力的移民以及淹没耕地较多的移民,采取的是社会养老保障安置方式、逐年补偿安置方式。

综上分析,黄金坪水电站多元化移民安置方式是适宜当地自然、社会经济环境等大前提的,即考虑了农村现状条件,也充分结合了城镇发展建设情况,采用了多种安置方式结合的方式,可以说是解放农村劳动生产力的另辟蹊径,移民安置实践效果也相对较好。

5 结语

水电工程移民安置方式的确定是一个较为复杂的系统工程,从黄金坪水电站的移民安置方式中看出,为合理确定移民安置方式,首先要掌握国家及地方相关政策,其次要充分结合当地实际,分析当地自然、社会经济环境等因素，并进行移民意愿调查，制定可行的移民安置方案，由当地政府发挥调控作用，各部门之间通力合作，做好补偿工作。只有移民的利益得到保证以后，才能使移民安心生活，从而为工程建设打下良好的基础。

参考文献：

[1] 杨文建.中国水库农村移民安置模式研究.南京:河海大学,2004(5).

[2] 翁家清,李彦强,袁志刚等.丹江口水库移民安置规划与实践[J].人民长江,2013:26-29.

[3] 康定市统计局.康定市国民经济和社会发展统计年鉴(2009—2015)[R].

乌江下游水电梯级开发对陆生生态敏感区影响分析评价

邱兴春[1,2]

(中国电建集团贵阳勘测设计研究院有限公司,贵州贵阳,550081;
2. 贵州省建筑信息模型(BIM)工程技术研究中心,贵州贵阳,550081)

摘要: 为研究河流水电开发对其涉及陆生生态敏感区的实际影响,本文选择了乌江下游水电梯级开发作为研究对象开展环境影响后评价。采用图形叠置法,判断了乌江下游流域陆生生态敏感区与乌江下游干流水电梯级区位关系。在该河段水电梯级开发涉及的陆生生态敏感区中,选取了麻阳河国家级自然保护区和沿河乌江山峡国家级风景名胜区作为典型代表,分析其敏感区结构与功能、主要保护对象等受梯级水电站开发建设影响程度,并以此结论代表该河段水电梯级开发对所涉及陆生生态敏感区的实际影响情况。经研究分析,乌江下游水电梯级开发对其涉及陆生生态敏感区的影响不大,同时因电站水库宽阔水面的形成,对风景名胜区、湿地公园、森林公园等带有旅游性质的敏感区具有丰富景观内涵的一面,对自然保护区也因宽阔水面能改善局地小气候,利于周边植物植被的生长发育,进而对促进生态系统的正向演替有一定积极作用。最后,针对该河段尚未开工建设的第4梯级——白马梯级开发可能涉及陆生生态敏感区的情况提出了工作建议。此研究结论为决策管理部门今后判断类似工程建设对陆生生态敏感区的影响程度提供参考。

关键词: 乌江;下游;生态敏感区;水电;开发;影响;评价

0 引言

生态敏感区是重点保护野生动植物和珍稀濒危动植物的集中分布区或生态系统极为脆弱的区域,具有重要的生态服务功能,是整个流域最为重要、最为敏感的区域[1-2],是生态环境变化最激烈和最易出现生态问题的地区,也是区域生态系统可持续发展及进行生态环境综合整治的关键地区[3]。本研究所指的陆生生态敏感区是依照国家相关法律法规及技术规范在具有上述性质的地域划定的特殊生态功能区,主要为世界自然遗产地、自然保护区、风景名胜区、森林公园、地质公园、湿地公园等生态敏感区。

在乌江下游流域内密集地规划成立了上述类型的生态敏感区,河流内梯级水电站的开发建设,不可避免地对其产生影响,其影响情况需要深入开展环境影响评价来确定。我国环境影响评价工作相对国外起步较晚,在1979年制定的环境保护法中才第一次提出环境影响评价机制,要求新建项目、改扩建老旧项目在项目建设前必须先完成环境影响评价并获得相关环保行政部门的批复后,才能进行设计[4-5],从此环境影响评价工作才开始逐步实施。不过,当时环境影响评价工作不够深入,管理也相对混乱、不完善。后期国家又陆续颁布了《建设项目环境保护管理办法》(1986年颁布,1998年废止)、《中华人民共和国环境保护法》(1989年颁布,2015年修订)、《建设项目环境保护管理条例》(1998年颁布,2017修订)、《中华人民共和国环境影响评价法》(2002年颁布,2018年修订)、《规划环境影响评价条例》(2009年)等一系列的环境保护法律法规,以及相关环境影响评价技术规范导则颁布并实施,环境影响评价工作也由此更加广泛、深入与完善。不过,建设项目环境影响评价仅是项目建设前预测性质的评估,实际环境影响情况需要建设项目修建完成并运行一段时间后才能体现出来,尤其是对陆生生态环境的影响更是如此,即需要开展环境影响后评价来验证梯级水电站建设前环境影响评价的预测成果。一般项目建设完成后3~5 a或更长的时间生态环境受到的影响情况才会逐渐体现出来。基于我国早期环境影响后评价法律法规及相关评价体系建设不完善,故建设项目开展环境影响后评价不多,开展河流水电梯级开发对流域环境影响后评价更是少之又少。直到《建设项目环境影响后评价管理办法(试行)》

收稿日期:2022-02-17.
作者简介:邱兴春,贵州毕节人,高级工程师,主要从事环境保护研究工作.

(2016年)和《河流水电开发环境影响后评价规范》(NB/T35059—2015)的颁布实施,国内建设项目环境后评价和河流水电开发环境影响后评价才逐渐被重视起来。该管理办法及规范的颁布实施对环境影响后评价工作的顺利开展可以说具有阶段性里程碑意义[6]。本次研究开展的乌江下游水电梯级开发对陆生生态敏感区影响分析评价正是在上述管理办法及规范的指导下进行的。

乌江是《中华人民共和国长江保护法》(2021年)明确的流域面积8万km²以上的长江重要一级支流之一。乌江下游干流河长342.6 km,规划大型水电梯级4个,平均1.17个/100 km。由此可知,乌江下游水电梯级密度大,电站装机规模等级又高,环境影响范围广。而乌江下游流域又聚集性地规划成立了40个陆生生态敏感区,因而受梯级水电开发影响的陆生生态敏感区也多。可见,开展乌江下游河段水电梯级开发建设对陆生生态敏感区的实际影响分析评价具有典型性代表意义。

1 乌江下游水电梯级开发概况

乌江发源于乌蒙山麓,流经黔北及渝东南西阳、彭水,在重庆市涪陵注入长江[7],干流全长1 037 km,比降为0.205‰[8]。河源至化屋基为乌江上游[9-10],河长325.6 km,平均坡降4.29‰;化屋基至思南为乌江中游,河长368.8 km,平均坡降1.37‰;思南以下为下游,河长342.6 km,平均坡降1.37‰[10]。

为合理开发乌江下游干流丰富的水能资源,从20世纪50年代初起,我国有关单位对乌江干流做了大量的工作,特别是80年代以来,随着改革开放的进一步深入,乌江干流的水电前期工作出现了前所未有的进展。乌江下游干流水电梯级规划方案经历多次论证修编后,最终确定为4级开发方案[11-12],从上游至下游分别为沙沱水电站(2013年建成)、彭水水电站(2008年建成)、银盘水电站(2011年建成)、白马航电枢纽(未建)。已建总装机容量3515MW[12],占规划开发总装机容量的87.99%。该河段除乌江白马梯级未建外,最晚建成的乌江沙沱水电梯级运行至今已快近10年之久,故乌江下游多梯级水电梯级开发对生态环境造成的影响已基本显现,已具备开展流域梯级水电站建设对涉及生态敏感区的实际影响分析评价的时机。

2 乌江下游陆生生态敏感区分布概况

根据收集乌江下游流域内已批复建立的陆生生态敏感区总体规划资料查阅的得知,截至2019年12月底,乌江下游流域分布有2个世界遗产地,4个国家级自然保护区,1个省(市)级自然保护区,2个市州级自然保护区,9个县级自然保护区;3个国家级风景名胜区、6个省(市)级风景名胜区;2个国家级森林公园、1个省(市)级森林公园;3个国家级地质公园、1个省(市)级地质公园;3个国家级湿地公园,3个省(市)级重要湿地,共计40个陆生生态敏感区。笔者将乌江干流下游已建水电梯级开发建设征地区域与流域内陆生生态敏感区进行叠图分析得知,乌江下游干流水电梯级开发涉及8个陆生生态敏感区,分别为麻阳河国家级自然保护区、茂云山县级自然保护区、沿河乌江山峡国家级风景名胜区、酉阳乌江百里画廊省(市)级风景名胜区、思南乌江岩溶国家地质公园、思南万圣省级森林公园、贵州德江白果坨国家湿地公园、贵州沿河乌江国家湿地公园等,占乌江下游流域陆生生态敏感区总个数的20.00%,其中前4个敏感区是在相应梯级——沙沱(2013年建成)、彭水(2008年建成)、银盘(2011年建成)电站梯级开工建设前已获国家相关部门批复,后4个敏感区是在相应涉及水电梯级开工建设后才获得国家相关部门批复的。涉及陆生生态敏感区梯级电站的开工时间晚于敏感区取得相应行政主管部门批复的,建设单位均按要求对生态敏感区开展了环境影响专题评价,并取得相应行政主管部门书面意见。水电梯级建设后才成立的陆生生态敏感区,梯级电站的水库基本成为其生态敏感区总体规划的重要组成部分,这充分体现了经济建设与环境保护相互促进的原则,实现了经济与环境的协调发展。

3 乌江下游水电梯级开发对生态敏感区的影响分析

考虑乌江下游河段水电梯级开发涉及生态敏感区处于流域内的生态重要性,以及敏感区自身保护级别及类别,本研究选择流域内麻阳河国家级自然保护区和沿河乌江山峡国家级风景名胜区作为典型代表,分析其受流域内水电梯级开发建设的实际影响情况,其分析结论代表乌江下游多梯级水电开发建设对陆生生态敏感区的影响状况。

3.1 麻阳河国家级自然保护区
3.1.1 基本概况

麻阳河保护区位于贵州东北部,始建于1987年9月,时为县级自然保护区,区内分布的黑叶猴约为38群395只。2002年3月,经贵州省人民政府批准(黔府函〔2002〕105号),原遵义市务川县锯子山黑叶猴自然保护区归并入麻阳河省级自然保护区。2003年6月，国务院办公厅以"国办发〔2003〕54号"批准建立麻阳河国家级自然保护区，保护区总面积 31 113 hm²，其中核心区 10 543 hm²、缓冲区 15 022 hm²、实验区 5 548 hm²，主要保护对象为国家一级重点保护动物——黑叶猴及其栖息地[13]。

3.1.2 建设的水电梯级与保护区的时空关系

在乌江下游干流上建设的4个梯级水电梯级中，涉及麻阳河保护区的水电梯级仅为彭水水电梯级。彭水水电梯级于2003年开工建设，是麻阳河自然保护区批准后开工建设的乌江下游第2梯级水电站。彭水水电站蓄水后，淹没了麻阳河保护区总面积 115.2 hm²[14]。

3.1.3 环境影响分析

3.1.3.1 对保护区结构与功能的影响

彭水水库蓄水后，淹没保护区土地面积为 115.2 hm²，占麻阳河自然保护区总面积的 0.37%，其影响表现为受淹没的区域由陆域变为水域，受水库淹没影响区域仍属于自然保护区范围，仅是土地使用功能发生了转换，保护区总面积不变，也未改变保护区的内部结构与功能，且受淹没区域相对于整个保护区面积来说，是很小的一部分，故彭水水电梯建设对保护区的结构与功能没有造成实质性不利影响，保护区结构与功能基本维持现状。

3.1.3.2 对保护区主要保护对象——黑叶猴及其栖息地的影响

（1）彭水梯级水库蓄水淹没影响的黑叶猴种群分布及变化。梯级水库蓄水前，受淹没的保护区区域分布有6群黑叶猴，每群按照6～13只估计，共为42～78只[15]，分别分布于洪渡河左岸的后茶园、洪渡河靠近回水末端池垭和黄权、麻阳河河口思渠、麻阳河回水末端凉桥、乌江的银童子等6地。彭水水电站水库蓄水后，根据2016年牛克锋等人对保护区内黑叶猴种群数量的调查统计，之前的6群黑叶猴个体总量达到68～71只，说明这6群黑叶猴并没有因彭水水电工程建设而受到不良影响，反而继续种群稳定发展与壮大，据调查，仅幼猴就新增了15只，且在之前分布的各地均有新增。由此可知，梯级电站建设对这6群黑叶猴没有明显不利影响，黑叶猴各种群仍然维持正常繁衍与传承。也许河流梯级水库形成后，大面积的水面改善了当地局地气候，促进了保护区内植物植被的生长繁育，为黑叶猴提供了充足的食物来源，以及良好的栖息环境，从而为黑叶猴种群的发展壮大提供了有利条件。

（2）麻阳河保护区内黑叶猴种群规模的变化。乌江下游干流沙沱、彭水、银盘3座水电站分别于2013年、2008年、2011年建成并运行。该河段水电梯级规划方案的4梯级中，白马梯级至今仍处于工程可行性研究阶段。沙沱梯级建成并运行后，在2014年，针对保护区内黑叶猴种群繁衍和分布情况进行了一次全面的调查。调查成果为：截至2014年，麻阳河自然保护区黑叶猴总共72群，约554只，较28年前增加34群159只。2021年保护区内黑叶猴已达70多群、580余只[16]，可见，保护区内黑叶猴种群规模数量继续稳步提升。

综上所述，乌江下游河段水电梯级建设对麻阳河自然保护区结构功能及黑叶猴不但没有造成明不利显影响，而且梯级水库宽阔水面的形成，在一定程度上改善了当地局地小气候，促进保护区内植物植被的生长发育，进而促进了生态系统良性循环，从而为黑叶猴种群规模发展壮大奠定了基础。由此也说明，自该河段多梯级水电站建成并运行多年以来，麻阳河自然保护区内生态系统通过自身调节能力，使得系统能量流、物质流、信息流等已处于新的生态平衡状态。

3.2 沿河乌江山峡风景名胜区国家级风景名胜区

3.2.1 风景名胜区概况

沿河乌江山峡风景名胜区位于贵州省沿河土家族自治县。2003年11月，贵州省人民政府以"黔府函〔2003〕421号"批准乌江山峡风景名胜区为贵州第五批省级风景名胜区之一。2007年8月，贵州省人民政府以"黔府函〔2007〕153号"对《沿河乌江山峡风景名胜区总体规划》其进行批复。2009年12月，国务院以国函〔2009〕152号《国务院关于发布第七批国家级风景名胜区名单的通知》公布沿河县乌江山峡风景名胜区为国家级风景名胜区。

根据《沿河乌江山峡风景名胜区总体规划（2009—2020年）》和《乌江彭水水电站库区回水对沿河乌江山峡风景名胜区影响专题研究报告》，沿河乌江山峡风景名胜区沿河景区总长132 km，景区总面积为102.2 km²，分为土坨峡、黎芝峡、夹石峡三个景区和土家风情、革命胜迹两个景群。具有代表性的景源有36处，其中一级景点5处，二级景点12处，三级景点13处，四级景点6处。其性质定位为以雄奇险峻和壮观秀美的乌江山峡风光为特色，兼有浓郁淳朴的土家文化、意义重大的红色文化和历史悠久的乌江文化，可开展观光游览、纪念揽胜和科学文化活动的风景名胜区。

（1）土坨峡景区。位于乌江沿河段土坨峡段内，面积为32.8 km²，包括鲤鱼池古寨、水长人生、金山、渔夫望江、蛮王洞、翠竹林、土坨绝壁、汉墓群、打镏子9处景点。

（2）黎芝峡景区。位于乌江沿河段黎芝峡段，面积为36.8 km²，包括绿荫峡、三星洞、碧挂坠江、古纤道、天门石、剑劈岩、蛮王祭江、神女峰、双龟弄潮、银泉泻玉、佛指山、金鸡报晓、飞龙过江、烽火台、南蛮将士、八千子弟16处景点。

（3）夹石峡景区。位于乌江沿河段夹石段，面积为31.6 km²，包括双龙汇、九尾灵狐、山水画屏、叠峰凝翠、马尾瀑布、松滩奇崖6处景点。

3.2.2 乌江下游水电梯级开发与沿河乌江山峡国家级风景名胜区区位关系

乌江下游已建水电梯级中，涉及沿河乌江山峡国家级风景名胜区的水电梯级为彭水水电梯级，彭水水电站库区回水至贵州省沿河县沙沱水电站坝址处，长约117 km，库区回水涉及风景名胜区的土坨峡和黎芝峡两个景区，不涉及夹石峡景区[17]。

3.2.3 环境影响分析

彭水水电站水库正常蓄水位293 m，死水位278 m，正常蓄水位对应水面面积45.67 km²，库区回水淹没涉及土坨峡景区和黎芝峡景区。

（1）对土坨峡景区的影响分析。水电梯级蓄水运行使得土陀峡景区的水位抬高约48～66 m，且流速变缓，使垂直与横向距离比降低，河谷的悬崖峭壁景观和峡谷感均会削弱，还对部分景点造成一定的影响。库区回水对景点景物的影响有2个层面，一是直接淹没或影响景点自身，二是景观视线有一定的影响。景区内与彭水水电梯级水库回水相关的景点有汉墓群、土陀绝壁、翠竹林、蛮王洞、渔夫望江、金山、水长人生、鲤鱼池古寨等8个。

（2）对黎芝峡景区的影响分析。水电梯级蓄水运行使得黎芝峡景区的水位抬高约17～30 m，并且流速变缓，使得垂直与横向距离比降低，河谷的悬崖峭壁景观和峡谷感均会削弱，但影响不大，对部分景点有一定的影响。景区内与彭水水电梯级水库回水相关的景点有飞龙过江、金鸡报晓、佛指山、银泉泻玉、双龟弄潮、神女峰、蛮王祭江、剑劈岩、天门石、古纤道、碧挂坠江、三星洞、绿荫峡等13个。

（3）对景区景点的影响评价。彭水水电梯级水库蓄水运行对土坨峡景区和黎芝峡景区的景点均造成不同程度的影响。按景观景点受水库蓄水淹没程度的不同进行影响程度划分，影响程度判断方式见表1。

表1 沿河乌江山峡风景名胜景区景点受水库蓄水淹没造成的影响程度

景点受淹情况	完全淹没	$100\% > a \geq 70\%$	$70\% > a \geq 50\%$	$50\% > a \geq 20\%$	$20\% > a > 0\%$	$a = 0\%$
影响程度	影响很大	影响较大	影响一般	影响较小	影响很小	无影响

按照表1的判断方法，结合景区景点受水库蓄水淹没情况得知：影响很大的景点1个——汉墓群，影响较大的3个，影响一般的3个，影响较小的4个，分别占整个风景名胜区具有代表性景点总数的2.7%、8.33%、8.33%、11.11%。受影响程度较大级别以上的有4个，占具有代表性景点总数的11.11%。受影响的代表性景点中，一级景点2个，二级景点4个，三级景点3个，四级景点2个，分别占相应级别具有代表性景点总数的40.00%、33.33%、23.07%、33.33%。受彭水梯级电站水库蓄水影响很大程度的景点级别为三级景点——汉墓群景点，其余景点受影响程度相对较轻。水库回水淹没不涉及或无影响的具有代表性景点25个，占其总数的69.44%。由此可见，彭水水电梯级建设对乌江山峡风景名胜区的不利影响具有局限性，同时对水库蓄水淹没造成不良影响的多数景点采取了搬迁或就地保护等措施，工程建设整体上来说对乌江山峡风景名胜区的影响不大。另一方面，水库蓄水形成水库后，水库水面面积扩大至45.67 km²，形成新的人工湖泊新景观，增添了风景区景观内涵价值。同时梯级水电的建设，使得库区及库周交通体系更加完善，特别是乌江航运能力得到提高，增强了该风景名胜区的可达性，利于景区资源的展示。

4 乌江白马梯级的后续建设建议

乌江下游规划建设4个水电梯级中的第4梯级——白马梯级水电至今尚未开工建设，仍处于项目可行性研究阶段。经初步分析判断，该航电梯级开发涉及重庆武隆喀斯特世界自然遗产地等生态敏感区。为了降低水电梯级建设给生态敏感区带来的不利影响，应采取针对性的可操作保护措施进行避免或减缓。具体来说，在该航电梯级开工建设前，建设单位应重视开展下列工作：生态红线不可避让性论证；项目选址唯一性论证；认真落实各专题报告及其批复提出的环保要求和措施。

5 结语

乌江下游多梯级水电开发对其涉及陆生生态敏感区的不仅没有造成明显不利影响，而且梯级电站水库形成的宽阔水面改善了生态敏感区局地小气候，促进了生态敏感区内植物植被的生长发育，丰富了敏感区内动物食物来源，并为其改善了栖息环境，对促进生态系统正向演替有一定的积极作用，同时也具有丰富敏感区景观内涵的一面。水电梯级建设，提高了乌江下游航运能力，完善了当地交通体系，增强了风景名胜区等敏感区的可达性，利于景区资源的展示。乌江下游干流水电梯级开发建设充分体现了经济建设与环境保护共同发展的协调性。此研究结论可为决策管理部门今后判断大中型河流水电梯级开发建设对生态敏感区影响程度提供参考，同时也为其提出环境保护管理要求提供借鉴。

参考文献：

[1] 雷明军,黄鹤鸣,周国勇.长江流域生态敏感区信息共享平台建设探讨[J].人民长江,2012,43(19):82-84.

[2] 达良俊,李丽娜,李万莲,等.城市生态敏感区定义、类型与应用实例[J].华东师范大学学报:自然学版,2004,1(2):97-103.

[3] 王海红.生态敏感区公路建设中生物资源保护对策[J].公路,2015.1(1):120-123.

[4] 姚坡,徐响.我国环境影响评价发展现状及问题对策研究[J].科技视界,2018,13(1)237.

[5] 王峰,李杨秋.建设项目环境影响评价制度现状与对策探讨[J].环境科学与管理,2010,35(8):166-169.

[6] 邱兴春,向刚,陈栋为.乌江流域水电开发对国家重点保护植物及古树影响的后评价研究[J],水力发电,2021,47(12):1-4.

[7] 梁俐,张和喜,黄维.乌江干流梯级水库段气候变化特征分析[J].人民长江,2017,48(Z2):68-72.

[8] 庞峰.乌江梯级水电站在贵州西电东送中的作用[J].水利水电技术,2005,36(9):11-13.

[9] 彭善群.乌江水资源的综合利用[J].人民长江,1990,21(11):13-18.

[10] 吴晓玲,张欣,向小华,等.乌江流域上游水沙特性变化及其水电站建设的影响[J].生态学杂志,2018,37(3):642-650.

[11] 夏豪,吴艳飞,邱兴春,等.乌江流域沿河至河口梯级开发环境影响回顾性评价报告[R].贵阳:中国电建集团贵阳勘测设计研究院有限公司,2018.

[12] 吴艳飞,陈豪,邱兴春,等.乌江流域水电开发环境影响后评价报告[R].贵阳:中国电建集团贵阳勘测设计研究院有限公司,2019.

[13] 苟光前 魏鲁明 谢双喜,等.贵州麻阳河国家级自然保护生物多样性研究[M].贵阳:贵州科技出版社,2017,1(1):2-505.

[14] 蒋固政 李红清 李迎喜.彭水电站对麻阳河国家级自然保护区生态影响[J],人民长江,2006,37(7):38-40.

[15] 牛克锋,肖志,王彬,等.中国麻阳河国家级自然保护区黑叶猴种群数量估计与分布[J].动物学杂志,2016,51(6):925-938.

[16] 网易新闻:国家一级保护动物！全球只有1900多只的野生黑叶猴,在贵州这里就有1200多只! https://3g.163.com/dy/article/GJ732TMN0550TNMF.html

[17] 陈娜,张成祥,班羽,等.乌江彭水水电站库区回水对沿河乌江山峡风景名胜区影响专题研究报告[R].贵阳:贵州省风景名胜区协会,贵州通和规划设计咨询有限公司,2008,1(1):9-33.

城区河湖库水系连通与水生态修复设计及实践

王志鹏

(中国电建集团贵阳勘测设计研究院有限公司,贵州贵阳,550081)

摘要：随着广安市城市化进程的加快,水资源的时空分配与城市建设布局不匹配的矛盾日益突出,水生态系统十分脆弱,无法完全满足人水相亲、城市水环境建设、全域旅游规划的要求。广安市内的湖库水系存在没有稳定水源,部分河湖为孤岛水系,水体不能充分交换,水生态十分脆弱,亟待修复广安区内生态环境。通过连通城区内河湖库等水系,增加了区块内水量、提高了水面率、提升了区块内水系水质,让区块内外的水能有效沟通,让水"蓄起来、连起来、活起来、净起来",从而达到改善广安城区内湖库水生态、水环境能力；提高水资源环境承载能力；提高供水安全保障能力；充分发挥河湖的水资源配置和调蓄作用。应用本工程设计实践的同时,对类似地区河湖库水系连通工程具有一定的参考和借鉴作用。

关键词：水资源；水生态系统；供水；安全；调蓄

0 引言

河湖水系是水资源的载体,是生态环境的重要组成部分,也是经济社会发展的基础。河湖水系连通是以江河、湖泊、水库等为基础,采取合理的疏导、沟通、引排、调度等工程和非工程措施,建立或改善江河湖库水体之间的水力联系。

为全面贯彻党的十八大以来中央关于绿色发展的新理念新战略新部署,2016年7月28日,中共四川省委十届八次全体会议深入研究推进绿色发展、建设美丽四川的一系列重大问题,作出《中共四川省委关于推进绿色发展建设美丽四川的决定》。该决定指出：开展大规模绿化全川行动,筑牢长江上游生态屏障。推进江河湿地修复治理。发挥湿地作为"地球之肾"功能,全面保护所有自然湿地,开发提升人工湿地生态功能。实施湿地保护与恢复工程。开展退耕还湿、退养还滩、生态补水,稳定和扩大湿地面积。完善湿地保护网络,依托河流、湖泊、沼泽滩涂、库塘等湿地资源,划建一批湿地自然保护区、湿地公园和湿地保护小区。探索开展湿地生态补偿试点。加强水生态保护,系统实施江河流域整治和生态修复工程,连通江河湖库水系,维持水生态系统结构和功能。实施水库、湖泊"清水工程"。树立生态修复增水意识,强化江河源头、水源涵养区和重要水源地保护,维护江河生态健康。

近年来,广安市委、政府高度重视水利发展,将水利发展作为广安市国民经济和社会发展的基本产业高度重视,切实加强对全市水利改革发展的领导,对水利发展的重点问题进行深刻研究,并出台相关扶持鼓励政策促进水利发展,确保实现水资源的可持续利用。随着广安市城市化进程的加快,水资源的时空分配与城市建设布局不匹配的矛盾日益突出,水生态系统十分脆弱,无法满足人水相亲、城市水环境建设、全域旅游规划的思想。广安市内的湖库水系存在没有稳定水源,部分河湖为孤岛水系,水体不能充分交换,水生态十分脆弱,亟待修复广安区内生态环境。

1 水生态文明建设中现状问题及分析

1.1 小平故里风景区水体超标

小平故里风景区对外水体交换通道为全民水库农灌支渠,区内水体对外交换进出口主要集中在清水塘。现状补水水源主要为附近农灌支渠及降雨汇流,水体呈浊水态,经检测其水质为劣Ⅴ类标准[超标因子为：化学需氧量(COD)、五日生化需氧量(BOD5)]。清水塘为小平故居内其他水体的补水来源,其水质好坏决定小平故里景区水生态和水环境效果。原西溪河农灌支渠补水为季节性补水,且输水支渠局部垮塌,不具备向清水塘常态输水的能力。

1.2 湖库水质超标

前进水库,属渠江一级支流官溪河。根据现状评价结果,水质较差,透明度不足,同时经检测其水质已达Ⅴ类标准[超标因子为总氮(TN)]。

北辰湖水域面积165亩。根据现状评价结果,

收稿日期：2022-02-18.

作者简介：王志鹏,山东德州人,高级工程师,主要从事水利水电工程设计工作.

水质较差，湖面污染物较多，同时经检测其水质已达Ⅴ类标准［超标因子为总氮（TN）、酸碱度（pH）］。

神龙湖蓄水量主要来自天然降水，水资源无法满足生态用水。为增加项目区水资源量，在无法增加项目区水资源量的情况下，需将本项目区的水系与外部水系进行连通，引入外部水系的水量，增加区域的水资源量，增大水系水环境容量，从而达到保护项目区及周边水生态的目的。

1.3 城市供水水源单一

目前广安市有花园水厂和协兴水厂2座水处理厂，供水规模分别为8×10^4 t/d和0.5×10^4 t/d，水源均为渠江，分别向广安主城区和协兴片区供水。目前存在广安市供水为单一水源和城市发展带来的用水问题。协兴水厂根据城市的发展将供水规模增加为2×10^4 t/d，满足协兴片区城市用水问题。本项目的建设将作为城市供水的备用水源，提高城市供水保障能力，并解决协兴片区城市用水问题，达到城市用水安全的目的。

2 工程建设必要性

2.1 完善小平故里风景区整体格局的需要

小平故里风景区是国家AAAAA级旅游景区、全国红色旅游经典景区、全国爱国主义教育示范基地。项目建设将为小平故里湿地公园、清水塘等提供足够的生态补水量，增添水景观、改善水生态，丰富景区空间构造，提供水资源保障。在水生态文明、水景观建设的相关政策助推下，全面提升城中片区的内在品质，提升小平故里景区在国内外的知名度，推动城市整体形象和社会经济的全面提升。该工程的修建是十分必要和迫切的。

2.2 提升城南片区城市品位、人居环境的需求

广安市"十三五"规划明确提出加大水生态、水环境修复与建设。因此对广安市全民水库水系进行水生态文明工程规划，使区域群众尽早感受到水生态建设工作给他们带来的生活质量的提高是十分必要的。区域内水体水环境承载能力和现有水体自净能力呈下降趋势，多个水体属于半静态水体，水环境急需改善。本工程充分利用全民水库水质好、水量足的优势，采取引、提工程措施，连通全民水库与城南片区水系，确保改善区域水生态、提升水环境品位、为区域经济持续发展创造条件。本工程建设是十分必要的。

2.3 提高协兴水厂供水保障能力的需求

根据《广安市城市总体规划》规划未来供水水源为渠江和全民水库。协兴水厂目前日供水量约0.5×10^4 t/d。随着城市建设的发展，供水日益紧张，不能满足人民生活水平和生活质量提高的要求，缓解城市发展对水资源的需求，广安市政府拟对该水厂改造，改造后供水能力为2×10^4 t/d，供水流量为0.23 m^3/s，可基本满足广安新城区建设规划人口10万人用水需求。协兴水厂作为广安市中心城区应急水源，需满足7天78万人应急需水量。

2.4 打造全城旅游，促进城水、人水和谐的需求

根据《广安市"十三五"旅游业发展规划》报告指出，"十三五"期间按照"一核两带三区"的空间进行布局建设，以邓小平故里为中心，建设邓小平故里核心保护区，以西溪河至全民水库为轴线，打造生态观光旅游带。广安市政府审时度势，坚持山、水、城、人"四位一体"，生产、生活、生态"三规合一"，力争建成宜居、宜业、宜游的山水新城。本连通工程对于打造全城旅游，促进城水、人水和谐有重要作用，工程对于驱动发挥旅游效益有重要作用，因此工程建设是十分必要的。

3 水系连通与水生态修复设计与实践

3.1 开发任务

改善广安城区湖库水环境、水生态的任务：水系连通工程，是西溪河流域生态修复、城市修补的内容之一。通过本次水系连通项目的实施，增加区块内水量、提高水面率、提升区块内水系水质，让区块内外的水能有效沟通，让水"蓄起来、连起来、活起来、净起来"，从而提高区块水生态环境承载能力、达到水资源调配目的。

提高广安城区供水保障能力的任务：《长江经济带沿江取水口排污口和应急水源布局规划四川省实施方案》经广安市政府批复，确定应急备用水源为全民水库，目前水库枢纽已建成但配套工程不完善，本连通项目实施后，将作为城市供水的应急备用水源，与渠江水源互为备用，提高城市供水保障能力。根据《广安市主城区供水专项规划》报告，通过相关计算远期广安市中心城区供水量无法满足需求，需增加协兴都江堰水厂规模适应城市发展，解决协兴片区城市用水问题，达到城市用水安全的目的。

3.2 连通区域生态需水规模

本次广安市城区河湖库水系连通与水生态修复工程需要从全民水库、西溪河引水，引水流量主要要满足区块需水的要求，引水规模主要考虑如下几个方面：引水流量需满足该片区水生态环境用水量的需要；满足下游湿地保护的需要；满足城市建设

发展用水量的需要。根据以上要求，分析区块河湖生态需水量，其主要包含渠道内生态需水量与渠道外生态需水量。广安市河湖库连通与生态修复项目涉及的湖、库与湿地等水体的环境需水量组成情况见图1。

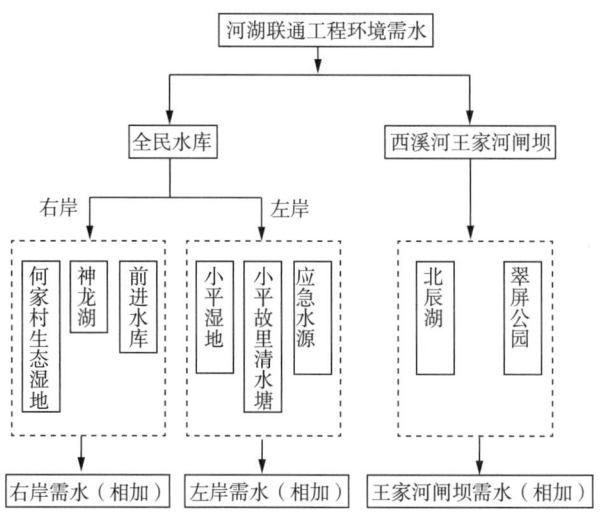

图1 湖库与湿地等水体的环境需水量组成图

3.3 生态环境需水量分析

经计算多年平均情况，总净需水量为 $1.2292×10^7$ m³。在95%保证率下，总净需水量为 $1.3365×10^7$ m³。考虑输水损失，多年平均总毛需水量为 $1.3157×10^7$ m³，在95%保证率下，总毛需水量为 $1.4385×10^7$ m³。

3.4 连通区域水量平衡计算

本次水系连通项目位于广安市城区下游段，项目以全民水库和西溪河为主，连通周边水系，改善项目区内的水生态环境。

项目周边水系有全民水库、西溪河可作为项目水源，周边其他支流面积太小，水量较少，不能满足项目需求。本次工程范围主要在广安渠江水系。渠江为嘉陵江左岸支流，发源于四川和陕西交界的米仓山系铁船山北段。渠江上游分巴河、州河 2 条支流，分别发源于秦岭米仓山和大巴山山脉，巴河与州河在渠县三汇镇汇合后称渠江，于重庆市合川区汇入嘉陵江。渠江全流域面积 39 610 km²，干流河长 666 km，在广安市境内河长约 180 km。

其中，本次涉及最大的河流为西溪河，该河为渠江右岸一级支流，发源于蓬安县罗家镇金城山，向南流经岳池县的回龙、苟角后进入广安区的浓溪镇，向东流后又折向南，再转向东穿过广安城南新区汇入渠江。西溪河全流域面积 496 km²，干流河长 78.6 km，其中广安市境内流域面积 342.99 km²，河长 68 km，涉及广安区、岳池县、协兴及枣山园区 13 个乡（镇、办事处）。西溪河上游已建回龙水库，下游已建全民水库，中游左岸支流蒋山镇沟上在建回龙寺合水库。官溪河为渠江右岸小支流。

全民水库位于渠江支流西溪河下游浓溪镇全民村二组，距广安市城区 17 km，水库控制集雨面积 425.5 km²，于 1959 年 2 月动工兴建，1960 年 3 月建成。水库正常蓄水位 371.85 m，死水位 356.415 m，总库容 $9.052×10^7$ m³，正常库容 $5.787×10^7$ m³，死库容 $1.78×10^7$ m³，兴利库容 $4.0075×10^7$ m³，具有年调节性能，是一座以灌溉为主，兼有发电、养鱼、航运的综合利用水利工程。

根据本次需水量分析，工程分别从全民水库、西溪河均有取水，根据水量平衡计算，扣除各流域天然来水后，左岸实际最大补水流量为 0.671 m³/s，右岸实际最大补水流量为 0.137 m³/s。95%保证率下，向协兴都江堰水厂日常供水量为 $7.9×10^6$ m³，广安市城区河湖库水系连通与水生态修复工程从全民水库取水量为 $6.51×10^6$ m³。

从西溪河最大补水流量为 0.048 m³/s，从王家闸坝引水，从西溪河取水量为 $1.311×10^6$ m³，仅占全民水库至王家闸坝西溪河河段可供水量的 6%。

综上分析，在满足村寨供水、灌溉用水、河道内生态需水的前提下，全民水库、西溪河可供水量大于湖库连通工程需水量，满足本项目的需求。

4 结论

（1）随着广安市城市化进程的加快，水资源的时空分配与城市建设布局不匹配的矛盾日益突出，水生态系统十分脆弱，无法满足人水相亲、城市水环境建设、全域旅游规划的思想。广安市内的湖库水系存在没有稳定水源，部分河湖为孤岛水系，水体不能充分交换，水生态十分脆弱，亟待修复广安区内生态环境。

（2）基于以上现状，结合当地相关政策要求，实施广安市城区河湖库水系连通与水生态修复工程是极其必要的，本工程引全民水库水至左岸小平故居湿地公园、清水塘、协兴水厂、花园水厂；右岸何家村生态湿地、神龙湖、前进水库。通过新建管道、整治已有渠道，使广安城区水系形成连通。

（3）通过本工程的实施，从而达到改善区域内湖库水生态、水环境能力；提高水资源环境承载能力；提高供水安全保障能力；充分发挥河湖的水资源配置和调蓄作用。

水库与调度

乌江梯级电站耗水率影响因素分析及对策

周金江，冯欢

（贵州乌江水电开发有限责任公司水电站远程集控中心，贵州贵阳，550002）

摘要：本文统计乌江梯级历史运行数据，结合水库运行特性全面分析，梳理出影响梯级耗水率的主要因素有库区工程及试验限制、生态耗水、电网断面需求等，并以此制定相应对策；通过合理安排检修计划、水库水位动态控制、合理安排运行方式以及做好实时协调等措施，有效降低梯级电站耗水率，提高调度水平。

关键词：乌江；梯级；耗水率；生态；耗水；优化；调度

1 概述

乌江又称黔江，是长江上游右岸最大支流，发源于贵州省威宁县香炉山盐仓坝，在重庆市涪陵区注入长江，干流全长1 037 km。乌江水系呈羽状分布，流域地势西南高、东北低，流域内喀斯特发育，地形以高原、山原、中山及低山丘陵为主。乌江水能蕴藏丰富，梯级干流规划11座水电站，贵州境内7座电站及支流清水河2座电站由贵州乌江水电开发有限责任公司开发建设和经营管理，主要包括洪家渡、东风、索风营、乌江渡、构皮滩、思林、沙沱、大花水及格里桥共9座电站，总装机容量8.695×10^6 kW，机组33台[1,2]。

乌江集控中心主要负责乌江公司水电站远程控制、梯级优化调度、洪水联合调度、火电运行监管、电量集中营销等工作[3]。

2 影响耗水率主要因素分析

耗水率是反映水电企业提质增效能力的重要指标，通过控制降低梯级综合耗水率是实现优化调度的重要手段。结合乌江梯级运行实际，分析影响乌江梯级耗水率的因素主要有库区工程及试验限制、生态耗水、电网断面需求等方面。乌江梯级部分电站2019年运行数据分析如下。

2.1 工程及试验影响分析

2.1.1 机组振动区及绝对效率试验

2019年1月21日，东风水位降至962 m运行，配合1号机962 m绝对效率试验；24日东风水位继续降至959 m，配合959 m水位振动区测试。30日试验工作结束后，2月省内取暖负荷较大，受火电发电能力不足影响，水电需满足贵州电网电力需求，被迫参与顶峰，造成东风未能按计划发电，导致水位抬升缓慢，至3月6日上涨至963.86 m左右，造成东风在低水位区间运行，东风耗水率由3.15 m³/kW·h增至3.28 m³/kW·h，增幅4.1%。

2.1.2 电站尾水边坡水毁部位修复

2019年3月2日至18日，配合构皮滩进行尾水南侧边坡末端水毁部位修复工作，要求思林水位控制在433～435 m。为确保构皮滩工作顺利开展，2月28日起思林水位由436.76 m开始降至工作要求范围以内，3月18日工作结束后开始抬思林水位，21日抬升至435.4 m，造成思林在低水位区间运行，思林耗水率由5.61 m³/kW·h增至5.79 m³/kW·h，增幅3.2%。期间还因构皮滩出力受限，发电任务主要超额部分电量由上游承担，乌江渡被迫参与贵州电网调峰且还受夜间带110 MW负荷保障生态流量要求，水位下降过快。经计算，乌江渡在此期间运行耗水率由3.50 m³/kW·h上升至3.71 m³/kW·h，增幅6.0%。

2.1.3 大花水尾水渠基坑修复

2019年2月23日至3月20日，大花水进行尾水渠基坑修复处理，期间要求机组全停。2月1日大花水水位由861.25 m开始下降，23日水位降至死水位附近。降水位造成大花水在低水位区间运行，耗水率由2.90 m³/kW·h增至3.06 m³/kW·h，增幅5.52%。

梯级各厂在受工程及试验影响期间运行消耗水量24.35亿m³，发电量6.04亿kW·h，期间耗水率4.03 m³/kW·h。详见表1。

收稿日期：2021-05-11.

作者简介：周金江，贵州贵阳人，工程师，从事水电站远程控制和流域水库调度工作.

表1 梯级各厂工程及试验影响耗水统计

厂站	时间	水位/m	发电水量/亿 m³	发电量/亿 kW·h	耗水率/(m³/kW·h)
东风	1月17日	965.27	11.96	3.65	3.28
	3月6日	963.86			
思林	2月28日	436.76	10.77	1.86	5.79
	3月21日	435.4			
大花水	2月1日	861.25	1.62	0.53	3.06
	2月23日	845.3			

2.2 生态耗水影响

为确保生态调度安全,2019年上半年乌江梯级干流各电站通过实施电力调度保障生态流量,按满足其生态流量的最小出力运行,其中洪家渡、索风营、乌江渡3个电站满足生态流量运行最小出力在其低负荷区间,致使在生态发电放水期间耗水率偏高。生态发电耗水率情况如下:洪家渡4.32 m³/kW·h,乌江渡4.51 m³/kWh,索风营5.63 m³/kW·h。

梯级各厂在生态发电期间耗水22.963 3亿 m³,生态电量4.874 4亿 kW·h,耗水率4.71 m³/kW·h。

2.3 电网约束影响

为确保电网安全稳定运行,乌江渡电厂受电网断面控制影响,存在低负荷运行情况,对应耗水量14.15亿 m³;为满足电力系统电压维持在合格范围以内,构皮滩电厂夜间低谷时段承担系统调压任务[4],长期维持2台机55 MW低负荷运行才能满足调整要求,经统计,2019年上半年构皮滩在55 MW出力时间运行835 h,占总运行时间的19.3%。

梯级各厂耗水率影响因素统计见表2。

表2 梯级各厂耗水率影响因素统计

厂站	工程及试验工作降水位耗水量/亿 m³	生态发电水量/亿 m³	低负荷运行水量/亿 m³	影响因素耗水量合计/亿 m³	工程及试验工作降水位发电量/亿 kW·h	生态发电量/亿 kW·h	低负荷运行电量/亿 kW·h	影响因素发电量合计/亿 kW·h
洪家渡	—	4.8346	2.9703			1.119	0.533	
东风	11.9624	1.5219	0.583		3.65	0.5684	0.1303	
索风营	—	3.1452	7.8344		—	0.5578	1.3336	
乌江渡	—	4.4869	14.031		—	0.9944	3.0777	
构皮滩	—	—	2.168				0.4892	
思林	10.7681	3.7215			1.86	0.6994		
沙沱	—	5.2532				0.9354		
大花水	1.6185				0.53			
合计	24.349	22.9633	27.5867	74.899	6.04	4.8744	5.5638	16.4782

备注:洪家渡生态发电水量统计时间为2019年1月26日至6月30日,其余各站统计时间为2019年1月1日至6月30日;格里桥电站无相关影响因素。

3 梯级耗水率还原计算及措施

在分析梯级各厂耗水率影响因素后,需还原计算去除影响因素后的耗水率,与实际耗水率进行对比分析,以便更好指导今后的调度工作。

计算过程:梯级耗水率=(实际发电水量-影响因素耗水量)/(实际发电量-影响因素发电量)=(610.0939-74.8990))/(153.39-16.4782)=3.91 m³/kW·h。

经反算,去除各种影响因素后,梯级耗水率为3.91 m³/kW·h,较实际耗水率3.98 m³/kW·h偏低0.07 m³/kW·h,降幅1.7%。

通过统计分析计算,乌江梯级电站耗水率受工程及试验、生态耗水、电网断面控制要求3方面影响,提出以下措施:

(1)工程及试验影响改进措施。根据梯级各厂实际情况,提前部署检修计划,合理安排工程及机组试验、检修运行时间,将影响水位的设备检修及工程施工工作与汛前水位消落计划有机结合起来。同时,及时编制水位抬升方案,工程及试验结束后及时协调上级调度机构调整运行方式,实时跟踪、反馈水位运行情况。

(2)生态耗水影响改进措施。为确保做好污染防治攻坚环保工程,乌江梯级各电站生态调度成为常态工作。在保障下游生态流量的同时还必须做好优化调度工作,加强监视各流域区间流量,当出现降雨产流过程且区间流量满足生态流量要求时,通过实时协调生态流量低负荷运行的机组停机,减少水耗。在保证大坝安全和无泄洪风险情况下,控制各水库水位确保各流域区间不出现断流,通过计算分析,构皮滩 620 m 以上、索风营 834.7 m 以上、乌江渡 754.16 m 以上,东风、索风营、乌江渡通过日均流量满足生态流量要求即可,夜间低谷时段可全停。

(3)电网约束改进措施。电网运行安全约束造成低负荷运行的情况通过以下两方面改进:进一步加强乌江梯级各电站的检修管理工作,及时掌握电网检修计划安排与梯级电站相关区域的检修工作计划,优化协调厂站检修任务与电网检修任务同步开展,有效减少因计划检修工作导致的设备重复停电时间及检修断面控制影响[5]。做好调度沟通协调,合理安排运行方式,针对构皮滩电厂在执行夜间低谷为系统调压任务的同时,根据现场设备的实际运行情况,在确保电网安全的前提下提出可行性的发电负荷建议。

5 结语

通过落实改进措施,在 2020 年,乌江梯级电站在降低耗水率方面取得一定的成效,未产生因检修及工程施工造成水库水位偏低导致耗水率偏高的情况;根据长江委对电站生态流量要求,当满足条件时,及时协调停机降低机组低负荷运行的水耗;通过与电网调度机构沟通协调,同意构皮滩电站夜间低谷时段最低负荷由原 50 MW 调增至 200 MW 参与电网调压,有效降低了构皮滩电站耗水率。同时根据乌江梯级电站各水库水位情况,及时协调电网调度机构调整运行方式,确保梯级日调节水库高水位运行,有效降低了耗水率。

参考文献:

[1] 徐伟.高英.精益化管理在乌江梯级水库群日调节水库中的实施与成效[J].红水河,2019,38(2).

[2] 谢树庸.贵州乌江梯级水电站工程地质特征[J].贵州水力发电,2005(5).

[3] 张孙蓉.集控中心卫星云图的建设及应用[J].水电站机电技术,2019,42(12).

[4] 简永明.贵州构皮滩水电站500kV母线电压偏高对节能的影响[J].水利水电快报,2015,36(4).

[5] 黄小锋.梯级水电站群联合优化调度及其自动化系统建设[D].北京:华北电力大学,2010.

设计与施工

金龙水库重力坝设计

张文胜,何涛洪,张全意

(遵义水利水电勘测设计研究院,贵州遵义,563000)

摘要:金龙水库重力坝坝基出露岩性主要为砂岩、局部为泥岩,岩体质量不均一。为满足软基上大坝抗滑稳定及变形要求,文章计算分析了软基上的重力坝不同工况的应力和稳定,结合大坝规模,采用了不分纵横缝、整体上升砌筑坝体结构形式,可供同类工程参考。

关键词:金龙水库;重力坝;设计;计算

1 工程概况

金龙水库工程位于赤水市天台镇金坪山村境内,地处赤水河水系车辋河左岸一级支流蒲家沟中游,坝址距天台集镇16.0 km,距赤水城区24.0 km。金龙水库工程主要由水库大坝枢纽和输水系统组成。水库大坝枢纽主要建筑物由砌石重力坝、坝顶开敞式不设闸自由溢流表孔、放空兼生态放水设施等组成。大坝坝顶高程668.50 m,建基面高程为632.00 m,最大坝高为36.5 m,坝顶宽度5.0 m,坝顶长160.0 m,上游面646.00 高程以上铅直,646.00 m高程以下坡比1:0.2,下游坝坡1:0.75,起坡点高程663.50 m,最大坝底宽度30.48 m。

坝址两岸山体总体延续性较好,岩层倾下游微偏左岸,岩层产状为N50°E/NW∠19°,为两岸不对称"V"形的横向河谷。坝址左坝肩在634.00 m以下、右坝肩在637.00 m以下出露岩性为侏罗系上统蓬莱镇组上段第1层(J_3p^{2-1})长石石英细砂岩夹少量泥岩;两坝肩在上述高程以上为侏罗系上统蓬莱镇组上段第2层(J_3p^{2-2})紫红色泥岩为主夹薄层粉砂岩。区内断层不发育,构造以裂隙为主,规模较大的有8条,均为陡倾产出,裂隙一般长2~8 m,局部黏土充填,可见深度0.1~0.5 m。根据钻孔对不同层位、不同岩性的弱风化~微风化或新鲜的完整岩石取样进行了室内岩石常规物理力学性质试验以及声波测试,粉砂岩、泥岩力学强度指标低,长石石英细砂岩力学强度指标稍高,见表1。

表1 岩石(体)物理力学参数统计

岩性		饱和容重/(kN/m³)	吸水率/%	饱和抗压强度/MPa	变形模量/GPa	泊松比 μ	软化系数	抗剪断强度				承载力/kPa
								岩体/岩体		混凝土/岩体		
								f'	C'	f'	C'	
长石石英细砂岩	弱风化	25.7	0.71	30	5~7	0.25	0.61	0.70	0.55	0.65	0.50	2000~2500
	强风化中下部			25	3~4	0.28	0.55	0.5	0.4	0.45	0.35	1500~1800
粉砂岩	弱风化	25.6	1.26	20	2.5	0.27	0.55	0.60	0.35	0.55	0.3	1100~1200
	强风化中下部			10	1	0.3	0.4	0.45	0.25	0.4	0.2	800~1000
泥岩	弱风化	25.5	1.51	—	1.0	0.32	0.45	0.45	0.1~0.12	0.5	0.1~0.15	600~800
	强风化中下部			—	<1	0.34	0.40	0.4	0.08	0.45	0.08	500~600

裂隙、结构面抗剪断参数如下:长石石英砂岩节理面抗剪断强度:$f'=0.45~0.50$、$C'=0.05~0.10$ MPa;泥岩节理面:$f'=0.4~0.43$、$C'=0.03~0.05$ MPa;长石石英砂岩层面:$f'=0.50~0.60$、$C'=0.10~0.12$ MPa;泥岩层面:$f'=0.15~0.2$、$C'=0.05~0.08$ MPa。

2 大坝设计

2.1 大坝分区设计

坝体上游面设置90 d龄期0.6 m等厚的二级配C20混凝土防渗面板,抗渗等级W6,抗冻等级F50,并在面板表面配置$\phi14@250$的温度钢筋。大坝下游坝面非溢流坝段采用90 d龄期0.2 m等厚的二级配C15混凝土浇筑,溢流坝段下游坝面浇筑28 d龄期0.5 m厚二级配C20混凝土用作泄槽底板。坝基、肩均设置1.0 m厚28 d龄期二级

收稿日期:2021-04-13.

作者简介:张文胜,贵州绥阳人,高级工程师,从事水利水电工程技术管理工作.

配 C15 混凝土垫层，抗渗等级 W6，抗冻等级 F50；大坝主体采用 90 d 龄期二级配 C15 混凝土砌毛石，抗渗等级 W4。坝顶路面采用 28 d 龄期 0.3 m 厚的二级配 C20 混凝土浇筑，抗冻等级 F50。大坝剖面图见图 1。

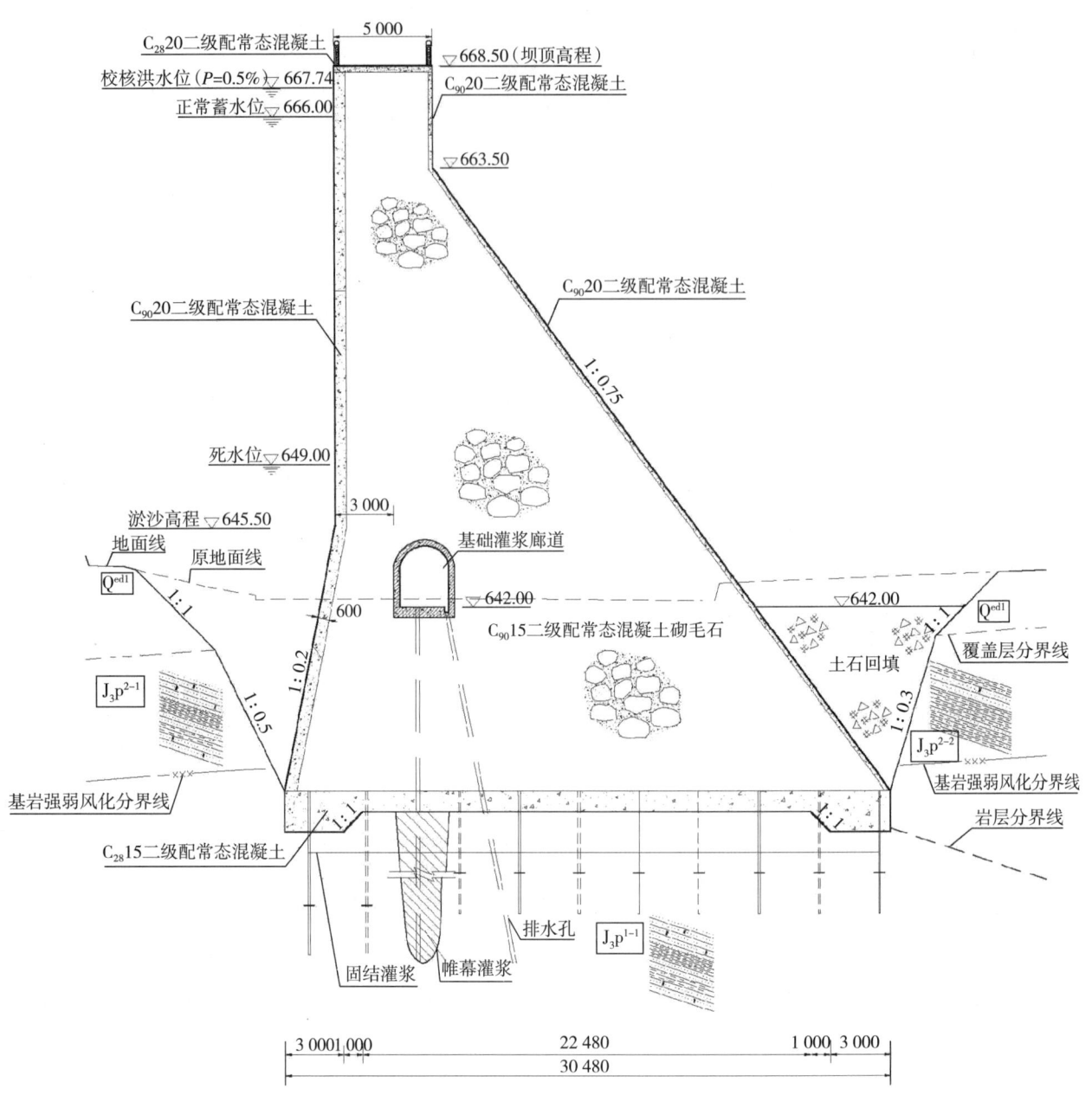

图 1 大坝剖面示意图

2.2 大坝分缝设计

坝体采用不分纵横缝，整体上升砌筑。大坝上游面防渗面板分别于桩号坝 0+018.62 m、坝 0+038.62 m、坝 0+064.62 m、坝 0+094.62 m、坝 0+121.62 m、坝 0+141.62 m 处设置 6 条横缝。缝内设置 1 道铜片止水，止水埋入基岩 50 cm。

3 大坝应力和稳定分析

3.1 大坝应力分析

坝基上游面垂直正应力：

$$\sigma_y^u = \frac{\sum W}{T} + \frac{6\sum M}{T^2}$$

坝基下游面垂直正应力：

$$\sigma_y^d = \frac{\sum W}{T} - \frac{6\sum M}{T^2}$$

式中：$\sum W$ 为计算截面上全部垂直力之和；$\sum M$ 为计算截上全部垂直力及水平力对于计算截面形心的力矩之和；T 为坝体计算截面沿上下游方向的长度。

应力计算成果见表 2。

表 2 大坝应力计算成果统计

计算工况		溢流坝段		非溢流坝(有排水孔)段		非溢流坝(无排水孔)段	
		坝基上游面垂直正应力 σ_y^u/MPa	坝基下游面垂直正应力 σ_y^d/MPa	坝基上游面垂直正应力 σ_y^u/MPa	坝基下游面垂直正应力 σ_y^d/MPa	坝基上游面垂直正应力 σ_y^u/MPa	坝基下游面垂直正应力 σ_y^d/MPa
基本荷载组合1	正常蓄水位情况	0.14	0.47	0.15	0.46	0.23	0.66
基本荷载组合2	设计洪水位情况	0.08	0.51	0.09	0.51	0.13	0.73
特殊荷载组合1	校核洪水位情况	0.06	0.52	0.07	0.52	0.09	0.76

从表2可知，基本荷载组合情况下，最大压应力0.73 MPa；特殊荷载组合情况下，最大压应力0.76 MPa，大坝上游面未出现拉应力，计算的最大压应力在砌体的允许压应力范围内。坝体建基面主要坐落在强风化以下长石石英砂岩上（承载力2.0～2.5 MPa)，局部坐落于泥岩上（承载力0.6～0.8 MPa)，坝基承载力满足要求。

3.2 大坝稳定分析
3.2.1 计算说明
由于顺河向的陡倾角结构面发育规模不大，弱风化岩体中接近闭合，大坝开挖过程中将破碎岩体清除，故无深层滑动不利侧滑面。加之无横向河谷的反倾向结构面及临空面，故无深层滑动滑出面。结合重力坝结构受力、岩层产状综合分析，拟定2种可能存在的滑动模式：第1种滑动模式为沿坝体混凝土和基岩接触面滑动；第2种滑动模式为以泥岩层面为起滑面，剪断下游岩体滑出。

根据坝基地层岩性，第1种滑动模式选取坝0+0011.40 m（全坝基均为泥岩考虑：$f'=0.5$，$C'=0.15$)、坝0+025.30 m（坝基由26%长石石英细砂岩+74%泥岩组成：$f'=0.55$，$C'=0.27$)、坝0+038.78 m（坝基由50%长石石英细砂岩+50%泥岩组成：$f'=0.59$，$C'=0.38$)、坝0+049.76 m（坝基由54%长石石英细砂岩+46%泥岩组成：$f'=0.60$，$C'=0.39$)、坝0+075.62 m（溢流坝，坝基由68%长石石英细砂岩+32%泥岩组成：$f'=0.62$，$C'=0.46$)、坝0+104.76 m（坝基由76%长石石英细砂岩+24%泥岩组成：$f'=0.64$，$C'=0.49$)、坝0+111.31 m（坝基由69%长石石英细砂岩+31%泥岩组成：$f'=0.62$，$C'=0.46$)、坝0+120.36 m（坝基由59%长石石英细砂岩+41%泥岩组成：$f'=0.61$，$C'=0.42$)、坝0+140.37 m（坝基由26%长石石英细砂岩+74%泥岩组成：$f'=0.55$，$C'=0.27$)、坝0+151.43 m（坝基均为泥岩考虑：$f'=0.5$，$C'=0.15$)；共10个典型单宽坝段进行稳定计算，并对坝体进行整体稳定计算。

第2种滑动模式选取溢流坝段、有排水孔段最大坝高处、无排水孔段最大坝高处3个典型单宽坝段进行稳定计算。

非溢流坝无排水孔段只考虑帷幕灌浆作用，扬压力强度折减系数取为0.6；非溢流坝有排水孔段和溢流坝段考虑帷幕灌浆及排水作用，由于廊道与坝基高差10 m，折减效果有限，故正常蓄水位工况时，扬压力强度折减系数=10/(666-640)=0.385；设计洪水位工况时，扬压力强度折减系数=10/(667.31-641.39)=0.386；校核洪水位工况时，扬压力强度折减系数=10/(667.74-641.90)=0.387。

3.2.2 计算公式
根据参考文献[1]，采用抗剪断强度公式如下：

$$K_1 = \frac{\sum(f_1 W + C_1 A)}{\sum P}$$

$$K'_1 = \frac{f'_1[(W+G_1)\cos\alpha - H\sin\alpha - Q\sin(\varphi-\alpha) - U_1 + U_3\sin\alpha] + c'_1 A_1}{(W+G_1)\sin\alpha + H\cos\alpha - U_3\cos\alpha - Q\cos(\varphi-\alpha)}$$

$$K'_2 = \frac{f'_2[G_2\cos\beta + Q\sin(\varphi+\beta) - U_2 + U_3\sin\beta] + c'_2 A_2}{Q\cos(\varphi+\beta) - G_2\sin\beta + U_3\cos\beta}$$

式中：K_1、K'_1、K'_2为按抗剪断强度计算的抗滑稳定安全系数；W—作用于坝体的全部荷载的竖直向分值；$\sum P$、H为作用于坝体的全部荷载的水平向分值；G_1、G_2为第一、二滑裂面上岩体自重；f_1、f'_1、f'_2为坝体与基岩接触面、滑裂面的抗剪断摩擦系数；C_1、C'_1、C'_2为坝体与基岩接触面、滑裂面的抗剪断凝聚力；A、A'_1、A'_2为坝基截面积、滑裂面面积；α、β为第一、二滑裂面与水平面的夹角；U_1、U_2、U_3为第一、二滑裂面上的扬压力及第一、二滑裂面岩体作用面上的扬压力；Q、ψ为第一、二滑裂面岩体作用面上的作用力及其与水平面的夹角。

3.2.3 计算成果

沿坝体混凝土和基岩接触面抗滑稳定分析成果见表3。

表3 沿坝体混凝土和基岩接触面分坝段抗滑稳定(抗剪断安全系数 K_1')计算成果统计

坝段	基本荷载组合1 (正常蓄水位情况)	基本荷载组合2 (设计洪水位情况)	特殊荷载组合1 (校核洪水位情况)
0+0011.40	5.00	3.81	3.51
0+025.30	3.62	3.14	3.01
0+038.78	3.54	3.19	3.09
0+049.76(非溢流坝最大剖面)	3.04	2.85	2.79
0+075.62(溢流坝)	3.44	3.23	3.16
0+104.76(非溢流坝最大剖面)	3.63	3.41	3.34
0+111.31	3.62	3.38	3.30
0+120.36	3.59	3.31	3.23
0+140.37	3.62	3.14	3.01
0+151.43	5.00	3.81	3.51

由于坝0+049.76~坝0+075.62 m局部坝段在设计洪水位工况下的坝基抗滑稳定计算安全系数低于规范允许值,结合坝体未设置横缝,故取整个坝体(桩号坝0+000.00~坝0+160.00 m)作整体稳定计算。取上述10个断面抗剪断参数进行长度加权平均计算得:$f'=0.58$,$C'=0.35$ MPa。坝基滑动面积 $A=3\,927.05$ m²。

计算结果见表4。

表4 沿坝体混凝土和基岩接触面整体抗滑稳定计算成果

名称	基本荷载组合1 (正常蓄水位情况)	基本荷载组合2 (设计洪水位情况)	特殊荷载组合1 (校核洪水位情况)
总铅直力 ΣW	101 971.81	98 697.43	97 562.38
总水平力 ΣP	58 149.81	62 415.74	63 791.65
抗剪断安全系数 K'	3.37	3.11	3.03

以泥岩层面为起滑面,剪断下游岩体滑出抗滑稳定分析成果见表5。

表5 以泥岩层面为起滑面,剪断下游岩体滑出抗滑稳定计算成果

计算工况	抗剪断安全系数 $K_1'=K_2'$		
	溢流坝段	非溢流坝(有排水孔)段	非溢流坝(无排水孔)段
基本荷载组合1(正常蓄水位情况)	3.25	3.46	3.32
基本荷载组合2(设计洪水位情况)	3.12	3.32	3.10
特殊荷载组合1(校核洪水位情况)	3.09	3.28	3.03

据以上计算成果可知,沿坝体混凝土和基岩接触面滑动模式,在分坝段坝基抗滑稳定计算成果局部工况安全系数低于规范允许值,但整体稳定计算成果满足规范要求。以泥岩层面为起滑面,剪断下游岩体滑出模式,其计算成果均满足规范要求。故大坝抗滑稳定满足要求。

4 结论

金龙水库坝址地形对称性较差,左右岸坡切割较强烈。在坝址区基岩零星出露,岩性为长石石英细砂岩、泥岩,坝基持力层岩体主要为砂岩,局部为泥岩,坝基岩体质量不均一,构造以裂隙发育为主,浅表层岩体风化强烈,坝基(肩)抗滑抗变形能力受结构面和软岩岩石本身强度影响较大。结合坝址工程地质条件及水库大坝规模,重力坝设计中坝基置于岩体弱风化上部,为满足软基上大坝抗滑稳定要求,采用不分纵横缝、整体上升砌筑坝体结构型式;根据软基上的重力坝不同工况,计算分析了大坝的应力和稳定,可供同类工程参考。

目前,工程已建成蓄水运行,无异常情况,结构安全。

参考文献:

[1] SL25—2006 砌石坝设计规范[M].北京:中国水利水电出版社,2006.

[2] 遵义水利水电勘测设计研究院.赤水市金龙水库工程蓄水安全鉴定设计自检报告[R].2017.

高海拔寒冷地区碾压混凝土温控防裂技术

杨宁安

(华电西藏能源有限公司大古水电分公司，西藏桑日，856200)

摘要：西藏地区海拔高、气候干燥、大风频繁、温差大、太阳辐射强、空气稀薄，对混凝土的温控防裂十分不利。高海拔地区筑碾压混凝土坝的经验相对欠缺，开展高海拔寒冷地区大坝碾压混凝土的温控防裂技术研究，探索适合在这类地区碾压混凝凝土筑坝的温控防裂措施，很有意义。该成果已在西藏某大坝施工中应用，取得很好的防裂效果，可为高海拔寒冷地区碾压混凝土筑坝施工提供参考。

关键词：海拔；碾压混凝土；温控；防裂

1 气象条件

某电站位于青藏高原气候区，基本特性为气温低、空气稀薄、大气干燥、太阳辐射强烈。据气象站资料统计，多年平均气压为 685.5 hPa，极端最高气温 32.5 ℃，极端最低气温 −16.6 ℃，多年平均气温 9.3 ℃；最大风速达 19.0 m/s，年日照时数为 2 605.7 h，多年平均降水量 527.4 mm，多年平均蒸发量 2 084.1 mm。该区域昼夜温差大，最大月平均日温差高达 16.9 ℃，年平均日温差为 13.5 ℃。

2 温控防裂设计

2.1 温度控制关注问题

挡水建筑物为碾压混凝土重力坝，坝体结构较复杂，大坝冬季停工，施工周期长，施工条件复杂，温控防裂研究关注问题如下：

（1）基岩强约束区最大坝底宽度 101 m，基岩约束强，对混凝土的抗裂能力要求较高。

（2）坝址区昼夜温差较大，加强混凝土表面保护，防止混凝土因内外温差过大而导致开裂；夏季气温较高，需做好混凝土夏季浇筑的仓面养护。

（3）冬季停工期间，做好长间歇混凝土越冬层面的保温。

2.2 温控防裂设计

结合坝址区的气象资料和坝体结构及施工特点，大坝温控防裂设计如下：

（1）低温季节月平均气温 0.3~2.9 ℃，具有高寒、高海拔地区的气候特点，混凝土低温季节施工的防冻问题突出。本工程安排每年 12 月至次年 2 月停工，不浇筑坝体碾压混凝土（常态混凝土仍然施工），做好混凝土低温季节的表面保温和防冻措施。

（2）高温季节气温不高，但太阳辐射较强，采取控制出机口温度、预埋混凝土冷却水管等降温措施，把混凝土温度控制在允许范围内，并做好混凝土浇筑的仓面保护和养护。

（3）坝区昼夜温差较大，需加强混凝土表面保护，以减少内外温差、降低混凝土表面温度梯度，防止因内外温差过大而导致的混凝土开裂。

2.3 温度控制标准

通过计算分析，结合规范相关规定，两个典型坝段（9 号溢流坝段、5 号岸坡坝段）混凝土强约束区垫层的准稳定温度为 8~10 ℃，允许基础温差为 15 ℃，允许最高温度 25 ℃。9 号溢流坝段强约束区，距离基础底 0~27 m 准稳定温度为 8~10 ℃，允许基础温差为 12 ℃，允许最高温度为 22 ℃；9 号溢流坝段弱约束区，距离基础底 27~42 m 准稳定温度为 10~11 ℃，允许基础温差为 14.5 ℃，允许最高温度为 25 ℃。5 号岸坡坝段自由区，距离基础底 42 m 以上准稳定温度为 10~11 ℃，允许最高温度为 28 ℃；5 号岸坡坝段强约束区，距离基础底 0~33 m 准稳定温度为 8~10 ℃，允许基础温差为 12 ℃，允许最高温度为 22 ℃；5 号岸坡坝段弱约束区，距离基础底 33~45 m 准稳定温度为 10~11 ℃，允许基础温差为 14.5 ℃，允许最高温度为 25 ℃；5 号岸坡坝段自由区，距离基础底 45 m 以上准稳定温度为 10~11 ℃。

收稿日期：2021-03-24.
作者简介：杨宁安，贵州天柱人，教授级高级工程师，从事水电工程建设管理工作.

3 大坝混凝土表面保温保湿分析

电站区域大风频繁、气候干燥、昼夜温差大、太阳辐射强，大坝混凝土表面粘贴的聚苯乙烯板存在自然脱落现象，且人工二次粘贴后依然存在，致使大坝混凝土外表面保温效果较差。为此，在大坝7～9号坝段（坝左0+38～坝左0+71 m，3 342.5～3 347.5 m高程）分5个区域分别采取不同保温保湿方式，具体情况见表1。同时，还在5～9号坝段3 388～3 391 m高程开展低温季节保温效果监测，监测成果见表2。

表1 保温保湿方式

桩号段	保温方式	保湿方式
坝左0+71～坝左0+62	粘贴聚苯乙烯板	无
坝左0+62～坝左0+56	PC薄膜+5 cm橡塑海绵+定制压条	无
坝左0+56～坝左0+50	PC薄膜+5 cm橡塑海绵+定制压条	混凝土表面铺设加湿管路
坝左0+50～坝左0+44	PC薄膜+3 cm橡塑海绵+定制压条	无
坝左0+44～坝左0+38	PC薄膜+3 cm橡塑海绵+定制压条	混凝土表面铺设加湿管路

表2 监测成果

时刻	大气温湿度		混凝土内部	胶水粘贴聚苯乙烯板混凝土表面		5 cm橡塑海绵覆盖后混凝土表面		加通水花管5 cm橡塑海绵覆盖后混凝土表面		3 cm橡塑海绵覆盖后混凝土表面		加通水花管3 cm橡塑海绵覆盖后混凝土表面	
	温度/℃	湿度/%	温度/℃	温度/℃	湿度/%	温度/℃	湿度/%	温度/℃	湿度/%	温度/℃	湿度/%	温度/℃	湿度/%
2019-04-15 12:29	15	39.9	20.12	19.1	42.7	19.2	73.3	18.9	97.2	18.7	73	19.1	96.4
2019-04-15 15:22	15.9	34.1	20.15	19.2	41.9	21.6	73	21.1	97.2	21	72.8	21.2	96.2
2019-04-15 17:33	18.4	27.8	20.17	19.9	46.4	21.1	73.1	20.8	97.3	21.2	72.9	20.9	96.3
2019-04-15 22:01	7.9	69.5	20.19	19.8	58.8	20	72.5	19.4	97.5	19.6	72.2	19.8	95.9
2019-04-16 01:39	5.9	81	20.21	19.6	59.3	20.1	72.9	19.2	98.1	19.2	72.6	19.6	96.1
2019-04-16 04:02	5.7	82.2	20.22	19.4	68	19.6	72.8	19.1	98.2	19.3	72.6	19.4	96.3
2019-04-16 07:12	6.4	79.2	20.22	18	69.7	18.4	73.3	17.9	97.3	17.9	73.1	18	96.3
2019-04-16 10:09	8.3	72	20.23	18.9	62.9	19	73	18.6	97.5	18.7	72.6	18.9	96.5
2019-04-17 21:40	9.3	63.2	20.68	19.8	58.7	19.8	72.4	19.5	97.6	19.5	72.3	19.3	95.7
2019-04-18 01:40	6.3	83.2	20.62	19.8	59.1	19.8	72.7	19.5	98.1	19.2	72.5	19.5	96.3
2019-04-18 02:10	6.6	86.7	20.68	19.5	64.1	19.7	72.7	19.5	98.1	19.2	72.5	19.5	96.3
2019-04-18 03:40	6.3	90	20.68	19.4	68	19.8	72.8	19.5	98.3	19.2	72.6	19.6	96.3

从表2可知：

（1）从保温控制效果上看，胶水粘贴聚苯乙烯板＜3 cm橡塑海绵覆盖＜5 cm橡塑海绵覆盖，而采取以上材料进行保温，均能够达到混凝土内外温差≤16 ℃的要求。

（2）从保湿效果上看，未装通水花管直接采用薄膜和橡塑海绵覆盖以及粘贴聚苯乙烯板的保湿效果均较差，不能够达到较好的养护条件；装通水花管配合薄膜和橡塑海绵覆盖后，对温度影响程度较小，白天大气温度较高时，对温度控制较为有利，同时湿度均达到了95%的要求，后期建议在白天温度较高时可适当通水，增加混凝土表面湿度，同时降低混凝土表面温度，对混凝土温控防裂有利。

从2019年11月至2020年1月温度监测成果可见，每天从凌晨至上午10时左右为气温最低时段，即使0 ℃以下，橡塑海绵内温度也均在0 ℃以上，这就保证了混凝土温度内外温度差在设计范围内，避免由于内外温差大产生温度裂缝。

4 施工期温控措施

根据电站大坝混凝土温控防裂计算成果，为防止大坝混凝土产生裂缝，在施工期主要采取了全遮盖骨料、骨料风冷、低水化热水泥（中热水泥）、混凝土加冰（或冰水）拌合、运输车覆盖保温、智能通冷却水、混凝土表面覆盖、仓内喷雾降温保湿等温控措施。

4.1 混凝土配合比控制

优化混凝土配合比设计以提高混凝土抗裂能力。混凝土开始浇筑前，安排充分的时间进行混凝土施工配合比优化设计。选用优化的配合比，使用中热水泥及高效减水缓凝剂、碾压混凝土掺加50%～60%的粉煤灰，常态混凝土掺加15%～25%左右的粉煤灰，降低水泥用量，以降低混凝土内水化热温升。

4.2 混凝土浇筑过程控制措施

（1）成品料仓设置凉棚，控制成品料仓堆料高度使骨料温度不受日气温变化影响。

（2）高温季节采用骨料预冷、加冰（冷水）拌和等措施控制混凝土出机口温度；低温季节浇筑混凝土采取热水拌和等措施提高混凝土出机口温度。

（3）运输车辆覆盖保温材料并加盖，控制混凝土温度回升或损失。

（4）高温季节（4月上旬至10月上旬）应采取仓面喷雾保湿、降温。

（5）适时调整混凝土VC值，确保仓面不陷碾、无弹簧土，有利于高温干燥条件下层面的结合。

（6）直接铺筑层间间隔时间控制在6 h内，保证结合质量。

（7）对碾压完的层仓及时加盖彩条布。

4.3 智能通水冷却

强约束区水管间距1.5 m×1.5 m，垫层水管布置为1.0 m×1.5 m（斜坡上的垫层水管仍按1.5 m×1.5 m布置），弱约束区和自由区水管间距2.0 m×1.5 m（水平×垂直）。采用智能温控系统及时调控混凝土的降温速率和冷却水通水流量，混凝土下料浇筑即开始一期通水冷却，冷却时间28 d，水温12 ℃（流量0.8～2.5 m^3/h）。自动换向阀自动换向通水，每24 h改变一次通水方向。一期通水冷却后即开始中期通水冷却，中期进口水温为13 ℃，通水流量为0.5～1.0 m^3/h，确保混凝土内部温度控制在16 ℃。

4.4 越冬面保护

采取"1层厚度0.6 mm塑料薄膜＋2层3 cm厚橡塑海绵（纵横向各1层）＋1层三防布"进行保温和防风，上下游永久表面保温材料加装压条。

5 结语

（1）施工过程中在坝体混凝土内系统地埋设了冷却水管，进行坝体混凝土的一期通水冷却，对降低早期混凝土因水化反应放热而引起的温升幅度极有效果。

（2）该水电站大坝采用的温控防裂措施，克服了海拔高、气候干燥、大风频繁、昼夜温差大、太阳辐射强、施工期短等不利因素，混凝土浇筑至今未发现危害性裂缝，提高了工程的耐久性和安全性，为今后同类工程的建设提供了设计与施工方面的宝贵经验。

芭蕉窝水库防渗处理方案的确定及处理

钟思梅，徐雷

(中国水利水电第九工程局有限公司勘测设计公司，贵州贵阳，550081)

摘要：芭蕉窝水库无绕坝渗漏，坝体也无明显渗漏。水库正常蓄水时，坝基、下游坝面以及放水涵管渗漏量总和约为 1.9 L/s。首先，本文通过两种防渗处理方案(方案Ⅰ：坝基帷幕灌浆＋坝体土工膜防渗处理；方案Ⅱ：坝基帷幕灌浆＋坝体充填灌浆处理)的比选来确定芭蕉窝水库的防渗处理措施，方案Ⅰ更适用于该水库的防渗处理。其次，通过计算，复合土工膜的抗滑安全系数 $K=1.12>1.10$(最小安全系数)，即复合土工膜抗滑是稳定的，但考虑到土工膜安全系数接近临界值，坝面上应设置防滑槽对土工膜进行保护，以达到稳定要求。

关键词：芭蕉窝水库；渗漏；正常；蓄水；防渗；处理

1 渗漏现状

芭蕉窝水库库区地貌类型为浅切割低山丘陵地貌，出露地层为志留系中上统韩家店群的页岩及砂质页岩地层，岩层产状为 273°∠10°，倾向下游。库岸山体雄厚，周边无低邻谷，页岩及砂质页岩属于隔水岩层，岩层缓倾，水库无绕坝渗漏现象。

经现场勘察，水库目前处于死水位状态，坝体未见明显渗漏迹象。水库正常蓄水时，下游坝面多处出现潮湿现象，估算渗漏量约 1.1 L/s。经调查：建坝时坝基第四系松散堆积体及强风化层岩石未清除，且现场发现在坝基 649 m 高程处有明显的渗漏现象，渗漏量约为 0.5 L/s；放水涵管不同程度损坏，渗漏量约为 0.3 L/s。总渗漏量(坝面渗漏量＋坝基渗漏量＋放水涵管渗漏量)约 1.9 L/s。

2 防渗方案比选

根据大坝坝体、坝基与岸坡接触带渗漏分析，为根治大坝及坝基接触带、基岩浅层渗漏，拟对大坝渗漏处理采取两种方案：方案Ⅰ为坝基帷幕灌浆＋坝体土工膜防渗处理；方案Ⅱ为坝基帷幕灌浆＋坝体充填灌浆处理。两种方案均能达到防渗的目的。

2.1 方案Ⅰ

方案Ⅰ沿坝体上游坝面与坝底接触部位开挖齿槽，在齿槽内浇筑 C20 混凝土齿墙，其宽度为 2 m，沿齿墙中线布置垂直帷幕孔，先延伸至坝顶，再从坝顶向两坝肩延伸。通过灌浆可以使坝肩和坝基形成连续阻水帷幕；上游坝面通过铺设高防渗性能的复合土工膜进行坝体防渗，土工膜嵌入周边混凝土齿墙内与灌浆帷幕相连，从而使坝体、坝肩形成连续防渗整体，达到彻底根治大坝坝体、坝基及坝肩的渗漏目的。本方案布设帷幕线长 162 m，灌浆孔数 82 个，钻孔总进尺 1 040.4 m(含检查孔)，有效进尺 902.0 m，无效进尺 138.4 m。

2.2 方案Ⅱ

方案Ⅱ坝体充填灌浆采用黏土浆(纯黏土)，坝基、坝肩帷幕灌浆采用水泥浆，帷幕灌浆线沿大坝轴线布置，沿帷幕线布置灌浆孔，在一定的设计压力下，针对坝体和坝基采用不同的灌浆材料对坝基渗水裂隙和坝体的渗水孔隙进行充填，使之形成1道连续的阻水帷幕，从而达到阻隔渗水的目的。本方案布设帷幕线长 136 m，灌浆孔数 68 个，钻孔总进尺 1 230.31 m(含检查孔)，帷幕灌浆总进尺 387.2 m，坝体充填灌浆 646 m，无效进尺 197.11 m。

2.3 方案Ⅰ和方案Ⅱ比较

大坝防渗处理方案比选参数见表1，处理方案比选见表2。通过表1和表2方案对比可得：方案Ⅱ投资少，施工组织单一，施工机械化程度高，施工进度快，施工期受汛期库水位影响较小；但灌浆压力、施工质量难以控制，且质量不易检测，过几年容易"旧病复发"；结合贵州近几十年土石坝坝体渗漏处理来看，采用灌浆防渗效果并不显著。随着复合土工膜生产技术的成熟、生产成本的降低以及施工技术的提高，复合土工膜在土坝坝体防渗中得到广泛推广和使用。具体原因如下：首先，在运用中，其效果直接显著，通过周边混凝土齿墙，很好地解决坝体(软)与坝基(硬)2 种不同渗漏体接触部位的渗漏问题；其次，通过土工膜配合齿墙基础

收稿日期：2021-03-23.

作者简介：钟思梅，贵州毕节人，助理工程师，从事水利工程设计管理工作.

帷幕灌浆,坝基和坝体防渗体成为1个有机整体,从而使坝基渗漏、坝体渗漏、坝体与坝基接触部位渗漏得到彻底根治。综合方案效果及以往应用经验对比,本次设计渗漏处理推荐方案Ⅰ。

表1 大坝防渗处理方案比选参数

项目	方案Ⅰ	方案Ⅱ	项目	方案Ⅰ	方案Ⅱ
灌浆孔数/个	82	68	基岩钻孔/m	—	521.61
帷幕线长/m	162	136	基岩灌浆/m	—	387.2
钻孔总进尺/m	1 040.4	1 230.31	砂垫层/m³	167 590.5	—
灌浆总进尺/m	902.0	1 033.2	坝面土工膜/m²	1 968	—
无效进尺/m	138.4	197.11	C20预制块护坡/m³	196.8	196.8
坝体钻孔/m	—	708.7	C20混凝土齿墙/m³	142.8	—
坝体灌浆/m	—	646			

表2 大坝防渗处理方案比选

比较项目	方案Ⅰ	方案Ⅱ
防渗效果	复合土工膜耐化学腐蚀性、具有一定延展性,较能适应坝体应力应变的影响,防渗效果直观明显,使用有效期较长	由于坝体填料及填筑质量不均匀,灌浆不易形成幕体,即使形成幕体,但随着运行中的各工况下的应力重分配,会使幕体产生裂缝,出现继续渗漏现象
投资	总体工程量较大,投资较大	总体工程量较小,投资较省
施工技术	施工工艺复杂,材料技术较先进,施工难度较大	施工工艺较简单,施工机械化程度高
施工工期	施工期为枯水期,空库状态施工,但工序较复杂,工期较长。	施工期为枯水期,空库状态施工,工期进度快
成功经验	二十世纪九十年代应用较广泛,效果显著,持续时间50 a左右	二十世纪八九十年代较盛行,但防渗效果不明显,正常运行期为10 a
综合评价	复合土工膜防渗性能较高,效果显著,较能适应坝体应力应变的变化影响,持续时间较长,从长远角度看,其各种效益更显著	坝体灌浆幕体难以形成,且随坝体应力变化容易破损、开裂,防渗效果较差,持续时间短
推荐意见	推荐	比较方案

2.4 防渗处理设计

2.4.1 坝基帷幕灌浆防渗处理

芭蕉窝大坝防渗处理采用坝体复合土工膜+坝基齿槽帷幕灌浆处理的防渗处理方案。虽无钻探资料,但坝基出露地层为页岩地层(属隔水层),岩体抗风化能力弱,表层风化严重。根据岩体特征,本次设计帷幕下限为0.6倍坝高为界(11 m),进入相对弱风化隔水层1段;帷幕上限为水库正常蓄水位,帷幕端点向两坝肩延伸30 m(右坝肩帷幕轴线须穿越溢洪道控制段)。根据坝基岩层岩性和岩层裂隙发育情况结合同类工程相关处理经验确定孔距为2 m,采用单排帷幕设计。帷幕线全长184 m,总设计布孔93个,钻孔总进尺1 327.86 m(扩大1.1),基岩帷幕灌浆进尺1 185.8 m,无效进尺154.16 m。帷幕灌浆设计参数见表3。

表3 帷幕灌浆设计参数

帷幕灌浆					检查孔	
孔数/个	总进尺/m	有效进尺/m	无效进尺/m	帷幕线长/m	孔数/个	进尺/m
93	1 327.86	1 185.8	154.16	184	9	111.28

设计岩基段灌浆压力:0.2~0.4 MPa(施工时通过注水试验与压水试验修正灌浆设计压力及各参数)。坝基、坝肩帷幕灌浆采用水泥浆,帷幕灌浆设计技术指标及质量标准执行现行的规程规范。

2.4.2 坝体复合土工膜稳定计算

由于复合土工膜、土石介质间的摩擦系数以及土石介质间的摩擦系数会影响防渗体的稳定性能,因此复合土工膜与坝坡、复合土工膜与保护层的抗滑稳定性需进行复核。复核计算公式:

$$K=\frac{f}{\tan a}$$

式中:f 为垫层与土工膜之间的摩擦系数,查资料得,$f=0.56$;K 为抗滑安全系数,$K=1.10$(查资料得最小抗滑稳定安全系数取1.10);a 为坝坡坡角,即 $\tan\alpha = 1/2$(上游坡比)。

计算得:$K=1.12>1.10$(最小安全系数),通过计算得复合土工膜防渗系统是稳定的,但考虑到土工膜安全系数接近临界值,坝面上应设置防滑槽对土工膜进行保护,以达到稳定要求。

2.4.3 坝面复合土工膜防渗处理

大坝复合土工膜铺设前需先清理基面,清理好的基面采用15 cm细砂找平,土工膜应由上至下铺设,膜与膜之间及膜与基面之间要压平贴紧,但不宜将膜拉得过紧。两端嵌入C15混凝土齿墙部分应水平,嵌入墙深度为80 cm,再铺15 cm细砂。根据厂家提供资料,复合土工膜幅宽选用6 m,以减少接头用料,接头采用热焊方式,焊缝搭接宽度不小于10 cm,在土工膜相接的表面加热使之表面熔化,然后通过压力使之融合成一体。复合土工膜铺好后在其上先铺15 cm细砂,为了能够承受风浪压力及水流冲刷力的影响,再采用厚10 cm六棱体混凝土预制块护面。

3 结论

通过2种防渗处理方案的比选来确定芭蕉窝水库的防渗处理措施,并进行了相关防渗处理设计,具体结论如下。

(1)比选结果表明方案Ⅰ更适用于该水库的防渗处理;

(2)通过计算得:复合土工膜抗滑安全系数$K=1.12>1.10$(最小安全系数),即复合土工膜是稳定的,但考虑到土工膜抗滑安全系数接近临界值,坝面上应设置防滑槽对土工膜进行保护,以达到稳定要求。

参考文献:

[1] SL/T191—1996 水工混凝土结构设计规范[S].北京:中国水利出版社,1996.

[2] SL62—1994 水工建筑物水泥灌浆施工技术规范[S].北京:中国水利出版社,1994.

[3] SD266—1988 土坝坝体灌浆技术规范[S].北京:中国水利出版社,1988.

泥灰岩涌水隧洞塌方及初期支护变形处理技术

邱芸，朱家快

(中国水利水电第九工程局有限公司，贵州贵阳，550081)

摘要：山西省中部引黄工程07标16号支洞控制主洞段下游56+116～57+762.6 m段围岩类别为Ⅴ类，泥灰岩，隧洞出现涌水，隧洞下穿郝家沟，地下水丰富，地下水位位于洞顶以上。隧洞开挖至桩号56+116 m时，掌子面及其附近出现大面积塌方及钢拱架变形。通过仔细深入研究，最终采取小导管超前支护等方式，成功解决了隧洞塌方及初期支护变形问题，施工过程中未发生安全施工问题，为类似隧道施工提供借鉴。

关键词：泥灰岩；涌水；塌方；初期；支护；变形；处理

1 工程概况

本工程位于总干3号隧洞的改47+156.7至总61+676.88 m桩号段，设计流量为21.17 m³/s，城门洞形，净宽4.0 m，净高5.0 m，直墙段高3.0 m，设计水深3.48 m，顶拱中心角180°，半径2.0 m。

施工支洞为城门洞形，宽3.65 m，高3.2 m，均为斜井，支洞坡比范围为15.40%～41.97%。其中，16号支洞斜长895.82 m(包括平洞段)，坡比33.0%，支洞口与主支洞交叉段高差约259.2 m。支洞采用矿井提升机有轨运输方式，主洞为无轨运输。主洞上游长度1 906.48 m(总54+191.99至总56+098.47 m)，下游长度2 015.54 m(总56+098.47～总58+114.01 m)，主洞坡度1/3 000。主洞Ⅴ类围岩开挖断面为27.11 m²。洞底埋深248～458 m。

2017年5月28日，16号支洞控制主洞段下游开挖支护至桩号总57+192 m，在清理隧洞掌子面底板洞渣过程中，发现已经完成初期支护的左侧喷射混凝土出现开裂，初支钢拱架柱脚向洞轴线中心方向逐渐收敛变形。为确保人员安全，施工单位立即指挥人员安全撤离了现场。由于已经支护的钢拱架之间是连成片的整体，受掌子面塌方及部分钢拱架变形影响，拉动其相邻钢拱架相继发生变形，变形段桩号为总57+166.7至总57+192 m(25.3 m)，给施工带来了极大安全隐患。

隧洞塌方变形段见图1。

2 变形段地质描述

洞身穿过地层为奥陶系中统下马家沟组上段，围岩岩性为灰黄色强风化泥灰岩，呈碎屑状，属极

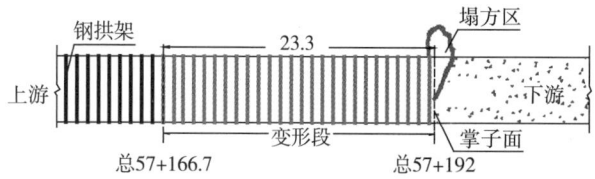

图1 隧洞塌方变形段示意图(单位：m)

软岩，夹零星岩块，结构松散。该洞段地表为郝家沟，且位于正沟下方，隧洞走向与郝家沟延伸方向基本相同。隧洞掌子面上方、左侧墙均出现涌水。开挖过程中泥灰岩遇水软化，黏聚力降低，极不稳定，不断掉块、垮塌，隧洞无法成形。综合判定，该段为不良地质洞段，围岩类别为Ⅴ类。

3 变形原因初步分析

受连续降雨天气影响，地下水得到补给，且变形段位于郝家沟正下方，地下水丰富，水流沿着围岩裂隙渗流，导致掌子面大面积出现严重渗水，局部出现涌水。泥灰岩吸水软化，黏聚力降低，并伴随着一定体积膨胀，导致初期支护的喷射混凝土及钢拱架受力大大增加，锚杆与围岩之间也因为围岩吸水后锚固力降低。掌子面出现涌水后，底板泥灰岩因为长时间受积水浸泡，逐渐泥化、软化，底板基础承载力大大降低。综合上述原因，导致掌子面塌方及初期支护钢拱架及混凝土出现开裂变形。

4 处理方案

为确保施工安全，针对上述情况，施工单位及

收稿日期：2021-09-02.

作者简介：邱芸，贵州贵定人，高级工程师，从事水利水电工程项目施工管理工作．

时联系有关参建各方一同对现场进行查看,经仔细研究讨论,制定具体处理措施如下。

4.1 变形观测

在保证安全的前提下,对已经出现的变形段及其附近初期支护结构进行变形观测。其中总57+166.7至总57+192 m钢拱架变形段,按每榀拱架逐一进行变形观测。监测频率在满足规范要求的同时,参考表1要求执行。

表1 按位移速度确定的监测频率

位移速度/(mm/d)	监测频率
≥5	2次/d
1~5	1次/d
0.5~1	1次/2~3d
<0.5	1次/7d

4.2 抽排水及变形段临时加固

(1)在保证施工安全的前提下,增加水泵,及时抽排洞内积水。

(2)待变形段无明显继续变形,并在确保施工安全的前提下,及时采取措施对变形段钢拱架临时进行支撑加固。支撑材料采用18号工字钢,长度根据每榀钢拱架变形情况及不同断面尺寸进行确定,临时支撑的工字钢与钢拱架之间采用焊接固定。加固形式见图2。

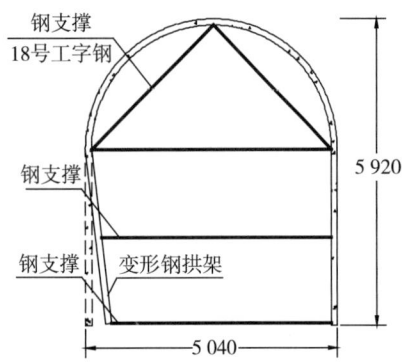

图2 钢支撑临时加固断面示意图(单位:mm)

在变形段进行安全加固的前提下,对掌子面采取喷射混凝土封闭措施,临时对掌子面进行喷浆支护,喷浆厚度为10 cm,以防止或减少掌子面围岩继续出现垮塌。

4.3 固结灌浆

为增加围岩的稳定性,保证后续施工安全,对变形段围岩进行固结灌浆。主要目的是固结松散岩体,同时封堵岩层之间存在的裂隙或渗水通道,阻断渗水。

固结灌浆管直径采用φ42,壁厚3.0 mm,长4 m/根,间排距1.0 m,每环13根。注浆采用HTB-3活塞式注浆机,水泥浆液水灰比采用1:1(重量比)。灌浆压力为0.3 MPa。固结灌浆管布置见图3。

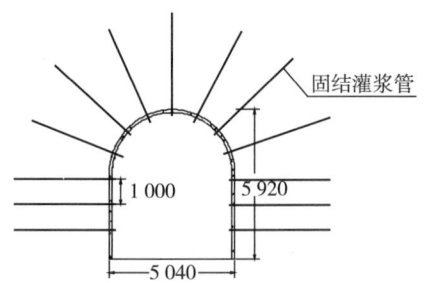

图3 固结灌浆管布置断面示意图(单位:mm)

4.4 拆除变形段初期支护结构,重新支护

经测量,由于变形段初期支护已经不能满足设计要求,因此必须拆除变形钢拱架及喷射混凝土,重新进行支护。

(1)支护形式。拆除变形钢拱架后,新换的拱架采用18号钢拱架,钢拱架间距0.5 m,钢拱架与洞壁之间设φ25锁脚锚杆固定,每榀钢拱架设8根锁脚锚杆(每边侧墙4根,其中钢拱架立柱的柱脚及起拱位置分别设置2根),每根锚杆长度L=2.5 m;相邻钢拱架采用φ20纵向连接筋连接,沿断面均匀布设,间距1.0 m,连接筋与钢拱架应可靠焊接;顶拱及侧墙内挂φ8钢筋网(150 mm×150 mm),喷120 mm厚C20混凝土。

(2)变形钢拱架的更换施工顺序为自上游往下游(掌子面)方向依次进行。

(3)固结灌浆完成后,禁止立即拆除钢支撑,待水泥浆固结围岩并达到一定强度后,且在保证施工安全的前提下,逐榀拆除变形钢拱架并用新的钢拱架重新进行安装,每作业循环只更换1榀钢拱架。具体流程如下:先拆除1榀钢拱架的钢支撑(其余钢支撑暂不拆除),然后采用机械凿除喷射混凝土;凿至混凝土内连接筋和钢筋网片位置时,采用氧炔焰将钢筋割除,之后继续凿至设计开挖轮廓线。凿除的混凝土采用装载机(0.58 m³)装至自卸汽车(10 t)上,并运输至主支交叉口存渣洞,之后通过卷扬机运输至洞外,最后采用自卸汽车(15 t)运至弃渣场。

(4)为提高钢拱架的稳定性,有效抵抗侧墙产生的压力,钢拱架更换后加设18号工字钢底梁,与钢拱架形成封闭环。工字钢底梁位于设计二衬混凝土结构线以下。钢拱架与底梁之间采用焊接进行连接。

(5)每榀钢拱架更换完成后,每隔2 m在两边侧墙预埋1根φ80的PE排水管。排水管埋设时外露10 cm,进水口一端设置滤网,埋设坡度5%。

遇渗水点较大位置，视情况单独增加排水管。每榀钢拱架安装完成后应立即进行喷射混凝土支护。

（6）钢拱架更换完成后，清除底板淤泥、洞渣，在二衬混凝土结构线以下浇筑20cm厚C15混凝土垫层。

4.5 掌子面塌方处理

初期支护变形段处理完成后，消除了变形段安全隐患，保证了施工人员在变形段的通行安全，随后开始对掌子面塌方进行处理，塌方处理断面见图4。

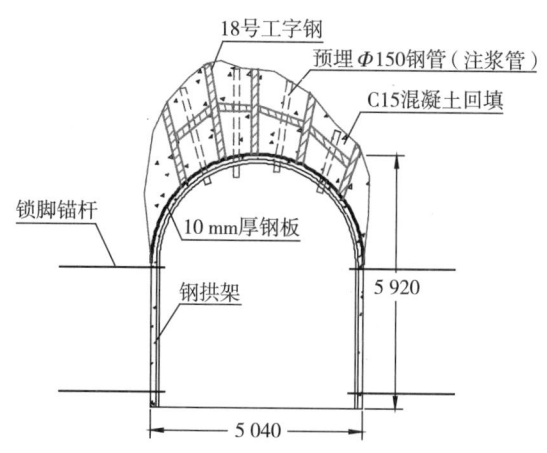

图4 塌方处理断面示意图(单位：mm)

（1）采用小型挖机将掌子面洞渣清理干净，同时将掌子面处理平整，使掌子面基本处于同一断面，便于安装钢拱架。

（2）安装钢拱架至掌子面，钢拱架间距为0.5 m，钢拱架型号、锁脚锚杆、连接筋、钢筋网片等支护参数与变形段相同。

（3）拱顶180°范围铺设10 mm厚钢板，钢板与钢拱架及连接筋焊接牢固。钢板边缘与岩面或钢拱架之间封闭严密，防止向塌空区回填混凝土时漏浆。

（4）拱顶180°范围，钢拱架与岩面之间采用18号工字钢进行支撑，工字钢支撑根数及长度视塌方情况而定，以能有效支撑岩面，防止岩体垮塌为宜。起支撑作用的工字钢之间采用相同型号的工字钢连接，以增加支撑体系的稳定性。

（5）在拱顶及其塌空部位较大的位置，预埋直径为Φ150的注浆管，注浆管根数及其长度视塌方情况而定，每根注浆管外露20 cm。

（6）通过预埋注浆管向塌空区回填C15混凝土。采取分层回填方式，每层回填厚度不超过30 cm，待下层混凝土达到一定强度后继续进行回填。回填混凝土前应确保钢拱架承载力和稳定性满足要求，必要时采取支撑措施。

4.6 塌方段之后的泥灰岩渗水洞段开挖支护

（1）开挖。根据围岩具体情况确定每循环开挖进尺，一般为0.8～1.2 m。采取弱爆破、强支护方式。

（2）支护。拱顶180°范围采用超前小导管注浆（超前支护）。小导管采用φ42无缝钢管，长5 m/根，小导管间距0.4 m，外露0.5 m，每循环搭接长度不低于1.5 m，外插角15°，小导管与钢拱架之间焊接牢固。采用18号钢拱架，按0.5～0.8 m间距布设。钢拱架与洞壁之间设φ25锁脚锚杆固定，锚杆长度$L=2.5$ m，采用砂浆锚杆；相邻钢拱架之间采用φ20纵向连接筋连接，沿断面均匀布设，间距1.0 m，连接筋与钢拱架可靠焊接；顶拱侧墙内挂φ8钢筋网（150 mm×150 mm），喷120 mm厚C20混凝土；二衬混凝土结构线以下浇筑20 cm厚C15混凝土垫层。

4.7 洞内排水

洞内积水应及时进行抽排干净，防止积水长期浸泡底板基础，降低基础承载力。施工过程中应沿边墙设置排水沟和集水井，根据水量合理布置排水设施。

5 总结

（1）初期支护的变形处理主要在于采取有效措施对变形段进行加固，在保证安全的前提下对围岩进行固结灌浆，提高围岩的稳定性，同时起到封堵围岩之间的裂隙或涌水通道的作用，有效防止涌水或降低渗水量。

（2）钢拱架更换过程中应及时进行喷浆支护，避免围岩长期裸露，出现安全隐患。为确保施工安全，每循环只更换1榀钢拱架。

（3）由于钢拱架锁脚锚杆与渗水泥灰岩之间的锚固性较差，为提高钢拱架的稳定性，采取加设工字钢底梁的方式，对每榀钢拱架底部进行支撑，与钢拱架形成闭环。

（4）塌方段的处理主要在于确保施工安全。对塌方段进行喷射混凝土临时封闭岩面，防止或减轻继续塌方。用混凝土对塌空部位填充密实，防止支护结构与岩面之间出现脱空。

（5）塌方段后续开挖支护过程中，采取超前小导管注浆的方式，对拱顶180°范围进行超前支护，防止塌方，确保施工安全。

采用上述方案，成功解决了泥灰岩涌水隧洞初期支护变形问题，施工过程中未发生安全事故，可为类似工程提供借鉴。

沙沱水电站消力池排水优化设计

李沐春，闫文峰，彭崇华，陈颖

（贵州乌江水电开发有限责任公司沙沱发电厂，贵州沿河，565300）

摘要：水工建筑物及其附属设施检查维护是水工技术监督工作内容之一。沙沱水电站消力池是重要的水工建筑物，在其检查维护中，开展排水优化，在加快检查维护进度的同时也降低了检查维护安全风险，实现了水工技术监督为安全生产保驾护航的目的。

关键词：消力池；排水；优化

1 概述

沙沱水电站是乌江干流开发中的第9级，是乌江流经贵州省境内的最后一级电站。电站主要以发电为主，其次航运，兼顾防洪等综合效益。水库正常蓄水位365 m，死水位353.5 m，总库容9.21亿 m^3，调节库容2.87亿 m^3，属日调节水库，电站装机容量4×280=1 120 MW，保证出力322.9 MW，多年平均发电量 $4.552×10^9$ kW·h。枢纽工程规模为二等大（2）型。泄洪建筑物布置在主河道上，为坝身溢流表孔型式，溢流坝段长14 m，设有7个溢流表孔，孔口尺寸为15 m×23 m（宽×高），溢流堰顶高程342 m，最大下泄流量为32 035 m^3/s（$P=0.05\%$）。采用台阶堰面+宽尾墩+消力池联合运用的消能型式，消力池长100 m，底板高程287 m。

大坝坝址位于沿河县城上游7 km，在泄量达32 032 m^3/s的乌江下游河段，最大单宽流量为305 m^3/s·m，其泄洪消能问题显得尤为突出。消力池是沙沱水电站重要的泄洪消能建筑物，2013年4月，电站下闸蓄水。此后每年在汛后对消力池结构进行过水后情况检查，均需要采用外委施工单位，并将水抽干后再实施的方法。这种方式，存在着施工单位进场后方可抽水，且抽水费用较高等弊端。

为了解决这个问题，对消力池原设计进行再优化，在消力池左侧侧壁底部至消力池集水井间钻2个排水孔形成2条联通管道，把消力池的水排到集水井，并在消力池集水井一侧设置工作阀门和检修阀门，同时对机电设备再优化。若需要对消力池进行放水检查时，通过操作控制设备，将消力池内的水排入集水井内，由集水井内已安装的水泵抽至下游河道。采用这种方法排水，既能节省费用，又为在次年汛前完成消力池检查、消缺工作赢得时间。

2 消力池排水优化过程

2.1 钻孔连通消力池集水井

沙沱水电站消力池护坦顺下游河道布置，护坦长度为100.00 m，宽135.00 m，消力池护坦开挖高程283.00～285.00 m，护坦顶高程287.00 m，结构厚度在坝纵0+109.125 m为4.00 m，之后为2.00 m。在护坦尾部设尾坎以改变水流方向和减小消力池长度，尾坎段长15.00 m，顶高程295.50 m，尾坎表面呈台阶状，综合坡度为1∶1.67。

在消力池左边墙底板钻孔与消力池集水井连通（孔内直径为150 mm），孔内埋设直径114 mm、壁厚7 mm的不锈钢钢管，孔口用高强度环氧砂浆进行回填以增强抗冲刷能力，最后与消力池底板形成统一结构面。

通过消力池原设计土建结构的优化（原消力池底板和消力池集水井是没有连通的，在消力池侧壁底部至集水井间钻2个排水孔形成2条联通管道），实现了汛后消力池的检查中，可以直接把消力池的水排到集水井，不再安装其他抽水泵来排放消力池的水。

消力池排水管布置见图1。

2.2 机电设备优化

在2根不锈钢管靠近消力池集水井一侧设置工作阀门和检修阀门，工作阀采用可以远程控制的电动蝶阀，能实现远程操作控制阀门的开度；检修阀处于常开状态，工作阀根据工作需要随时调整阀门开度。由于消力池集水井底部高程为273.60 m，

收稿日期：2021-08-16.

作者简介：李沐春，贵州毕节人，工程师，从事水电厂水工建筑物技术管理工作；闫文峰，贵州遵义人，工程师，从事水电厂检修维护工作；彭崇华，贵州瓮安人，工程师，从事水电厂水工建筑物维护工作.

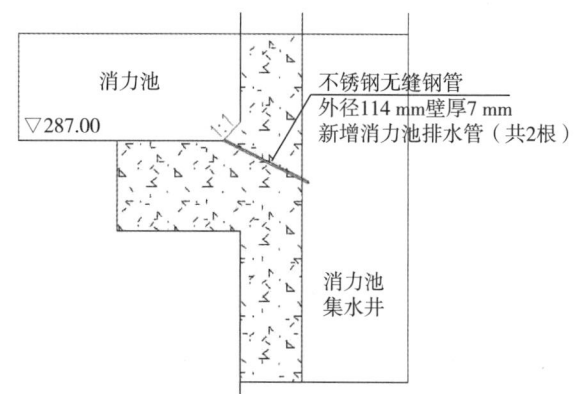

图 1　消力池排水管布置示意图

2 根不锈钢排水管与垂直方向成 64°夹角,当工作阀门打开时,消力池内的积水能自动流到消力池集水井内,消力池集水井由 2 台型号为 400JCK396－67 深井泵进行抽水,可通过远程电动调节工作阀门的开度来调节消力池到集水井的水流量,将水流量控制在集水井深井泵能承载的负荷范围内,保证水泵安全可靠运行。

消力池集水井机电设备实现了再优化,通过在消力池集水井一侧新安装工作阀门和检修阀门,消力池自动排水系统能有效控制消力池内的储水量,汛后能通过自动排水装置将消力池的水量排至最低,以便于对消力池底板的冲刷破坏程度进行检查及修复。在消力池底板修复前将消力池内积水排净。

消力池排水阀安装见图 2。

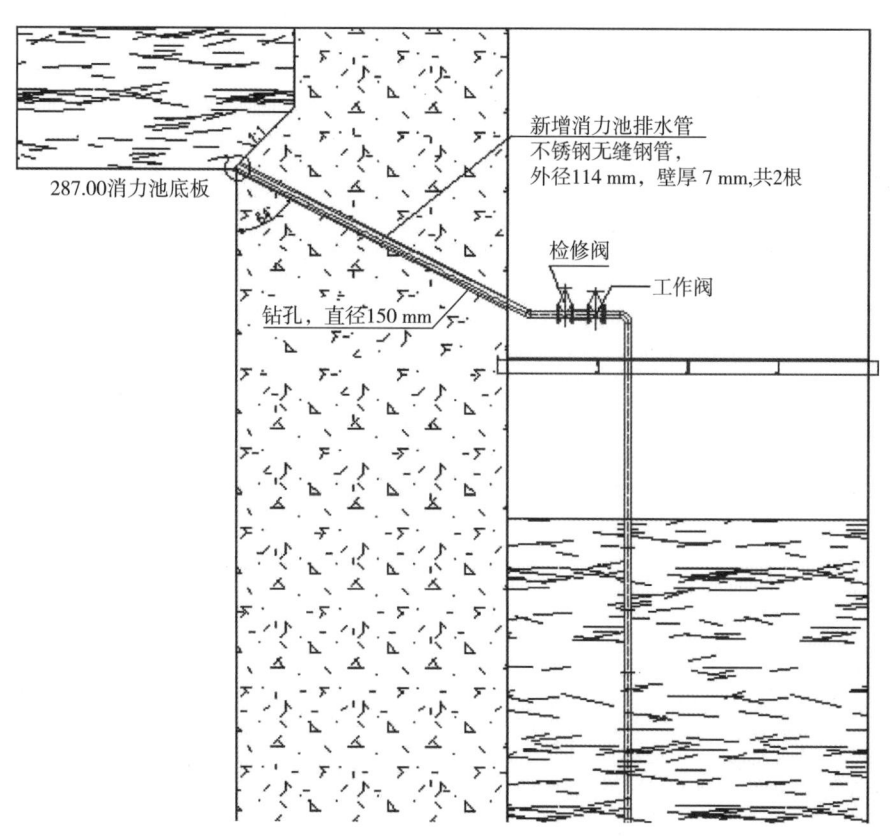

图 2　排水阀安装示意图

3　与原消力池排水方式比较

沙沱水电站原消力池排水方式为人工在消力池尾坎安装水泵,进行消力池排水。属于水上作业和高空作业,安全风险大。进行优化后,采用电控阀远程控制排水开关让水自流进入消力池集水井,避免了水上作业和高空作业,有效降低了人工抽排水导致人员触电、人员落水等风险,安全风险小。

在排水工期方面,由于减少了人员投入和水泵安装等工作,加快了排水进度,为消力池检查维护奠定基础,节省了消力池检查维护的整体时间。每年能缩减消力池检查维护工期约 20 d。

4　结语

沙沱发电厂在水工技术监督工作中创新技术,对重要水工建筑物消力池排水进行优化,提高工作效率,实现安全生产。该厂以问题为导向,以创新技术为手段,开展水工技术监督工作。从细节和小处入手创新优化土建工程和机电设备工程,对大型水电站的技术监督工作有借鉴意义。

碾压混凝土坝层间结合渗压监测分析

程淑芬，钟辉

(中国电建集团贵阳勘测设计研究院有限公司，贵州贵阳，550081)

摘要：文章依托贵州善泥坡碾压混凝土拱坝，通过碾压混凝土筑坝材料分区设计和坝体防渗体系设计对坝体碾压混凝土层间结合渗压情况进行监测分析，对碾压混凝土筑坝的关键技术进行反馈，为今后更多的碾压混凝土筑坝工程提供工程经验和数据支撑。

关键词：碾压混凝土坝；层间结合；渗压；监测

0 引言

碾压混凝土筑坝是近几十年发展起来的新型筑坝技术，该技术是基于土石坝施工方法中的一种干硬性混凝土坝的施工方法，即采用振动碾对干硬性混凝土通过在坝体分层铺筑、碾压成型的工艺将常态混凝土坝结构和碾压土石坝施工等优点集于一体，具有节约水泥用量、温控措施简单、填筑施工速度快、节能环保和工程造价低等优点[1]。

碾压混凝土坝实际筑坝时存在以下 3 条关键技术：a. 碾压混凝土层间结合问题。高碾压混凝土重力坝的碾压层面结合黏结力对坝体的抗滑稳定至关重要。b. 坝体防渗体系。碾压混凝土坝体防渗体系早期采用常态混凝土作为防渗体，即所谓的"金包银"，但因为常态混凝土与碾压结合胶结不良，而且施工极为复杂；在后来的碾压混凝土坝中便改为采用变态混凝土与富胶凝材料二级配碾压混凝土组合式防渗体，位于上游坝面，一般为 30～80 cm。c. 大坝防裂设计。

在碾压混凝土坝筑坝的 3 条关键技术中，碾压层面结合方面就占据了 2 条，层面结合质量一直是碾压混凝土坝的关键薄弱点[2]，碾压层面结合好坏关系到坝体抗滑稳定和坝体的防渗，如碾压层面处理不当，层面将成为集中渗流通道及稳定薄弱面，将严重影响坝体的安全和耐久性[3]。鉴于碾压混凝土坝碾压层面结合的重要性，本文将依托贵州北盘江善泥坡工程，对碾压混凝土坝的碾压层面结合情况进行实际监测，搜集监测数据，进行反馈分析，为今后碾压混凝土坝筑坝技术进行反馈总结并提供数据支撑。

1 工程概况

贵州北盘江善泥坡拱坝是碾压混凝土双曲拱坝，坝顶弧长 204.29 m，坝顶高程 888 m，坝底高程 778 m，最大坝高 110 m，坝顶宽 6.00 m，坝底厚 23.50 m，厚高比 0.214。善泥坡拱坝根据防渗需要及碾压混凝土施工，坝体上游面防渗混凝土厚度(含 50 cm 厚变态混凝土)沿高程自下而上从 6～2 m 逐渐递减。除了溢流坝闸墩、中孔周边混凝土、坝顶联系梁、中孔和表孔进出口表面混凝土以及坝基找平等局部不便大仓面碾压部位外，大坝内部和上游表面防渗混凝土均为碾压混凝土；大坝上游面防渗碾压混凝土为变态混凝。

2 碾压混凝土层间结合渗压监测分析

2.1 监测数据过程线分析

为了解碾压混凝土层间结合情况及坝体上游面的防渗情况，在拱冠梁处选 1 个断面布置渗压计进行监测。在该监测断面 782、794 m 高程的碾压混凝土层面上，距上游坝面 0.5 m、2.0 m、4.5 m 处分别埋设 1 支渗压计进行碾压混凝土层间结合情况监测；另外，在 812 m 度汛高程上，依次距上游坝面 2 m、距下游面 3 m 处各埋设 1 支渗压计对度汛高程层间上新老碾压混凝土结合情况进行监测。

2.1.1 782 m 高程碾压层面渗压分析

由布置在 782 m 高程、坝体碾压混凝土层面上的 Pb-7、Pb-8 和 Pb-9 渗压计的测值与库水位过程线发现，在 2014 年 11 月大坝下闸蓄水和 2017 年 2 月大坝开闸放水时，渗压计测值并无明显的变化，说明碾压混凝土层面上的 3 支渗压计测值受库水位影响不明显。最靠近上游面的渗压计 Pb-7 测值呈缓慢增长，过程线较为平稳，目前测

收稿日期：2021-04-27.

作者简介：程淑芬，海南五指山人，高级工程师，从事水利水电工程安全监测工作.

值基本稳定在784 m高程，水头为2 m；渗压计Pb-8测值在2017年上半年之前发展基本稳定，在2017年下半年以后测值逐渐增长，目前测值平稳在789 m高程，水头为7 m；最靠坝内的渗压计Pb-9过程线发展平稳，测值始终在784 m高程左右，对应水头为2 m左右。Pb-7、Pb-8和Pb-9渗压计测值过程线见图1。

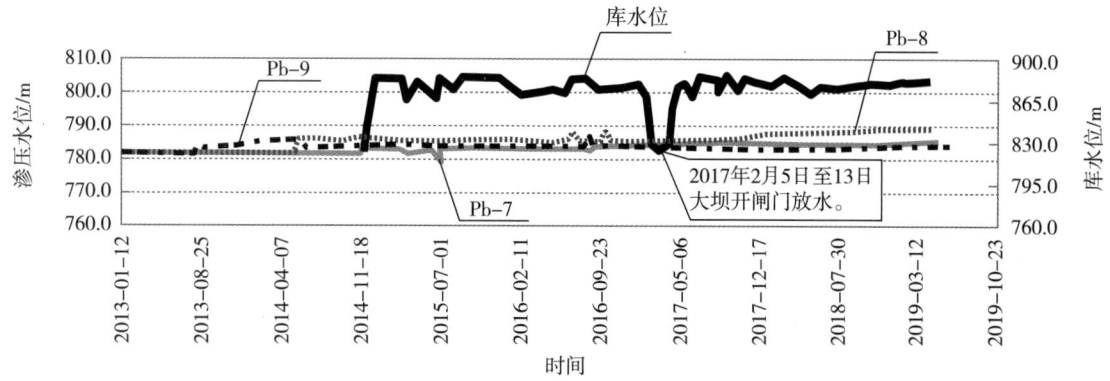

图1　782 m高程大坝层间结合面渗压计Pb-7～Pb-9测值过程线

2.1.2　794 m高程碾压层面渗压分析

由布置在794 m高程、坝体碾压混凝土层面上的Pb-10、Pb-11和Pb-12渗压计的测值与库水位过程线发现，渗压计Pb-10测值受库水位影响明显，二者显著关联，在2014年11月大坝下闸蓄水时，最靠近上游面的渗压计Pb-10测值随之增加，过程线为上涨趋势，在2017年2月大坝开闸放水时，测值随之下降，开闸放水结束，测值逐渐回升，目前测值保持在831 m高程，水头为37 m；其余2支渗压计受库水位影响不明显，测值基本稳定，过程线平稳发展，目前二者测值分别稳定在797 m和794 m左右，水头分别为3 m和0 m。Pb-10、Pb-11和Pb-12渗压计测值过程线详见图2。

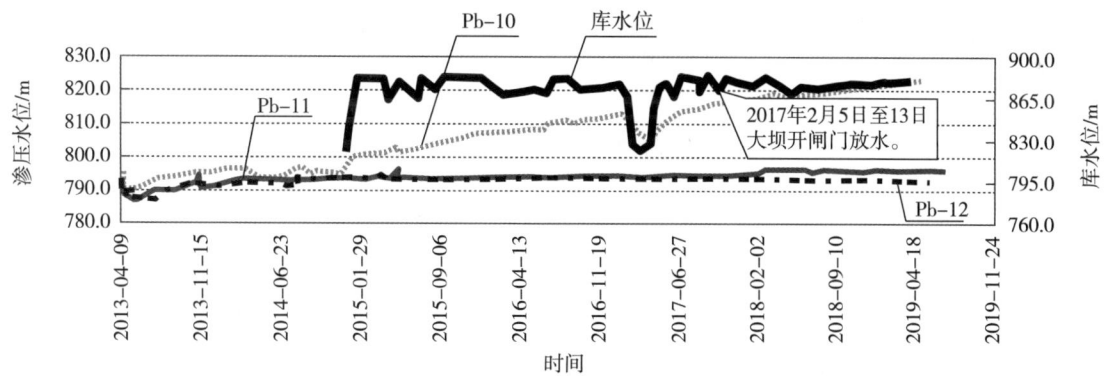

图2　794 m高程大坝层间结合面渗压计Pb-10～Pb-12测值过程线

渗压计Pb-10在蓄水后测值一直增大，分析认为该处混凝土在浇筑完成后已有细小裂缝，在蓄水后裂缝逐渐增大；渗压计Pb-11与Pb-12的测值较为稳定，受库水位的影响不明显，水位稳定在795 m左右。可见该高程层间在上游面到0.5 m处的结合情况较差，在距离上游1.5～2.5 m处的缝结合情况较好。

2.1.3　812 m高程碾压层面渗压分析

渗压计Pb-15和Pb-16布置在812 m高程坝体新老混凝土结合面上，其中渗压计Pb-15距上游坝面的距离为2 m，渗压计Pb-16距下游坝面的距离为3 m。由渗压计Pb-15的测值过程线可以看出，测值几乎与库水位的测值相等，随着库水位的变化而变化，目前测值水位高程为883.30 m，水头为71.3 m，初步分析该测点与上游库水位连通性较好；渗压计Pb-16的测值较为稳定，受库水位的影响不明显，目前测值稳定在815 m，水头为3 m。由此可见该高程层间缝结合在距离上游坝面2 m范围内的情况较差，通过距下游面3 m位置的渗压测值表明，经过坝体折减，下游已基本无渗压。

2.2 监测数据测值对比分析

坝体渗透压力强度系数：

$$\alpha = \frac{\text{实测水头}}{\text{上游水位} - \text{仪器埋设高程}} \quad (1)$$

根据坝体层间渗压系数计算公式(1)对782、794、812 m高程碾压层面上的每支渗压计当前值的渗透压力强度系数进行计算，并将渗压计测值及过程线情况整理如下，见表1。

表1 善泥坡拱坝碾压层间渗压计测值及过程线情况汇总

坝体高程/m	渗压计编号	距上游面位置/m	最大值/m	最小值/m	当前值/m	渗透压力强度系数α	过程线发展	受库水影响
782	Pb-7	0.5	3.96	0	3.79	0.03	发展平稳	不明显
	Pb-8	2.0	17.99	0	7.67	0.07	总体平稳,略有上涨趋势	不明显
	Pb-9	4.5	4.80	0	2.46	0.02	发展平稳	不明显
794	Pb-10	0.5	37.82	0	37.82	0.42	呈上涨趋势	显著相关
	Pb-11	2.0	3	0	3.05	0.03	呈缓慢增长,现趋于平稳	不明显
	Pb-12	4.5	2.45	0	0.36	0	发展平稳	不影响
812	Pb-15	2	75	0	70.3	1.02	随库水位同步波动发展	显著相关,同步发展
	Pb-16	15	3.26	0	2	0.03	发展平稳	不明显

注：当前上游水位881.68 m

根据表1分析如下：

（1）碾压层面渗压系数除了Pb-10和Pb-15两处异常偏大之外，其余各处渗压系数均在0.1范围内，小于0.2的层间渗压设计值，且各处渗压值过程线发展趋于平稳，受库水位影响不明显。

（2）Pb-10和Pb-15两处测值明显异常，数值偏大，且与库水位同步发展，呈显著相关性。分析认为，Pb-10处应该为坝体在浇筑过程中出现了裂缝，导致该部位出现渗压通道；Pb-15处为度汛高程，度汛完成后，该部位高程与新浇的混凝土没有结合好，属于新老混凝土之间没有衔接好以致存在明显的接缝，导致该部位渗压测值异常偏大。

（3）总体而言，对于同一个高程的碾压层面，靠近上游坝面渗压值相对偏大，最外层的渗压值大于最内层的渗压值。

（4）低高程碾压层面的渗压值偏大于高程碾压层面的渗压值。

3 结论

通过分析善泥坡碾压混凝土坝的混凝土材料分区和碾压层面渗压监测设计，具体对碾压层面的监测数据进行收集和分析，量化了碾压混凝土层间结合的渗压情况，主要的工程经验总结如下：

（1）当前的碾压混凝土坝筑坝关键技术中，上游坝面采用变态混凝土与富胶凝材料二级配碾压混凝土组合式防渗体的效果较好，混凝土材料分区设计合理，对于碾压混凝土层间防渗作用明显，层面总体渗透压力强度系数较小，基本都在0.1以内，没有超过规范要求的坝体内部渗透压力强度系数0.2。

（2）碾压混凝土在浇筑过程中一旦在上游坝面出现裂缝，则会对坝体层间渗压有明显影响，此时该部位坝体渗压随着库水位变化而变化，随着渗压的逐渐增大，表面裂缝会逐渐往坝内伸展，最终发展为贯穿性裂缝。因此在碾压混凝土浇筑过程中，应加强混凝土养护，尤其注意上游坝面的保护，避免出现表面裂缝。

（3）对于新老混凝土交接处，也是坝体层间渗压的薄弱环节，处理不好，会造成渗压偏大。因此对于碾压混凝土浇筑过程中的新老混凝土交接处，应特别做好二者处理。

参考文献：

[1] 范福平,龙起煌,罗洪波,等.峡谷地区碾压混凝土筑坝技术与实践[M].北京:中国水利水电出版社,2015.

[2] 田正宏,刘剑波,李荣果,等.基于含湿率的碾压混凝土层间结合质量检测方法[J].施工技术,2015,45(23):97.

[3] 娄亚东,王振宇,王凯,等.碾压混凝土层间渗透系数的试验研究[J].水力发电,2001(8):12.

[4] 中国电建集团贵阳勘测设计研究院.贵州北盘江善泥坡水电站土建工程竣工安全鉴定安全监测资料整编及反馈分析报告[R].贵阳,2018.

预应力混凝土静压管桩技术

夏兵兵,刘伟,吴见

(中国水利水电第八工程局有限公司,湖南长沙,410004)

摘要:针对管桩锤击施工的噪声污染,我国开发了静压法施工技术和装备,并得到了广泛推广应用,不仅改善了城区施工环境,还提高了对不同地质条件的适应性。本文描述了城区采用液压静力压桩机进行PHC管桩的施工工艺,以及试验检测要求。

关键词:预应力;管桩;静压;施工

1 工程概况

鹤问湖污水处理厂二期项目建厂地址位于九江市八里湖护池河北侧,鹤问湖污水厂一期西侧,总规划用地规模为 83 619.5 m²,工程设计规模为 $7×10^4$ m³/d。构(建)筑物设计使用年限为50 a,结构安全等级为二级。污水处理厂二期工程包括新建25座构(建)筑物及电气设备及管道安装、调试,厂区内景观绿化、厂区道路、围墙施工等内容。

根据厂区地质情况,构(建)筑物基础采用管桩基础。管桩为直径为400 mm的PHC预应力混凝土管桩,AB型,壁厚95 mm,桩尖选用《预应力混凝土管桩》(10G409)十字形桩尖,管桩尖部以上灌注C35混凝土,高度1 m。单桩竖向受压承载力特征值 $Ra=1 200$ kN,抗拔承载力特征值 $Ra=250$ kN。管桩端部进入持力层深度要求不小于1 m,桩长17~22 m。根据设计要求,预应力混凝土管桩采用静压沉桩方式,采用压桩力及桩长双控。

2 工程测量

(1)测量仪器。工程拟投入的所有测量仪器都必须有检定合格证,并在检定有效期内使用。

(2)平面控制测量。首先对红线桩及定位控制桩和施工区域平面控制成果进行检验核准,再用全站仪检验施工区附近施测控制点,控制点应互相通视,并尽可能布设牢靠且不影响施工。控制点的密度将根据相关规范和现场实际情况而定,施测后进行复测,并按半永久性控制桩要求埋设。埋设后,请业主或监理进行验收核定,精度验收合格并出具验收成果后,方可使用。

(3)标高控制测量。标高控制点的施测应结合平面控制测量进行。施测和验收程度与平面控制测量相同,精度应达到测量规范要求。

(4)桩点布设及桩施工测量。桩的施工测量包括向施工区内布置控制点、桩点布设、桩长的测量和压桩过程中的贯入度控制,桩长控制以压桩的贯入度控制为准。

3 施工工艺

3.1 施工流程

预应力混凝土管桩施工工艺流程:场地平整→桩位放线→桩机就位→桩机调整→吊桩定位→垂直检查→试桩→压桩→接桩→再压桩→压桩完成→灌芯混凝土浇筑→试验检测。

3.2 施工工艺

3.2.1 施工准备

(1)桩机施工前对场内表层土质进行试验,确保承载力能够满足静压桩机施工及移动要求,避免出现沉陷影响桩机施工安全及桩基施工质量。若场地不能满足桩机承载力要求,可对软土层采取换填或铺设路基板的方式。

(2)液压静力压桩机设备运入现场安装就位后,应认真检查压桩设备各部位的质量和性能,施工前机械设备试行运转正常,并定期对机械设备维修保养。

(3)定桩位,确定压桩顺序。结合桩基平面布置情况、桩的密集程度及深度、桩机移动方便等因素考虑桩基施工先后顺序。

(4)由测量人员测量场地内的静压桩的位置,同时在场地适当位置设置控制点标注好准确高程,数量不宜少于2个,以便观测桩身入土深度。

(5)记录员要认真观测桩的入土深度及该深度对应的压力值,准确做好记录。

收稿日期:2021-07-06.

作者简介:夏兵兵,高级工程师,从事市政工程施工技术与管理工作.

3.2.2 液压式压桩机作业

(1) 压桩机应按有关规定配足重量,符合最大压桩力的要求,一般按压桩终压力的1.1倍控制。

(2) 施工过程中,桩机就位后将桩吊放入压机内,启动液压夹头夹紧桩身,对准桩位中心、调直、压桩;每个沉桩高度为1个压桩行程,反复往下沉桩,完成1节桩的沉桩过程,然后焊接接桩,再重复下节的沉桩过程。

(3) 带有桩尖的第1节桩插入地面0.5~1.0 m,应严格调整桩的垂直度,偏差不得大于0.5%,然后才能继续下压。

(4) 压桩过程中应经常观测桩身的垂直度,当偏差大于1%时,应找出原因并设法纠正;当桩尖进入较硬土层后,严禁用移动机架等方法强行纠偏。

(5) 压桩过程中应经常注意观察桩身混凝土的完整性,一旦发现桩身裂缝或掉角,应立即停机,找出原因,采取改进措施。

(6) 每1根桩应一次性连续压到底,接桩、送桩应连续进行,中间不得无故停歇,且尽可能避免在桩尖接近设计持力层时进行接桩。

(7) 压桩时应由专职记录员及时准确地填写压桩施工记录,并经现场监理人员(或建设单位代表)验证签名后才可作为有效施工记录。

(8) 终压力和桩长达到终压控制要求后方可停止沉桩。一般采取终压桩力及桩长作为控制标准。终压力按设计承载力2倍控制。在压桩过程中,若出现达到设计桩长而未达到终压力,需与监理、设计、业主协商确认是否需要按终压力继续送桩;若出现达到终压力而未达到设计桩深,需分析原因,达到持力层则停止压桩,按设计桩顶高程截桩。

3.2.3 送桩

(1) 当桩顶被压至接近地面需要送桩时,测出桩的垂直度并检查桩头质量合格后应立即送桩,压、送桩应连续进行。

(2) 送桩采用专制钢质桩器,不得借施压用的工程桩作送桩器。

(3) 送桩深度不宜超过3 m。

(4) 送桩的最大压力一般不宜超过桩身允许压桩力。

3.2.4 复压桩

压桩终止前应连续2~5次满载复压,复压时每次都要注意贯入度,总贯入度不得大于20 mm。

3.2.5 接桩

桩基工程接桩方法采用二氧化碳保护焊接方式。当下节桩压入土层后未达设计要求的高度,须接桩处理时,下节桩必须露出地面100 cm以上。接桩时,用铁刷子清理好上下节桩端头后,先将四角点焊固定,然后对称焊接,以确保焊缝质量和设计尺寸;焊缝应连续、饱满,且焊好的焊缝应在自然冷却大于8 min后方可继续施压。为避免应力集中,应避免浇水冷却。接桩时上下段应顺直,错位偏差不大于2 mm。

3.2.6 机械清运

(1) 根据现场土质情况,为防止桩位偏移,需采用挖机将淤泥、杂填土等土质疏松、软土层挖除。施工现场配备履带式挖掘机,同时配备足够的人工配合挖掘机进行整平,用水准仪严格控制标高,挖掘机工作时需严格控制标高,不得超挖。

(2) 在挖掘机清土过程中,若达到设计高程,在设计高程以上300 mm的土层由人工清除。

(3) 挖掘机不能对预留桩头和设计桩顶标高以下的桩体产生损害,不能扰动桩间土。

(4) 挖掘机进入施工现场须在打桩工作面以上铺垫不小于1.0 m的保护土层后方可行走,禁止在打桩工作面上行走。

(5) 由挖掘机将打桩弃土、桩间保护土装车运走。

3.2.7 截桩

(1) 水准仪确定桩顶标高后,沿桩顶标高用墨线弹出标记,用切割锯将桩切割1条线。

(2) 桩头用切割锯切割桩头,切割时桩头分左右两侧切割,将桩头截断。严禁一侧切割桩头或用其他方法切割或者击打桩身。

(3) 桩头截断后,用钢钎、手锤将桩顶从四周向中间修平至桩顶设计标高,并把桩顶找平,桩顶表面不可出现斜面,桩顶标高允许偏差为0~20 mm。

3.2.8 灌芯混凝土浇筑

压桩完成后,桩尖以上需灌注C35混凝土,高度1 m。在浇灌芯混凝土前,先将管桩内壁浮浆清理干净,采用内壁涂刷水泥净浆,以提高填芯混凝土与管桩桩身混凝土的整体性。

3.2.9 试验检测

预应力混凝土管桩施工完成后,按照规范要求进行管桩检测,检测数量及要求如下:

(1) 做单桩竖向抗压静荷载试验进行受压承载力验收检测,提供检测报告。检测数量为总桩数的1%且不少于3根,总桩数少于50根时不少于2根。

(2) 做单桩竖向抗拔静荷载试验进行抗拔承载力验收检测,提供检测报告。检测数量为总桩数的1%且不少于3根,总桩数少于50根时不少于2根。

(3)采用低应变法检测桩身完整性,提供检测报告。检测数量不少于总桩数的20%,且不少于10根;每个柱下承台不少于1根。

4 质量控制

4.1 管桩的外观质量控制

(1)粘皮和麻面。局部粘皮和麻面累计面积不大于桩身总面的0.5%,其深度不得大于10 mm,允许做有效修补。

(2)桩身合缝漏浆。合缝漏浆深度小于主筋保护层厚度,每处漏浆长度不大于300 mm,累计长度不大于管桩长度的10%,或对称漏浆的搭接长度不大于100 mm,允许做有效修补。

(3)局部磕损。磕损深度不大于10 mm,每处面积不大于50 cm²,允许做有效修补。

(4)表面露筋。不允许。

(5)表面裂缝。不允许出现向纵向裂缝,但龟裂、水纹及浮浆层裂纹不在此限。

(6)端面平整度。管桩端面混凝土及主筋镦头不得高出端板平面。

(7)断头、脱头。不允许。当预应力主筋采用钢丝且断线数量不大于钢丝总数3%时,允许使用。

(8)桩套箍凹陷。凹陷深度不得大于10 mm,每处面积不大于25 cm²。

(9)内表面混凝土塌落。不允许。

4.2 静压管桩允许尺寸偏差

静压管桩允许尺寸偏差控制见表1。

表1 静压管桩允许尺寸偏差控制

项目	允许偏差值/mm	质检工具及量度方法
长度L	+0.7%L~0.5%L	采用钢卷尺
端部倾斜	≤0.5%L	将直靠尺的一边紧靠桩身,另一边紧靠端板,测其最大间隙
直径	±5	用卡尺或钢尺在同一断面测定相互垂直的两直径,取其平均值
壁厚	正偏差不限/−5	用钢直尺在同一断面相垂直的两直径上测定四处壁厚,取其平均值
保护层厚度	+10/−5	用钢尺在管桩断面处测量
桩身弯曲度	≤1/100L且不大于20	将拉线紧靠桩的两端部,用钢直尺测其弯曲处最大的距离
端头平整度	2	用钢直尺一边紧靠端头板,测其间隙处距离
头板外径	0~1	用钢卷尺或钢直尺
头板内径	±2	用钢卷尺或钢直尺
头板厚度	正偏差不限/负偏差为0	用钢卷尺或钢直尺

4.3 管桩的吊装、运输和堆放

(1)当管桩的混凝土强度达到设计强度的70%后方可起吊,吊点应系于设计规定之处,强度达到100%的才能运输和压桩。如提前吊运,必须采取措施并经验算合格后方可进行。管桩在吊装和搬运时,应把桩扎牢塞紧,防止产生滑动或滚动,必须做到平稳提升,避免撞击和振动。

(2)管桩水平运输时,强度应达到100%,桩机和吊车应配合使用,运输可采用平板拖车,装载时应将管桩摆放稳固,并支撑、绑牢固。垂直运输靠桩机自身作业。

(3)管桩运到现场经检查确无质量问题的按如下规定堆放:堆放场地应平整、坚实,不得产生不均沉降;管桩堆放时,应按规格分层叠放在平实的地面上;垫木与吊点的位置相同,并保持在同一平面上;叠层堆放时,必须在最下层管桩下设置26道贴地垫木,各层垫木应上下对齐,最下层的垫木应适当加宽,桩的重叠层数应根据具体情况确定,但不应超过4层。

5 结语

在城市基础设施建设过程中,预应力混凝土静压管桩具有沉桩速度快、质量较好、造价经济等特点,且施工现场整洁,施工振动小、噪音小,符合环境保护的要求,更适应城市发展需要,值得推广应用。

参考文献:

[1] 李翔.PHC管桩静压法施工技术及质量控制[J].建材发展导向,2017,15(7):182.

[2] 彭龙超.浅谈PHC管桩静压法施工[J].山西建筑,2010,36(30).

[3] 朱晓艳.建筑中静压预应力管桩施工技术的探析[J].建筑工程技术与设计,2015(6).

[4] 包继业.静压预应力管桩施工技术在建筑工程施工中的应用[J].科学与财富,2018(14):127.

[5] 季翠华.静压预应力管桩施工及质量控制[J].工程建设与设计,2011(1):99−100,104.

[6] 肖祖伟.浅析建筑工程施工中静压预应力管桩的特点与施工技术[J].建筑工程技术与设计,2018(30):378.

HDPE 管道放坡开挖施工边坡的稳定性分析

何井斌

(中国水利水电第八工程局有限公司,湖南长沙,410004)

摘要:采用理正深基坑软件结合实际施工项目对边坡稳定性进行计算和分析,为后续类似工程提供参考。
关键词:放坡;开挖;瑞典条分法;边坡;稳定

0 引言

随着长江大保护项目的逐渐开展,管线工程越来越多。在一些空间相对开阔的场地,放坡开挖无疑是首选方案。放坡开挖设计相对简单,施工也较为简便。在放坡开挖中边坡的稳定性是评价放坡开挖的安全与否的关键因素。

本次金山新城北部核心区污水干管工程 B、E 线 HDPE 排水管道总长 624 m,管径包含 DN500、DN600、DN800 三种,环刚度等级 SN8,设计采用橡胶圈承插连接,采用自然放坡开挖埋地敷设,开挖部分土层为素填土、粉质黏土。放坡开挖施工中常出现边坡失稳等质量问题,本文从金山新城项目中选出部分明挖段进行边坡稳定分析。

1 放坡开挖使用范围

放坡开挖严格上来说应称作"原状土放坡开挖",是管线明挖工程中常见的施工方案。在明挖施工中,通过合理的沟槽边坡坡度选用,使沟槽开挖后的土体在无加固无支撑的状态下,依靠土体本身的强度,在新的平衡状态下取得边坡稳定的效果,给管道敷设提供可靠、安全的作业空间,又能同步保证沟槽周边的构筑物环境不受影响或者满足预定的变化要求,这类没有支护措施下的沟槽开挖工艺通常称作"放坡开挖"[1]。

放坡开挖适用于场地开阔、周边没有高大的建筑物、地下管线相距较远、地质条件不是淤泥及回填土、对位移变形要求不严格的工程项目,可以根据开挖的深度采用多级放坡开挖方法。放坡开挖工期短,造价相对低廉,但土方回填量较大。在地下水位以下开挖时序采取降排水措施,雨季施工需对边坡坡面进行防护。

2 放坡开挖的设计计算

放坡开挖的沟槽需要进行设计和计算。在设计阶段应对沟槽的开挖深度、放坡次数、放坡系数、边坡保护措施、降排水措施、开挖步骤等进行明确。施工时应根据具体工作面进行沟槽边坡稳定性验算,以防出现边坡失稳等问题。

2.1 稳定性计算

放坡开挖一般应对边坡作稳定性验算,可采用瑞典条分法来计算边坡的整体安全系数。

土的黏力使边坡滑动多呈现曲面,通常假定为圆弧滑动面。瑞典条分法适用于黏土,土的抗力以黏聚力为主,内摩擦力较小。边坡断裂时,破裂面近似于圆柱体。利用瑞典条分法计算时假设滑动面为圆弧面,将滑动体分为若干个竖向土条,并忽略各土条之间的相互作用力,然后建立土条的静力平衡方程求解。

2.1.1 条分法的分析步骤

(1)按比例绘制出土坡剖面。

(2)采用 $4.5H$ 法或 $36°$ 线法作出圆心辅助线,在辅助线上任选一圆心 O,确定圆弧滑动面,将滑动面以上土体分成等宽或不等宽的土条,见图1。

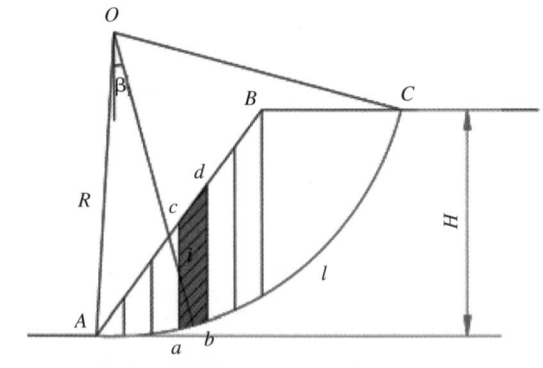

图1 瑞典条分法计算简图

(3)对每个土条进行受力分析。假设 2 组合力静力平衡:

收稿日期:2021-05-11.
作者简介:何井斌,工程师,从事市政工程施工技术管理工作.

$$N_i = W_i \cos \beta_i \quad (1)$$
$$T_i = W_i \sin \beta_i \quad (2)$$

于是有

$$\sigma_i = \frac{N_i}{l_i} = \frac{1}{l_i} \cdot W_i \cdot \cos \beta_i \quad (3)$$

$$\tau_i = \frac{T_i}{l_i} = \frac{1}{l_i} \cdot W_i \cdot \sin \beta_i \quad (4)$$

滑动面的总滑动力矩：

$$T_R = R \sum T_i = R \sum W_i \sin \beta_i \quad (5)$$

滑动面总抗滑力矩：

$$T_R = R \sum \tau_i l_i = R \sum (\delta \tan \varphi_i + c_i) l_i$$
$$= R \sum (W_i \cos \beta_i \tan \varphi_i + c_i l_i) \quad (6)$$

确定安全系数：

$$F_s = \frac{T_R}{T_R} = \frac{\sum (W_i \cos \beta_i \, tg\varphi_i + c_i l_i)}{\sum W_i \sin \beta_i} \quad (7)$$

式中：N_i 为各土条法向应力，N/m^2；T_i 为各土条切向应力，N/m^2；δ_i 为各土条单位弧长法向应力，N/m^2；τ_i 为各土条单位弧长切向应力，N/m^2；W_i 为各土条自重力，N；β 为各土条重心与圆心连接线对竖轴 y 的夹角，(°)；R 为半径，m；l 为滑动面圆弧长，m；c_i 为土条滑面上的土的黏聚力，kPa；Ψ 为土条滑面上的土的内摩擦角，(°)。

条分法为试算法，选取不同的圆心和不同半径进行多几次算，求出最小的安全系数。计算过程较为繁杂，计算稳定性时可采用理正深基坑 7.0PB4 软件进行计算，省去手动计算步骤。

2.1.2 工程案例

金山新城北部核心区位于荷塘大道与金龙路交汇处东北侧，为解决此片区（太平桥北支流片区）污水去向问题，完善金山污水处理厂场外管网，将在金山新城北部核心区新建污水管网。明挖施工部分包裹包括 B 线的 W1-1～W1、W2-1～W2、W5-1～W5、W12-1～W12、W14-1～W14、W43～W44；E 线的 W19～W25、W27～W29、W38～W44-1、W33～W34 部分管段总长度 648 m 的明挖管段及 4 条雨水管涵。

2.1.2.1 案例一

本文背景工程中 E 线 W38～W39 设计为深基坑沟槽开挖，挖深 $H = 7.64$ m，设计采用分级放坡开挖，由于开挖深度超 5 m，深基坑作业安全风险高，对边坡稳定性要求较浅沟槽开挖更严格，在施工前通过理正深基坑计算软件进行深基坑的边坡稳定性验算，以确保工程实施的安全性和可靠性。

根据相关设计图纸及地勘显示，W38～39 管段开挖部位土层为粉质黏土，适用于瑞典条分法。此管段开挖后埋管将立即回填，周围无建筑构筑物，支护结构安全等级为三级，支护结构重要性系数为 0.9，采用 2 级放坡开挖，一级放坡深度为 4.64 m，开挖边坡坡度系数为 1∶1.25，二级放坡深度为 3 m，开挖边坡坡度系数为 1∶0.75，沟槽底部宽度为 1.68 m，2 级放坡间两侧各有 1.5 m 缓冲平台。

在软件中输入以上沟槽设计数据后，从相关材料中查出粉质黏土相关物理性质：重度 19.0 kN/m³，黏聚力 8.00 kPa，内摩擦角 22.00°，摩阻力 120 kPa。由于 W38～W39 管段沟槽开挖后坡顶无负载，所以将土层信息输入软件可直接进行计算边坡安全系数。

最终采用瑞典条分法作为计算，应力状态选择有效应力法，稳定计算时不考虑地层孔隙水压力，得出一级放坡整体稳定安全系数为 1.591，二级放坡整体稳定安全系数为 1.275。

根据《建筑边坡工程技术规范》中边坡稳定性安全系数的规范标准：三级边坡一般工况安全系数为 1.25。当稳定性系数为 1 时，边坡抗滑力等于下滑力，此时的边坡处于临滑极限状态，超过 1 边坡便处于基本稳定状态，本范例两级边坡安全系数均大于 1 且大于规范中规定的三级边坡一般工况安全系数，则可判断边坡处于稳定状态。

W38～W39 深基坑段在实际施工中避开了竹林小山，令开挖深度降为 2.9 m，沟槽宽度为 6 m，现场开挖揭露的地质上层为粉质黏土，下层为 0.6 m 厚中风化岩，由于深度下降、土质变化，实际边坡稳固性较图纸更高，开挖时依旧按照深基坑开挖第 2 级放坡坡度系数 1∶0.75 开挖，实际施工过程中未采用边坡支护措施，边坡稳固且未出现滑移现象，放坡开挖工程安全顺利结束。

2.1.2.2 案例二

E 线 W33～W34 设计为人工顶管施工，W33 为内径 4.5 m 工作井，深度 14.53 m，W34 为内径 6.5 m 工作坑，深度 18.26 m，全线长度 92 m，采用管材为 d1500 mm Ⅲ 级钢筋混凝土管。此段人工顶管顶进至 53 m 处时，发现顶管区间内出现淤泥质土夹杂中风化灰岩的孤石，同时掌子面有大量渗水，继续掘进时发生局部塌方，无法继续顶管施工。最终决定将剩余管段改为明挖施工。

此时 W33～W34 仍有 39 m 管道需要施工，平均埋深超过 16 m，属于深基坑沟槽开挖。采用理正深基坑计算软件进行深基坑的边坡稳定性验算，以确保工程实施的安全性和可靠性。

W33～W34 正处于三一智慧城项目用地内，为保证尽量降低开挖深度，在沟槽施工前先将地面标高降低至三一智慧城设计场地标高，最终开挖平均深度为 12 m。

根据相关设计图纸及地勘显示，W33～34 剩余管段开挖部位土层上部分为粉质黏土，平均厚 8 m，下部分为中风化岩石，平均厚度 4 m，适用于瑞典条分法。此管段开挖后埋管将立即回填，周围无建筑构筑物支护结构安全等级为三级，支护结构重要性系数为 0.9，定沟槽底宽 2.2 m，管道铺设长度为 25 m（剩余 14 m 为保证 W34 工作坑倒挂壁结构稳定，及为保证 W34～W35 机械顶管后背满足设计要求，W34 号井靠近 W33 一侧地面先作为放坡开口线向下开挖，周围留边坡作为结构支撑先不进行降高开挖，以完成管道顶端位置作为坡底，从 W33 至顶端部位之间某部位按 1∶1.5 放坡系数分层开挖至已完成管道顶端位置）采用四周放坡的开挖方式。沟槽两侧为 4 级自然放坡，安全等级为Ⅲ级，由上至下 4 级开挖坡比均为 1∶1.5，各级台阶设置 3 m 宽挖机开挖操作平台。第 1 级放坡开挖深度为第 2 级边坡坡顶标高至现状地面标高高度，视现场实际施工地面标高确定，第 2 级放坡开挖深度为 3 m，第 3 级放坡开挖深度为 3 m，第 4 级放坡开挖深度为 4 m。

在软件中输入沟槽设计数据，从表 1 中查出中风化岩相关物理性质并填入软件中。

表 1 中风化岩力学性能经验数据

风化程度	统计项目	相对密度 d_s	重度/(kN/m³)	泊松比 μ	抗剪断强度	
					c'/MPa	ϕ'/(°)
中等风化	均值	2.70	26.2	0.26	1.62	2.95
	最小值	2.62	24.8	0.18	0.29	2.09
	最大值	2.77	27.5	0.42	3.29	4.00

由于 W33～W34 管段分为 4 级沟槽开挖后边坡顶部、马道有挖掘机荷载 25 kN/m，将软件中超载个数改为 3 个，类型选择均布先装荷载，作用深度，宽度，距坑边距离，按设计值计算填写。

计算时选择瑞典条分法，应力选择有效应力。

最终下 3 层边坡稳定性计算结果见图 2。

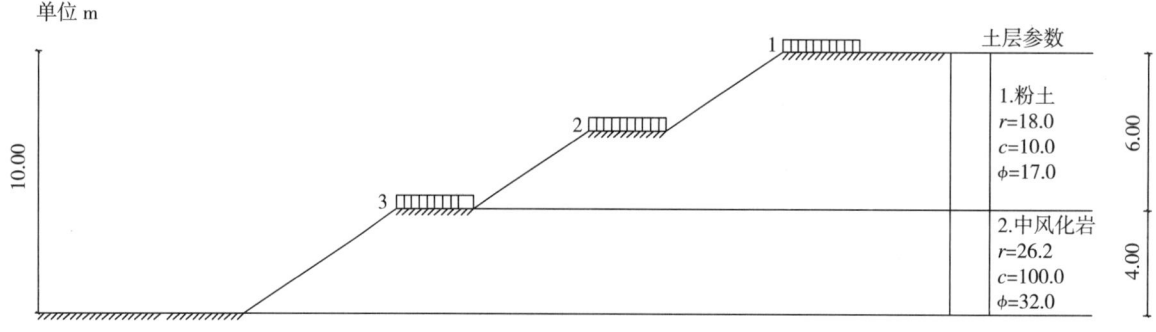

图 2 瑞典条分法计算简图

天然放坡计算结果见表 2。

表 2 天然放坡计算结果

道号	整体稳定安全系数计算值	半径 R/m	圆心坐标 X_c/m	圆心坐标 Y_c/m	是否满足
1	2.002	65.140	−0.123	69.361	满足
2	1.911	59.835	−0.067	63.261	满足
3	1.719	55.660	−0.112	58.498	满足
4	4.929	42.205	−0.156	42.139	满足

可以看到下 3 层边坡稳定安全系数均大于一般工况安全系数 1.25，可以判断此沟槽开挖边坡是稳定的。

W33～W34 深基坑段在实际施工中严格按照方案进行施工，严格分层开挖、及时修边、时刻关注周边土体情况，最终现场开挖揭露的地质上层为粉质黏土，下层为 4 m 厚中风化岩，实际施工过程中未采用边坡支护措施，沟槽两侧边坡稳固且未出现滑移现象，放坡开挖工程安全顺利完成。

值得一提的是，在平常计算中有可能出现计算结果大于 1 但小于规范规定的安全系数，此时边坡处于基本稳定状态，应考虑对边坡进行支护处理防止边坡失稳。

2.2 边坡防护措施

要维护已开挖基坑边坡的稳定，必须使边坡土体内潜在滑动面上的抗滑力始终保持大于该滑动面上的滑动力。在设计施工中除了要有良好的降排水措施，有效控制产生边坡滑动力的外部荷载外，尚应考虑到在施工期间边坡受到气候季节变化和降雨、渗水、冲刷等作用使边坡土质变松，土内含水量增加，自重加大导致边坡土体抗剪强度的降低，从而增加了土体内的剪应力所造成的边坡局部滑塌或产生不利于边坡稳定的因素，因此在放坡设计施工中还须采取适当的构造措施对坡面加以防护。根据工程特性、施工周期、边坡条件及施工环境等要求，常用的坡面防护方法有塑料薄膜覆盖、水泥砂浆抹面、砂(土)包叠置、挂网喷射混凝土等。

2.3 基坑降排水

放坡开挖时，如开挖面在水位以下，要做好降排水设计，确保水位降至开挖面以下 0.5~1 m。可采用井点降水或大口井明排的方案，辅以盲沟，形成降排水网络，对于水位较高的地区还须采取截水措施，多用水泥搅拌桩止水帷幕。止水帷幕宜设在坡面以外，上口高于静止水位 0.5 m 以上。

本工程采用设置明渠收集渗水或地表水，在沟槽底部设置排水坑，采用潜污泵将排水坑内积水排出。

2.4 放坡开挖注意事项

（1）为保证土壤不被扰动或破坏，在机械挖土时，要防止超挖，若有超挖，应将扰动部分清除，必须用中粗砂或石屑回填，并用平板振动器振实。开挖要保证连续作业，衔接工序流畅，同时要注意边坡土体的变化，出现问题及时处理，减少意外事故。

（2）对现状管线和各种构筑物应尽量能临时迁移，如无法迁移，必须挖出使其外露，采取吊、托等加固措施。

（3）在工作量不大、地面狭窄、地下有障碍物或无机械施工条件等情况下，采用人工开挖。人工开挖应集中人力尽快挖成，转入下一工序施工。

（4）开挖沟槽前，要对开槽段进行详细勘察，根据土质地下水和设计管道断面的情况确定沟槽断面、支撑、施工排水和出土方法。对相交道路持水管内底标高排查，确保排水通畅。

（5）为方便施工操作，沟槽底总宽应等于管道结构宽再加 2 倍的工作面宽度。

（6）沟槽开挖过程中如遇地下水渗入，须进行施工排水在沟槽外一侧或两侧挖排水明沟深 300~500 mm，将水引至一定距离(100~150 m)外的集水井用泵排出，集水井底比排水明沟低 1.0 m。

（7）沟槽开挖不应在雨季施工，同时避免晾槽时间过长，槽顶不得堆积荷载，防止边坡坍塌。

（8）利用软件计算进行边坡稳定性计算时，对地质类型、岩土参数的选用应持有谨慎的态度，按最不利条件计算为最佳方式。

3 结语

实际施工证明，在场地条件允许的情况下，放坡开挖仍然是最经济、最简单的基坑施工方案。虽然开挖施工过程中可能出现失稳的状况，但是可通过本文所述方式在施工前做好地质勘探，分析土层性质，对将要开挖的部分提前计算边坡稳定系数，对比规范规定确定边坡的稳定性，考虑是否采取边坡支护措施，做好应急预案，未雨绸缪，保证沟槽开挖施工的安全。

瑞典条分法由于忽略了土条之间的相互作用力，则由土条上的自重力、滑动面上的剪切力、滑动面上的法向力 3 个力组成的力多边形不闭合，所以瑞典条分法不满足静力平衡条件，只满足滑动土体的整体力矩平衡条件。若需更精确的计算，需更换其他算法，更加准确地确定边坡的稳定性。

参考文献：

[1] 孙立宝.基坑工程中放坡开挖失稳的因素分析[J].探矿工程(岩土钻掘工程),2014,41(1).

[2] 李涛,胡晓东,王伟.瑞典条分法在边坡稳定中的应用·[J].河南水利和南水北调,2020,(6).

建筑工程木模板(方)循环利用技术

刘智强，王鹏程，李秀智

(中国水利水电第九工程局有限公司五公司，贵州贵阳，550081)

摘要：就建筑工程木模板(方)的循环利用技术进行现场应用研究，即废旧木模板(方)拼接再利用技术，提升其利用价值。对施工现场废旧木模板(方)从加工处理、拼接、设计验算、现场实施及效果检测等方面进行应用，实现"变废为宝"目标，从而有效节约施工成本，提高经济效益，创造环境价值。

关键词：木模板；木方；循环；利用；技术；效益

0 引言

目前国外先进国家已实现模板规格的系列化、体系化以及模板材料的多样化，施工工艺也实现现代化，对模板材料的利用率较高。国内建筑行业已逐渐认识到木模板(方)周转利用率低的现状，对于提升木模板周转利用率也有相应的设备及工艺的研究，但受工程规模、施工组织水平等影响并未得到广泛推广应用。

建筑工程模板支撑体系中运用的木模板(方)明显缺点主要体现在如下几方面：

(1) 周转利用率低。施工操作不规范导致木模板(方)过早损坏、损坏严重，遭水浸泡发胀分层，异形建筑结构不能大规模制作使用，导致其周转利用率降低。

(2) 损耗量高。制作工艺不当造成损耗大、废品率高，被切割后的材料可直接利用的范围缩小，或者再行改小使用，此类操作均加大了木模板(方)的损耗量。

(3) 废料回收价值低。随着施工的延续，大量废料堆放在施工现场不仅影响项目安全文明施工形象，更容易诱发火灾，其残余价值极低。

正因为木模板(方)其固有的缺点，从而也激发了建设者们的改进思路与空间。

本文以毕节市2013—2014年棚户区改造工程项目为对象开展建筑工程木模板(方)循环利用技术的应用研究，旨在提升其废旧料的回收利用价值，达到降低施工成本的同时，节约国家环境资源。

1 概述

依托工程木模板采用覆膜多层板现场组拼，支撑系统中，主龙骨采用 $\phi 48$ mm×3.0 mm 钢管架设，次龙骨采用 40 mm×80 mm 木方搭设。本工程共有C、E、F三个分区，总建筑面积约13.5万 m^2，其中C区约6.5万 m^2，E、F区约7万 m^2。根据施工进度计划及现场部署要求，将C区与E、F划分为2个先后施工区域，C区先行开工，待C区主体施工完成时，E、F区基础已基本施工完成，此时可将C区所有模板转移到E、F区利用。计划C区第1次木模板用量约4.5万 m^2，周转过程中部分模板(方)补损采用新购，故整个项目实施过程中，可开展建筑工程木模板(方)循环利用技术(拼接利用技术)的阶段有C区施工周转利用部分补损，E、F第1次投入木模板(方)用量及施工周转利用部分补损，利用空间较大。

2 拼接准备

2.1 设备选择

目前市面上开榫机及拼接机原理基本一致，选择自动化程度高的设备既可以提高工作效率，又能确保安全可靠，本次研究选择的机械设备见表1。

表1 机械设备统计

设备名称	设备型号	数量/台	用途
开榫机	锐德 X—6016	1	木方开榫梳齿
拼接机	锐德 J—1540	1	木方接长
链条梳齿机	锐德 MX400	1	模板梳齿
接板机	锐德 MJ650	1	模板接长
模板拼板机	锐德 MP1224	1	模板接宽
气动码钉枪	美特 PW2638	1	辅助加固模板
空压机	奥突斯 2×980W—50L	1	提供气压

收稿日期：2021-03-23.
作者简介：刘智强，四川中江人，助理工程师，从事房建项目施工管理工作．

3 施工工艺流程及操作要点

3.1 木方拼接施工技术

3.1.1 主要施工工艺流程

挑选木方→开榫铣齿→齿头涂刷胶黏剂→木料对接→存储养护→荷载检验

3.1.2 操作要点

（1）挑选木方。将不能直接利用的旧木料由工人集中分类堆放，按照无霉变、无腐朽、无虫蛀、易加工原则挑选原料，并做好覆盖措施，避免日晒雨淋。选料时，挑选长度相近的旧木料分类堆放，选择的单根木方长度不宜小于 50 cm，确保拼接的木方满足力学性能指标。

（2）开榫铣齿。开榫前拔除待接木方、模板上的铁钉，清除黏附在上面的灰垢。将开榫的木方放在工作台上，用齐头挡板挡平，打开气缸开关使侧向和垂直方向的两气缸先后工作将工件压紧，然后启动电机，电机带动切头锯片按逆时针方向旋转，用手均匀用力向前推动工作台，使工件齐头、锯平，再通过梳齿开榫刀进行铣齿，齿长约为 30 mm，单齿宽为 6.5 mm，当工作台推到顶端后，松开气动压紧装置，随后推料气缸将工件推回，工作台复位。重复上述过程，完成工件的批量加工。

（3）齿头涂刷胶黏剂。配制好接木方专用胶，施胶前注意黏结面应平整、光滑，用胶刷取适量均匀涂抹在木方上，以齿头全浸没为原则。黏胶使用注意事项如下：胶液即配即用，切勿一次性配比过多（2 h 用完），冬季可把胶水加温使用即可，储存于干燥通风的库房内。

（4）木方对接。将铣齿后的木方涂胶后，纵向挤压接长，准确、快速压紧，使梳齿结合紧密，再定长截锯。木方拼接时，长短搭配使用，要求单根木方不超过 3 个接头。

（5）养护储存。拼接好的木方经自然养护 24 h 后方可搬运，3 d 后方可使用受力。养护场地设置排水、通风、遮雨措施，以免影响接头强度。

3.1.3 荷载检验

对养护完成达到使用要求的木方进行抽样荷载试验，各取 1 条拼接的木方及新木方作静载对比试验，从木方中间依次增加荷载直至木方断裂，经现场查看，拼接木方受力断裂点不在接头处，其接头强度满足要求。

3.2 木模板拼接施工技术

3.2.1 主要施工工艺流程

原材处理→开榫梳齿→纵向接长→横向拼接→码钉加固→荷载检验

3.2.2 操作要点

（1）原材处理。将需要切割的旧模板放在等宽锯上，设置等宽锯按 315 mm 宽度自动下料成模板片，并将模板片的两端边角裁剪平整，便于拼接。

（2）开榫梳齿。将裁剪好的模板片放在链条梳齿机链条上，注意放置位置，端头紧贴挡板，链条带动模板片前进，汽缸向下移动，将模板片压紧，同时模板片向左移动，模板片通过梳齿刀进行梳齿，齿呈指状，齿长约 15 mm。

（3）纵向接长。将模板片沿接板机水平方向推进，使模板片梳齿之间结合紧密，模板片通过接板机自动对接，对接长度达到设定长度（1 830 mm）后，锯片自动锯断，即可得到 1 830 mm×315 mm×15 mm 的模板条。

（4）横向拼接。将 3 张 1 830 mm×315 mm×15 mm 的模板条放置在拼板机工作台上，拼板机上部气缸向下将模板压紧，前后左右 4 个气缸同时工作，将模板条之间的指齿压紧，即完成整张模板的拼接。

（5）码钉加固。为了确保模板拼缝处稳定、牢靠，采用气动码钉枪沿模板拼接缝装钉码钉，对接缝处进行辅助性加固，码钉每 5 cm 设置 1 颗。

3.2.3 荷载检验

对完成拼接的木模板进行抽样荷载试验，取一张拼接后的木模板，从木模板中间依次对称增加荷载直至木模板断裂，经现场查看，拼接木模板未在接头处折断，其接头强度满足要求。

4 模板体系受力验算

4.1 设计参数

根据项目《模板工程施工方案》要求，模板体系设计参数见表 2，工程属性、荷载、风荷载等参数按设计规范及实际情况考虑。

表 2 模板体系设计参数

项目	参数
结构重要性系数 γ_0	1
主梁布置方向	平行立杆纵向方向
立杆横向间距 l_b/mm	900
顶层水平杆步距 h'/mm	800
小梁间距 l/mm	300
主梁最大悬挑长度 l_2/mm	300
脚手架安全等级	Ⅱ级
立杆纵向间距 l_a/mm	900
水平拉杆步距 h/mm	1500
支架可调托座支撑点至顶层水平杆中心线的距离 a/mm	200
小梁最大悬挑长度 l_1/mm	200

4.2 受力验算

4.2.1 面板验算

面板类型：覆面木胶合板 t（15mm）
面板抗弯强度设计值 $[f]$（N/mm²）：15
面板抗剪强度设计值 $[\tau]$（N/mm²）：1.4
面板弹性模量 E（N/mm²）：10 000
面板计算方式：简支梁

按简支梁取 1 m 单位宽度计算则：

$W = bh^2/6 = 1\,000 \times 15 \times 15/6 = 37\,500 \text{ mm}^3$

$I = bh^3/12 = 1\,000 \times 15 \times 15 \times 15/12$
$\quad = 281\,250 \text{ mm}^4$

承载能力极限状态：

$q_1 = 1 \times \max[1.2(G_{1k}+(G_{2k}+G_{3k})\times h) +$
$\quad 1.4 Q_{1k}, 1.35(G_{1k}+(G_{2k}+G_{3k})\times h) +$
$\quad 1.4 \times 0.7 \times Q_{1k}] \times b$
$= 1 \times \max[1.2 \times (0.1+(24+1.1)\times 0.12) +$
$\quad 1.4 \times 3, 1.35 \times (0.1+(24+1.1)\times 0.12) +$
$\quad 1.4 \times 0.7 \times 3] \times 1$
$= 7.934 \text{ kN/m}$

正常使用极限状态：

$q = (\gamma_G(G_{1k}+(G_{2k}+G_{3k})\times h)) \times b = (1 \times (0.1+$
$\quad (24+1.1)\times 0.12)) \times 1$
$= 3.112 \text{ kN/m}$

计算简图见图1。

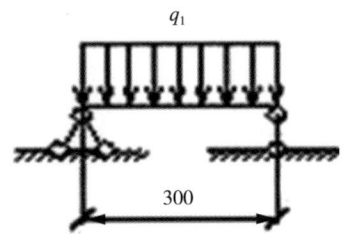

图 1　机板计算简图

（1）强度验算

$M_{\max} = q_1 l^2/8 = 7.934 \times 0.3^2/8 = 0.089 \text{ kN} \cdot \text{m}$

$\sigma = M_{\max}/W = 0.089 \times 10^6/37500$
$\quad = 2.38 \text{ N/mm}^2 \leq [f] = 15 \text{ N/mm}^2$

满足要求！

（2）挠度验算

$v_{\max} = 5ql^4/(384EI)$
$\quad = 5 \times 3.112 \times 300^4/(384 \times 10\,000 \times 281250)$
$\quad = 0.117 \text{ mm} \leq \min\{300/150, 10\} = 2 \text{ mm}$。

满足要求！

4.2.2 小梁验算

小梁类型：矩形木楞 40×80（mm）
小梁抗弯强度设计值 $[f]$（N/mm²）：12.87
小梁截面抵抗矩 W（cm³）：42.667
小梁截面惯性矩 I（cm⁴）：170.667
小梁抗剪强度设计值 $[\tau]$（N/mm²）：1.386
小梁弹性模量 E（N/mm²）：8415
小梁计算方式：二等跨连续梁

$q_1 = 1 \times \max[1.2(G_{1k}+(G_{2k}+G_{3k})\times h) +$
$\quad 1.4 Q_{1k}, 1.35(G_{1k}+(G_{2k}+G_{3k})\times h) +$
$\quad 1.4 \times 0.7 \times Q_{1k}] \times b$
$= 1 \times \max[1.2 \times (0.3+(24+1.1)\times 0.12) +$
$\quad 1.4 \times 3, 1.35 \times (0.3+(24+1.1)\times 0.12) +$
$\quad 1.4 \times 0.7 \times 3] \times 0.3 = 2.452 \text{ kN/m}$

因此，$q_{1静} = 1 \times 1.2 \times (G_{1k}+(G_{2k}+G_{3k})\times h) \times$
$\quad b = 1 \times 1.2 \times (0.3+(24+1.1)\times 0.12) \times 0.3 =$
$\quad 1.192 \text{ kN/m}$

$q_{1活} = 1 \times 1.4 \times Q_{1k} \times b = 1 \times 1.4 \times 3 \times 0.3$
$\quad = 1.26 \text{ kN/m}$

计算简图见图2。

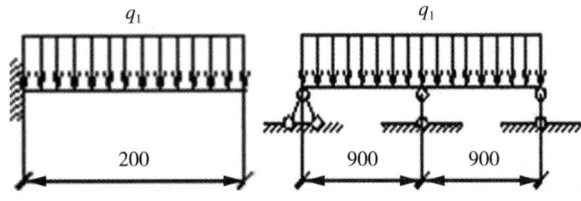

图 1　小梁计算简图

（1）强度验算

$M_1 = 0.125 q_{1静} L^2 + 0.125 q_{1活} L^2$
$\quad = 0.125 \times 1.192 \times 0.9^2 + 0.125 \times 1.26 \times 0.9^2$
$\quad = 0.248 \text{ kN} \cdot \text{m}$

$M_2 = q_1 L_1^2/2 = 2.452 \times 0.2^2/2 = 0.049 \text{ kN} \cdot \text{m}$

$M_{\max} = \max[M_1, M_2] = \max[0.248, 0.049]$
$\quad = 0.248 \text{ kN} \cdot \text{m}$

$\sigma = M_{\max}/W = 0.248 \times 10^6/42\,667$
$\quad = 5.819 \text{ N/mm}^2 \leq [f] = 12.87 \text{ N/mm}^2$

满足要求。

（2）抗剪验算

$V_1 = 0.625 q_{1静} L + 0.625 q_{1活} L$
$\quad = 0.625 \times 1.192 \times 0.9 + 0.625 \times 1.26 \times 0.9$
$\quad = 1.379 \text{ kN}$

$V_2 = q_1 L_1 = 2.452 \times 0.2 = 0.49 \text{ kN}$

$V_{\max} = \max[V_1, V_2]$
$\quad = \max[1.379, 0.49] = 1.379 \text{ kN}$

$\tau_{\max} = 3V_{\max}/(2bh_0) = 3 \times 1.379 \times 1\,000/(2 \times$
$\quad 40 \times 80) = 0.647 \text{ N/mm}^2 \leq [\tau]$
$\quad = 1.386 \text{ N/mm}^2$

满足要求。

(3) 挠度验算

$$q = (\gamma_G(G_{1k}+(G_{2k}+G_{3k})\times h))\times b$$
$$= (1\times(0.3+(24+1.1)\times 0.12))\times 0.3$$
$$= 0.994 \text{ kN/m}$$

挠度，跨中 $\nu_{max} = 0.521qL^4/(100EI) = 0.521\times 0.994\times 900^4/(100\times 8\,415\times 170.667\times 10^4) = 0.236$ mm $\leq [\nu] = \min(L/150, 10) = \min(900/150, 10) = 6$ mm

悬臂端 $\nu_{max} = ql_1^4/(8EI) = 0.994\times 200^4/(8\times 8\,415\times 170.667\times 10^4) = 0.014$ mm $\leq [\nu] = \min(2\times l1/150, 10) = \min(2\times 200/150, 10) = 2.667$ mm

满足要求。

经过对面板及小梁的受力计算，其力学性能均满足要求，可用于现场实际施工。

4.3 现场实施

采用拼接的木模板、木方按照设计参数搭设模板支撑体系，安装前涂刷界面剂，处理好模板接缝位置，防止其漏浆。搭设完毕后，项目管理人员联合监理单位检查面板表面平整度并在允许范围内。然后浇筑混凝土，待混凝土强度达到100%，拆除梁板模板，经监理单位现场验收，混凝土各项指标均满足要求，混凝土表观质量良好，无蜂窝、麻面现象。

5 结语

经测算，本次研究每拼接1条2 000 mm×80 mm×40 mm规格的木方，综合单价为1.2元/m，现场实际加工34 000条木方，购买同规格新木方每条9.5元，拼接木方节约241 400元。每拼接1张915 mm×1 830 mm×15 mm规格的木模板，综合单价为9.2元/m²。现场共拼接了15 000张模板，购买同规格新模板每张48元，拼接木模板节约488 925.90元。本项目采用木模板（方）拼接技术共节约施工成本730 325.9元，达到了预期目标。同时节约木材约594.35 m³，相当于2064棵直径30 cm、高10 m树木的含材量，环境效益显著。

建筑工程木模板（方）拼接技术成熟、可靠，有较为广泛的推广应用价值。

生石灰粉在黏土心墙坝中的应用

杨先文，曾旭，张全意

（遵义水利水电勘测设计研究院，贵州遵义，563000）

摘要：本文结合鲁家坝水库加高工程黏土心墙施工经验，论述采用生石灰粉降低黏土含水率的控制指标及施工方法，为类似工程提供参考。

关键词：生石灰粉；黏土心墙；含水率；土石坝

1 工程概况

鲁家坝水库位于贵州省遵义市汇川区团泽镇境内，区内多年平均年降水量1 057.2 mm，11月至次年4月多年平均月降水量243.0 mm、最大月降水量375.8 mm，多年平均相对湿度为80%。水库坝址位于洛安江右岸支流鲁家坝沟上游，坝址以上流域面积9.1 km², 多年平均径流量485万m³。鲁家坝水库扩建采用对现有的黏土心墙坝陪厚加高而成，扩建后水库总库容281万m³, 水库规模为Ⅳ等小(1)型工程，工程任务为团泽集镇及周边农村供水和农田灌溉。大坝为黏土心墙坝，最大坝高32.5 m，加高部分心墙最大高度26.0 m。

黏土料场位于水库下游右岸距坝址约3 km处的"Z"字形狭长地带，为寒武系中上统娄山关群白云岩风化的第四系残坡积黏土，含少量碎石，有用层平均厚5.0~8.0 m。

本工程黏土心墙填筑总量约2.4万m³, 填筑质量相关设计指标见表1。

表1 黏土心墙料填筑质量设计指标

材料部位	压实干容重/(g/cm³)	渗透系数/(cm/s)	压实度/%	最优含水率/%
心墙	≥1.35	≤1×10⁻⁵	≥96	30~40

2 心墙填筑存在的主要问题及原因分析

本工程于2020年10月开始大坝建基面开挖，同年11月17日完成大坝建基面验收。原溢洪道及放水涵洞因处于坝体加高范围内而被挖除，导流建筑物仅剩新建导流洞。该地区主汛期通常为5~10月，但近年来多在4月初发生高强降雨，若不在2021年3月底前完成大坝填筑，将存在因抗洪能力不足而导致溃坝的重大安全隐患，故本工程施工时段为11月至次年3月。

鲁家坝水库现为团泽集镇及周边农村唯一集中式供水水源，施工期间需保障供水。但因心墙基础开挖需对原坝体进行削薄，为保障开挖安全及填筑质量，水库仅能低水位运行。为解决施工期用水矛盾，需尽快完成大坝的填筑上升，对填筑强度尤其是施工初期强度要求较高。

自黏土料场不同深度取样3组工作室内土工试验，成果见表2。

表2 黏土料场取样试验成果统计

取样编号	天然含水率/%	液限/%	塑限/%	塑性指数/%	液性指数/%	颗粒组成			
						d>2/mm	2≥d>0.075/mm	0.075≥d>0.005/mm	0.005≥d/mm
1	52.9	61.1	38.1	23.0	0.64	0	24.1	25.4	50.5
2	46.6	60.4	35.0	25.4	0.46	0	21.4	27.9	50.7
3	35.4	57.0	29.4	27.6	0.22	0	14.0	40.2	45.8

土料为细粒成分比重较大的高液限黏土，黏粒含量及塑性指数较《水利水电工程天然建筑材料勘察规程》（SL 251—2015）："黏粒含量15%~40%、塑性指数10~20为宜"之规定偏高，土料

收稿日期：2021-12-28.
作者简介：杨先文，贵州遵义人，工程师，从事水利水电工程设计与研究工作．

内摩擦系数较小、可塑性较强。将黏土自料场取土后薄层摊铺、翻晒 4～5 d 后进行室内击实试验，相关成果如下：湿密度为 1.76，1.86，1.91，1.91，1.85 g/cm³，含水量为 28.1%，30.8%，33.3%，36.2%，40.2%，干密度为 1.37，1.42，1.43，1.40，1.32 g/cm³，最优含水量为 33.3%，最大干密度为 1.43 g/cm³。

因本地区降雨量偏多且黏土开采深度较厚，黏土天然含水率随取样深度增加而增大的现象，除极表层土外，黏土天然含水量较最优含水量偏高，为避免黏土在碾压过程中形成弹簧土而无法压实，需采取措施降低天然含水率至最优含水率 −2%～+3% 范围内。

传统的施工方案主要通过加强料场的截排水措施、料场平面开挖、加大临时堆料场摊铺面积的基础上通过自然风干、日晒等手段达到降低黏土含水率的目的。本工程若采取传统降低含水率的施工方案则无法降低黏土料黏粒含量及塑性指数偏高的问题，更无法保证本工程于枯季完成大坝填筑的施工目标，需研究新的施工方案，主要原因在于：工程料场地形狭窄、不规整且土层深厚，不具备通过形成立面开挖网格而降低料场含水率的条件。水库枢纽周边受基本农田及生态红线因素的制约，施工用地紧张，无法征占大量土地作为临时堆料场以进行土料摊铺。基于上述施工条件，去除雨雪天气、节假日等因素干扰，大坝填筑总工期更短（大坝填筑工期仅 80 d），以黏土心墙每层填筑厚度 0.5 m 计，需共划分为 52 填筑层，黏土填筑强度 300 m³/d，而施工方于 10 月采取传统施工方案进行多日试验，具备填坝条件的土料仅约 100 m³/d。

3 降低含水率的方案研究

3.1 方案比选

针对黏土料特点并借鉴相关行业经验，可采用使用烘干、暖风设备及添加掺合料等方式降低黏土含水率。结合日平均黏土填筑强度，相关施工方案的技术经济指标比较表 3。

表 3 降低含水率相关措施比较

施工方法	优点	缺点	单价/(元/m³)	每日生产合格土料/m³	大坝填筑工期/d
传统方法	单价便宜；能耗低	料源开采时多采用纵横立体网格及平面开挖方式，施工工序复杂、干扰大且速度慢；对天气的依赖性比较大，易造成工期延误	31.16	100	220
增加烘干设备	烘干效率及工期的可靠性较高	能耗较大、单价较高、不能降低黏粒含量及塑性指数；设备量以平均烘干量进行确定，设备存在闲置及不够的情况，灵活性较低	72.72	300	80
增加风干设备	工期的可靠性较高	需较大的施工场地进行摊铺，施工工序较复杂；能耗高；不能降低黏粒含量及塑性指数；设备量以平均风干量进行确定，设备存在闲置及不够的情况，灵活性较低	87.71	300	80
掺合粉煤灰	单价相对较低，对天气适应性较强	混合料黏粒含量过低，结构不紧密	—	—	—
掺合生石灰粉	对天气适应性较强，工期可靠性较高；临时堆料场所需场地面积小，降低含水率快速，可根据施工强度进行快速掺合拌匀；可降低黏粒含量及塑性指数	实施过程中对黏土含水率进行动态监测以适当调整掺合量；单价较高；类似工程运用实例少	87.87	656	80

（1）使用烘干设备。该方法主要通过搭设大棚并添加烘干设备进行黏土烘干，在过程中严格控制烘干时间。需布置 2 个施工棚同时开展烘干作业，每个棚面积 300 m²，布置 1 台烘干量为 12.5 m³/h 的烘干机，每个棚 1 d 完成 1 轮作业。单台烘干设备消耗电能 100 kW/h、燃煤 0.5 t/h。经计算，总计消耗电能 19.2 万 kW/h、燃煤 960 t，烘干设备能耗折算标准煤 763.30 t。

（2）使用风干设备。该方法主要通过搭设大棚并添加暖风设备进行黏土风干，在过程中采用中小挖机配合翻松，动态监测黏土含水率。需布置 4 个施工棚同时开展风干作业，每个棚面积 300 m²，布置4台暖风机,每个棚4 d完成1轮作业。单台暖风设备消耗电能20×4 kW/h、柴油10×4 L/h。经计算,总计消耗电能15.36万 kW/h、柴油65.28 t,暖风设备能耗折算标准煤157.17 t。

(3)掺合粉煤灰。该方法主要利用粉煤灰的吸水性能并达到降低黏粒含量及塑性指数的目的。粉煤灰吸水性相对较低,根据含水率试验,需掺合约35%粉煤灰,粉煤灰掺合比例大,掺合后混合料黏粒含量低,结构不紧密。

(4)掺合生石灰粉。该方法主要利用生石灰粉的快速吸水性能并达到适当降低黏粒含量及塑性指数的目的。根据含水率试验,生石灰粉仅需掺合约3%生石灰粉便可达到降低黏土含水率的目的,黏土及生石灰粉结合紧密,可塑性略微降低。

由于添加设备烘干机风干能耗较大,需较大的摊铺场地,不符合国家节能减排的政策;粉煤灰吸水性能较低,掺合量过大。而掺合生石灰粉的施工方案虽然单价高但是料场开采施工干扰小、摊铺场地面积小、天气适应能力强、降低含水率快速、与黏土结合好、施工灵活等优点,适应本工程。由于黏土中掺合生石灰粉改变了纯黏土的物理力学性能,除含水率试验外,还需针对该施工方案进行击实及碾压试验以验证是否满足设计指标值。

3.2 试验验证

3.2.1 击实及碾压试验

掺合3%生石灰粉后的黏土击实试验成果如下:湿密度为1.80,1.87,1.91,1.91,1.89 g/cm³,含水量为34.3%,36.8%,38.5%,40.1%,42.4%,干密度为1.3,1.37,1.38,1.36,1.33 g/cm³,最优含水量为38.5%,最大干密度为1.38 g/cm³,渗透系数为$3.32×10^{-6}$ cm/s。

掺加生石灰粉后的黏土干密度由1.43 g/cm³降至1.38 g/cm³,但内摩擦系数增大、可塑性降低,有利于大坝坝坡稳定;最优含水率由33.3%变为38.5%,有利于提升施工强度;渗透系数小于$1×10^{-5}$ cm/s,满足设计规范要求,掺合生石灰粉的施工方案在本工程初步可行。故可开展碾压试验以指导施工,碾压试验成果见表4。

表4 纯黏土及掺加3%生石灰粉的黏土碾压试验成果对比

碾压方式及碾压遍数	含水率/%	干密度/(g/cm³)	压实系数	沉降量/mm	累计沉降量/mm	含水率/%	干密度/(g/cm³)	压实系数	沉降量/mm	累计沉降量/mm
静碾2遍	—	—	—	78	78	—	—	—	84	84
动碾2遍	32.1	1.24	0.90	31	109	—	—	—	42	126
动碾4遍	31.7	1.30	0.94	12	121	40.5	1.31	0.95	16	142
动碾6遍	31.2	1.33	0.97	4	125	39.9	1.34	0.97	5	147
动碾8遍	31.8	1.35	0.98	2	127	39.3	1.34	0.97	3	150
动碾10遍	31.6	1.36	0.98	2	129				2	152
动碾12遍	—	—	—	1	130					

黏土在充分翻晒、未加石灰前和在适当翻晒、添加3%石灰后数据对比如下:最大干密度为1.43,1.38 g/cm³,最优含水率为33.3%,38.5%,铺料厚度为45,45 cm,渗透系数为$1.41×10^{-6}$,$1.12×10^{-6}$ cm/s。由此可知:在同等压实条件下,添加3%生石灰粉后的黏土性能较纯黏土的防渗性能等指标更为优越。

建议参数:黏土(未加石灰)铺料厚度40~50 cm,土样晾晒3~4 d后,使用挖机平整,静碾压2遍+低挡振动碾压6遍;黏土(加3%石灰)铺料厚度40~50 cm,使用挖机平整,静碾压2遍+低挡振动碾压6遍。

3.2.2 质量检测成果

本工程碾压后黏土心墙的施工质量按照《水利水电工程单元工程施工质量验收评定标准 土石方工程》相关规定并结合工程特点进行取样检测,黏土心墙密度检测采用环刀法,渗透系数检测采用室内变水头法,检测结果见表5。

表5 黏土心墙施工质量检测成果

项目	干密度/(g/cm³)	压实度/%	渗透系数/(g/cm³)
最大值	1.355	98.17	$8.11×10^{-6}$
最小值	1.320	95.62	$3.88×10^{-6}$
平均值	1.337	96.90	$5.70×10^{-6}$
取样合格率	—	98.26	100%

本工程黏土心墙压实度合格率高于验收合格标准规定值90%且不合格试样不集中;最低压实度值高于验收合格标准规定值98%,压实度满足规范要求;渗透系数均小于$1×10^{-5}$ cm/s,符合设计要求。综上,本工程心墙填筑质量满足设计及规范要求。

4 施工工艺及要求

施工工艺流程见图 1

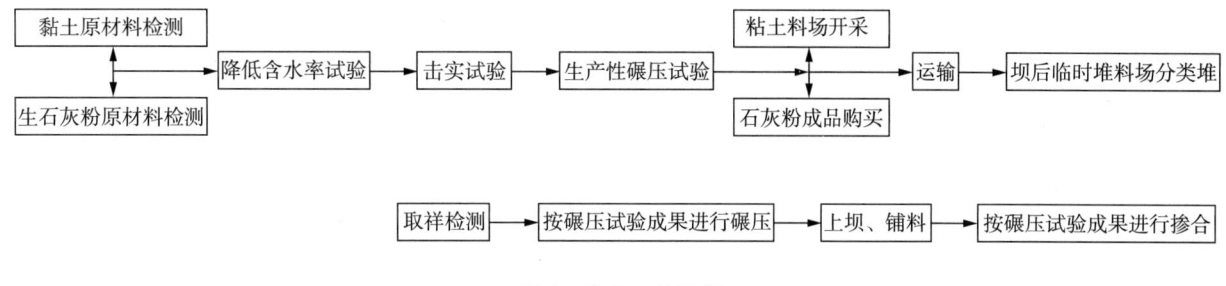

图 1 施工工艺流程

本施工方案除满足相关规程规范对原材料、施工工艺的要求外,还同时具备以下特点:

(1) 料源开挖时对料源外露通风面的面积要求较低,通常在做好料场周边截水及开采面遮盖的基础上采取立面开挖即可;生石灰粉原料选用合格品以上等级的建筑石灰粉,相关指标见表 6。

表 6 生石灰产品参数

检测项目	检测指标
外观	白色粉末无机械杂质
氧化钙含量 / %	≥83.26
活性反应时间(温度高达 60 ℃) / min	1.93
水分 / %	≤0.01
粒度(过 200 目筛网通过率) / %	≥93.34

(2) 生石灰粉主要成分为氧化钙,与水产生"$CaO+H_2O=Ca(OH)_2$"化学反应后生成氢氧化钙,因氢氧化钙具有一定碱性及腐蚀性,若降至黏土最优含水率-2%~+3%范围所需石灰粉量过大,将有可能在施工过程中造成防渗料渗透系数大、压实度不合格、适应沉降变形能力差等问题,且会影响水库运行初期水质。

(3) 生产性碾压试验宜针对纯黏土及掺合生石灰粉的黏土两种土料进行生产性碾压试验,以便后期根据天气、黏土含水率等情况对掺合比例进行动态调整,灵活选择生石灰粉的掺合量。

(4) 黏土料应严格控制堆料层高,避免表层与底层含水率相差过大,影响掺合的准确性;生石灰粉应尽量存放在干燥库房内,注意防潮且避免与酸类物质接触,根据掺合用量将生石灰粉搬运至坝后临时堆料场与黏土分类堆放。

(5) 拌合时采取机械为主、人工为辅的拌合方式,拌合应尽量均匀,避免产生石灰集中现象,造成局部结构薄弱。

(6) 因工程应用实例较少,黏土心墙料施工质量检测频次宜在规范规定区间内取较大值。

5 结论

工程于 2021 年 3 月 30 日实现大坝封顶。本方法通过简便有效的施工程序,减少了传统填筑方法中所需的较多截排水措施、摊铺场地面积,避免了使用烘干、暖风设备造成的高能耗,提高了工期的保证率,降低了大坝度汛隐患,符合国家节能减排的政策。

对南方温和多雨地区、黏土料天然含水率较高的类似工程尤其是工期紧、应急抢险性质工程的建设、施工起到一定的借鉴作用,为筑坝技术多元化发展积累经验。

参考文献:

[1] 中华人民共和国水利部.SL274—2020 碾压式土石坝设计规范[S].北京:中国水利水电出版社,2020.

[2] 中华人民共和国水利部.SL 648—2013.碾压式土石坝施工组织设计规范[S].北京:中国水利水电出版社,2013.

[3] 国家能源局.DL/T 5129—2013 碾压式土石坝施工规范[S].北京:中国电力出版社,2014.

[4] 中华人民共和国水利部.SL176—2007 水利水电工程施工质量检验与评定规程[S].北京:中国水利水电出版社,2007.

大沙坝水库大坝面板集中性裂缝成因分析及处理

曹军

(遵义水利水电勘测设计研究院，贵州遵义，563000)

摘要：本文介绍了大沙坝水库在建设过程中堆石坝面板出现集中性裂缝的成因分析及处理情况，针对可能由软硬岩联合筑坝不均匀沉降导致的面板裂缝问题进行探讨，总结经验，对类似工程设计提出建议。

关键词：面板堆石坝；软硬岩；裂缝；分析；处理

1 工程概况

大沙坝水库工程位于贵州省仁怀市合马镇，地处赤水河右岸支流五岔河中下游大沙坝河段，坝址以上流域面积78.43 km²，水库正常蓄水位505.00 m，总库容1 600万 m³，工程任务为工业供水、农田灌溉、集镇及农村人畜饮水。其枢纽工程主要建筑物由大坝、溢洪道、取（放）水兼冲沙隧洞等组成。大坝为混凝土面板堆石坝，最大坝高77.0 m，坝顶高程508.00 m，坝顶长330.0 m，坝顶宽7.0 m。大坝上游坝面综合坝坡1:1.506，下游坝坡1:1.5。上游钢筋混凝土防渗面板厚0.30～0.55 m，面板后设水平宽3.0 m的垫层，垫层后设水平宽4.0 m的过渡层，过渡层后为主堆石区，下游为次堆石区，主次堆石区底部为排水区，下游坝面为预制混凝土块护面。

混凝土面板采用C25钢筋混凝土，掺入了高性能减水剂和聚丙烯抗裂纤维，抗渗等级为W8，设单层双向钢筋，水平向配筋率为0.3%，竖向配筋率为0.4%，每块面板周边设加强筋（钢筋大小为$\phi14$）。在岸坡周边缝及附近适当配置加强钢筋。大坝面板混凝土采用滑模浇筑，面板内不设永久水平缝，为了适应坝体变形，面板采取垂直分缝处理，根据面板的受力情况，两坝肩附近左岸面板共设9条、右岸面板8条张性垂直缝，间距10～10.84 m不等；其余河床段面板共设10条压性垂直缝，间距均为15.00 m。

2 集中性裂缝出现的情况

大沙坝水库工程大坝于2014年3月动工，2016年3月完成面板浇筑，每块面板混凝土浇筑完成后实行全天喷水养护。2016年6月，施工单位在面板表面止水施工过程中发现490 m高程以上面板出现不同程度的裂缝。根据检查统计，面板裂缝共计56条，总长度683.20 m。其中裂缝宽度<0.20 mm的Ⅰ类缝合计4条（总长度为42.10 m），裂缝宽度≥0.20 mm的Ⅱ类缝合计52条（总长度为641.10 m），用声波检测仪探测后发现，2条裂缝为贯穿性裂缝，其余54条裂缝均为非贯穿性裂缝。裂缝出现的高程多位于490～500 m，范围非常集中。

3 成因分析

3.1 裂缝类型判断

一般来说，面板堆石坝裂缝分为非结构性裂缝和结构性裂缝2种。非结构性裂缝是面板在非外力作用下产生的裂缝，最常见的原因是面板混凝土在自身和各种外界因素作用下产生收缩变形所致。就本工程而言，面板浇筑均采用滑模一次性牵拉浇筑而成，且为跳仓浇筑，混凝土中掺用了高性能减水剂和聚丙烯抗裂纤维，且全天浇水养护，因材料产生裂缝的可能性不大。若是因温度等原因产生裂缝，则不应集中出现在大致相同的高程区域。所以，这些裂缝不应该是非结构性裂缝。结构性裂缝是面板支撑体在坝体自重、水压力等外荷载作用下，产生了不均匀沉降，导致面板和垫层之间脱空，改变了面板的受力状态，从而产生的裂缝，分为弯曲性裂缝和拉伸性裂缝。从检测出的裂缝状态来看，除开裂高程明显位于同一区域外，大部分裂缝都是非贯穿性裂缝，具备表面张裂，内部逐渐收敛的特点，因此可以判断，这些裂缝是由于不均匀沉降导致的结构性裂缝，属弯曲性裂缝。

3.2 裂缝成因分析

从上述分析结果来看，在同一高程区域出现集中的弯曲性结构裂缝，最大的可能是由于坝体不均

收稿日期：2021-11-05.

作者简介：曹军，贵州遵义人，高级工程师，从事水利水电工程勘测设计及项目管理工作.

匀沉降导致的。至于为何出现不均匀沉降，主要从坝体填筑质量、施工时机选择以及坝体结构分区上找原因。

经查阅大坝填筑检测资料，在 490 m 高程以上的坝体填筑过程中，坝体填筑质量较好，均按照规程规范及设计要求进行填筑，取样检测中孔隙率、容重等指标均为合格及优良，因此因坝体填筑质量而导致的不均匀沉降可能性不大。从施工日志上判断，该混凝土面板浇筑过程中气温均在 15 ℃以上，不存在低温浇筑面板混凝土的情况；且浇筑面板时距坝体填筑封顶已达 6 个月，超过了规范规定的时间，浇筑之前的月沉降量低于 5 mm，因此施工单位选择的面板浇筑时机也没有太大的问题。所以，最大的问题应该还是出现在坝体结构分区上。

通过大沙坝水库大坝设计资料可以看出，从尽量利用当地材料筑坝的角度出发，该大坝原设计主次堆石区均采用砂岩料（软岩）填筑，但在坝体填筑过程中，由于砂岩料场征地问题，砂岩料供应不能跟上坝体施工要求。因此，业主及施工单位就提出了采用外运灰岩料（硬岩）代替部分砂岩料，软硬料共同联合筑坝的需求，该方案得到了设计方及质量监督部门的采纳，经分析论证，最终决定将主堆石区 490 m 高程以下的主堆石区采用灰岩料填筑，其余的主次堆石区采用砂岩料填筑。调整后的材料分区见图 1。

图 1 大坝横剖面示意图

由于灰岩料与砂岩料软硬程度不同，且在开采选料时砂岩料中混有不少平泥岩料，导致采用砂岩料填筑的区域单位沉降量是大于灰岩料填筑区域的，因此出现了大坝封顶后上游沉降量小、下游沉降量相对较大的趋势，从观测资料也看出坝顶不仅有垂直沉降位移，还伴随有向下游的水平位移，坝体整个变形呈向下游"后仰"的趋势。虽然在封顶后 6 个月开始浇筑面板的时坝体沉降看似已趋于稳定，但在浇筑面板施工过程中发生了降雨，且施工用水从坝顶渗透进堆石体后，再一次"激活"了岩性偏软的砂岩料，遇水软化后发生二次沉降，而灰岩料的沉降已经很稳定不会受渗水影响。因此，就造成了 490 m 高程以上的主堆石区砂岩料于 490 m 高程以下的主堆石区灰岩料沉降率不一致，加之次堆石区砂岩料继续沉降，导致坝体 490 m 高程以上的堆石区二次"后仰"，最终导致 490 m 高程以上的面板跟随垫层后仰，从而在 490～500 m 高程之间的区域产生了集中性的面板裂缝。裂缝的产生时间、区域与上述分析的情况一致，且从坝体观测资料中也印证了这一点，软硬岩联合筑坝造成不均匀沉降与集中性裂缝的产生有着必然的联系。

4 裂缝处理

4.1 处理时机选择

找到集中性裂缝的成因后，可以判定出若要处理这些裂缝，其处理的时机选择非常重要，因为若坝体沉降尚未稳定，提前对裂缝进行了处理，则很可能因为再次出现不均匀沉降再次产生裂缝。因此从 6 月发现裂缝开始，继续在下游坝面及坝顶进行洒水，加大沉降速率使其尽快达到沉降稳定，同时加密沉降观测频次，根据观测结果选择合适的处理时机。采取上述措施后，于 2016 年 9 月，坝体在长期洒水的情况下月沉降量小于 3 mm，同时面板裂缝也没有新的变化，处理时机成熟，随即进行裂缝处理。

4.2 裂缝处理方案

裂缝处理要求主要是防渗堵漏和补强加固。防渗堵漏就是要求缝内化灌后，充填密实，充填物有较高的抗渗性和抗老化性能，能阻止外来水汽碳化混凝土和锈蚀钢筋，满足结构耐久性和安全运行。补强加固要求缝面浆液固化后，与两侧混凝土有较高的黏结强度，最终恢复混凝土结构的整体性。

对面板混凝土所出现的裂缝，按以下原则进行分类：缝宽＜0.20 mm 为Ⅰ类缝，≥0.20 mm 为Ⅱ类缝。

（1）Ⅰ类缝处理方案。采用表面封闭处理：即可采用 SR 防渗盖片表面粘贴封闭处理方法。主要施工工艺为缝面两侧打磨→基面清洗→涂刷 SR 配套底胶→纳米 SR 塑性止水材料找平层→粘贴 SR 防渗盖片→HK 封边。

（2）Ⅱ类缝处理方案。采用 LW/HW 水溶性聚氨酯化学灌浆、纳米 SR 塑性止水材料表面粘贴封闭处理方法。主要工艺为裂缝两侧表面清理→调配 HK 环氧封边剂骑缝粘贴灌浆盒、封闭裂缝→灌浆→凿除灌浆盒→表面 HK 封边剂修补→表面纳米 SR 塑性止水材料找平和粘贴 SR 防渗盖片→HK 环氧封边剂封边，灌浆压力控制为 0.3 MPa。

5 处理效果

集中性裂缝处理后，经打孔压水试验检测全部合格。2016 年 12 月，大沙坝水库正式下闸蓄水，至今已运行 5 a 的时间，经历了 5 个汛期，数次水位涨跌的考验。根据长期观测结果表明，大坝面板的集中性裂缝处理效果很好，未发现有明显漏水现象，也未发现在软硬岩结合区域（490 m 高程）有新的裂缝产生，坝体沉降也保持比较稳定的状态。坝脚量水堰处常年观测大坝渗漏量处于 10 L/s 左右，相比同类型、同规模的工程，属于渗漏量很小的案例。综上可以认为，大沙坝水库大坝面板集中性裂缝的处理取得了成功，效果明显。

6 经验总结

从大沙坝水库面板堆石坝集中性裂缝的成因分析及处理措施中，总结经验如下：

（1）软硬岩联合筑坝带来的不均匀沉降是造成集中性裂缝产生的重要因素，如无特殊情况应尽量保持筑坝材料的均一性。

（2）采用遇水易软化的石料筑坝时，其沉降可能存在"假象稳定"的情况，在发生降雨或施工洒水时有可能发生二次沉降，因此面板浇筑前应采取多种措施判断沉降是否稳定。

（3）在设计中应根据具体坝体分区来判断设置面板横缝的必要性，在某些特定的情况特别是软硬岩联合筑坝时，可以通过设置面板横缝来适应不均匀沉降，降低裂缝产生的可能性。

7 结语

大沙坝水库工程面板堆石坝作为软硬岩联合筑坝的坝型，具备一定的特殊性和代表性，在施工过程中大坝面板出现集中性裂缝，对成因进行分析和处理，对类似的工程如何避免产生这样的集中性裂缝，产生之后如何处理，如何选择合适的时机具备一定的参考价值。同时，也对软硬岩联合筑坝的面板堆石坝的设计、施工提供了一些较好的经验和借鉴。

参考文献：

[1] 高亚,刘勇峰.面板堆石坝的裂缝机理分析与防裂措施[J].电网与清洁能源,2009(8).

[2] 刘超,张光科.混凝土面板堆石坝周边结构性裂缝探讨[J].东北水利水电,2004(11).

中小型地下厂房快速开挖技术研究与应用

廖彬

(中国水利水电第八工程局有限公司,湖南长沙,410004)

摘要：本文结合红卫桥水电站地下厂房开挖工程，通过对地下厂房施工通道的布置进行优化，确定合理的开挖分层方案，选择合适的开挖设备及开挖方法，缩短厂房开挖工期。同时，针对岩壁吊车梁部位围岩地质条件差的问题，地质缺陷处理方法复杂、要求高、工期长，通过对地下厂房整体施工程序进行调整，采用岩壁吊车梁后浇技术，确保了地下厂房开挖工期，最终实现地下厂房快速开挖。

关键词：地下厂房；通道；优化；开挖；岩壁吊车梁

1 工程概况

红卫桥水电站位于四川省阿坝藏族羌族自治州金川县境内俄日河上，系俄日河干流水电规划"一库四级"自上而下的最末一级，上接俄日梯级。其地下厂房从里至外依次布置副厂房、主机间和安装间，开挖总长度 76.14 m、宽 17.1～18.9 m、高 41.99 m，为中小型地下厂房。岩壁吊车梁设置于主厂房及安装间上下游边墙，单侧长度为 63.12 m，岩壁吊车梁上拐点高程为 2 581.94 m，下拐点高程为 2 580.65 m，岩台斜面与铅垂面的夹角为 35°，岩台开挖宽度为 0.9 m。

厂区出露基岩为三叠系中统杂谷脑组上段（T_2z^2），岩性为变质砂岩夹少量板岩，变质砂岩主要为长石石英砂岩，中细粒结构，厚—巨厚层状构造为主。室内岩石物理力学试验表明：微风化～新鲜变质砂岩干密度 2.74～2.79 g/cm³，饱和吸水率 0.12%～0.38%，单轴饱和抗压强度 70.2～110.3 MPa，泊松比为 0.18～0.20，软化系数为 0.65～0.90，为坚硬岩石。板岩主要为粉砂质板岩、绢云板岩和炭质板岩，抗压强度较低。

2 地下厂房快速开挖技术

2.1 地下厂房施工通道布置优化及开挖分层

2.1.1 设计施工通道布置

红卫桥水电站地下厂房设计布置有顶部排风洞、中部进厂交通洞（含主变运输洞）、下部厂房 1～3 号施工支洞，其中厂房 2 号、3 号施工支洞从 1 号施工支洞末端接出。设计施工通道均从左侧进入厂房，且通道之间高差较大，施工过程中需在厂房内修建"之"字形斜坡道将上下通道连通，方可进行运输作业。施工通道布置见图 1。

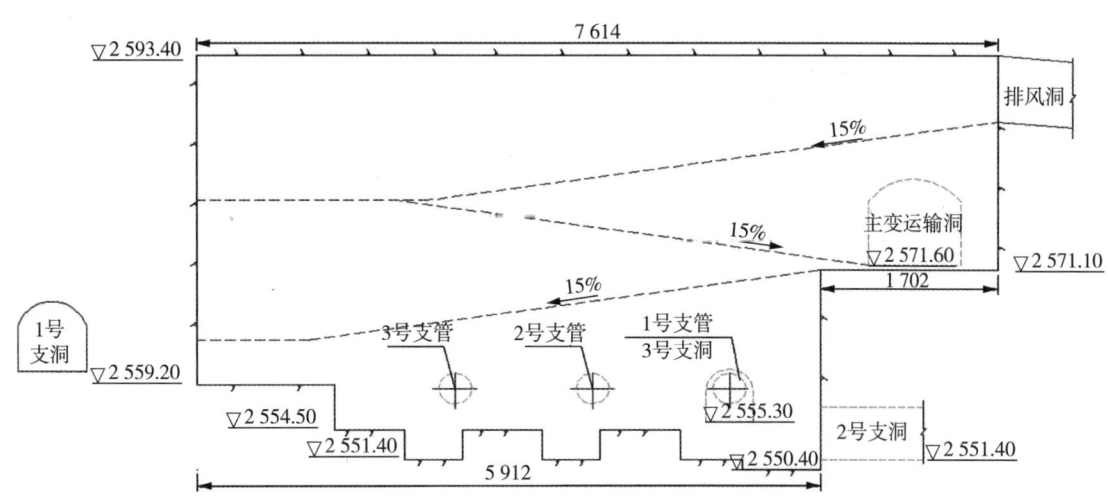

图 1 红卫桥水电站地下厂房设计施工通道立面布置示意图

2.1.2 地下厂房开挖分层原则

有岩壁吊车梁的地下洞室开挖分层，主要考虑 3 种情况：洞室顶层开挖、岩壁吊车梁层开挖和岩

收稿日期：2021-09-10.

作者简介：廖彬，工程师，从事水利水电工程施工技术与管理工作.

壁吊车梁层下面1层开挖。

(1) 第Ⅰ层（岩壁吊车梁上面1层）。洞室顶层开挖主要考虑合理使用所选设备，发挥较佳效益，底板高程要考虑岩壁吊车梁层开挖厚度、顶拱支护型式及其施工方法。

(2) 岩壁吊车梁层。地下厂房岩壁吊车梁层开挖分层应遵循以下原则：根据岩壁吊车梁所在位置，确定岩壁吊车梁上层的洞室开挖厚度，合理选择施工设备和开挖方法。岩壁吊车梁层及其下面一层的开挖分层以4~8 m为宜。岩壁吊车梁层开挖后，应满足岩壁吊车梁锚杆造孔和安装需要，底板开挖高程的确定如下：设 L 为液压凿岩台车钻臂全长，L_1 为锚杆 A 设计长度，L_2 为锚杆 B 设计长度。当以下2个条件（$AD>L$，且 $AD>L_1$；$BD_1>L$，且 $BD_1>L_2$）均满足时，则所选定岩壁吊车梁层底板开挖高程是适宜的。岩壁吊车梁层与岩壁吊车梁锚杆关系见图2。岩壁吊车梁层开挖后，应方便岩壁吊车梁钢筋混凝土的施工，并保证下层开挖不对岩壁吊车梁造成损害，岩壁吊车梁底部混凝土距离开挖层的高度不宜小于3 m。

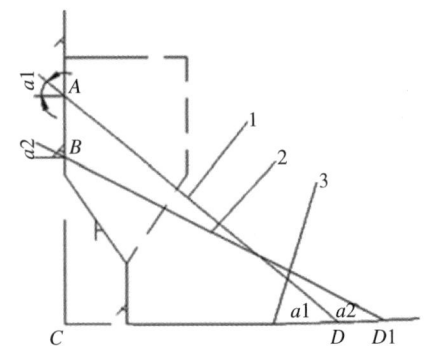

1—锚杆 A；2—锚杆 B；3—实际开挖岩面。

图2 岩壁吊车梁层与岩壁吊车梁锚杆关系图

(3) 岩壁吊车梁下面1层。岩壁吊车梁下面1层开挖主要考虑开挖爆破不损伤岩壁吊车梁混凝土及开挖分层下切后因围岩变形、二次应力重分布所产生的变形而使岩壁吊车梁变形开裂，开挖厚度以4~8 m为宜。

2.1.3 施工通道布置优化及开挖分层

(1) 施工通道布置优化。排风洞底板扩挖：对排风洞底板进行扩挖，作为地下厂房中上部施工通道，避免了在厂房中上部修建"之"字形斜坡道至交通洞，可加快开挖施工进度。增设厂房中下部施工通道：根据厂房系统总体结构布置情况，厂房1号施工支洞从副厂房右侧通过，且其底板开挖高程与副厂房底板高程相差较小，实际施工中，从厂房1号施工支洞布置了1条1-1号施工支洞至副厂房底板，作为地下厂房中下部施工通道。

(2) 开挖分层。根据地下厂房设计结构及施工通道布置情况，开挖分6层进行。其中第1层为顶层，其开挖分层结合地下厂房顶拱支护方式确定为9.78 m，施工通道为排风洞；第2层为岩壁吊车梁层，其开挖高度结合岩壁吊车梁开挖分层原则确定为7.2 m，施工通道为排风洞；第3层为岩壁吊车梁下面一层，开挖高度为7 m，施工通道为进厂交通洞（含主变运输洞）；第4层开挖高度为8.72 m，施工通道为厂房1号施工支洞及1-1号施工支洞；第5、6开挖高度分别为6.2 m、3.09 m，施工通道为厂房1~3号施工支洞。

通过对施工通道进行优化后，在地下厂房开挖过程中每一层均对应有单独的施工通道，且在施工通道分散布置于厂房两侧，避免在整个厂房长度和高度方向开挖斜坡道，施工设备可直接进入作业面，同时可实现各层全断面开挖。

2.2 地下厂房开挖施工

(1) 第1层（顶层）开挖。第1层开挖采用中导洞先行，两侧扩挖跟进的方式进行。中导洞开挖尺寸为7 m×9.78 m（宽×高），两侧扩挖滞后中导洞开挖30 m左右，支护随掌子面推进同步施工。中导洞开挖采用YT28气腿式风钻造孔，中部楔形掏槽，顶拱光面爆破。扩挖采用YT28气腿式风钻造孔，周边光面爆破。爆破后均采用3.0 m³装载机装25 t自卸汽车运输出渣，1.0 m³液压反铲清面。

(2) 第2层（岩壁吊车梁层）开挖。为确保岩壁吊车梁开挖施工质量，岩壁吊车梁部位的开挖应采用控制爆破技术，可将岩壁吊车梁层分为中部拉槽区、两侧预留保护层、岩台3部分，预留保护层的宽度宜为2~4 m。岩壁吊车梁中部拉槽宽12.1 m，梯段高7.2 m，两侧保护层宽2.5~3.4 m，分3层开挖，分别为2、3、4区，分层高度分别为2.0、2.5、2.7 m；岩壁吊车梁开挖为5区，开挖宽度为0.9 m。中部拉槽采用ROC D7液压钻造孔梯段爆破，中部拉槽与两侧预留保护层之间预裂随中部主爆区同时推进。爆破后石渣采用1.0 m³挖掘机和3.0 m³装载机装25 t自卸汽车出渣。两侧预留保护层开挖滞后于中部拉槽梯段爆破30 m推进，保护层钻孔直径不应大于52 mm，采用手风钻钻孔，靠近岩台侧采用光面或预裂爆破，保护层开挖过程中，靠近光爆孔的爆破孔可比其他爆破孔适当减少装药量。岩壁吊车梁岩台采用垂直岩台轴线方向，分别沿岩台斜面钻孔和岩台上下直立墙面造垂直孔的小药量光面爆破方法，钻孔时设置样架。垂直孔及斜孔均采用手风钻钻孔,将钻杆插入样架导向管中进行。垂直孔造孔在保护层开挖前完成,并下PVC管保护,以减轻保护层开挖对岩壁的爆破振动破坏。垂直孔与斜孔应相对应,孔底高程在同一水平线上。岩台开挖前在岩壁吊车梁保护层区域内挑选围岩完整性较好和较差的部位,按照1∶1的比例进行模拟爆破试验,根据地质情况调整装药结构,确定开挖爆破参数。第2层副厂房段采用全断面法开挖,边墙及端墙采用YQ100B潜孔钻造孔预裂爆破,中部石方采用ROC D7液压钻造孔梯段爆破,副厂房长13.02 m,一次爆破到位。出渣采用1.0 m³挖掘机和3 m³装载机装25 t自卸汽车运输。

(3)第3~6层开挖。第3~5层采用周边YQ100B潜孔钻造孔预裂,中部采用ROC D7液压钻造孔梯段爆破。底板预留1.5 m厚保护层,保护层采用YT28气腿式风钻造水平孔,底部预裂或光面爆破。爆破后石渣采用3.0 m³装载机装车,25 t自卸汽车运输。第6层为厂房底部尾水肘管坑槽开挖,采用YT28气腿式风钻钻孔,中部楔形掏槽、周边光面爆破,爆破后石渣采用反铲装车,25 t自卸汽车运输。

2.3 岩壁吊车梁后浇技术

2.3.1 岩壁吊车梁后浇技术说明

按照传统的地下厂房开挖施工程序,岩壁吊车梁混凝土在厂房岩壁吊车梁层开挖完成后先进行浇筑,且在岩壁吊车梁混凝土施工前须提前进行岩壁吊车梁下面一层预裂施工,即地下厂房顶层开挖与支护→岩壁吊车梁层开挖与支护→岩壁吊车梁下面一层预裂→岩壁吊车梁锚杆及混凝土施工→岩壁吊车梁下面一层开挖与支护→其余层开挖与支护。

根据地下厂房实际开挖揭露的地质情况,厂房上下游边墙围岩岩性为灰~灰黑色变质砂岩、板岩互层,节理裂隙发育,岩体破碎,呈碎块结构,岩质强~微风化、中~坚硬(板软岩),微开口,少量泥质、岩屑充填。岩壁吊车梁部位围岩承载能力严重不足,开挖不能成型,无法直接按照设计要求进行岩壁吊车梁混凝土浇筑。经多方案研究对比分析,需对岩壁吊车梁部位采取加大锚杆锚固长度、增设锚筋桩,对岩壁吊车梁下部边墙增设补强混凝土及补强锚杆等措施,地质缺陷处理施工内容多、时间长,将直接影响地下厂房后续施工工序。

为确保地下厂房开挖施工工期,采用岩壁吊车梁后浇技术,即在岩壁吊车梁锚杆施工及地质缺陷处理完成后,先进行下部层面的开挖施工,再依次进行主厂房混凝土浇筑、主厂房岩壁吊车梁混凝土浇筑以及水轮发电机组吊装。且在主厂房混凝土浇筑过程中,可先进行安装间岩壁吊车梁混凝土浇筑,再同步进行桥机安装、水轮发电机组组装等施工,不影响机组吊装及发电工期。调整后地下厂房整体施工程序为:顶层开挖与支护→岩壁吊车梁层开挖与支护→岩壁吊车梁下面一层预裂→岩壁吊车梁锚杆施工及地质缺陷处理→岩壁吊车梁下面一层开挖与支护→其余层开挖与支护→主厂房混凝土浇筑(安装间岩壁吊车梁混凝土浇筑、桥机安装)→主厂房岩壁吊车梁混凝土浇筑(水轮发电机组组装)→机组吊装。

2.3.2 岩壁吊车梁混凝土浇筑方案

(1)安装间段岩壁梁混凝土施工在安装间底板及边墙混凝土浇筑完成后进行,主机间段岩壁梁混凝土施工在厂房混凝土浇筑至发电机层后进行。岩壁吊车梁混凝土施工分2序进行,分块跳仓浇筑,上下游同时施工,先浇块施工完成后对施工缝面进行凿毛处理,再进行后浇块施工。

(2)因厂房发电机层为楼板结构,承载力小,无法布置汽车吊等大型设备,岩壁梁钢筋、模板等材料先采用汽车吊从安装间吊至主厂房,再由人工配合小型起重机械运输至作业面。为减小运输难度,模板均采用木模板,混凝土采用泵送入仓。

(3)岩壁梁混凝土模板主要采用承重排架支撑,另在厂房边墙上布置短锚杆进行加固。排架从主厂房发电机层楼板顶部开始搭设,承重立杆底部利用厂房上下游两侧边墙混凝土(厚80 cm)为基础面,并在厂房横向各排立杆底部设置工字钢垫梁,以增加承重立杆基础的整体受力稳定。

3 结语

(1)通过对地下厂房施工通道进行优化布置,确定合理的开挖分层高度,每层开挖时均可从相应施工通道直接进入厂房施工,避免在上下通道之间修建"之"字形斜坡道,实现各层全断面开挖,提高了施工效率,缩短地下厂房开挖工期。

(2)针对岩壁吊车梁部位围岩地质条件差的问题,通过调整地下厂房整体施工程序,采用岩壁吊车梁后浇技术,减小地质缺陷处理对厂房开挖工期的影响,确保了地下厂房开挖工期。

(3)通过地下厂房整体施工程序、施工通道及开挖分层进行调整、优化,采取岩壁吊车梁后浇技术,实现了地下厂房快速开挖,对中小型地下厂房开挖施工具有很好的借鉴意义。

参考文献:

[1] 白帆,贺钰钏,王晓辉.拉西瓦水电站地下厂房开挖分层及顶拱的开挖支护[J].水利发电,2007.

黏土质砾层围堰钢板桩引孔施工技术

夏兵兵,程志华,邓辉红

(中国水利水电第八工程局有限公司,湖南长沙,410004)

摘要: 钢板桩作为深基坑支护和围护结构的一种施工工艺,在深基坑开挖及围堰施工中得到了日益广泛的应用,特别是在淤泥质土、杂填土等不良地质条件下具有优势。本工程钢板桩主要用于围堰,持力层为黏土质砾,上部为淤泥质土及杂填土,较普通钢板桩施工工艺困难,通过采用长螺旋引孔施工工艺,可在保证安全施工的条件下保证支护结构施工工期。

关键词: 围堰;钢板桩;引孔施工

1 工程概况

八里湖赛城湖控制枢纽工程场址位于九江市阎家渡,永安堤和城防堤交界处,为河湖相冲积地貌,长江冲积Ⅰ级阶地。站(闸)址位于新开河出口上游 890 m 处,新开河在场址上游被八赛隔堤一分为二,左侧河道为赛城湖入江河段,右侧河段为八里湖入江河段,两河在场址下游 40 m 处汇聚为一处流入长江,站址及河道两岸高程为 22.45~24.63 m,河床高程 4.50~12.10 m,拟建泵站处新开河河床高程 7.72~9.35 m。

围堰工程分纵向围堰和横向围堰,纵向围堰位于八赛隔堤右侧,分上下游 2 段,纵向围堰采用双排 15 m 拉森Ⅳ型钢板桩围堰。

据地质测绘及钻探揭露查明,场地地层分布第四系全新统冲积层的粉质黏土、淤泥质黏土、第四系上更新统冲积黏土质砾层及第三系砾岩等。场地地层岩性自上而下分述如下:

(1) 第四系全新统冲积层(alQ4)。由粉质黏土与局部淤泥质黏土组成:粉质黏土分布于地基表层,灰、灰黄色,可塑~硬可塑状,标贯试验 2 次,$N=12~17$ 击,上游围堰处层厚 8.50~9.90 m,层底高程 3.46~1.97 m。淤泥质黏土为深灰、灰黑色,具异味,软塑状,夹 0.1~0.2 m 薄层粉细砂夹层,揭露于钻孔 TK301、TK302,伏于粉质黏土层之下,层位不连续,厚度不均,上游围堰处层厚 2.20~3.40 m,层底高程 0.13~1.26 m,下游围堰未揭露。

(2) 第四系上更新统冲积层(alQ3)。岩性为黏土质砾,含砾石 50%~60%,次圆状,黏土胶结,紫红色,岩芯呈黏土柱状,硬塑状,分布于上下游围堰全程,层厚 5.10~19.50 m,层底高程 -6.83~4.97 m。

(3) 第三系(E)。岩性为砾岩,上部呈全、强风化,下部弱风化状,深灰色夹紫红色,砾质结构,泥钙质胶结,在场址广为分布。

下游纵向围堰堰基上部普遍分布第四系上更新统冲积层黏土质砾,呈可塑~硬塑状,具中等压缩性,弱透水性,物理力学性质良好,承载力良好,厚度较厚,层厚 11.7 m。表层黏土质砾物理力学性质良好,可作为堰基持力层。

据地质测绘及钻探揭露查明,纵向钢板桩围堰基础位于粉质黏土层、黏土质砾层当中,具弱透水性,力学性质较好,承载力较高,均作为围堰堰基持力层,其承载力可满足上部荷载要求。

双排 15 m 拉森Ⅳ型钢板桩围堰布置横断面如图 1 所示。

施工前在上下游对 12 m 长拉森钢板桩进行试打两个位置,内排外排各试打 1 根。每根桩打入时间约为 20 min,内排试桩从高程 14.00 开始打入,12 m 长拉森钢板桩施打入土 7.5 m 左右无法沉入;外排试桩 12 m 长拉森钢板桩从水面施打下去 5 m 左右无法沉入。2 根 12 m 长拉森钢板桩打入后桩顶高程在 18.50 m 左右,桩底高程在 6.50 m 左右,无法达到设计要求。根据现场试桩情况,如果强行施打将会造成桩头损坏,桩身整体变形过大,打桩机超负荷运转造成桩机损伤(如出现桩机配件损坏和液压油管爆裂等情况),形成安全隐患,也对施工质量造成不良影响。

为了满足现场施工安全、质量及进度要求,采用 1 台长螺旋钻机配合引孔后才能进行 15 m 拉森钢板桩施工。

收稿日期:2021-07-06.
作者简介:夏兵兵,高级工程师,从事市政工程施工技术与管理工作.

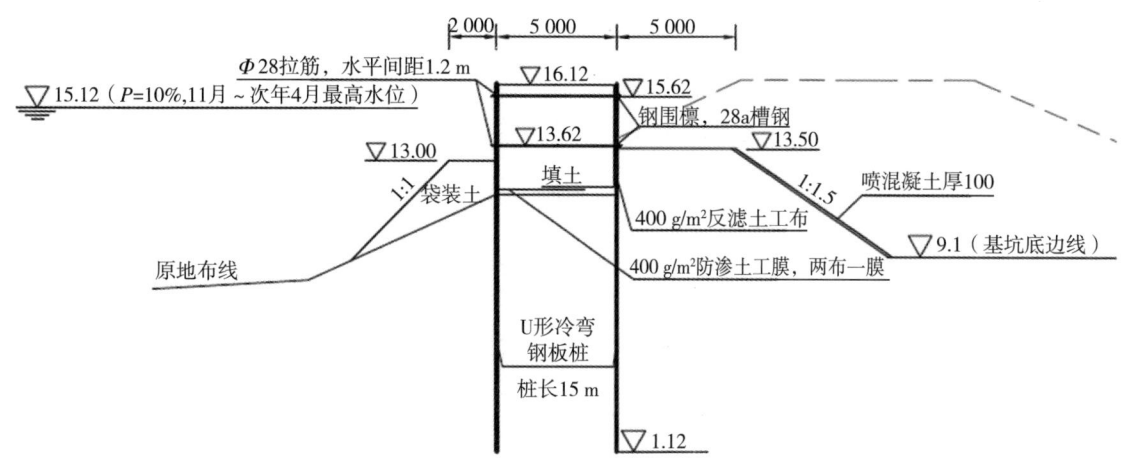

图 1 双排拉森钢板桩围堰布置横断面示意图

2 施工工艺

2.1 工艺流程

工艺流程如下：测量放线→桩机就位→设计有效桩长控制→引孔至设计深度→施打钢板桩→移位至下一根桩→全部施工完成。

2.2 施工顺序

(1) 引孔准备工作。根据现场情况，外排钢板桩轴线在边坡与水面交汇处，长螺旋钻机不具备引孔工作作业面，需要在外排钢板桩轴线往内 1 m 处打 1 排 9 m 拉森钢板桩，在 9 m 拉森钢板桩施打完成后，用土方回填出一个工作作业面用于长螺旋钻机引孔和外排 15 m 拉森钢板桩的施打。在 9 m 钢板桩墙内侧 6 m 处用 3 根 9 m 拉森钢板桩打点安装钢拉杆拉撑，钢拉杆间距 4 m。9 m 钢板桩在 15 m 钢板桩施打完成后即可拔除。施打 9 m 拉森钢板桩、土方回填工作面如图 2 所示。

(2) 拉森钢板桩施工。拉森 SP-Ⅳ型钢板桩是用采用打拔桩机将拉森钢板桩打入土内，形成 1 道钢板墙的基坑围护结构。拉森钢板桩施工顺序：

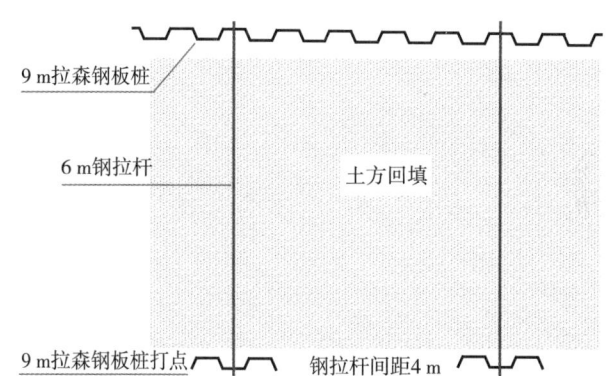

图 2 9 m 拉森钢板桩施打、土方回填平面示意图

钢板桩检验→板桩定位放线→施打 9 m 钢板桩及回填土方→引孔机引孔→施打 15 m 钢板桩→拔除 9 m 钢板桩→安装拉杆→回填土→拔桩前、基坑内充水至内外平衡→清除堰体表层及拉杆处的回填料→拆除钢拉杆→拔除 15 m 钢板桩。

2.3 工艺方法

2.3.1 拉森钢板桩施工

(1) 新型拉森Ⅳ型钢板桩主要参数见表 1。

表 1 新型拉森Ⅳ型钢板桩主要参数

型号	规格			每根桩				每米桩每延米参数			
	宽(W)/mm	高(h)/mm	厚(t)/mm	断面积/cm²	断面二次/cm⁴	断面系数/cm³	单位质量/(kg/m)	断面积/(cm²/m)	断面二次/(cm⁴/m)	断面系数/(cm³/m)	单位质量/(kg/m²)
拉森三型 SP-1Ⅱ	400	125	13	76.42	2220	223	60.0	191.0	16800	2270	150
拉森四型 SP-Ⅳ	400	170	15.5	96.99	4670	362	76.1	242.5	38600	3150	190
拉森六型 SP-Ⅳw	600	210	18.0	135.3	8630	539	106	225.5	56700	2700	177

(2) 打桩及引孔机械。主机采用打拔桩机，稳定性好，行走方便，便于每根桩矫正。桩锤采用 45 kW 振动锤以振动体上下振动而使板桩沉入土内贯入效果好。引孔机采用长螺旋钻机，直径 ϕ400 mm 的钻杆。板桩围护施工采用测量定位逐根打入的施工方法。在遇到管线影响的区域采用跳过该区域的方法预留接桩条件。管线影响区域将位置标明。

(3) 引孔。a. 钻机就位。钻孔机就位时，必须保持平稳，不发生倾斜、位移，为准确控制钻孔深度，应在机架上或机管上作出控制的标尺，以便在施工中进行观测、记录。b. 钻孔。调直机架挺杆，对好桩位(用对位圈)，开动机器钻进、出土，达到控制深度后停钻、提钻。

(4) 钢板桩的检验及校正。对进场的钢板桩按出厂标准进行检验，首先对外观质量进行检验，包括长度、宽度、厚度、高度等是否符合设计要求，有无表面缺陷，端头矩形比，垂直度和锁扣形状等。钢板桩逐根进行检查，检查锁口和桩身的平整度，对于锁口已坏且无法修正或桩身扭曲变形的应弃之不用。

(5) 拉森桩的打设和拔桩。① 打设前的准备工作。引孔施工完成后，将拉森桩的施工区域用白灰线画出，钢板桩堆放场地要求平整坚实堆高不超过1.2 m。② 钢板桩打设。用打桩机将钢板桩放至插桩位置，插桩时锁口对准。每一流水段落的第1块钢板桩作为定位桩。应先沿钢板桩的行进方向反向倾斜8°左右，再开动振动锤，利用振动力把桩沉至离地面1 m左右停止，防止施工打第2根桩时因摩擦过度而把第1根桩带入土中。然后吊第2根、第3根逐步打入。钢板桩桩位允许偏差垂直围檩中心线允许偏差100+0.01H mm，沿围檩中心线允许偏差150+0.01H mm，其中H为原地面标高与桩顶标高的距离。钢板桩施打就位后，钢拉杆应在回填土前进行安装，拉杆的安装应符合要求，拉杆的螺母应全部旋紧，旋紧后外露的螺纹长度不应小于2~3个丝扣。钢拉杆安装应顺直，采用3次张紧法，先用旋紧螺母或张紧器初步调整拉杆长度，再用扭力扳手逐根进行2次张紧，在回填土高程接近拉杆设计高程时，采用扭力扳手再次对拉杆的拉力进行第3次张紧，使各拉杆受力均匀。拉杆螺母最终紧固后，外露的螺纹长度应不少于2~3个丝扣。拉杆安装的允许偏差：拉杆间距±100 mm，拉杆高程±50 mm。③ 拔桩方法。采用打拔桩机振动锤进行振动拔桩，振动拔桩是利用振动锤对板桩施加振动力扰动土体，破坏其与板桩间的摩阻力和吸附力并施加吊升力将桩拔出。这种方法效率高，操作简便。④ 拔桩顺序。拔桩的开始点一般都是从端部开始，必要时还可以间隔拔出，拔桩顺序一般与打桩顺序相反。拔桩时可先用振动锤将板桩锁口振活以减少土的阻力，然后边振边拔，对较难拔出的板桩可先用振动锤将桩振打下100~300 mm，然后再用振动锤交替振打、振拔。有时为及时回填拔桩后的土孔在拔桩至基础底板略高时暂停拔桩，用振动锤震动几分钟尽量让土孔填实一部分。

2.3.2 土工布、土工膜施工

钢板桩完成之后，对钢板桩之间土方进行开挖，开挖至设计高程，进行土工布铺设，土工布自上而下铺设，搭接宽度不小于1 m。

3 质量控制

(1) 施工前根据设计图纸、施工方案和作业指导书进行三级安全技术交底。施工过程中，注意严格按照工艺流程进行施工，上道工序没有检查验收，不得进行下步施工。

(2) 施工前必须对场地标高进行复测，施工时用水准仪测量，确保板桩桩顶的标高准确。施工放线时必须根据围护结构尺寸并考虑垂直施工误差，水平施工误差。

(3) 在引孔及打桩就位后校正垂直度，确保引孔及板桩垂直并确保板桩之间较好咬合，特别注意基坑围护形状的不规则对桩间的就位更应准确。

(4) 板桩打好后及时固定以防止板桩移位。

(5) 在整个基础施工期间，在挖土、吊运、绑扎钢筋、浇筑混凝土等施工作业过程中严禁碰撞支撑禁止任意拆除支撑，禁止在支撑上任意切割、电焊，也不得在支撑上搁置重物。

4 结语

钢板桩长螺旋引孔施工工艺是通过在地基承载力较高的黏土地层先通过引孔机械引孔后再进行钢板桩施打。原地基承载力较高的黏土地层在经过引孔后，可以使钢板桩施打区域原承载力较高的原土地层松散，使后续的钢板桩顺利施打至设计高程，提高钢板桩成桩效率。围堰采用双排钢板桩，间距5 m，单根桩宽400 mm，钢板桩打设深度15 m，长度共约132.9 m，根据设计地质报告持力层为黏土质砾，地基承载力260 kPa。从施工效果来看安全质量可控，环保文明施工满足要求，具有很好的应用前景。

参考文献：

[1] 钟雷.拉森钢板桩在基坑中的应用[J].中国水运(下半月),2019,19(8).

[2] 唐健屹.浅论拉森钢板桩在基坑围护施工中的应用[J].建筑知识(学术刊),2013:320-321.

[3] 宋军.深水低桩承台钢板桩围堰设计与施工技术[J].铁道建筑技术,2015,(5):35-38.

[4] 方均坪.浅析长螺旋钻机取土引孔配合静压预制管桩施工技术[J].江西建材,2017,(11):57,59.

[5] 王志坚.深基坑拉森钢板桩与锚索结合施工技术[J].山西建筑,2014,40(30):107-108.

喀斯特地区某水库左岸渗漏问题研究

朱江

(贵州中水建设管理股份有限公司，贵州贵阳，550002)

摘要：某水库左岸为河间地块，其间碳酸盐岩与碎屑岩相间分布，构造发育，渗漏问题复杂，对水库蓄水影响极大。通过本次渗漏问题研究，分析了可能存在的渗漏途径，对该水库左岸渗漏带提出可靠、经济、可实施的防渗帷幕方案。

关键词：喀斯特；构造；渗漏；防渗帷幕

1 概述

拟建的清镇市某水库位于流长乡燕耳村陀陇河上，为三岔河右岸支流，属长江流域，乌江水系，最大坝高 92 m，正常蓄水位高程 1 236 m，廻水长度约 2 km，总库容 711 万 m³，属于"高坝小库容"水库，主要功能是向村镇及工业供水。

库区左岸地表喀斯特洼地发育，勘察期间发现，库区左岸上游河沟及交汇口有季节性断流现象，较坝轴线处高差约 70 m，河床大面积碳酸盐岩分布，为补排型河谷，渗漏问题复杂，是制约该项目成立的重大地质问题。

库区地貌以溶蚀作用形成的低中山、中山地貌为主，为峡谷型河谷。建库河段河流由南流向北，于坝址下游约 1 000 m 处进入伏流，汇入鸭池河。水库左岸分水岭相对单薄，分水岭后为宽缓台地，相对高差大于 100 m，地形封闭条件较好。受 F1、F2、F4 及 F5 断层"井"字形组合切割，使左岸宽缓台地整体下降，断距一般 30～50 m。从上自下分布地层岩性主要为 T_1y^2 灰岩、T_1y^1 泥岩与泥质灰岩互层、P_3c 燧石灰岩和 P_3l 砂泥岩，其中 T_1y^2 地层为强喀斯特含水层，P_3c 地层为中等喀斯特含水层，P_3l 和 T_1y^1 地层为相对隔水层。受相对隔水地层阻隔，左岸存在多层地下水。

库区左岸地表喀斯特化程度高，地下水补给源主要为降雨垂直下渗，赋存于地下喀斯特裂隙和管道内形成径流，其中 P_3c 地层中的地下水由 S6 泉水排出，汇入建坝河流，T_1y^2 地层中的地下水经伏流系统直接排入鸭池河。

2 左岸渗漏问题研究

2.1 左岸河谷水动力条件及类型

根据测流，左岸上游河谷在经过 T_1y^2 地层带有明显减流，说明该河段向地下水补给，经水文钻孔证实地下水流向左岸，与河流流向近垂直。右岸为 P_3l 碎屑岩地层，因此为右岸补给、左岸排泄的补排型河谷。

左岸中下游河谷河床出露地层为 P_3l～T_1y^1，有泉水 S6 出露于河床，经水文钻孔揭露地表分水岭内地下水补给河水或 S6 泉水，整体为补给型河谷。

2.2 左岸渗漏分析

2.2.1 左岸上游河谷渗漏分析

河段长 1 km，库盆河床高程 1 200～1 236 m，主要由 P_3c～T_1y^2 地层组成，构造发育，水文地质条件复杂。

为探明左岸复杂的水文地质条件，本阶段在左岸河湾地块布置了 SZK1、SZK3 两个水文孔。其中 SZK1 孔口高程 1 267.34 m，揭露地层从上至下分别为 T_1y^2 灰岩、T_1y^1 泥岩与灰岩互层，终孔稳定水位在 T_1y^2 地层底部，高程 1 199 m，T_1y^2 地层喀斯特发育；SZK3 孔口高程 1 273.03 m，揭露地层从上至下分别为 T_1y^2 灰岩、T_1y^1 泥岩与灰岩互层、P_3c 燧石灰岩夹炭质泥岩及 P_3l 砂泥岩，钻孔水位在未进入 P_3c 地层前稳定在 T_1y^1 地层上部，高程 1 248 m，终孔后水位稳定在 P_3c 地层中下部，高程 1 181.6 m，T_1y^2 地层和 P_3c 地层喀斯特发育。根据上述左岸水文孔资料，得出以下结论：

(1) 左岸水文地质条件复杂，含水层为 T_1y^2 和 P_3c，相对隔水层为 T_1y^1 和 P_3l。

(2) T_1y^2 地层喀斯特强发育，P_3c 地层喀斯特中等发育，喀斯特发育受构造影响较大；P_3c 地层

收稿日期：2021-10-19.

作者简介：朱江，贵州毕节人，高级工程师，从事水利水电工程地质与水文地质工作.

倾向下游，于 S6 泉点一带埋藏于河床深部，且低邻谷未出露地表，在 S6 泉水高程 1 164 m 以下，P_3c 地层中地下水活动性差，喀斯特弱发育。其中 P_3c 地层喀斯特发育高程受 S6 泉水控制，即 S6 泉水高程以下 P_3c 地层喀斯特弱发育。

（3）在未进入 P_3c 地层前 T_1y^1 地层均有稳定地下水位分布，地下水位往上游逐渐抬升，至 SZK3 处已高于正常蓄水位，T_1y^1 地层在左岸具备良好的连续性及隔水性。

（4）P_3c 地层中地下水以 S6 泉水为排泄基准点，总体水力坡降 3‰～5‰，地下水流向 NE。

2.2.1.1 左岸河沟库尾末端向下游喀斯特管道渗漏

据地质结构，可分为左岸支沟 F1 断层上盘河段及左岸支沟 F1 断层下盘河段。

（1）左岸河沟库尾末端（F1 断层上盘河段）。左岸河沟廻水末端宽缓河床有明显减流现象，为枯季干河谷，河床下伏基岩以 T_1y^2 灰岩地层为主，地表洼地发育，洼地长轴方向基本为 NNE，指向坝址下游伏流；至近 F1 断层带处 T_1y^1 相对隔水地层出露于地表，根据 SZK1 资料，左岸地下水低于河床。其左岸地表出露地层均为 T_1y^2 灰岩，因受区域性 F1 断层及多条次生断层的纵横切割错动破坏，T_1y^1 相对隔水层错动至深部，失去了作为左岸支流河间地块的隔水作用。表现为 T_1y^2 地层中喀斯特强发育，地下水埋藏深，低于左河沟河床，为向左岸排泄型河谷，地下水向左岸排泄，蓄水后库水存在向左岸下游远处喀斯特管道渗漏的可能，需进行防渗处理，渗漏范围为左岸河沟末端河床基岩为 T_1y^2 灰岩段。

（2）F5 断层渗漏。F5 断层在张家湾一带切割库盆后平行于主河沟向下游延伸，为正断层，断距 5～35 m，受断层错动，其下盘靠河侧 P_3c 燧石灰岩与上盘靠左岸侧 T_1y^2 灰岩在断层破碎带处距离较近，根据 ZK4、SZK3 等钻孔资料，在 F5 断层上游段，断距 30～35 m，下盘 P_3c 顶部与上盘 T_1y^2 底部最近仅 10 余 m；在 F5 断层下游段，断距 5～10 m，下盘 P_3c 顶部与上盘 T_1y^2 底部距离有 30 余 m。F5 断层上游断距较大处下盘 P_3c 地层易沿断层破碎带与上盘 T_1y^2 发生地下水联系，水库蓄水后，存在库水沿 F5 断层破碎带进入上盘 T_1y^2 灰岩后向左岸下游渗漏的可能，建议对该断层进行帷幕防渗处理。

2.2.1.2 左岸河沟河间地块渗漏（河流交汇处一带河床至 S6 泉水渗漏）

河流交汇处一带河床正常蓄水位以下出露地层以 T_1y^2 强含水地层为主，有正断层组合 F2 和 F3 发育，受断层影响，该区域喀斯特发育较强烈，枯期河沟基流在此处出现较明显的断流现象。

根据钻孔结合地质测绘成果，对左岸河间地块渗漏评价从以下 2 方面进行分析。

（1）地表水文地质现象分析。根据地质测绘成果，左岸河沟基流在枯期或长期天晴后在河流交汇处一带出现较明显的流量减少甚至断流现象，该区域河床高程约 1 220～1 235 m，低于正常蓄水位；在断流区域发育有张性断层 F2，受该构造影响，断流区域喀斯特发育强烈；坝址区上游发育有泉水 S6，出露于河床偏左岸，P_3c 地层顶部，枯期流量 15～20 L/s，与断流河沟集雨面积大致匹配，出露高程 1 164 m，在泉水口加盖了泵房，将该泉水抽至周围村寨使用。据访问调查，当地村民曾在河流交汇口减水段放入谷糠，多日后观测到谷糠从泉水 S6 出现。以上现象说明了该减水河段为 S6 主要补给源。

（2）地质结构分析。左岸支沟库盆主要出露 T_1y^2 灰岩，分布于 F1 断层下盘，岩层产状总体倾下游偏左岸，倾角 20°～35°，F1 断层上盘在左岸支沟学校边、大水井一带出露地层为 T_1y^1 泥岩与薄层灰岩、泥质灰岩互层，岩层产状总体倾下游偏左岸，倾角 10°～20°，其下伏地层为 P_3c 燧石灰岩，因 F1 断层抬升，断层上盘 P_3c 地层与左岸支沟库盆 T_1y^2 地层直接接触，F2 断层影响带喀斯特现象发育强烈，因此在 F1 断层下盘 T_1y^2 至上盘地层 P_3c 中形成了喀斯特通道，其中张家湾支沟 T_1y^2 地层中河水在 F2 断层一带沿该区域多个分散入口向下游进行排泄；交汇口河水集中入渗后沿 F2 导水断层向下游进行排泄，即左岸支沟为排泄型河谷，渗漏方式为集中渗漏和分散性渗漏兼有。受 T_1y^1 上覆地层 T_1y^1 所阻，左岸支沟河水不能沿倾向直接汇入建坝河流下游伏流段，只能从活佛山山脚 P_3c 与 T_1y^1 界线一带以 S6 泉水形式集中排出，汇入建坝河流，该现象同时也证明了 T_1y^1 地层具备可靠的隔水能力。

（3）坝址河床孔 ZK7 揭穿 T_1y^1 地层进入 P_3c 地层后出现承压水，发育高程为 1 125～1 130 m，流量大小为 0.1～0.3 L/s，水头高度平河床高程 1 159 m。此现象证明了 P_3c 地层在河床深部未有大型管道发育，S6 泉水为 P_3c 地层在该区域的最低排泄点。

2.2.2 左岸中下游河谷渗漏分析

河谷类型为横向谷，河床高程 1 156～1 200 m，地层产状缓倾下游，倾角 10°～20°，至上游而下地层由老到新，出露地层分别为 P_3l、P_3c、T_1y^1，仅坝址区两岸较高处有 T_1y^2 分布。

根据地质测绘成果，库区与左岸低邻谷拿盖河水平距离约 9.9 km，其间山体雄厚，地层在远岸段倾向山内，而低邻谷出露地层均为 T_1y^2 至 T_1m 地层，即在低邻谷一带，库盆出露 P_3l~T_1y^1 地层已埋藏在地下，且与上覆地层之间有 T_1y^1 相对隔水层所阻，因此库水不会沿 P_3l~T_1y^1 地层向两岸邻谷发生渗漏；库区下游坝址一带两岸正常蓄水位高程以下有少量 T_1y^2 地层出露，存在沿该地层向两岸邻谷渗漏的可能，可通过防渗帷幕向上游接相对隔水地层 T_1y^1 与正常蓄水位高程交点来封闭该缺口。

3 防渗处理措施

3.1 帷幕走线选择

左岸河间地块整体为溶蚀槽谷，高程 1 255~1 270 m，洼地、落水洞发育，库区防渗利用的相对隔水层 T_1y^1 地层埋深越往北西方向越大，因此，帷幕线走向过于偏向西侧会导致防渗下限过深；左岸河谷上游侧发育有崩塌体，其发育下限低于正常蓄水位高程 1 236 m，加上地形较陡，因此，帷幕线沿等高线向上游布置施工难度大。综合考虑地形地质条件，左岸选用平硐加库尾地表灌浆方案与全地表灌浆方案进行比选。

3.2 方案比选

平硐结合地表灌浆代表方案（方案一）：左岸段按岩层产状最短原则布置，上游接 T_1y^1 地层与正常蓄水位高程交点，F5 断层上游段断距较大，存在渗漏可能，需进行封闭。本方案帷幕线与 F5 断层交点位于上游侧，断距 F5 断距较大，断层带 T_1y^1 地层厚度仅 10 余 m，存在渗漏可能性，因此帷幕线在接 T_1y^1 地层后需转折封闭 F5 断层。F5 断层下盘 P_3c 地层中地下水以 S6 泉水高程 1 164 m 为排泄基准面，断层带防渗下限考虑以 S6 泉水高程为底界。对库尾渗漏缺口帷幕线大致沿左岸等高线布置，上游接 P_3l 地层，下游接 T_1y^1 地层。

防渗帷幕按单排孔布置，孔距 2 m，F4 及 F5 断层影响带按双排孔布置，孔距 3 m，排距 1.5 m，下限进入地下水位 10~15 m 并保证岩体透水率 ≤3 Lu。方案一帷幕线长 1 951.3 m，帷幕总面积 105 076 m²，灌浆平硐长约 450 m。

地表灌浆代表方案（方案二）：防渗帷幕按单排孔布置，孔距 2 m，F4 断层影响带按双排孔布置，孔距 3 m，排距 1.5 m，下限进入地下水位 10~15 m 并保证岩体透水率 ≤3 Lu。方案二帷幕线长 1 811.5 m，帷幕总面积 150 000 m²。

综上所述，方案一在防渗工程量上优势明显，推荐方案一平硐结合地表灌浆方案。

4 结语

（1）该水库库区构造复杂，交织发育的断层构造改变了库区左岸水动力条件，影响了地下喀斯特管道的发育方向，直接控制了水库喀斯特渗漏途径。

（2）库区左岸河间地块受构造影响下降后致使相对隔水的 T_1y^1 地层埋深低于河床，失去隔水作用，左岸库尾末端形成渗漏缺口，需要进行防渗处理。

（3）左岸交汇口一带河床出露的 P_3c 及 T_1y^2 地层通过断层构造与下游的 P_3c 地层形成地下水排泄通道，并以 S6 泉水排出地表，但因该渗漏途径进出口均在库内，因此不需要处理。

（4）防渗处理应利用可靠的相对隔水地层作为边界条件，帷幕走线应综合考虑地形、地质条件等因素，做到既可靠又经济。

参考文献：

[1] 邹成杰.水利水电岩溶工程地质[M].北京:水利电力出版社,1994.

[2] 彭土标.水力发电工程地质手册[M].北京:中国水利水电出版社,1994.

[3] 黄顺涛,刘荣言,吴高海.沙老河水库岩溶渗漏分析及防渗处理[J].水利规划与设计,2008(4).

[4] 周文辅.中国岩溶研究[M].北京:科学出版社,1979.

[5] 杨强,龚登峰.黄花寨水电站右岸喀斯特渗漏问题研究[J].贵州水力发电,2009(6).

自由测站边角交会法在某土石坝平面控制网中的应用

郭金龙，韩继宗，马云龙

(中国电建集团贵阳勘测设计研究院有限公司，贵州贵阳，550081)

摘要：本文基于最早运用高速铁路轨道控制网 CPIII 平面测量的自由测站方法，以研究自由测站边角交会法在水电水利工程土石坝平面控制网测量中的应用为目的，通过对比自由测站边角交会法与传统测量方法在观测及平差过程中的异同点，得出自由测站具有设站灵活、多余观测数多的优点，可极大提高测量精度，从而验证了自由测站边角交会法土石坝平面控制网测量中的可行性，为其他土石坝平面控制网测量提供参考。

关键词：测站；控制网；测量；网形；优化

0 引言

控制网作为监测坝区变形的基准网点，是水利水电工程中用于大坝变形监测的重要组成部分[1]。利用自由测站组成的边角交会网测量方法最早运用高速铁路轨道控制网 CPIII 平面测量中[2]，高速铁路标准 CPIII 平面网的控制点一般沿线路走向布置，横向间距在 20 m 以内，纵向间距在 50~80 m 之间，整个控制网呈带状布置。CPIII 平面控制网的基本理念是通过确定自有测站至各测量点的边长及角度，并从中来获得大量的多余观测值来进行间接平差，由于 CPIII 平面控制网测量主要服务于铁路，其对测量点的相对位置及间距的强制要求则是为了尽量避免 CPIII 平面控制网长度的增加造成误差累积从而造成测量数据偏差过大，因此在大坝变形监测控制网测量过程中很难按照 CPIII 平面控制网测量技术标准布设测量点和点位间距。在大坝变形监测实际应用中，可利用自由测站多余观测量多、网形灵活的特点，将其与传统的大坝平面控制网测量方法相结合，从而达到对控制网的网形进行优化的目的。

1 自由测站边角交会法与传统方法的对比

传统的大坝平面控制网测量方法是在控制网点上利用全站仪向其他控制网点上的棱镜进行对向边角测量，之后通过对测量数据进行精密平差获得各控制网点的坐标。由于控制网的网形对测量数据的可靠性和精度均会产生影响，因此采用传统方法测量大坝控制网时，测点位置的勘定是影响控制网质量十分重要的一环。传统测量方法[3]的观测一般包括以下步骤：选取控制网的 1 个测点作为测站架设全站仪后整平、对中；在其他控制网点上架设棱镜后整平、对中、照准；开始测量；按照顺时针或逆时针的顺序更换测站至下一个控制网点；其他控制网点上的棱镜整平、对中、照准；开始测量。

自由测站边角交会法[4]中的"自由测站"即测量过程中测站无须在控制网点上，全站仪可以"自由架设"。采用自由测站方法进行平面控制网测量时，测站位置的变化则直接造成网形的改变。因此，在实际大坝平面控制网网形不佳的前提下，在实际外业测量时，先通过精度估算确定测站的大概位置，再结合实际地形情况确定自由测站实际架设位置，由此可显著优化控制网网形。同时，测站的增加使得控制网的多余观测数增加，在测回数及网形确定的前提下，控制网平差精度也会显著提高。自由测站边角交会法观测一般包括以下步骤：通过精度估算确定测站的大概位置；结合现场实际地形及通视情况确定自由测站位置；在其他控制网点上架设棱镜后整平、对中、照准；开始测量；按照顺时针或逆时针的顺序更换测站至下一个自由测站点或控制网点；其他控制网点上的棱镜整平、对中、照准；开始测量。

2 自由测站边角交会法平差及精度评定

传统测量方法与自由测站边角交会法均是通过测得测站与测点之间的距离及方向，采用控制网内已知点及方向点的平面坐标作为起算坐标，在控制网的近似坐标解算完成后，再结合间接平差的方法对测点距离与方向、进行处理。

2.1 水平方向误差分析

当采用自由测站边角交会法测得平面控制网中

收稿日期：2021-10-15.

作者简介：郭金龙，湖北宜昌人，工程师，从事大坝安全监测工作.

某一水平方向观测值为 L_{jk}（j 为控制点，k 为自由测站站点）及其改正数 v_{jk}，两待定点 j 和 k 的近似坐标（X_j^0，Y_j^0）和（X_k^0，Y_k^0），相应的改正数为（δx_j，δy_j）和（δx_k，δy_k），δZ_k 为自由测站站点 k 的定向角未知数平差值，则可得该边坐标与方位角 T_{jk} 的关系如式（1）所示：

$$T_{jk} = \arctan \frac{(Y_{0k}+\delta y_k)-(Y_{0j}+\delta y_j)}{(X_{0k}+\delta x_k)-(X_{0j}+\delta x_j)}$$
$$= (L_{jk}+v_{jk})+\delta Z_k \quad (1)$$

则线性化（仅保留一次项）后的误差方程式如式（2）所示：

$$V_{jk} = -\delta Z_k + \frac{\rho'' \Delta Y_{jk}}{(s_{kj}^0)^2}\delta X_j \frac{\rho'' \Delta X_{jk}}{(s_{kj}^0)^2}\delta y_j - \frac{\rho'' \Delta Y_{jk}}{(s_{kj}^0)^2}\delta x_k +$$
$$\frac{\rho'' \Delta X_{jk}}{(s_{kj}^0)^2}\delta y_k - L_{jk} - Z_{jk}^0 + T_{jk}^0 \quad (2)$$

式（2）中，$\Delta X_{jk}^0 = X_j^0 - X_k^0$；$\Delta Y_{jk}^0 = Y_j^0 - Y_k^0$；$\rho'' = 206\,265''$；$s_{jk}^0$、$T_{jk}^0$ 分别为 jk 边的近似值和坐标方位角近似值；Z_{jk}^0、δZ_k 分别为定向角未知数的近似值及其改正数。

2.2 水平距离误差分析

若水平距离观测值的结果为 S，水平距离改正数为 v_s，待定点的近似坐标 X^0、Y^0，坐标改正数分别为 δx、δy，则线性化后（仅保留一次项）的误差方程式如式（3）所示：

$$v_{S_{jk}} = -\frac{X_j^0 - X_k^0}{S_{jk}^0}\delta x_k - \frac{Y_j^0 - Y_k^0}{S_{jk}^0}\delta y_k +$$
$$\frac{X_j^0 - X_k^0}{S_{jk}^0}\delta x_j + \frac{Y_j^0 - Y_k^0}{S_{jk}^0}\delta y_j - (S_{jk}^0 - S_{jk}) \quad (3)$$

式（3）中，$S_{jk}^0 = \sqrt{(X_j^0-X_k^0)^2+(Y_j^0-Y_k^0)^2}$ 为点 j 与点 k 之间的近似水平距离。

2.3 观测值权的确定

距离和方向作为 2 种独立的观测量，当将两者统一进行平差时，一般通过经验定权的方法确定 2 种独立观测量的权比关系，方式如下：

取观测仪器水平方向观测值的中误差作为单位权中误差，即 $\sigma_0 = m_l$，则定权公式如式（4）所示：

$$\left.\begin{array}{l} P_l = \dfrac{\sigma_0^2}{m_l^2} = 1 \\ P_s = \dfrac{\sigma_0^2}{m_s^2} = \dfrac{m_l^2}{(a+b\times S)^2} \end{array}\right\} \quad (4)$$

式（4）中，m_l 为水平方向观测值中误差；m_s 为水平距离观测值中误差；a、b 分别为测量距离时的固定误差和比例误差。

2.4 精度评定

当确定以上分析方法，则可确定观测量误差方程的系数矩阵 B，以及水平方向与水平距离观测量的权矩阵 P。则观测测量误差矩阵可表示为 $V = Bx - l$ 的矩阵形式，式中 V 为观测值的改正数，B 为系数矩阵，x 为待求参数，l 为常数项常量。结合间接平差的原理，则可得出未知点坐标及协因数阵如式（5）、式（6）所示：

$$\tilde{x} = (B^T P B)^{-1} B^T P l \quad (5)$$
$$Q_{XX} = (B^T P B)^{-1} \quad (6)$$

则 2 个未知点在 x 方向和 y 方向的坐标中误差及其点位中误差如式（7）所示：

$$\left.\begin{array}{l} m_X = \sigma_0\sqrt{Q_{XX}} \\ m_Y = \sigma_0\sqrt{Q_{YY}} \\ m_Z = \sigma_0\sqrt{Q_{XX}+Q_{YY}} \end{array}\right\} \quad (7)$$

3 应用实例

某一土石坝建立的二等平面控制网由 4 个永久控制点（TN1、TN2、TN3、TN4）组成，由于受地形地貌及通视条件限制，在前期网点勘测阶段无法选择较为合适的大地四边形网形，如图 1 所示（该控制网起算点为 TN1，起算方向为 TN1~TN2）。

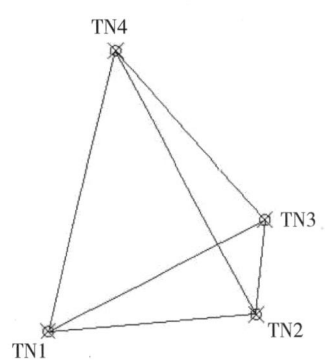

图 1 某土石坝平面控制网网形图

当采用传统测量方法进行测量时，受网形的限制，TN4 虽被其他 3 个方向交会，但由于该段距离较长，交会角偏小，故该点精度亦较差。因此考虑采用自由测站边角交会法对网形进行改善：新增了自由测站点 L1 与 L2。结合现场实际通视情况改善后的控制网网形如图 2 所示。从图 2 中可以看出，新增的自由测站点 L1 与永久控制点 TN1 不通视，自由测站点 L2 与永久控制点 TN2 不通视。

利用自由站交会法改善控制网网形，笔者结合精度估算和外业观测作业来验证优化后控制网网形的有效性及可行性，通过对原网形及优化后的网形分别进行精度估算和外业观测。

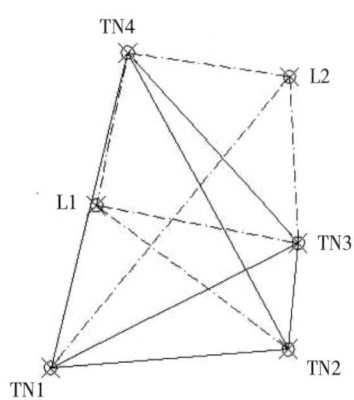

注：虚线表示自由测站单向观测

图 2 优化后控制网网形图

3.1 多余观测数对比

当平面控制网内有 n 个永久控制点，各控制点间均满足通视条件及距离限制，当采用传统测量方法进行观测并采用秩亏自由网平差方法进行数据处理过程中，起算数据等于必要起算数据且无多余起算数据时，控制网的必要观测数为 $2n-3$，控制网的总观测数为 $\frac{3n(n-1)}{2}$，控制网的多余观测数为 $\frac{3n(n-1)}{2}-2n+3$。在本文中已知起算点 TN1 的坐标及起算方向（TN1—TN2），起算数据等于必要起算数据且无多余起算数据，因此原网形中控制网的必要观测数为 5，控制网的总观测数为 18，控制网的多余观测数为 13；优化后的控制网网形的必要观测数为 9，由于部分测点不能通视，则优化后的控制网网形的总观测数为 30，优化后的控制网网形的多余观测数为 21。故当控制网中的某些控制点的交会情况不良且与个别控制点间无法通视时，采用自由测站与传统方法相结合的方式进行控制网测量可获得最佳网形且能明显增加多余观测数。

3.2 精度估算结果对比

进行精度估算采用的先验精度为 0.5″，1mm+1ppm。优化前后的网形点位中误差、最弱边相对精度、边长平均相对精度等分析结果见表 1 及表 2 所示。

表 1 点位中误差对比

先验精度	起算点及方向	永久控制点	点位中误差/mm	
			原网形	优化后网形
0.5″,1mm+1ppm	TN1,TN1—TN2	TN1	0.18	0.16
		TN2	0.17	0.15
		TN3	0.15	0.14
		TN4	0.23	0.19

表 2 最弱边相对精度对比

平差方法	点位中误差/mm			优化后网形		
	最弱边相对精度		边长平均相对精度	最弱边相对精度		边长平均相对精度
	最弱边	S/MS	S/MS	最弱边	S/MS	S/MS
秩亏自由网平差	TN1—TN4	214 352	256 424	TN1—TN4	235 733	293 456

采用秩亏自由网平差的方法对原网形及优化后网形进行精度估算后可知，利用自由测站增加测站后可以达到改善网形的目的。

3.3 外业观测结果对比

采用边角交会法对原网形及优化后的网形分别进行观测，外业观测精度均满足水电工程测量相关规范要求，每个测站观测 6 个测回，外业观测所用的全站仪精度为 0.5″，1mm+1ppm。优化前后的网形点位中误差、最弱边相对精度、边长平均相对精度等分析结果见表 3 及表 4 所示。

表 3 点位中误差对比

先验精度	起算点及方向	永久控制点	点位中误差/mm	
			原网形	优化后网形
0.5″,1mm+1ppm	TN1,TN1—TN2	TN1	0.15	0.13
		TN2	0.14	0.12
		TN3	0.12	0.11
		TN4	0.18	0.15

表 4 最弱边相对精度对比

平差方法	点位中误差/mm			优化后网形		
	最弱边相对精度		边长平均相对精度	最弱边相对精度		边长平均相对精度
	最弱边	S/MS	S/MS	最弱边	S/MS	S/MS
秩亏自由网平差	TN1－TN4	245465	285439	TN1－TN4	263451	348000

对比原网形及优化后的网形的平差结果后可知，采用自由测站边角交会法对原网形进行优化后可使控制网测点坐标及边长的观测精度得到提高，因此自由测站边角交会法是一种行之有效的网形改善方法。

4 结语

（1）自由测站边角交会法在观测过程中具有设站灵活、多余观测数多的优点，其构建的控制网网形较好，能极大提高测量精度，因此，自由测站边角交会法在土石坝监测控制网中是可行的。

（2）自由测站边角交会法能极大弥补由于控制网网形差造成测量精度低的不足，在某些网形较差的控制网中可采用自由测站与传统方法相结合的方式。

（3）可考虑将自由测站边角交会法作为前期控制网网点勘定阶段网形选择的有效补充，由此，控制网点的选取则更具灵活性。

参考文献：

[1] 杨小平.大坝变形监测控制网布设及其基准控制点稳定性分析[J].水利与建筑工程学报,2010,8(2):130-132.

[2] 邹浜,刘成龙,马洪磊,王迪.自由测站边角交会网在工程中的应用[J].测绘工程,2014,23(10):58-62,66.

[3] 周洪华.基于LeicaTC305全站仪自由设站的施测方法及应用[J].辽宁科技学院学报,2015,17(1):10-11,21.

[4] 吕文军.一种高精度的基坑水平位移监测方法探讨[J].测绘与空间地理信息,2016,39(4):201-203,206.

多支护体系在深基坑中的运用

邱芸

(中国水利水电第九工程局有限公司,贵州贵阳,550081)

摘要:文章通过对拉森钢板桩、水泥搅拌桩、旋挖灌注桩、预应力管桩、预应力锚索、挂网喷锚等各种支护体系施工技术要点进行解析总结,为后续其他类似工程施工形成借鉴。

关键词:基坑;支护;灌注桩;搅拌桩;钢板桩

1 工程概况

电建泛濠公馆项目总建筑面积19.5万 m^2,包括12栋32层楼房(最大建筑高度99 m),框架剪力墙结构。建筑物用地面积约为5.4万 m^2,场地平均黄海标高5.0 m,基坑开挖范围占地面积约3.2万 m^2,基坑周长约800 m,基坑纵向长度180 m,横向宽度120 m。2层地下室,负一层基坑深度4.2 m,基坑支护采用12 m长拉森钢板桩;负二层基坑深度8.1 m,基坑顶上3 m采用1:1.5放坡,坡面加钢花管注浆挂钢筋网喷锚。基坑下部5.1 m支护采用旋挖灌注桩加预应力锚索,灌注桩设计直径为0.8 m,钻孔深度18 m,有效桩长14.5 m,嵌固深度不小于10 m且进入沙层不少于9 m,桩间距1 m,桩顶设800×800冠梁加预应力锚索,预应力锚索采用2根15.2@2500预应力钢绞线制作,成孔直径120 mm。负一层及负二层之间基坑支护采用PRC-Ⅰ型D600AB110@800预应力管桩,长度12 m。整个负二层区域内四周基坑设置止水帷幕,采用D850@600三轴水泥搅拌桩进行设计,设计深度32 m,为了保证止水效果,水泥搅拌桩套桩1根施工。

本工程三面临水,离河水边距离16~25 m,基坑地下室水位在基坑表面下3.5 m左右,常年河水位高出基坑底4 m左右。

根据地勘报告,结合现场调查,现场从上到下主要分类情况为砂性素填土,层厚0.70~3.70 m;粉质黏土,层厚1.00~5.50 m;淤泥质土,层厚1.00~13.60 m;粉砂,层厚2.10~22.80 m;细砂,层厚1.00~13.50 m;淤泥质土,层厚2.00~8.70 m;粉质黏土,层厚1.50~6.40 m;圆砾,层厚0.80~8.30 m;强风化粉砂质泥岩,层厚3.30~20.00 m;中风化粉砂质泥岩,层厚2.20~5.88 m。

2 主要施工方法

2.1 灌注桩施工

2.1.1 施工准备

根据施工图纸将每一个灌注桩进行统一编号计算坐标,按照间隔成桩的施工顺序施工,保证已完成浇筑混凝土的桩与相邻桩间距应大于4倍桩径或者相邻桩间隔时间大于36 h。施工时必须做好每一根桩的施工记录,确保不少桩、漏桩。

2.1.2 埋设钢护筒

护筒用4~8 mm的钢板制作,为增加护筒刚度防止变形,在护筒上下端口和中部外侧各焊1道加劲肋。护筒内存储泥浆使其高出地面或施工水位至少0.5 m,保护桩孔顶部土层不致因钻头(钻杆)反复上下升降、机身振动而导致坍孔。

2.1.3 钻孔

根据现场地质情况采用旋挖钻机作为钻孔设备。钻孔时根据施工现场土质情况,调配符合要求的泥浆以便于在钻进过程中保证泥浆自始至终达到性能稳定、沉淀极少、护壁效果好和成孔质量高的要求。

2.1.4 成孔检查

(1)主要检测方法是将根据桩径制作笼式井径器(试笼)入孔检测,笼式井径器用采用直径为22 mm和18 mm的螺纹钢筋制作,其外径等于钢筋笼直径加100 mm,但不得大于钻孔的设计孔径,长度等于孔径的4~6倍。检测时,将井径器吊起,孔的中心与起吊钢绳保持一致,慢慢放入孔内,上下通畅无阻表明孔径大于给定的笼径。

(2)孔深和孔底沉渣检测。孔深:采用测针进行测量。孔底沉渣:采用初始刻度相同的测针与测

收稿日期:2021-09-02.

作者简介:邱芸,贵州贵定人,高级工程师,从事工程技术、科技创新管理工作.

饼相结合的办法进行测量，检测时将测针与测饼同时放入孔内相邻处，然后用卷尺丈量桩顶同一刻度之间的差值，差值即为孔底沉渣厚度。

2.1.5　第1次清孔

当钻孔达到设计高程后，经对孔径、孔深进行检查确认钻孔合格后，即可进行第1次清孔。终孔前1~2 h开始调整泥浆指标，终孔后依靠钻机泥浆循环系统的泥浆的持续循环进行第1次清孔。

2.1.6　钢筋笼加工及吊放

钢筋笼骨架在制作场内采用胎具成型法分节制作，挂上标志牌，便于使用时按顺序装车运出。钢筋笼入孔时应对准孔径，保持垂直，轻放、慢放入孔。为防止钢筋笼掉笼或在灌注过程中浮笼，钢筋笼的定位采用在钢筋笼反复核对无误后再焊接定位于钢护筒上，完成钢筋笼的安装。

2.1.7　第2次清孔

安放钢筋笼及导管准备浇注水下混凝土前，为防止孔底会产生新渣，待安放钢筋笼及导管就绪后，采用换浆法清孔，以达到置换沉渣的目的。

2.1.8　灌注水下混凝土

（1）应及时协调商品混凝土供应商进行浇筑混凝土的拌制，首批混凝土数量应满足导管埋设深度和填充导管底部的需求。

（2）采用直升导管法进行水下混凝土的灌注。导管用直径300 mm的钢管，壁厚3 mm，每节长2.0或3.0 m，配1~2节长0.5或1.0 m短管。

（3）混凝土进入漏斗时的坍落度控制在20~22 cm，并有很好的和易性。混凝土必须连续浇筑，初凝时间应保证灌注工作在首批混凝土初凝以前的时间完成。

（4）在灌注混凝土开始时，导管底部至孔底应有300~500 mm的空间，且首批混凝土数量必须有一定的冲击能量，能把泥浆从导管中排出，并保证把导管下口埋入混凝土的深度≥1.2 m。

（5）浇筑开始后，应紧凑、连续地进行，严禁中途停工。浇筑过程中应设专人负责检查、测量孔内混凝土面上升高度，及时提升和分段拆卸上端导管。在整个灌注过程中，导管埋入混凝土的最小深度应控制在2~4 m，防止导管拔出混凝土面造成断桩事故。

（6）灌注桩的桩顶标高应高出一定设计标高不小于0.5 m，以保证混凝土强度，多余部分接桩前必须凿除，残余桩头应无松散层。

2.2　三轴搅拌桩施工方案

2.2.1　施工准备

（1）设备进场前，三轴搅拌桩机行走路线软弱地面必须加垫料夯实、夯平，同时对所有设备、机械、工具进行调试、保养，确保施工过程中的各正常运转。

（2）施工前应摸清地下管线、原建筑桩基础等障碍物，并将施工区域内的地上、地下障碍物清除和处理完毕。

（3）建立保证水泥浆供应的小型水泥浆搅拌设备，确保水泥浆供应。

（4）为保证三轴搅拌桩施工的连续性，施工前必须准备充足的材料和辅助设备，对必须停止施工时要留好施工缝，确定好施工缝的位置以便后期对施工缝要采取高压注浆，确保搅拌施工缝位置不漏水。

2.2.2　现场沟槽开挖

根据平面图，测放出三轴搅拌桩内外两侧施工轴线，再采用挖掘机沿三轴搅拌桩轴线平行方向开掘工作沟槽，槽宽约1.2 m，深度1.0~1.5 m，沟槽开挖的同时如遇地下障碍物，利用镐头机将地下障碍物破除干净，以保证正常施工。

2.2.3　主要施工工序

（1）钻机就位。桩机移动就位前应看清上下左右各方面的情况，并由机组专人负责指挥，如发现桩机移动轨迹内存在障碍物应及时清除，对于承载力不够的部位应回填砖渣或铺设钢板。

（2）搅拌桩施工。搅拌桩采用JB180步履式桩机，最大钻孔深度52.5 m，配套水泥浆设备采用BZ－20L搅拌机并配相应的水泥罐。搅拌时两喷两搅，施工时提升速度与搅拌头转速应相匹配，提升速度不大于0.8 m/min。850 mm桩径搅拌桩单根水泥用量200 kg/m。钻机就位后校正复核桩机水平和垂直度，连接好水泥浆搅拌设备钻头喷浆开始下沉搅拌施工至设计标高，达到设计深度后提升钻头到设计顶标高，循环开始下个桩施工。

（3）搅拌桩检测。搅拌桩完成达到强度后采用钻心检测，由于桩身较长且桩径较小，一般钻机钻心检测容易出现偏心导致检测出现不合格，检测时必须控制好钻机的钻进速度和垂直度。

2.3　预应力管桩施工

2.3.1　施工要求

（1）PRC－Ⅰ型D600AB110型预应力管桩，桩身混凝土强度等级为C60，桩中心距0.8m，桩长12 m，施工时管桩必须保证质量，确保达到设计强度后方可施工。

（2）采用锤击沉桩施工，设备采用JB100步履式桩机。由于设备较重、较高，必须保证场地平整且具备足够的承载力。

(3) 管桩施工后，桩位偏差不允许超过 5 cm，施工时须用水准仪测定桩顶标高，桩顶标高偏差不得超过 50 mm。

2.3.2 施工要求

采取合理的打桩顺序，沉桩顺序由一端向另一端连续退打进行。

2.3.3 施工准备

(1) 进场施工前应根据现场实际情况，利用挖掘机对施工现场软土层进行平整、压实，同时清除施工场地范围内一切地上、地下障碍物，并在上部铺设 1 层 50 cm 厚砖渣，确保施工作业面地层达到钻机施工承载力要求，保证桩机在移动时稳定垂直。

(2) 管桩进场后必须按照相关标准对管桩的质量按规范进行验收，确保质量达到设计要求。

2.3.4 桩位测量放样

根据业主提供的测量基准点，布设现场控制点，同时根据设计施工蓝图上坐标点，采用全站仪对各个桩位进行测量放线，要求对每个桩进行编号，严格按照桩位编号顺序进行施工。

2.3.5 桩机就位

桩机安装调试后，行至桩位处，使管桩中心与地面上标识桩位的小木棍基本对准，调平桩机，再次校核无误后，将长步履落地受力。

2.3.6 打桩施工

桩基就位后，采用桩基自带吊装设备吊起管桩，焊接好桩靴，微调桩机使桩尖对准桩位，缓慢打桩，沉桩过程中随时监测桩在纵横 2 个方向是否始终处于垂直状态。打桩过程中要经常注意观察桩身是否发生位移、偏斜，发现问题及时纠正。

2.3.7 送桩达到设计要求

送桩器的外形尺寸要与工程桩的外形尺寸相一致，并且要有足够的强度与刚度，端面要平整，具备防滑性能。送桩时，送桩器与桩身成 1 条轴线，当桩达到设计标高时，停止送桩，提出送桩器，拆除送桩器后开始下一条桩施工。

2.4 钢板桩施工

2.4.1 施工要求

采用拉森Ⅳ型钢板桩，长度 12 m，宽度 0.4 m，单根重 0.91 t。施工时先场地平整到位，放线开槽清除地表及地下旧基础，确保正常施工。

2.4.2 施工方法

(1) 按顺序标明钢板桩的具体桩位，设备就位以后，采用单独打入法，即吊升第 1 支钢板桩，准确对准位，振动打入土中。吊第 2 支钢板桩，卡好企口，振动打入土中，如此重复操作，直至基坑钢板桩帷幕完成。

(2) 土建工程完毕后即进行钢板桩的拔除。可采用较大型的吊车与振动锤配合来进行钢板桩的拔除，即利用振动锤产生的强迫振动扰动土质，破坏钢板桩周围土的黏聚力以克服拔桩阻力，依靠附加起吊车的作用将桩拔除，钢板桩拔除后留下的桩孔，必须即时做回填处理，回填一般用挤密法或填入法，所用材料为级配良好砂土。

(3) 钢板桩施工时为防止钢板桩脱落，钢板桩一头必须用钢丝绳绑扎好挂在打桩机作业臂上，同时周围作业半径范围以内除了指挥人员以外其他任何人员不得靠近作业场所。

2.5 锚索施工

2.5.1 锚索设计要求

锚索下料长度应考虑锚索的成孔深度、冠梁、台座尺寸以及张拉锁定设备所需的长度。锚索材料为钢绞线，严禁有接头，严禁使用焊枪断料，锚索自由段应涂润滑油和套塑料管，并应扎牢。

2.5.2 锚索制作

编索时一定要把钢绞线理顺后再进行绑扎，最后在内锚固段端头装上锥形导向帽。锚索长度 30.5 m，每隔 1.5 m 设置 1 个定中支架，自由段套 PE 套管并用铁丝缠紧，防止浆体流入自由段。

2.5.3 成孔

采用机械成孔，孔径 120 mm，角度 30°。钻孔直径、深度等均应满足设计要求，所钻锚孔保持孔内清洁，孔壁无污染物，孔深应超过设计深度 0.5～1.0 m。

2.5.4 锚索注浆

(1) 注浆液采用纯水泥浆，水泥采用 42.5R 硅酸盐水泥，第 1 次注浆水灰比 0.5～0.6，第 2 次注浆水灰比为 0.8～0.9。

(2) 注浆管应同锚索同时捆绑，放置锚索前，应先用水冲洗，排除泥沙。

(3) 锚索采用 2 次压力注浆工艺施工，第 1 次注浆压力 0.5 MPa，注浆时注意观察基坑周边地面情况，防止喷浆、漏浆发生。第 2 次注浆采用高压注浆，应在 1 次灌浆浆体强度达 5.0 MPa 后进行，2 次灌浆压力宜不小于 2 MPa。

2.5.5 预应力锚索的张拉、锁定

(1) 锚索锚固段强度大于 15 MPa 并达到设计强度的 75%（一般为注浆后 7～8 d）后进行锚索张拉锁定。

(2) 锚索张拉前，对张拉设备进行标定，当锚固体导台座（冠梁）砼强度大于设计强度 75% 后进行张拉。

(3)张拉力施加值顺序依次为第1次张拉力为设计锁定荷载值的25%，持荷10 min后进行第2次张拉，张拉力为设计锁定荷载值的50%，持荷10 min后进行第3次张拉，张拉力为设计锁定荷载值的75%，持荷10 min后进行第4次张拉，张拉力为设计锁定荷载值的100%。每张拉1次均应测量锚索的伸长值，并作好原始记录。

3 其他施工注意事项

（1）基坑土石方的开挖对整个基坑支护施工有着重要的影响，在基坑支护工作开展的同时做好土石方开挖施工方案以及基坑围护结构的变形及地下室水位的观测工作。施工中出现变形超过预警值应立即停止施工查找原因并处理完成重新监测达到要求后方可施工。

（2）基础施工期间尤其是塔吊基础、电梯井、集水坑开挖施工期间做好坑中坑的防护措施，减少对基坑支护结构的影响。

（3）基坑边上除做好排水措施以外，有条件的基坑顶部裸露的土方位置应该全部封闭防止雨水渗透对基坑造成影响。

（4）基础施工期间基坑顶部堆载荷载必须符合基坑支护设计规定，严禁超载施工。

4 结语

基坑支护是一个系统工程，必须做好每一道工序的质量控制方能确保整体基坑支护工程的施工质量。同时基坑支护工作关系到整个基础施工阶段的施工安全，因此在基坑侧壁回填之前需要对整个基坑支护工程进行合理的观测及控制方可保证基础施工的安全及顺利进行。本项目的基坑支护工程施工完毕，通过第三方在施工期间的定时监测，地下室基础施工期间基坑变形和位移均在规范允许范围以内。同时三轴搅拌桩止水帷幕施工质量良好，施工期间基坑侧壁基本无渗漏，为基础施工创造了良好的作业条件。

参考文献：

[1] 郭勇,张堪培.桩锚支护技术在深基坑中的应用与控制研究[J].地球,2014,(9).

[2] 高世川.深基坑桩锚支护工程预应力锚索施工[J].山西建筑,2012,(4).

[3] 龙志煌.桩－锚支护技术在深基坑工程中的分析应用[J].中外建筑,2011,(3).

溢洪道水工模型实验与优化设计

罗玮[1]，周玮[2]

(1. 中国电建集团贵阳勘测设计研究院有限公司，贵州贵阳，550081；
2. 江西省水利投资集团有限公司，江西南昌，330029)

摘要：通过对溢洪道进行整体水工模型试验，研究了溢洪道泄流能力、水流流态、沿程水深、时均压强及消能效果等。试验结果表明溢洪道控制段流态紊乱、下泄能力不足，下泄水流造成下游河床冲刷严重，通过调整堰型、增加消力池长度等措施，提出了相应的优化布置方案。研究成果对类似溢洪道工程设计具有一定的借鉴和参考价值。

关键词：溢洪道；模型；试验；水力特性；空化；空蚀

1 概述

溢洪道是水库枢纽工程的重要组成部分，其主要任务是宣泄洪水以保证水工建筑物安全。岸边溢洪道是在大坝一侧傍山开挖修建的泄水建筑物，主要由侧堰、调整段、泄槽段和出口消力池段等部分组成。侧槽式溢洪道的侧堰往往沿等高线布置，引水渠较短，水流具备良好的入流条件，通过采用较大的溢流前沿长度，能以较小的溢流水头排泄较大的流量，同时可减少高边坡明挖及支护工程量。岸边溢洪道适用于坝址两侧山头较高、岸坡较陡的情况，尤其适用于山区中小型水库溢洪道。

2 工程概况

四方井水利枢纽工程位于赣江流域袁河支流温汤河下游，距宜春市中心城区约 7 km，坝址以上控制流域面积 173 km²，是一座以防洪、供水为主，兼顾发电等综合利用工程。水库正常蓄水位 152.00 m，设计洪水位 153.93 m($P=1\%$)，校核洪水位 154.38 m($P=0.05\%$)；水库总库容 $1.186\ 1\times10^8\ m^3$。大坝采用黏土心墙坝，溢洪道布置于右岸垭口，取水隧洞布置于右岸山体。

岸边溢洪道布置于右岸，由进水渠、控制段、陡槽段、消能段及出水渠组成，全长 323.3 m。进水渠长 50.0 m，渠底高程 144.50 m，矩形，底宽 35.0 m。控制段长 28.5 m，3 孔，单孔净宽 10.0 m，采用 WES 实用堰，堰顶高程 146.30 m，堰面曲线为 $y=0.126\ 8\ x^{1.81}$。泄槽段长为 180.0 m，泄槽宽度为：闸室往下游 20.0 m 为渐变段，由 35.0 m 渐变至 34.0 m，其余均为 34.0 m，分两级泄流，一级泄槽段桩号 0+25.5～0+105.5 m，底坡 $i=0.05$，二级泄槽段桩号 0+115.5～0+205.5 m，底坡 $i=0.364$，一级与二泄流段(桩号 0+105.5～0+115.5 m)采用抛物线连接，抛物线方程为 $y=0.0118x^2+0.105x$。为防止下泄水流对下游河道造成冲刷，出口采用底流消能。布置见图 1。

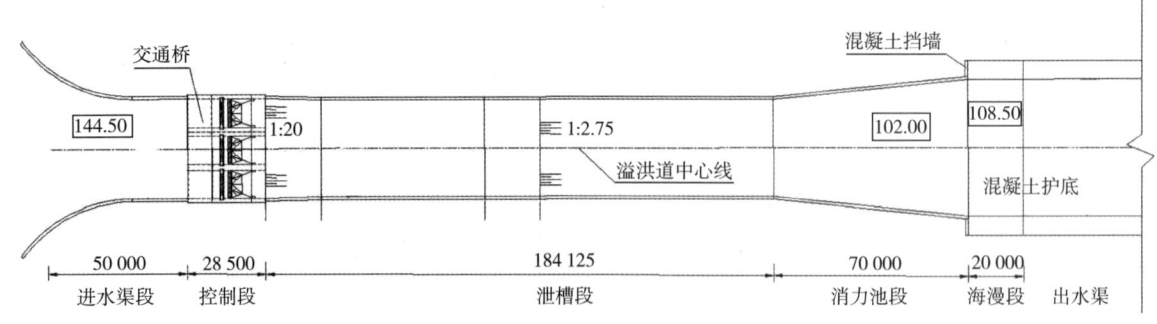

图 1 溢洪道平面布置示意图

3 模型试验设计

溢洪道单体水工模型采用正态模型，按照重力相似准则，选定模型类型为单体水工模型，模型几

收稿日期：2021-11-22.
作者简介：罗玮，高级工程师，研究方向为水工结构.

何比尺为1∶50。

通过试验对溢洪道泄流能力、水流流态、沿程水深、时均压强、消能率进行了重点模拟。进水渠水流流态见图2，消力池流态见图3。

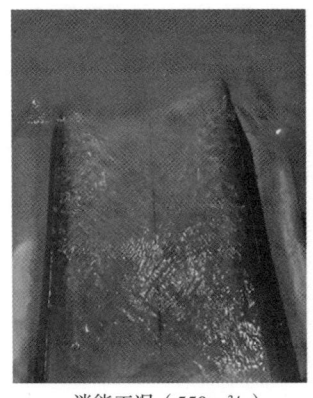  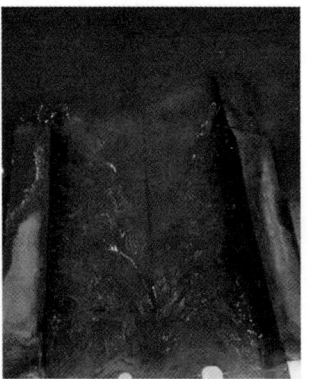

消能工况（550 m³/s）　　设计工况（1 110 m³/s）　　校核工况（1 330 m³/s）

图2　进水渠水流流态

设计洪水（Q=1 110 m³/s）　　校核洪水（Q=1 330 m³/s）

图3　消力池流态

3　原设计方案

3.1　泄流能力

试验复核了原设计方案（宽顶堰）闸门全开时3孔溢洪道的泄流能力，试验成果见表1。

在各级流量下，分别对溢洪道的泄流能力及各特征流量进行了测试。在设计洪水和校核洪水相应泄量时，试验库水位分别为154.80 m和155.86 m，较相应的设计值153.93 m和154.38 m分别高0.87 m和1.48 m，溢洪道泄量不满足设计要求。

表1　库水位～流量关系

流量 /(m³/s)	试验库 水位/m	设计上游 水位/m	$H_试-H_计$ /m	备注
550.00	151.65	152.00	−0.35	消能工况
1 110.00	154.80	153.93	0.87	设计工况
1 330.00	155.86	154.38	1.48	校核工况

3.2　水流流态

（1）进水口。进水渠优化后，进水口流态均良好，进水比较平顺，未见不良水力现象。

（2）控制段。控制段未见不良水力现象，但在出口处，受中墩影响，出口水流相交重叠产生水翅，在流量达到1 330 m³/s时，水翅高度达到最大，左侧1.5 m，右侧1.25 m。

（3）泄槽段。小流量工况下，泄槽段水流受中墩影响较小，流态良好；随着流量增大，上陡槽段水面逐渐出现菱形冲击波，当流量达到1 330 m³/s时，菱形冲击波现象最明显，而在反弧段和下陡槽段水流逐渐趋于平稳。受下陡槽段坡度增大影响，水深逐渐降低，流速增大。

（4）消力池段。当下泄流量较小时，形成完整的淹没水跃，水跃没有跃出消力池外；当流量达到550 m³/s（消能工况）时，发生完整的淹没水跃，最大水深为11 m，消力池设计边墙高9.5 m，水流会跃出边墙；在设计洪水和校核洪水时，未形成完整的水跃，水跃长度超出消力池长度，且水跃高度大于消力池两侧边墙。

3.3　沿程水深

试验分别测量了各种下泄流量时溢洪道左右边墙处的水深，试验成果见表2。在消能工况、设计工况和校核工况下，消力池内的水深均高于边墙，不利于消力池两岸稳定。

3.4　时均压强

试验过程中，分别于进水渠、控制段、泄槽段及消力池等处布置了18根测压管。成果显示，闸门局部开启时，溢流堰堰顶处均出现了负压，负压值达到4.10 m（0.04 MPa），其他部位出现了较小的负压。

表 2 原设计方案各断面沿程水深   单位:m

桩号	校核工况 $Q=1330$ m³/s		设计工况 $Q=1110$ m³/s		消能工况 $Q=550$ m³/s		备注
	左边墙	右边墙	左边墙	右边墙	左边墙	右边墙	
0−025.00	8.50	8.50	8.85	8.85	7.25	7.25	进水渠
0+000.00	8.25	8.25	8.70	8.70	7.20	7.20	闸室
0+013.68	4.60	4.30	—	—	—	—	
0+016.00	3.90	3.95	3.00	3.05	2.55	2.45	
0+022.00	4.15	4.10	2.95	2.90	1.90	1.85	
0+025.50	3.90	3.90	2.90	2.90	1.65	1.65	
0+049.97	3.10	2.75	2.90	2.50	1.60	1.75	一级泄槽
0+075.69	3.40	3.05	2.35	2.10	0.95	0.95	
0+105.50	2.90	2.80	2.25	1.75	1.15	1.15	
0+131.60	2.95	2.40	2.75	2.90	1.00	0.85	二级泄槽
0+155.09	2.65	3.40	1.75	1.90	1.40	0.75	
0+202.19	1.75	1.65	1.50	1.55	7.50	7.40	
0+248.50	16.00	16.00	13.75	13.75	11.00	10.85	消力池

5 优化方案及试验成果分析

(1) 考虑原设计方案中的进水渠为矩形断面,受两侧挡墙影响,水流流态较紊乱,靠近挡墙位置出现漩涡,优化方案为将进水渠两侧导墙矩形结构改为对称的圆弧结构,同时将宽顶堰优化为 WES 实用堰,优化后,在设计洪水和校核洪水相应泄量时,测定的库水位分别为 153.23 m、154.18 m,较相应的设计值分别低 0.70 m、0.20 m,泄流能力满足设计要求。

(2) 进水渠优化后,上游来流能够平顺进入到进水渠段,并均匀的进入到闸孔内,在校核洪水时,桩号 0−010.00 断面平均流速超过 4 m/s,本次进水渠上游进行安全防护。

(3) 受中墩影响,闸室出口水流相交重叠产生水翅,在流量达到 1 330 m³/s 时,水翅高度达到最大,分别为左侧 1.5 m,右侧 1.25 m,会影响泄槽内水流流态,本次将方型墩尾改为流线型。

(4) 校核工况下,一级泄槽内的水深为 2.8~3.4 m,左边墙水深较右边墙稍高,受此影响,二级泄槽内左右边墙水流存在相互冲击现象。

(5) 闸门局部开启时,各级泄量下的最大负压均发生在溢流堰堰顶处,设计洪水下的堰顶位置处负压值为 0.04 MPa;校核洪水闸门全开时,溢流堰堰顶负压值为 0.028 MPa,设计考虑壁面平整光滑,堰面应采用高强度耐磨抗蚀混凝土。

(6) 消力池直线型边墙改为喇叭型,出水渠左边墙拓宽顺接河道,池长增加 25 m,池底降低 1.5 m。消力池及出水渠内水流流态有所改善,消能工况和设计工况下均能发生完整的淹没水跃,消能效果较好;流速分布图结果显示,当泄量达到 1 330 m³/s 时,出水渠和下游河道内水流流速达到最大,其中出水渠内最大流速达 9.33 m/s,河道和对岸山体位置处的最大流速分别达 6.44 m/s 和 2.67 m/s,设计拟对出水渠出口一定范围内河道进行防护,对河道左岸护岸进行加固。

(7) 不同闸门开启方式结果表明,相比两孔局开,三孔局开泄槽内的流态更均匀,消力池水流归槽更好,建议闸门运行开启方式为三孔均匀开启。

(8) 考虑到一定泄量下下游河道两侧农田可能被淹没,试验提供了各级泄量工况下河道沿程水位高程,采取适当措施对农田进行保护。

5 结论和建议

(1) 通过溢洪道水工模型试验,得出不同流量下溢洪道沿程水深,典型断面流速分布,时均压强等情况,为溢洪道的结构优化设计提供可靠依据。

(2) 试验研究的成果能够验证溢洪道方案设计的合理性,并能指导设计方案的修改和优化,尤其对溢洪道体型优化具有重要的意义,也为其他工程提供了合理化的参考。

(3) 四方井水利枢纽工程采用岸边式溢洪道,经过水力学计算和水工模型试验研究所确定的优化方案,基本能够保证水流平稳下泄,满足设计要求。

参考文献:

[1] 秦根泉,蒋水华.表孔溢流堰体型优化设计及模型试验验证[J].人民长江,2016,4(8):94-98.

[2] 陈龙,罗秉珠等.乐滩水电站溢流坝设计优化[J].红水河,2007,25(4):165-168.

[3] 廖仁强,向光红.水布垭水利枢纽岸边溢洪道设计[J].人民长江,2007,7(8):22-23.

贵州大茅坡水库坝基大流量渗漏处理

曹军

(遵义水利水电勘测设计研究院，贵州遵义，563000)

摘要：在强岩溶地区建坝，因岩溶管道导致的坝基肩渗漏问题处理是水库成库的关键。本文介绍了某水库在蓄水过程中面板堆石坝坝基出现大流量渗漏后，对该问题的成因进行分析，并制定处理方案，最终取得了较好的效果。针对地下岩溶发育较为复杂的地区，文章在建坝时可能遇到的渗漏情况进行了经验总结，以期对类似工程提供借鉴和参考。

关键词：面板堆石坝；岩溶；渗漏；处理

0 引言

在我国喀斯特地区修建水利枢纽工程，常常会遇到因岩溶问题制约水库建坝成库的情况，通常在勘察设计及施工阶段就需将岩溶问题解决后再进行蓄水。在贵州省大茅坡水库的建设过程中，在防渗处理尚未完成的情况下就开始了下闸蓄水，导致岩溶通道防渗堵体被击穿，从而坝基出现大流量渗漏的情况。以下就该水库出现问题的成因进行分析，并介绍制定的处理方案及处理效果，为类似项目提供一些参考和经验。

1 大坝情况及防渗方案

大茅坡水库位于贵州省习水县城东面的官渡河上游，坝址以上流域面积 21.1 km²。水库正常蓄水位 1 068.00 m，正常蓄水位库容 510 万 m³，具备不完全多年调节性能。工程的主要任务是向习水县城供水，城市供水量 869 万 m³/年。水库枢纽工程主要建筑物由大坝、溢洪道及取水兼放空隧洞等组成。大坝为混凝土面板堆石坝，最大坝高 63.5 m，坝轴线长 168.0 m，坝顶高程 1 072.00 m，坝顶宽 7.0 m，最大坝底宽 184.05 m。

通过前期勘探及施工期开挖揭露，大坝坝基岩性出露较杂，以灰岩、白云岩、泥页岩、粉砂质泥岩及泥质白云岩等为主，岩层产状总体倾下游，构造较发育，断层及影响带岩层产状变化较大，岩体风化带较厚且不均一。坝址溶蚀强烈，水文地质条件复杂，表层岩体总体透水性较强，且受左岸区域断层切割的影响，岩体局部揉皱，溶蚀裂隙发育，局部存在溶隙型网状通道，总体上在灰岩、白云岩段透水性较强，而在粉砂质泥岩、泥页岩及泥质白云岩段透水性总体较弱；河床以上强弱风化、构造裂隙切割带总体透水性较强，而在弱风化以下及构造裂隙弱切割带透水性总体较弱；另局部受相对隔水层的阻隔，可溶岩在弱风化以下岩溶较发育，透水率较大[1]。

综合上述因素，该大坝坝基防渗处理措施采用防渗帷幕灌浆方案，帷幕线沿面板坝趾板中心线布置，左岸接趾板帷幕向上游过溢流堰顶后转向下游延伸接相对隔水层；右岸则顺岸坡向上游延伸接稳定的地下水位，底界接弱岩溶和相对隔水岩体并考虑透水率，对坝线及邻谷强岩溶层进行封闭，帷幕线长 706 m，趾板段采用双排帷幕孔布置，岸坡段采用单排孔布置[2]。防渗标准采用深入的透水率 $q \leq 5\,\text{Lu}$ 的岩体为帷幕底界[3]。

2 大流量渗漏情况

大茅坡水库工程于 2014 年 10 月动工，2017 年 4 月 26 日通过下闸蓄水验收，2017 年 5 月 16 日正式下闸，水库开始进行蓄水；到 2017 年 6 月 9 日止，水库蓄水至 1034.60 m 高程。观测资料显示，该蓄水期间坝脚量水堰处渗漏流量为 4～5 L/s，前期蓄水运行正常。

2017 年 6 月 9 日晚，习水地区普降暴雨，大茅坡水库所在流域 12 小时雨量达到 120 mm，水位迅速抬高；6 月 10 日，当水位升至 1 049 m 左右时，大坝下游坝脚陡然出现大流量渗漏，渗漏从坝体下游坝脚涌出，通过量水堰排入下游河道，由于流量太大，无法用量水堰测流，估计流量在 500～1 000 L/s。该突然出现的流量已远超正常情况下的坝基渗流流量，在类似项目中也罕见。

收稿日期：2022-01-19.

作者简介：曹军，贵州遵义人，高级工程师，从事水利水电工程勘测设计及项目管理工作.

3 成因分析

针对出现的以上异常情况，引起了相关单位高度重视，因为涉及水库蓄水安全及大坝安全，存在重大风险隐患，贵州省水利厅、遵义市水利局、习水县人民政府领导多次亲临现场指导工作。同时，该项目的设计单位也投入大量人力物力，彻查该大流量渗漏的成因。

3.1 初步判断

根据蓄水过程中的一系列表象分析，到2017年6月9日水库蓄水至1 034.60 m高程时，漏水量都很小，为4~5 L/s，但在6月10日蓄水至1 049 m后突然增加至500~1 000 L/s，有可能由以下3种情况之一造成：① 大坝混凝土面板或面板止水被击穿；② 水库库区在1 034.60 m以上有岩溶通道进口，且帷幕未截断该岩溶通道，库水在淹没上游进口后造成渗漏；③ 水库水位增高后原灌浆帷幕被击穿，导致岩溶通道被打通出现渗漏[4]。

针对以上3种情况逐一分析：① 若大坝混凝土面板或面板止水被击穿，则会随水流带出大坝盖重区、垫层区及过渡区的细颗粒筑坝材料，但在坝脚下游并未发现有细颗粒料被带出，因此可以判断大坝混凝土面板或面板止水并未被击穿；② 若因水库库区在1 034.60 m以上有岩溶通道进口导致漏水，那么在库位下降至1 034.60 m高程及以下时，漏水量应恢复至原来的4~5 L/s，但实际上一直到库水位下降至1 021.0 m时，下游量水堰实测渗流量仍有75.6 L/s，因此不会是该原因；③ 否定上述两个可能后，最符合表象的情况就是水库水位增高后原灌浆帷幕被击穿，导致岩溶通道被打通出现渗漏，且该岩溶通道从坝基出露的位置应该位于主次堆石区坝基，因此未带出细颗粒筑坝材料。

3.2 进一步查明原因

从坝脚下游的渗漏现象看，渗漏水流绝大部分来自于右岸，因此应将右岸作为重点分析范围。经查施工资料发现，水库于2017年5月16日下闸蓄水时，大坝的帷幕灌浆仍未全部完成，但为按时完成下闸蓄水的政治任务，在帷幕灌浆尚未完成、不满足规范的情况下，依然强行蓄水。直至2017年6月9日发生大流量渗漏时，右岸尚余一个178号灌浆孔未完成灌浆，该孔设计高程1 077.78 m，设计孔深88.9 m，但在钻进至孔深7 m时遇溶洞出现了17 m的掉钻，因垮孔严重无法继续钻进而停钻，后改在其下游侧30 cm处重新钻孔，该钻孔的孔深为106 m，共计20段。根据178号钻进记录及压水试验施工资料反映，该孔钻进过程中孔口均无返水现象，在1 063.0 m至1 034.58 m段时出现了2处掉钻，掉钻深度分别为3.6 m和0.5 m，为溶蚀区，且压水无法升压；高程1 034.58 m至1 024.58 m时，岩体透水率（q）22.53~56.29 Lu；高程1 024.58 m至981.78 m段时，透水率约10 Lu左右；高程981.78 m至971.78 m连续2段透水率分别为3.78 Lu和3.95 Lu。同时在钻孔内进行了注水连通试验，经观测从孔内投放荧光素后约80分钟从下游量水堰以及排水管出口流出；另外经库内降水后发现在右岸趾板与取水闸井间的右岸坡1 021~1 023 m高程附近有三处明显进水口，经从进水口投放荧光素后约45 min从下游量水堰以及大坝左端的排水管出口流出，证明178号孔以及库首上游右岸范围一定高程与下游漏水存在必然的联系[5]。

综上说明，在178号孔未灌浆完毕的情况下，该孔范围内的岩溶通道内的灌浆帷幕堵体尚未完全形成，较为薄弱，水库强行蓄水导致水压升高后帷幕被击穿，最终形成了坝脚大流量渗漏的情况。

4 处理方案

4.1 查明岩溶通道范围

查明坝基大流量渗漏的原因后，随即需对其进行封堵处理。参建各方在发现渗漏后一直紧密协作，共同查找原因，进行试验并研究处理方案。特别是到2017年8月底，当时水位在降至1 021 m高程后，大坝下游渗流量仍然较大，不能完全排除左、右岸及趾板段帷幕体在高水头水压力作用下被击穿破坏的可能性。因此，查明渗漏通道的范围，是非常重要的，主要措施如下：

（1）布设加密检查孔。进行178号孔灌注的同时需先沿两岸趾板斜坡段布置加密检查孔，对帷幕进行现状检查，同时利用检查孔作物探检测，以便进一步探明可能产生渗漏的薄弱环节带（段），为下一步作针对性补强灌浆处理提供依据。加密孔一共布设9个，分别布设于59~332号钻孔之间，孔内采取自上而下逐段压水试验，压水试验采用单点法，共计压水试段81段，压水过程中根据注入量及返水情况进行连通试验，在压水试验的同时加强对下游渗漏点的观测[6]。

（2）物探检测。除已布设的9个加密检查孔外，还增设了4个CT检测辅助孔，孔深按深入主帷幕底界以下5 m左右控制。各钻孔钻至设计孔深并经冲洗干净后，即对其进行物探检测，孔间作孔间电磁波CT检查,并在孔间拟布置物探测线对右岸可疑渗漏区段作电磁波CT检查。其中钻孔全景数字成像共计406.3 m,电磁波CT共计15 362射线对[7]。

通过以上措施,结合严密的现场观测,最终探明本次帷幕体被击穿的岩溶带发育主要还是位于右岸灰岩、白云岩、泥质白云岩的可溶岩层内,主通道通过178号孔所在的平面位置,发育高程在1 018.00～1 066.00 m,受岩性的影响,坝址岩溶向下逐渐减弱。岩溶通道发育位置的探明,为下一步制定封堵提供了重要依据。

4.2 灌浆封堵

通过探明岩溶通道可以发现,原设计灌浆帷幕的边界、底界是能够截断该岩溶管道的,主要的问题还是出现在帷幕未封闭就下闸蓄水的问题上。因此选择的处理方案仍然是实施帷幕灌浆,"补全"帷幕缺口来截断渗漏通道[8]。主要措施如下:

(1)降低库水位。由于大茅坡水库放空孔底板高程为1 030.00 m,靠自流仅能使库水位下降至该高程,施工单位在补灌的过程中,由于岩溶通道渗水量较大,与灌注量量级差异较大,虽在灌注过程中采取了待凝、反复扫空、反复灌注以及加入适量的速凝剂等辅助材料后,但仍不能达到理想的效果。后来采用抽水泵等强排方式强制将库水降低,库水位高程控制在1 021.00 m时,方才能升压起灌[9]。

(2)设加强灌浆孔。在178号孔上下游补设了4个加强灌浆孔,待178号孔灌注完毕后,通过这4个孔对该区域进行补强灌浆,其灌浆底界与主帷幕底界一致,起到局部加厚灌浆帷幕,防止被再次击穿的目的。[10]

5 处理效果

从发现大流量渗漏到处理完毕,前后历时近8个月的时间。灌浆完成并检查合格后,大茅坡水库再次下闸蓄水,运行情况良好,直至蓄至正常蓄水位1 068 m,坝脚渗漏量常年稳定在15～20 L/s,属于正常范围内,至今已历经4个汛期考验,库水位即使超过正常蓄水位也无明显异常,说明处理效果较为理想和彻底,使得水库正常发挥了效益。

6 结语

大茅坡水库在大坝帷幕施工未完成的情况下强行蓄水,导致原帷幕被击穿产生大流量渗漏的问题,在类似工程中并不多见,具备一定的特殊性和代表性。对该大流量渗漏产生的原因进行分析、制定检测试验方案和处理措施的思路,对于解决在强岩溶地区筑坝过程中可能遇到的基础处理问题具备一定的参考价值,对于其他类似工程的设计、施工提供了一些较好的经验和借鉴。

参考文献:

[1] 赵俐.桂林市岩溶区建坝成库勘察实践与研究[J].水利规划与设计,2021(2):142-148.

[2] 简洪波,彭峰,王益.贵州龙洞湾水库左岸岩溶渗漏分析[J].水利规划与设计,2021(3):115-118,123.

[3] 曹丽娟,过杰,陈科巨,等.岩溶地区水库不同防渗处理方案对比分析[J].水利规划与设计,2017(10):162-164.

[4] 卢晓鹏,谭光明.灿柯水库岩溶区渗漏分析与治理措施[J].水利技术监督,2012(5):56-59.

[5] 袁园.岩溶坝基治理中的灌浆设计方案与施工技术[J].水利技术监督,2017(5):158-160.

[6] 段如勇,屈昌华,刘杰.隘口水库典型溶洞特征及综合处理技术探讨[J].水利规划与设计,2015(1):41-43.

[7] 梁潮,黄鹤尤.孔间电磁波透视及CT扫描在岩溶区地质勘察中的应用[J].水利规划与设计,2010(4):25-27.

[8] 陈钦安.大坝渗漏岩溶通道联合注浆封堵技术应用[J].水利技术监督,2020(1):226-229.

[9] 李晶.帷幕灌浆施工技术在水利工程中的应用分析[J].中国战略新兴产业,2017(48).

[10] 罗玉,程锐.岩溶地区防渗帷幕灌浆技术研究[J].科技信息,2012(15).

深埋小断面高陡坡大涌水隧洞抽排水技术

陈遥，李晓佳

（中国水利水电第九工程局有限公司，贵州贵阳，550081）

摘要：文章以山西省中部引黄工程西干8号支洞下游为例展开论证。隧洞埋深大，地下水丰富，主洞下游发生高压突水则导致隧洞被淹而无法施工；工期紧、任务重，业主高度重视，通过经济、合理布置排水系统的办法，有序组织人员快速完成突水抽排，有效地保证了后续富水段隧洞施工安全和进度，可供类似工程借鉴。

关键词：大涌水；小断面；埋深；抽排水

1 工程概述

标段位于山西省吕梁市中阳县武家庄镇，建设内容包括西干线隧洞桩号西15+081.8～西26+018.7 m段，总长10 936.9 m，由6～9号支洞承担西干线隧洞施工任务；西干线隧洞为城门洞形断面，纵坡1/3 000，隧洞净宽2.5 m，净高3.24 m。

8号支洞斜长1 320 m，埋深458 m，与主洞交点桩号为西20+828 m，控制主洞段桩号为西18+900 m～西22+900 m段，总长4 km，其中Ⅱ类围岩段长1 114 m，Ⅲ类围岩段长2 008 m，Ⅳ类围岩段长878 m。

2 现场涌水、排水情况

2016年12月，8号支洞下游掘进至桩号20+851 m处底板突发涌水，最大涌水量约355 m³/h，水压0.9 MPa，因原排水系统排水能力不足，导致支洞被淹没255 m，水位面距主洞底板高差88 m，洞内积水量约1万m³，于2018年4月开始排水施工，经统计，自2018年4月至2019年6月，在实施超前预灌浆堵水后掘进的情况下，累计抽水月120万m³。

3 工程地质及富水分析

2016年12月，8号支洞下游掘进至桩号20+851 m，根据开挖揭露围岩岩性为寒武系白云质条带薄层状灰岩，为硬质岩，岩溶及节理裂隙发育，岩面多为蜂窝状孔洞，局部有较大溶洞，孔隙间填充黄泥，围岩类别为Ⅳ类。

据地勘资料显示，西干线隧洞桩号14+802～28+827 m段，位于柳林泉域内，地下水位位于洞顶以上约0～300 m。

其中桩号20+768～24+099 m段，洞底埋深528～694 m，该段穿过岩层为一背斜构造，隧洞位于地下水位以下，洞顶以上分布有厚100～240 m的变质岩，估算涌水量4 000 m³/d。

综上所述分析，由于该地区地下水丰富，主洞下游岩体在喀斯特作用下形成裂隙性洞穴与柳林泉域内地下水系贯通，有稳定的补给水源，需要布置合理经济、长期有效的排水系统。

4 防治水方案

4.1 总体思路

由于隧洞埋深大，地下水丰富，渗涌水量大、涌水压力大，安全风险极大，也直接影响着施工进度。为确保施工安全，施工过程中严格执行"先探后掘、先治后掘"的规定，确保渗涌水量处于可控范围内。

4.2 超前探测技术

开挖前必须进行超前地质勘探，具体采用TSP-203地震波、瞬变电磁法相结合（有效探测距离100 m），较精确判断前方洞段富水及异常区情况。开挖前用潜孔钻对掌子面每8 m钻设6个钻孔超前钻探（底角2个、拱肩2个、拱顶1个、中心1个），孔深均为10 m，搭设2 m，更加验证物探的准确性，若出现异常情况，提前采取相应的措施保证施工安全。

4.3 超前堵水施工方案

本段超前灌浆堵水方式分两种情况：

（1）涌水量或水压较小时，采用纯水泥浆循环式灌浆，先灌稀浆，然后逐渐变浓，用于充填大空洞及裂缝，减小化学材料用量，降低工程成本。

（2）水压或水量较大时，采用DS化学堵水材

收稿日期：2022-03-22.
作者简介：陈遥，贵州遵义人，工程师，从事水利水电工程项目施工管理工作.

料＋水泥浆一次性纯压灌浆，双液浆灌注后可快速凝固，封堵导水裂隙。

灌浆结束后进行检查孔施工，检查灌浆效果，若有水流出，继续对检查孔进行灌注，直至无水流出为止，保证掘进安全。

5 排水系统安装

5.1 总体思路

（1）根据支洞长度及现场实际情况，确定排水级数及每级位置，尽可能减小排水级数，便于管理。

（2）根据每级间高差、洞内涌水量及隧洞断面尺寸，进行水泵选型，主要参数为扬程、额定流量、电机功率等，尽量统一水泵型号；然后确定每级水泵台数，包括正常工作水泵及备用水泵，根据《煤矿井下排水泵站及排水管路设计规范 GB/T 50451—2017》相关规定，备用水泵能力应不小于工作水泵能力的70%，以便工作水泵损坏时能及时更换备用水泵工作。

（3）排水管道优先选择与水泵出水口径尺寸一致，电缆线应充分考虑其承担的设备用电负荷及线路长度所产生的电压降在规范允许范围内。

（4）计算工作水泵运行用电负荷，若现有变压器电容不能满足用电需求，则需要增设变压器；在选择变压器规格型号时，承担的设备总用电负荷一般不超过变压器电容的80%。

（5）配备停电情况下的应急排水电源，避免停电时排水中断，造成损失。

5.2 排水方式、设备选型及安装

5.2.1 排水方式

8号支洞斜长1 320 m，埋深458 m，根据地质资料显示，后续施工中仍有突水可能，因潜水泵具有水下作业特点，可在突水造成主洞被淹后仍可持续排水，有效遏制水位上升，为应急抢险争取宝贵时间，故采用三级排水，主支洞交叉段第一级安装潜水泵，支洞第二、三级安装离心泵，排水流程为：主支洞交叉段 K1＋030～K0＋515 m 洞外。每级均设置1道集水井，约蓄水150 m³。

5.2.2 设备选型

根据主洞最大涌水量355 m³/h，主支洞交叉段至 K1＋030 m 高差为100 m，K1＋030 m 与 K0＋515 m、K0＋515 m 与洞口高差均为179 m；另外，为了过滤水中小颗粒石渣和其他杂物，延长离心泵使用寿命，提高其工作效率，每台离心泵吸水口安装连接1台大流量、低扬程潜水泵注水，具体设备选型及数量见表1。

表1 设备型号、数量及相关参数统计

水泵名称	规格型号	流量/(m³/h)	扬程/m	电机功率/kW	数量/台
矿用耐磨多级离心泵	MD150－50×5	150	250	160	10
深井潜水泵	250QJ150－140/7	150	140	90	5
潜水泵	150QW150－10－7.5	150	10	7.5	10

通过查阅相关规范及计算，排水管道选择 DN200 普通钢管，电缆线选择 3×240＋1×120 m 绝缘铝芯线。洞外备用部分水泵、电机、控制柜、高压软管等设备、材料，以备应急之需。

5.2.3 设备安装

（1）第1级主支洞交叉段安装5套90 kW潜水泵（3用2备），水泵悬挂浸泡在水中，便于维修更换及定期清理集水井内沉淀淤泥。

（2）第2级 K1＋030 m 处沿隧洞一侧边墙底板固定安装5台160 kW配套离心泵（3用2备）；根据涌水孔检测水压0.9 MPa（地下水位线距洞底高差约90 m），支洞 K1＋030 m 处距主洞底高差约100 m，可确保最不利因素下离心泵无被淹风险。

（3）第3级 K0＋515 m 处水泵型号、数量及安装方式同第2级。

（4）每台离心泵吸水口处安装连接1台7.5 kW潜水泵向其注水。

（5）排水管道同水泵一侧边墙底板水平铺设，电缆线同水泵一侧边墙起拱处固定架设，满足规范要求，确保施工用电安全。

5.3 排水能力

5.3.1 工作水泵排水能力

该排水系统每级正常启用3台水泵，额定排水能力为450 m³/h，考虑管道损失、沿程头损失及水泵利用率等，按85%利用系数进行计算，实际排水能力为450 m³/h×0.85＝382.5 m³/h，20 h排水量＝7 650 m³/d＞估算涌水量4 000 m³/d，满足排水要求。

5.3.2 备用水泵排水能力

该排水系统备用2台水泵，额定排水能力为300 m³/h，考虑管道损失、沿程头损失及水泵利用率等，按85%利用系数进行计算，实际排水能力为300 m³/h×0.85＝255 m³/h，20 h排水量＞估算涌水量4 000 m³/d，满足排水要求。

5.3.3 最大排水能力

因本工程地质条件复杂，随隧洞掘进，地下涌水量不可预估，故需考虑该排水系统应急排水能力，即每级同时启用4台水泵，额定排水能力为600 m³/h，考虑管道损失、沿程头损失及水泵利用率等，按85%利用系数进行计算，实际排水能力为 600 m³/h × 0.85 = 510 m³/h，20 h排水量＞最大涌水量8 520 m³/d(355 m³/h)，满足排水要求。

5.4 用电分析及具体分配(按最大排水能力)

根据招投标文件相关条款及施工组织设计，建设单位已提供的变压器只能满足正常生产设备用电，无法满足排水系统用电需求，需要对现场增容。

在排水系统最大运行情况下，排水设备用电总负荷为8×160+8×7.5+4×90=1 700 kW，增容及用电分配见表2。

(1) 在洞口处增设1台1 000 kVA箱式变压器，有功功率约800 kW，承担第3级K0+515 m处水泵用电，负荷为670 kW，满足要求。

(2) 因第1级交叉段、第2级K1+030 m水泵总负荷为1 030 kW，且距支洞口超过1 km，输电线路长，电压损失大；为了有效解决电压降问题，故变压器采用高压进洞方式；选择在支洞K0+980处安装1台1 500 kVA防爆变压器，有功功率约1 200 kW，除了用于排水用电外，富余电容还可供洞内部分生产设备用电。

表2 排水设备用电分配统计

序号	用电设备	设备型号	数量/台	单台设备功率/kW	总功率/kW	备注
1	洞外1 000 kVA变压器				670	洞口新安装
1.1	多级离心泵	MD150－50×5	4	160	640	K0+515 m处水泵用电
1.2	底泵	150QW150－10－7.5	4	7.5	30	
2	支洞K0+980 m处1 500 kVA变压器				1 030	高压进洞
2.1	多级离心泵	MD150－50×5	4	160	640	K1+030 m处、主支洞交叉段水泵用电
2.2	底泵	150QW150－10－7.5	4	7.5	30	
2.3	潜水泵	250QJ200－100/5	4	90	360	

5.5 应急备用电源

分别采购1台1 000 kW、1台1 500 kW柴油发电机作为备用电源，放置在洞外。

(1) 1 000 kW发电机连接洞外1 000 kV·A变压器，供第3级K0+515 m处水泵用电。

(2) 在洞外安装1套1 500 kVA升压变压器转换系统，工作原理：1 500 kW发电机连接洞外1 500 kV·A升压变压器，可将发电机输出低压电转换为高压电输送至洞内1 500 kV·A变压器，再通过低压输出供第1级交叉段、第2级K1+030 m处水泵用电，可大大减小长距离输送电损，保证水泵正常用电，有效确保排水施工不受停电影响而中断。

6 方案优缺点分析

6.1 优点

(1) 采用3级排水，离心泵、变压器等均安装在安全位置，安全系数高，无水淹风险。

(2) 离心泵吸水口连接大流量潜水泵向其注水，可提高离心泵工作效率，同时起到过滤泥沙的作用，延长离心泵使用寿命。

(3) 第1级交叉段深井潜水泵具有水下作业特点，若在掘进中遇较大突发涌水，即使主洞被水淹没，排水系统仍可继续工作，有效遏制水位上升，为应急抢险争取宝贵时间。

6.2 缺点

(1) 该方案投入水泵、变压器、管线等设备材料增大，施工成本较高。

(2) 抽排水管理难度增大。

7 结语

通过山西中部引黄工程23标(续)项目部的施工实践，受隧洞断面及现场施工条件限制，在发生大涌水情况下，该排水方案得到业主、监理的共同认可，并付诸实施，未发现异常情况，可供类似工程借鉴。

在不良地质段且富水的隧洞开挖时，除了采取封堵、排水措施外，还要进行必要的超前地质勘探，获取详细地质资料，确保施工安全。

黔东南州水利工程石料场选址与选料分析

杨世武，杨代璇

(贵州省黔东南州水利电力勘察设计院，贵州凯里，556000)

摘要：本文介绍了黔东南州区内地层岩性及质量特性情况，分析了黔东南州区内国土、林业、环境保护的现状，总结出该区域水利工程石料场选择应考虑的问题，最后提出针对现状的石料场选择对策。

关键词：水利工程；石料场；地层；岩性；质量；选择

0 引言

黔东南州位于贵州省东南部，地跨东经107°17′20″—109°35′24″、北纬25°19′20″—27°31′40″。地处云贵高原向湘桂丘陵盆地过渡地带，总体地势为西、南、北面高而东部低。东邻湖南，南接广西，与本省黔南、铜仁、遵义毗邻[1]。

近年来，黔东南州水利工程建设如火如荼，天然建筑材料需求量越来越大。天然建筑材料投资在水利工程造价中的占比越来越大，制约着黔东南州工程性缺水现状的改善、影响小康水及提质增效工程的建设。如何因地制宜地选择好石料场是个值得研究的问题。

1 水利工程对石料的质量要求

水利工程关系民生、关系公共安全，对石料的质量要求很高，不符合质量要求的石料严禁使用。水利工程石料包括堆石料、砌石料和人工骨料，现行有效的《水利水电工程天然建筑材料勘察规程》(SL251—2015)分别对石料原岩质量和人工骨料质量作了明确的要求，原岩指标见表1[2]。石料原岩质量要求是基础，主要受其岩性、风化程度控制；人工骨料质量要求与原岩有关，同时受开采及加工工艺影响。

表1 水利工程原岩质量技术指标要求

项目	原岩指标			备注
	堆石料	砌石料	混凝土人工骨料	
饱和抗压强度/MPa	>30	>30	>40	堆石料、砌石料可视地域、设计要求调整
软化系数	>0.75	>0.75	>0.75	
吸水率/%	—	<10	—	
冻融损失率(质量)/%	<1	<1	<1	
干密度/(g/cm³)	>2.4	>2.4	>2.4	
硫酸盐及硫化物含量(换算成SO_2)/%	—	<1	<1	
碱活性	—	—	不具有潜在危害性反应	混凝土人工骨料使用碱活性骨料时,应专门论证

2 黔东南州砂石料母岩地层岩性

2.1 黔东南州内地层分区

黔东南州内地层综合区为扬子地层区，全州16个县(市)分为四大区域，面积情况具体如下：桐梓－沿河小区(黄平、施秉的一部分)，国土面积约为1 476 km²，约占黔东南州国土面积的4.9%；都匀－望谟小区(岑巩、镇远、施秉、黄平)，国土面积约为4 896 km²，约占黔东南州国土面积的16.1%；铜仁－镇远小区(凯里、麻江、丹寨)，国土面积约为2 899 km²，约占黔东南州国土面积的9.5%；台江－从江小区(三穗、天柱、剑河、锦屏、台江、雷山、黎平、榕江、从江)，国土面积约为21 121 km²，约占黔东南州国土面积的69.5%[3]。全州地层区以台江－从江小区为主。

2.2 黔东南州内地层岩性分区

黔东南州地层岩性种类多，地层分区内区别很大。按地层分区的岩性分别为：桐梓－沿河小区以下江群的变质岩为主，白垩系的红层为辅；都匀－望谟小区以三叠系、二叠系、石炭系、泥盆系、志留系、奥陶系、寒武系等的碳酸盐岩为主，砂页岩

收稿日期：2022-05-09.
作者简介：杨世武,贵州天柱人,高级工程师,从事水利勘察设计工作.

为辅；铜仁－镇远小区以志留系、奥陶系、寒武系等的碳酸盐岩为主，梵净山群浅变质岩、震旦系黏土岩、震旦系碳酸盐岩、震旦系硅质岩等局部出露；台江－从江小区内的下江群、丹洲群分布最广，震旦系黏土岩、碳酸盐岩、硅质岩等有部分出露，石炭系、二叠系碳酸盐岩零星出露[3]。

经统计，变质岩区覆盖地表国土面积约为18 671 km²，约占黔东南州国土面积的61.4%；碳酸盐岩区覆盖地表国土面积约为8 998 km²，约占黔东南州国土面积的29.6%；震旦系地层区覆盖地表国土面积约为2 385 km²，约占黔东南州国土面积的7.8%；白垩系红层区覆盖地表国土面积约为236 km²，约占黔东南州国土面积的0.8%；花岗岩区覆盖地表国土面积约为103 km²，约占黔东南州国土面积的0.3%。变质岩区和碳酸盐岩区合计约占90%以上，变质岩区主要位于黔东南州东八县（雷山县、剑河县、台江县、榕江县、天柱县、锦屏县、从江县、黎平县），碳酸盐岩区主要位于黔东南州西八县（凯里市、三穗县、镇远县、施秉县、黄平县、麻江县、丹寨县、岑巩县）。

3 母岩相关质量特性

3.1 地层岩性可利用性分析

根据水利工程对原岩及混凝土骨料的质量要求，州内地层岩性中，碳酸盐岩区的石灰岩为好砂石料原岩；碳酸盐岩区的白云质灰岩、灰质白云岩、白云岩、砂岩、花岗岩区的花岗岩次之；传统加工工艺加工变质岩区的变质砂岩、变余砂岩、凝灰岩成人工骨料时针片状含量多数高于规范要求，故属于再次；变质岩区的板岩，传统加工工艺加工的人工骨料多数针片状含量偏高，同时部分板岩原岩饱和抗压强度小于30 MPa（达不到要求），属于最次。

另外，部分石灰岩、变余砂岩含有碱活性成分，作为混凝土骨料时需掺外加剂抑制其碱活性。黏土岩（泥岩、页岩等）、白垩系红层（冰碛砾岩）的饱和抗压强度小于30MPa（强度低）且易软化，不能用于水利工程混凝土人工骨料。

3.2 各岩性的相关质量特性

结合黔东南州地层岩性情况，按水利工程特性及要求，石料可以分为以下几大类：碳酸盐岩类、变质（余）岩类、碎屑岩类、花岗岩类。其质量特性相差较大，分述如下。

3.2.1 碳酸盐岩类

主要为碳酸盐岩区地层，震旦系地层区局部有碳酸盐岩。根据化学成分区分，可作为水利工程石料的常见岩性有：石灰岩、白云质灰岩、灰质白云岩、白云岩。

一般情况下，碳酸盐岩类岩石质量特性优良、单轴饱和抗压强度60 MPa以上、软化系数大于0.75、开采块度好、传统工艺加工的骨料级配好、针片状含量低，是好水利工程石料。

但本区的娄山关群（旧称寒武系炉山组）白云岩，隐裂隙发育，一般只能开采细骨料及4cm以下粒径的粗骨料，不能开采4~8 cm粒径以上的粗骨料、毛石及片石等石料。全风化白云岩直接为白云沙，不需加工，可直接利用。

3.2.2 变质（余）岩类

主要为下江群、板溪群等老地层，可作为水利工程石料的常见岩性有：变余（质）砂岩、石英岩、砂质板岩、大理岩、硅质板岩等。

一般情况下，变质岩石类岩石质量特性较好、单轴饱和抗压强度30 MPa以上、软化系数大于0.70、开采块度较差、传统工艺加工的骨料级配较差、针片状含量高（超过规范要求），是可以作为有限利用的水利工程石料。

3.2.3 碎屑岩类

碎屑岩类岩石主要为震旦系地层，可作为水利工程石料的常见岩性有：石英砂岩、钙质胶结的砂岩等。

一般情况下，这类岩石质量特性较好，单轴饱和抗压强度40 MPa以上、软化系数大于0.65、开采块度较好、传统工艺加工的骨料级配较好、针片状含量较低，是可以利用的水利工程石料。

3.2.4 花岗岩类

花岗岩区的花岗岩质量特性较好，单轴饱和抗压强度70 MPa以上、软化系数大于0.70、开采块度较好、传统工艺加工的骨料级配较好、针片状含量较低，是可以利用的水利工程石料。

4 黔东南州国土、林业、环境保护等现状

由于黔东南州地处云贵高原向湘桂丘陵盆地过渡地带，大部分地区处于中山、低中山、低山区。基本农田也位于山区，集中连片的少，多数依山分布。国家出台了基本农田保护条例，基本农田受到严格保护。石料场（为临时用地）不能占用基本农田。

黔东南州林地面积3269万亩，约占全州国土总面积的72%；森林面积3009万亩，全州森林覆盖率68%。生态公益林面积1446.43万亩，占林地面积的44.24%（其中：国家级公益林833.06万亩，占林地面积的25.48%；地方公益林613.37

万亩，占林地面积的18.76%）。全州现有各类自然保护地共46处，总面积835.19万亩，占全州国土面积的18.35%，其中，自然保护区19处，面积356.29万亩；风景名胜区10处，面积340.81万亩；森林公园13处，面积98.49万亩；国家地质公园1处，面积33.82万亩；国家湿地公园3处，面积5.78万亩。石料场（为临时用地）不能占用公益林、自然保护区、风景名胜区、森林公园、国家地质公园、国家湿地公园[4]。

近年来国家相关部门发布对长江、及珠江流域保护的文件，我州处于长江及珠江流域的上游，保护的重要性更为突出。同时我省、州结合国家的整体规划要求，针对我州的绿水青山，出台一系列环保文件对此进行具体细化，力度非常大，工程建设不能触碰红线。全州共划定206个生态环境分区管控单元。其中：优先保护单元123个，包括生态保护红线、自然保护地、饮用水水源保护区等生态功能重要区和生态环境敏感区。优先保护单元以生态环境保护为主，生态保护红线原则上按禁止开发区域的要求进行管理[5]。石料场（为临时用地）不能占用优先保护单元。

5 水利工程石料场选择应考虑的问题

5.1 开采可能引发的工程、环境地质问题

石料场开采可能引发工程、环境地质问题，具体有以下几类。

（1）边坡稳定问题。石料一般在山坡上开采。碳酸盐岩区常为丘陵区、低山区，石料开采后形成岩质边坡，高约20~50 m；变质岩区一般为中山、中低山区，覆盖层等无用层厚，石料开采后形成岩土质边坡，可高达几百米，边坡问题突出。

（2）水土流失的问题。石料开采创面较大，变质岩区弃土石渣量大，需要对创面作水保措施处理，处理不好易造成水土流失问题。

（3）地貌景观破坏。石料开采创面较大，对景观影响较大。石料场应避开影响景观的位置。贵州省为了保护景观，自2019年底起禁止在铁路、公路（高速公路、国道、省道）两侧可视范围内等区域新建露天矿山建设项目[6]。

5.2 天然建筑材料材质问题

（1）碳酸盐岩类。虽然碳酸盐岩是好的石料，但由于碳酸盐岩区岩溶发育，溶沟、溶槽常充填红黏土，且溶沟、溶槽深达10~20 m，开采过程中易造成二次污染，易造成开采料含泥量偏高，甚至达不到质量标准要求。

（2）变质岩、碎屑岩类。变质岩区主要问题是针片状含量高，毛、块石成材率不高。

5.3 受国土、林业、环保制约的问题

部分基本农田依山分布，在选取料场点时，需要严格核对自然资源部门的基本农田图斑，否则极易被现场地形地貌误导把石料场选在基本农田区而被废。

黔东南州生态公益林面积大，料场选主要取山坡为开采点，州内森林主要分布在山坡上，故受其制约很大。同样需要核对林业部门的林业图斑，否则极易被现场地形地貌误导把砂石料场选在林业保护区而被废。

黔东南州有很多风景名胜区、自然保护区、地质公园、生态红线保护区，料场选取区域受限。

5.4 交通问题

黔东南州为山区，一般区域皆山高路陡，水利工程建设地点更是处于交通条件恶劣的地方，交通成本很大。一些渠道建设受交通制约更严重，经常需人挑马驮，形成二次搬运且成本很高。

5.5 少数民族地区文化风俗习惯的影响

黔东南州为全国典型的少数民族地区，少数民族占全州户籍总人口的79.94%，居住着苗、侗、汉、布依、水、瑶、壮、土家等47个民族，各民族有其独特的文化风俗习惯，对料场选取也有较大影响。

5.6 政府管理制度

由于资源的不可再生性，各级政府对资源管理力度会越来越强。

5.7 地域性差异

东八县和西八县地层岩性较大的区别。西八县碳酸盐区域较大，选择空间较大。

西八县主要为变质岩区，有少量碎屑岩类。区内石料较难开采出好的毛、块石料，开采加工人工骨料时针片状含量偏高，工程区附近难以选取好的料场，需要扩大范围选择。

5.8 造价投资影响

由于水利开发建设需考虑其投资效益比，石料场宜就近选取，运距大则投资增加，影响水利工程的建设。加大了料场点的选择难度。

6 针对现状的对策

6.1 加强勘察工作

严格按基本建设程序先勘察后设计再施工；严格按照勘察规范先粗后精的要求分阶段进行勘察，先普查、再初勘（项目建议书），最后详勘（可研阶段及初设阶段）；勘察精度初步加深。现行规范对天然建材要求很高，强制条文很多，严格按照规范进行勘察工作。

6.2 加强爆破工艺的试验及研究、合理选择加工设备

开采时加强爆破工艺的试验及研究，控制好岩块的尺寸及形状，尽可能满足工程的需要。

传统加工工艺加工骨料时，变质（余）岩的针片状颗粒含量偏高。合理选取先进的加工设备，尽量降低针片状颗粒含量，如：选取反击式破碎机、圆锥破碎机等。

6.3 提高科技创新能力，降低建筑物对天然建筑材料的材质要求

水利工程的天然建筑材料一般为土料、砂石料，建成土坝、混凝土坝、混凝土结构、钢筋混凝土结构等，受天然建筑材料料场制约较大。要想大力推进水利工程建设，需要采用先进坝型、先进结构，降低水利工程建筑物对天然建筑材料的材质要求。需提高科技创新能力，加强、快科学研究，例如：加快软岩料用于面板堆石坝主堆石区的研究；加快混凝土人工骨料使用碱活性骨料时的抑制研究；加快提高混凝土人工粗骨料针片含量控制指标的研究；加快混合材料坝型的研究，尽快利用到建设中。

参考文献：

[1] 黔东南州人民政府办公室.黔东南州情概况[M].凯里：黔东南州人民政府网，2022.

[2] SL251－2015 水利水电工程天然建筑材料勘察规程[S].

[3] 戴传国.中国区域地质志·贵州志[M].北京：贵州省地质调查院，2017：10，13.

[4] 黔东南州林业局.黔东南州情[M].凯里：黔东南州林业局网，2021.

[5] 黔东南州人民政府.黔东南州生态环境分区管控"三线一单"实施方案[M].凯里：黔东南州人民政府网，2020.

[6] 贵州省人民政府.贵州省打赢蓝天保卫战三年行动计划[M].贵阳：贵州省人民政府网，2018.

节能分部式除尘工艺在制砂系统中的应用研究

程洪泉，姚大军，万林波

（中国水利水电第九工程局有限公司七公司，贵州贵阳，550008）

摘要：本文所述制砂系统粉尘处理，是根据系统场地情况就近布置除尘器的，单台生产设备扬尘点集中收尘的收尘工艺以"点对点"的方式进行针对性处理；所收集粉尘既可通过气力输送集中于存放粉仓罐，也可就近返回胶带输送机上。根据不同工况除尘器选用气箱脉冲布袋除尘器与脉冲反喷扁袋除尘器结合使用，最大限度降低骨料生产成本，提高除尘设备的效率，降低整个生产系统所需的除尘系统装机功率，在提高除尘效果的同时减少电耗。

关键词：机制砂系统；节能分部式；除尘；工艺；应用

0 引言

近年来，我国对环境保护、生产污染的排放指标，要求越来越严格，对于机制砂行业来说，更是面临着新的挑战。国家对矿业加工粉尘排放指标由原来的 50 mg/m³，提高至 20 mg/m³，而各投资建设单位为了百分之百地满足环保排放指标要求，在技术上基本将制砂系统运行排放指标提升至 10 mg/m³。同时，随着天然砂的限采和枯竭，机制砂占比越来越大，市场竞争也越来越激烈，成本竞争是其中非常关键的指标。但是，目前在机制砂行业里，在正常产能下，几乎没有能一次性达到排放指标的除尘工艺。

通过大量的调研，了解国内的大型机制砂系统里，基本上都是采取多次抽排、多次封闭、喷淋、水雾综合等方案来满足除尘技术指标要求，部分系统甚至干脆取消除尘工艺，采用全水洗的方案来解决生产粉尘污染问题。总体而言，绝大多数均存在能耗高、成本大、占地宽、原料利用率低及水资源耗费成本高等缺点，除尘工艺的成本和水平目前仍存在较大的提升空间，创新一套节能低耗，降本增效的机尘砂除尘工艺势在必行。

1 工程概况

云南滇中引水工程是国家"十三五"172项重点工程之一。本工程滇中引水楚雄砂石1标项目位于云南省楚雄州牟定县凤屯乡迤石坝村和外石坝村附近。该系统主要以迤石坝石料场开采料为加工料源，料源岩性主要为长石石英砂岩。系统布置于迤石坝石料场附近，位于料场开采区下游主沟内，主要通过平整场地后进行设施布置。系统主要为万家隧洞出口、万家暗涵、柳家村隧洞进口、柳家村隧洞1～3号施工支洞、柳家村隧洞出口、柳家村渡槽、凤屯隧洞进口、凤屯隧洞1、2号施工支洞、凤屯隧洞出口、凤屯渡槽、伍庄村隧洞进口、伍庄村隧洞1～3号施工支洞、伍庄村隧洞出口、伍庄村暗涵、大转弯隧洞进口等工程部位提供约 $111.36\times10^4 \mathrm{m}^3$（其中，喷混凝土约 $21.18\times10^4 \mathrm{m}^3$）混凝土的骨料用量。

粗碎设计处理能力为 640 t/h，成品生产能力为 520 t/h。本标段承包人需生产并供应块石（综合）约 1 万吨，砂约 114.58 万吨，细石（5 mm～12 mm）约 22 万吨，碎石（5 mm～20 mm）约 63.3 吨，碎石（20 mm～40 mm）约 61.95 万吨。

合同环保指标：粉尘排放浓度 $\leqslant$ 10 mg/m³，包括但不限于固体、液体、气体等，须通过当地环保部门验收，不达到环保要求不予竣工验收。

2 除尘工艺的选择

2.1 除尘器工作原理

目前，我国矿山除尘器有很多类型和型号，又分为干式和湿式除尘，根据加工系统的特性，基本都采用干式除尘工艺。各厂家生产的设备在外观和型号上，有一定的差异，但其主要结构基本由进风口、配套风机、风筒、除尘器主机等组成（主机由主机箱体、进出风口、排污口等组成）。

干式除尘工艺主要工作原理为含尘气体由风管或箱体法兰口（直座式）进入过滤单元，粉尘随气流进入滤袋室，并均匀地分散到各个滤袋表面，粉尘被阻挡在滤袋外侧，而穿过滤袋的净化气体经过滤

收稿日期：2022-03-22.
作者简介：程洪泉，贵州贵阳人，高级工程师，从事工程技术及项目施工管理工作.

袋架与滤袋口进入到设备净气室，通过出口排风机排入大气。为保证设备阻力保持稳定，压缩空气喷射清灰系统每隔一段时间由脉冲阀脉冲系统清灰一次，将积附在滤袋外侧的粉尘打落，粉尘靠自重落入灰斗中集中卸灰。

2.2 国内外除尘器的发展情况

除尘器的发展已经有一百多年的历史，最初的目的主要是用来回收物料，其中最具有代表性的是1881年西方国家出现的第1台袋式除尘器，1907年第1台电式除尘器被发明出来，主要用于矿井下除尘。目前最领先的技术，还是掌握在西方国家手中：如唐纳德、史密斯等品牌企业；我国除尘器研究起步比较晚，开始基本上是整套引进国外设备系统，主要用于国内矿山井下除尘，但由于国内外地质情况不一、环境条件复杂多变，使用效果很难适应我国的技术环境条件。随即国内结合实际情况，开始作研究和改进，以适应我国的具体环境。

发展至今，我国的矿山、建材行业除尘系统，呈现百花齐放、多家争鸣的现状，也带来了质量、成本、效果参差不齐，特别是机制砂石干法生产加工系统除尘的设备及工艺，近几年才发展起来，所以正确合理地选择除尘设备及优化设计除尘工艺，对于满足环保要求、降本增效，显得至关重要。

2.3 除尘工艺的分析

目前国内绝大多数规模以上机制砂加工系统，基本上均采用一机多点式收尘，辅助以二次、三次车间封闭，来进行除尘处理，工艺原理简单、安装方便、便于处理；不足之处在于设备的噪声大、每吨成品砂石料理论耗电大多在0.8 kW以上，且设备用地空间较大，同时由于一机多点，电机功率配置较大，开机运行时，能量利用率相对较低。

本研究与应用依托工程项目属于中小型加工系统，当地电费价格较高，用地极为紧张，合同运行期7 a多，且属于低价中标，若仍沿用目前规模以上系统常用的除尘工艺，本项目生产运行成本将会进一步增高，给系统运行成本带来更大的压力，还不能有效除尘收尘以满足环保要求。因此必须结合项目特点，创新工艺，做到既能满足除尘技术指标要求，成本又在可承受的范围内。

3 节能分部式除尘工艺研究

节能分部式除尘工艺系统主要组成：机械除尘器＋水雾除尘＋喷淋＋封闭综合方案，是可以根据矿山料源含水率、质量、天气等因素，结合不同工况采用不同模式进行智能管理的1套综合系统。节能分部式除尘工艺的工作原理：根据系统设计的工艺流程图，逐步分析出所有可能产生粉尘的源点、分析粉尘大小，根据设备及产能，计算出含尘空气流量，配置相应的除尘器及吸尘管。

3.1 尘源点的分析及含尘空气流量分析与计算

砂石加工系统产生粉尘的点位分析，根据加工系统的生产特性，在有物料分离、抛掷、冲击、破碎、滚动、跌落、强气流的部位及环节，均会产生需要处理的粉尘。

系统重大尘源点主要有如下部位：a. 粗碎车间，重大粉尘源点主要为粗碎平台投料、鄂破破碎及排料跌落入胶带输送；b. 半成品料仓给料机给料跌落；c. 中碎车间料斗集料进料及排料跌落入胶带输送；d. 细碎车间集料进料及排料跌落；e. 筛分车间筛分集料斗跌落；f. 转料仓集料给料、皮带机给料跌落等部位，均是重大尘源产生点，是重点粉尘处理部位。

3.2 尘源点含尘空气流量分析与计算

根据制砂加工系统特点，不同的矿山原料级配，不同的原料含水率，不同的给料量，不同的破碎排料开口尺度，不同的产品生产组合方式，其粉尘产生量、扬尘量均不同，从而含尘空气的含尘浓度变化不同，从除尘工艺的角度来看，只能按最不利的最大的除尘能力来计算和配置除尘系统。

除尘系统功率配置需要计算的主性能参数，单位时间内的含尘空气量（根据系统设备型号参数工况、试验、经验确定）、假定过滤面积、假定最佳风速。比如：破碎机除尘器的处理风量是指除尘设备在单位时间内所能净化气体的体积量，其计算公式为处理风量(m^3/h)÷过滤风速(m/min)＝过滤面积（滤袋的表面积 m^2）。

袋式除尘器处理风量是指除尘设备在单位时间内所能净化气体的体积量。袋式除尘器处理风量的选择技巧，在除尘器的风量选择时，小型除尘器处理风量小到只有几每小时立方米，大中型除尘器风量可达上百万每小时立方米，所以确定除尘器的处理风量是不容忽视的因素。除尘器风量的大小决定了除尘器工作效率的高低以及除尘器型号的不同。根据风量设计或选择袋式除尘器时，一般不能使除尘器在超过规定风量的情况下运行，否则，滤袋容易堵塞，寿命缩短，压力损失大幅度上升，除尘效率也要降低；如果除尘风量选择过大，那么设备的占地面积和投资都会增加。如果除尘风量选择过小，除尘器在超风量下运行，滤袋就会很容易发生阻塞，寿命逐渐缩短，压力损失增大，除尘效率就会降低。袋式除尘器入口粉尘浓度，这是由扬尘点的工艺所决定的，在设计或选择袋式除尘器时，它是仅次于处理风量的又一个重要因素。其单位为每小时立方米（m³/h），亦是袋式除尘器设计中重要的因素之一。风量的选择合理的过滤风速是确定除尘器结构的重要参数之一，影响重大。同时除尘器应用上，不能为片面追求投资少，占地少，以便价格上占据优势，选择高风速的过滤风量，不考虑国产滤料的应用最佳工作点，结果会导致滤袋寿命急剧下降和"高阻症"的出现，系统风量在短期内很快下降，运行成本上升和达不到除尘效果。根据布袋除尘器风量选择除尘布袋时，一般不能使布袋除尘器在超过规定处理风量的情况下运行，否则除尘布袋容易堵塞，寿命缩短，压力损失会大幅度增加，布袋除尘器除尘效率也会大大降低。但也不能将布袋除尘器风量选择过大，否则会增加除尘器设备投资和占地面积，因此合理选择布袋除尘器处理风量是要根据除尘工艺情况并通过计算来选定的。

3.3 本系统除尘特征

本系统采用的制砂工艺为半干式制砂工艺，与干法存在一定的差异，粉尘含水率高于干法生产产生的粉尘，一般控制在5%以内（干式制砂的含水率需要小于2%），因此对过滤袋的脱水、抗粘、表面张力性能应进行特殊处理，以保持其工作效果的稳定性。对于破碎机布袋除尘器来说，其使用温度取决于2个因素，一是滤料的承受温度，二是气体温度在露点温度以上。目前，由于玻纤滤料的大量选用，其使用温度可达280℃，对高于这一温度的气体采取降温措施，对低于露点温度的气体采取提温措施。对袋式除尘器来说，间接传热烘干机、选银设备等制砂设备，使用温度与除尘效率关系并不明显。出口含尘浓度指布袋除尘器的排放浓度，表示方法同入口含尘浓度，出口含尘浓度的大小应以当地环保要求或用户的要求为准，布袋除尘器的排放浓度一般都能达到20 g/Nm³以下。

本系统采用就近布置除尘器、单台生产设备扬尘点集中收尘的收尘工艺，以"点对点"的方式进行针对性处理，所收集粉尘既可通过气力输送集中于粉仓罐，也可就近返回到胶带输送机上。根据不同工况除尘器选用气箱脉冲布袋除尘器与脉冲反喷扁袋除尘器结合使用，大幅降低除尘系统阻力，提高除尘设备的效率，降低整个生产系统所需的除尘系统装机功率，在提高除尘效果同时减少电耗。

3.4 智能与智慧控制

本除尘系统采用智能控制系统及变频控制系统，所有的除尘设备均采用中央集中控制，同时，当尘源点粉尘浓度发生变化时，智能控制系统会通过变频控制，自动调节期间风速及脉冲振动频率，做到精细化节能降耗。

3.5 本系统除尘布置与封闭

除尘封闭的精度直接影响到除尘的效果，以及系统运行的稳定性；而布置是否合理，直接影响运行安全和运行成本，对于节能分部式除尘系统来说，在设计生产车间工艺结构时，就应设置和预留封闭、吸尘管、除尘器、排气管的空间，使破碎系统与除尘系统有机完美结合，才能更好达到使用方便、运行顺畅、外观完美的要求，同时安装量、工程量、工作量方可控制在合理范围。节能分部式除尘系统是公司首次引入的机制砂系统的除尘工艺，因此在封闭与布置方面，还有较大的提升空间，以中碎车间为例，其封闭和布置见图1。

图1　节能分部式除尘系统封闭和布置示意图

4 应用成果及效果

系统的节能分部式除尘系统自2020年10月安装完成，运行1 a以来，其成品电耗摊销为0.3 kW/t；排气口检测指标粉尘排放浓度≤10 mg/m³。

除尘系统在正常运行时，车间生产环境完全满足职业健康的生产工作环境，特别是每一台除尘器专门配置了消音器，使机制砂系统的粉尘和噪声两大难题得以完美解决，得到了建设单位、环保部门的高度认可。

由于节能分部式除尘工艺首次引入机制砂系统领域，达到了设计的功能预期，达到了环保指标要求及节能降本的目标，但在工艺上局部还存在一些不足，如当生产原料含水率偏高时，运行粉尘还是会有部分积累于箱体及过滤袋上，其风干后，二次扯次起机生产时，还是会有少量的粉尘扬起，需要辅助喷淋系统，才能控制起机时的扬尘，还需要不断完善和提升。

5 结论

本项目节能分部式除尘系统工艺，是半干法制砂工艺提高环保技术指标的深化工艺，是在水利机制砂石领域一次新的突破，是跨行业引入和借鉴的一次大胆尝试，也是目前国内机制砂领域机械除尘效果良好、成本可控、真正节能降耗的一项新兴工艺，同时还需要不断的总结与提升、在更宽更广的领域去实践和使用，才能更好得到升华。

水环境治理工程施工信息采集与大数据管控技术研究

彭晓帆，周炜竣，吴康福

（中国水利水电第九工程局有限公司六公司，贵州贵阳，550081）

摘要：文章依托东莞市石马河流域综合治理项目，建立了施工数据信息化报量平台；再分类收集各项施工数据，定期对施工数据进行分析和反馈，最终为项目精细化管控提供强有力的支持。

关键词：水环境；治理；施工；数据；信息化；精细化；管理

1 工程概况

东莞市石马河流域综合治理工程是国家水环境治理的重要工程之一，是广东省人大重点督办项目，东莞市打响治水攻坚战关键一役。水电九局承建的石马河项目塘厦段位于石马河流域上游工业重镇塘厦镇，是石马河流域7个镇街最大的1个。根据塘厦镇流域分布情况，石马河项目现场被分为4个工区，在工程建设的高峰期，项目总计投入近5000名工人、300台以上挖机，分布于塘厦镇150个以上施工作业点上。在本项目前期，传统"手写施工日志＋逐一统计生产数据"的记录模式存在着工作量大、数据收集严重滞后于生产进度、施工数据整合困难等诸多缺点，项目管理一度陷入全面抓进度但是其他管理跟不上的困境。

水环境治理类工程施工工序简单，但施工数据量极大，这些特点适合于信息化数据收集和分析技术。通过信息化报量平台获取施工数据，接续后端计算机对数据进行处理，可以快速得到项目管理中的关键参数信息，如进度数据、人材机投入、各工区和各队伍的生产效率、安全风险点等等，切实有效地为水环境治理项目的资源管理、进度管理和安全管理等提质增效。

2 信息平台搭建

2.1 信息化报量平台开发

石马河项目建设初期的现场管理采用传统模式，现场管理人员于每天施工结束后填写纸质工程量报表，资料员汇总所有作业点的工程量报表，形成总体工程量统计表。石马河项目施工高峰期作业点超过150个，每个作业点的施工数据种类繁多、数据量大。纸质工程量报表的填写、汇总与分析给现场管理人员及资料员带来了极大的压力，施工数据的收集与统计逐渐落后于生产进度。

项目建设中期，研究人员以施工现场管理的一线需求为核心，基于网络平台构建了线上工程量统计表，施工现场管理人员通过手机扫描二维码的形式进行填报，进而实现了线上施工数据采集与信息化。工程量统计表内容具体包括单位工程名称、填表日期、所属工区、作业队伍名称、施工内容、人员投入、机械投入、现场管理人员等等。此外，由于施工现场管理人员普遍年龄偏大、学习较慢、打字较慢，线上工程量统计表多数为选择题，少部分为数字填空题。通过这种简化设计，现场管理人员平均填表耗时90 s，极大提高了填表效率，减轻了施工管理人员的负担。与此同时，线上填报的工程量等施工数据可以通过计算机程序实现自动汇总，进而大幅减少了资料员后期汇总统计报表的工作量，实现了管理效率层面的提质增效。

2.2 施工数据收集

施工现场管理人员通过手机扫描二维码，填报施工作业点当天的施工内容与进展，相应的数据自动汇总并储存在网络云空间，并可以导出为Excel文件。

石马河项目于2020年4月开始正式采用线上报量的方式进行施工数据的填报与统计，截至2020年8月，项目部先后填报、汇总并分析了上千人次填报的数万条施工数据，为深度挖掘施工数据价值、实现项目精细化管理等提供了基础。

3 施工数据价值分析

3.1 项目资源管理

基于大量施工数据的收集与汇总，项目管理人员可以随时调用施工生产数据，查看任意时间段各工区、各队伍的资源投入情况，分析评价项目实施

收稿日期：2022-03-22.

作者简介：彭晓帆，辽宁铁岭人，工程师，从事建筑市政工程设计与施工管理工作.

过程中资源投入情况。图 1 和图 2 分别显示了 2020 年 5 月 1 日至 5 月 10 日石马河项目 4 个工区的人员投入和主要设备（挖机）投入情况。

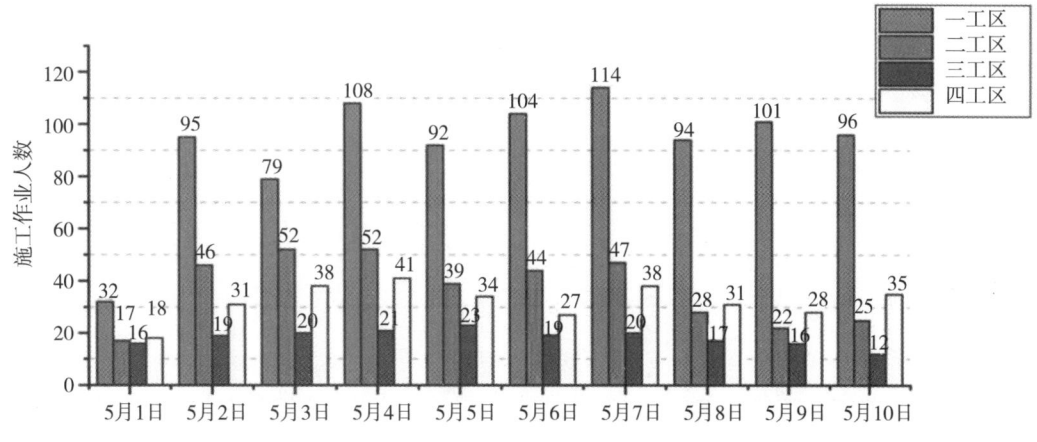

图 1　石马河项目 4 个工区作业人员投入情况（2020.05.01—2020.05.10）

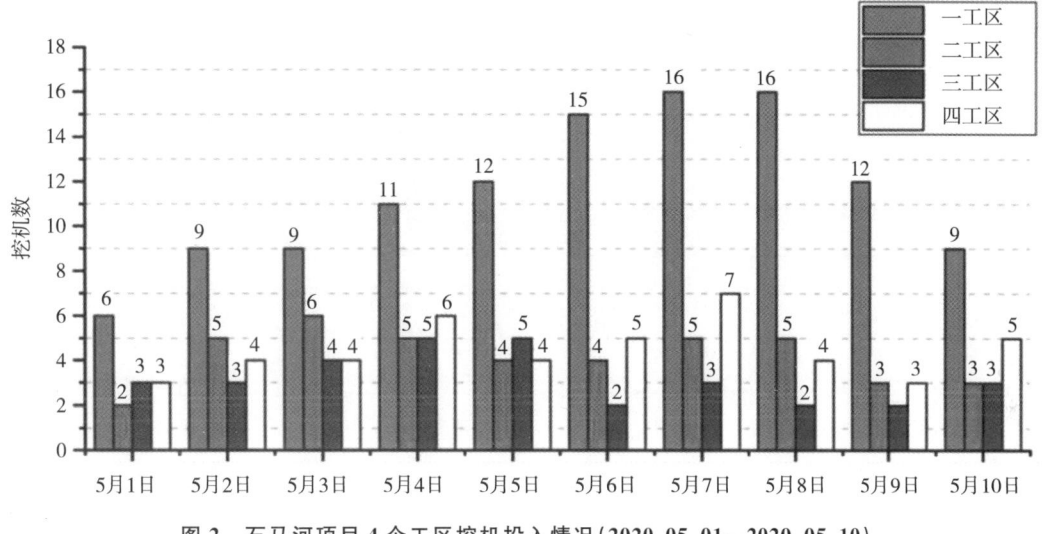

图 2　石马河项目 4 个工区挖机投入情况（2020.05.01—2020.05.10）

项目管理人员同时可以调用施工数据统计分析各标段施工队伍日完成施工工作量与资源投入的关系。图 3 显示了 2020 年 5 月 1 日—5 月 15 日之间 10 标段施工队伍日完成铺管长度与投入施工作业人数情况。通过相同的手段，可直观展示出各劳务队伍在项目任意期间的施工完成情况与资源投入情况。

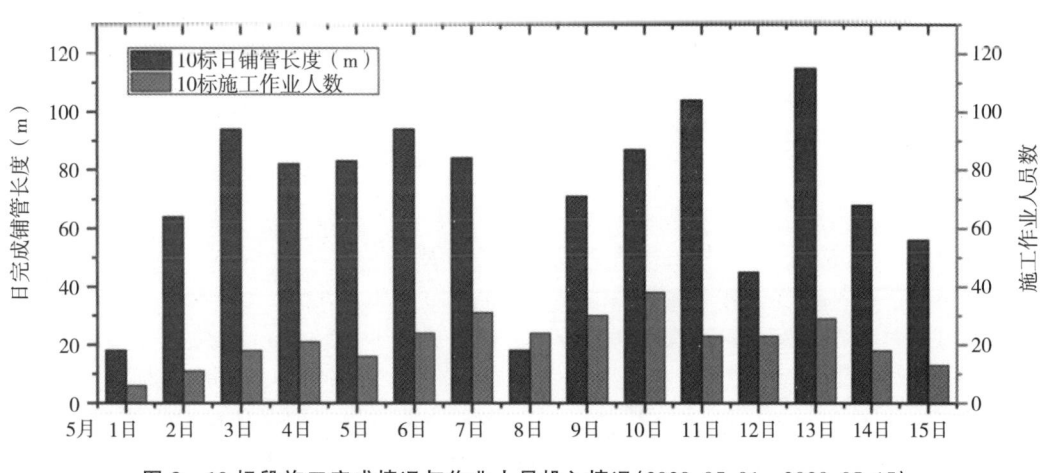

图 3　10 标段施工完成情况与作业人员投入情况（2020.05.01—2020.05.15）

3.2 项目进度管理

项目管理人员可以通过调取施工数据随时掌握工程施工进展，从2020年5月1日至5月20日期间项目4个工区的施工进展情况可以看出，一工区在5月1日至20日期间施工进展显著快于二、三、四工区。

基于对石马河项目施工大数据的收集，计算机汇总分析出施工队伍针对各种管径的平均施工效率（作业人员平均埋管效率和主要机械平均埋管效率），如图5所示。可以看出，随着管径的增大，挖机埋管施工效率逐渐降低，从D200管道平均每台挖机日埋管159.9 m，衰减到D1000管道平均每台挖机日埋管9.3 m；而施工作业人员的埋管效率在DN200、DN300和DN400管道比较接近，平均每人日埋管分别为4.5 m、4.4 m和5 m，而DN500及DN1000管道处的人员施工效率出现显著下降，分别为每人日埋管3.2 m和2.3 m。

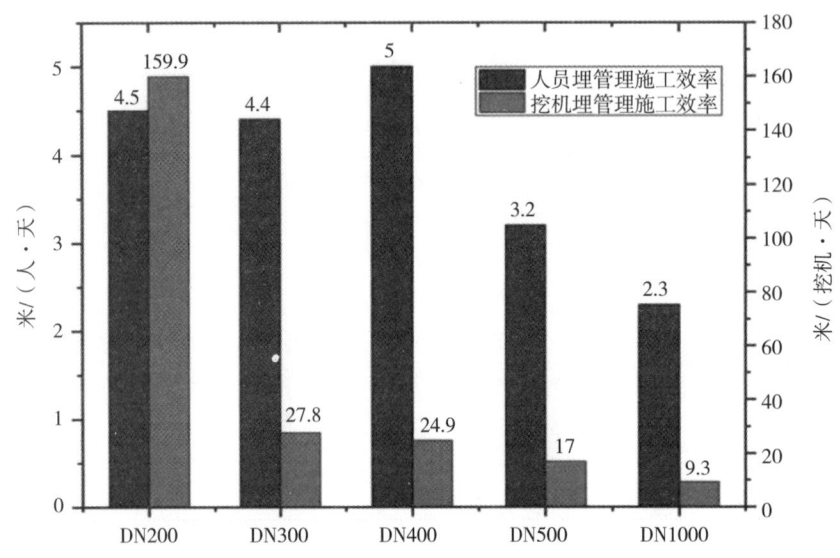

图5　石马河项目不同管径下人员及挖机埋管施工效率

与此同时，基于对石马河项目施工大数据的收集，项目管理人员可对比各标段劳务队伍在项目实施的不同期间的工作效率。施工DN300管道时，10、14和15标劳务队伍在4、5、6月份的施工效率对比可以看出，10标队伍的施工效率在4、5月份显著高于14、15标队伍以及所有施工队伍的平均施工效率，但是其施工效率随时间推进逐渐降低；15标队伍的施工效率随时间推进逐渐增加，并在6月份成为3家队伍施工效率最高的。

3.3 项目安全与质量管理

根据每天在线记录的施工数据，项目管理人员可以调取任意时间、任意施工队伍及任意施工作业点的施工数据，通过Excel宏等形式由计算机自动判断项目施工中存在的重大安全与质量风险点，如开挖深度大于5 m、开挖宽度不满足最小安全间距、该支护未支护等情况。通过计算机判断施工作业安全风险点，可以避免管理人员凭经验管理带来的疏忽，为项目安全生产与质量管理增添保障。

3.4 项目成本管理

实际施工中管道沟槽的开挖宽度并不是完全符合施工规范中的要求，特别是在DN300等小管径支管网施工中，这一方面是因为市政管网施工项目现场情况复杂，时常需要扩大开挖宽度，以方便施工。因此，以简单套用规范开挖宽度计算出来的施工费用往往不能真实反映实际施工成本。本研究中，项目造价管理人员可以基于施工大数据的收集与整理分析，掌握施工中每天、每个作业点实际投入的作业人员数，主要施工机械数，实际管道沟槽开挖深度、宽度等等，进而计算得到当天施工的实际成本。基于施工过程中的实际成本，企业可以完善在相关施工领域的企业定额，为以后类似项目的成本精细化管理提供参考。

4 结语

本文以石马河水环境治理项目实施期间的一线需求为核心，搭建了线上信息化报量平台，极大减轻了现场施工管理人员的工作量，提高了管理效率，解放了生产力。基于大量施工数据的处理分析，揭示了水环境治理类项目施工行为的深层逻辑，助力石马河项目在资源管理、进度管理、管理及成本管理等层面实现精细化管理，推进项目管理从经验管理向信息管理的转变，契合水电九局"十四五"数字化发展战略。

高海拔高寒地区暴雪道路安全高效贯通施工技术

刘召，房自强

（中国水利水电第九工程局有限公司二公司，四川成都，610091）

摘要：高海拔高寒地区具有氧气稀薄、气候无常、温差大、风速大、太阳辐射异常强烈等特点，海拔平均每升高100 m，气温下降约0.6 ℃，海拔越高越寒冷。暴雪、雪崩等地质灾害给工程建设和交通通行带来极大困难和安全风险，严重制约着工程的安全和道路畅通。因此，针对暴雪、雪崩监测防控及深厚积雪道路安全快速贯通的研究意义重大，可为类似工程提供参考和借鉴。

关键词：高海拔；高寒；暴雪；雪崩；安全；高效；贯通

1 工程概述

西藏林芝米林派镇至墨脱解放大桥农村公路全长66.7 km，分2期4段实施。其中派墨公路一期Ⅱ标工程位于多雄拉隧道出口至嘎玛家段，起点桩号为K13+800 m，止点桩号为K42+400 m，路线全长29.117 km（断链长516.570 m）。

多雄拉雪山最高海拔5600多米，垭口段道路最高海拔3 500多米，自然条件恶劣，气候寒冷，最低气温达−20 ℃，冬季持续强降雪，堆积厚度可达10余米，且雪崩频发。以往调查情况显示每年11月至次年5月，多雄拉山由于大雪封山，交通中断，影响多达数月。

鉴于高海拔高寒地区的恶劣条件影响，导致雪情监测困难、机械设备及人员效率降低、施工安全风险增大、松软的积雪形成了较硬堆积体等特点。现场通过对暴雪、雪崩贯通开展监测与研究，形成了暴雪道路贯通工艺，解决了冬季暴雪道路保通难题，不但提高了道路除雪效率，保证了交通通行安全，对改变当地民生条件和推动地方经济社会发展发挥重要作用，并对当地发展带来长远的、巨大的经济和社会效益。

2 暴雪道路贯通工艺原理及流程

2.1 施工工艺原理

通过雪情监测与测量，采取最优的机械组合和资源配置，实现暴雪道路的安全、快速贯通。利用抛雪机、装载机、挖掘机的各自优点，视暴雪后的道路积雪深度情况，采取"抛、铲、挖"组合方式进行道路清雪施工。当积雪深度小于1 m时，采用抛雪机抛雪；当积雪深度为1～2 m时，增加装载机铲雪，当积雪厚度大于2 m时，增加挖掘机挖雪。清雪时设置1∶0.1～1∶0.3坡度，确保边坡安全稳定。

同时将无人机＋GPS辅助技术应用在道路清雪施工和雪崩区的防控预警方面，大大提高道路清雪工作效率和保证施工安全。

2.2 施工工艺流程

高海拔高寒地区暴雪道路安全高效贯通施工工艺流程见图1。

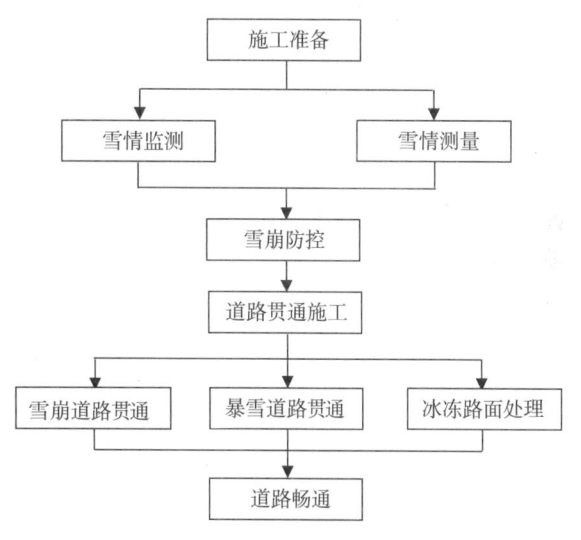

图1 施工工艺流程

3 施工方法及操作要点

按暴雪类型分雪崩道路、暴雪道路、冰雪路面3种工况。雪崩道路分为直线段暴雪贯通、弯道段暴雪贯通，暴雪道路根据积雪深度分为小于1 m、1～2 m、2～5 m及冰冻路面6种施工工艺，通过采取最优的机械组合和资源配置，实现暴雪道路清

收稿日期：2022-03-22.
作者简介：刘召，陕西汉中人，高级工程师，从事公路工程项目管理工作.

雪安全、快速贯通。

3.1 雪情监测

暴雪、雪崩自然灾害主要集中在11月—次年5月，大的一次降雪可达几米，导致道路中断，雪崩大多发生在降雪非常大的时候，尤其是暴风雪爆发前后。雪崩具有突然性、运动速度快、破坏力大等特点，导致摧毁大片森林，掩埋房舍、交通线路、通信设施和车辆，甚至堵截河流，还会引起山体滑坡、山崩和泥石流等可怕的自然现象。因此，雪崩被人们列为积雪山区的一种严重自然灾害。

鉴于暴雪监测区域的运行环境，一般无法通过人工观测方式开展，在现场采用自动监测站采集雪情的方式运行，对积雪深度降雪速度实施动态监测。通过早期预警、预测和预报，以防止或减小雪崩对工程建设和道路交通带来的损失。

暴雪、雪崩监测站需具备自动采集、存储、传输等功能。气象采集信息具备数据自动采集、存储、处理、发送等功能，满足监测站现场存储、查询功能的同时，也可通过遥测终端控制进行定时报、增量报报送；鉴于图形图像传输带宽要求较高，该区域通信资源不具备传输条件，图形图像只进行本地存储及显示，待将来具备较好的通信网络后再扩展。

3.2 雪情测量

道路清雪前，应对道路积雪厚度、影响范围、雪崩区、路况等情况等进行测量，以制定最优清雪贯通方案。现场通过采用无人机+GPS技术，把GPS模块安装在无人机上，充分利用无人机的操作灵活性和GPS的精准性，采集现场资料，及时准确掌握暴雪影响情况，通过数据分析，制定相应处置措施。

3.3 雪崩道路贯通

3.3.1 雪崩防控

鉴于雪崩具有突发性、巨大的破坏性、潜在危害性等特点，防控主要分4步：雪崩监测、雪崩预警、雪崩诱发、雪崩清理。

（1）雪崩监测。采用无人机+GPS技术进行监测。

（2）雪崩预警。根据监测图像及数据进行分析，通过早期预警、预测和预报，以防止或减小雪崩对工程建设和道路交通带来的损失。

（3）雪崩诱导。雪崩区道路清理前，采用人为诱导方式，消除潜在雪崩危害。采用间歇性声控方式（礼花爆竹）主动诱导，具体步骤如下：针对雪崩区位置较近的，采用自制投射桶，发射民用礼花爆竹，通过电子无线遥控起爆；针对雪崩区位置较远的，以无人机为载体，悬挂礼花爆竹，遥控控制投放，通过有线电子起爆。

（4）雪崩清理。根据雪崩区的影响范围采取最优的机械组合和资源配置，实现道路清雪安全、快速贯通。

3.3.2 雪崩道路贯通

雪崩区由于积雪一般比较厚、范围广，根据现场条件分为直线段和弯道段，通过现场试验与功效对比分析，形成了雪崩清理最快施工工艺。

3.3.2.1 直线段道路贯通

（1）施工方法。采用2台挖掘机分层清雪+装载机清雪+抛雪机清雪，积雪清至路基外侧。先采用2台挖掘机前后布置分层清理上层积雪，然后采用装载机清理中层积雪，最后抛雪机清理地面积雪及拓宽，往返一次清底、修边达到通行条件。2台挖掘机之间工作距离控制在20～30 m为宜，挖掘机与装载机工作距离控制在20～30 m为宜，装载机与抛雪机工作距离控制在30～50 m为宜。

（2）施工流程。施工准备→2台挖掘机清雪→装载机进清雪→抛雪机清理下层积雪及拓宽→清雪完成→检查、通行。

（3）工效分析。清雪量每小时约1 000 m³。

3.3.2.2 弯道段道路贯通

（1）施工方法。由于回头弯段宽度较宽，采用2台挖掘机+2台装载机+抛雪机清雪，积雪清至路基外侧。先采用2台挖掘机前后错开布置清理上层积雪，然后采用装载前后错开布置，清理中层积雪，最后抛雪机清理地面积雪及拓宽，往返一次清底、修边达到通行条件。2台挖掘机之间工作距离控制在20～30 m为宜，挖掘机与装载机工作距离控制在20～30 m为宜，装载机与抛雪机工作距离控制在30～50 m为宜。

（2）工艺流程。施工准备→2台挖掘机清雪→2台装载机跟进清雪→抛雪机清理下层积雪及拓宽→清雪完成→检查、通行。

（3）功效分析。清雪量每小时约1 300 m³。

3.4 暴雪道路贯通

3.4.1 积雪深度$H \leqslant 1.0 \text{ m}$时，道路贯通

（1）施工方法。采用抛雪机直接清雪，积雪清至路基外侧。先用抛雪机沿道路中间抛雪，然后往返一次清底、修边达到通行条件。

（2）工艺流程。施工准备→道路中间清雪→道路右边侧清雪→道路左边侧清雪→清雪完成→检查、通行。

（3）功效分析。道路清雪1 000～1 200 m/h，清雪量约4 500 m³/h。

3.4.2 积雪深度1 m<H≤2 m时，道路贯通

(1) 施工方法。采用装载机＋抛雪机清雪，积雪清至路基外侧。先用装载机沿道路中间铲雪，尽量清到底，然后采用抛雪机清理下层积雪及拓宽，最后往返1次清底、修边达到通行条件。装载机与抛雪机工作距离控制在30～50 m为宜。

(2) 工艺流程。施工准备→装载机清雪→抛雪机跟进清雪→清雪完成→检查、通行。

(3) 功效分析。道路清雪120～160 m/h，清雪量每小时约1440 m³。

3.4.3 积雪深度2 m<H≤5 m时，道路贯通

(1) 施工方法。采用挖掘机＋装载机＋抛雪机清雪，积雪清至路基外侧。先用挖掘机沿道路中间挖上层积雪，然后采用装载机铲中层积雪（1.0～1.5 m），最后抛雪机清理下层积雪及拓宽，往返1次清底、修边达到通行条件。挖掘机与装载机工作距离控制在20～30 m为宜，装载机与抛雪机工作距离控制在30～50 m为宜。

(2) 工艺流程。施工准备→挖掘机清雪→装载机跟进清雪→抛雪机清理下层积雪及拓宽→清雪完成→检查、通行。

(3) 功效分析。道路清雪30～50 m/h，清雪量每小时约1 125 m³。

3.5 冰冻路面处理

(1) 施工方法。冰冻路面行车安全风险较大，通过在路面撒工业盐的方式，消融路面冰雪，确保行车安全。采用皮卡车运输工业盐，撒盐设备采用装载机铲斗自动撒盐（在铲斗位置经过简易加工改造），以提高效率，减少人员接触的危害。

(2) 工艺流程。施工准备→装载机装盐→装载机道路撒工业盐→消融冰雪→检查、通行。

(3) 功效分析。工业盐撒铺15～20 kg/100 m²，人工撒布效率1 200 m～1 400 m/h，融雪时间半小时左右可通行。

4 施工安全和质量控制

4.1 安全控制措施

(1) 成立道路保通领导小组，明确任务分工，对道路清雪及时调度、指挥和应急处理。同时根据积雪深度、气候条件、交通状况编制合理经济可行的道路清雪专项措施，制定相关的管理制度、应急预案、安全操作规程，确保清雪进度和作业安全。

(2) 在现场设置进出管制卡点位置，专人负责除雪期间的交通管制，同时现场并设置告知牌，除雪时间段告知及风险告知。

(3) 针对现场信号不畅的区域，现场清雪作业采用对讲机联系，同时配备必要的卫星电话，确保和外界联系畅通。

(4) 高海拔高寒地区，机械设备易出故障，清雪作业前，应做好各种设备进的检查和检修，同时应做好日常设备的保养和维护工作。

(5) 清雪作业前需做好现场的安全培训交底工作，挖掘机、装载机、抛雪机特种工种必须持证上岗，宜选用在冰雪路况有操作经验的熟练工。

(6) 清雪作业时，应安排专人进行指挥，清雪设备临近公路边、涵洞口时，不要太靠近，应留有安全距离。同时安排专职安全员采用专用设备（望远镜或采用无人机）对雪崩区进行观测，如有滑动迹象及声响，应暂停作业，且不可冒险前进。

(7) 雪天易使驾驶员双目畏光、流泪，视力下降（即雪盲症），因此驾驶员应佩戴有色防护眼镜。

(8) 在冰雪路面行驶下，由于摩擦力较小，轮胎很容易侧滑，采用安装防滑链的方式，以确保安全驾驶。

4.2 质量控制措施

根据积雪厚度、气候条件、交通状况编制合理经济可行的道路清雪专项措施；清雪施工前，现场做好技术交底和工艺培训；加强过程的检查，如清雪的路面宽度和路面的防滑性等，以确保交通安全为目标；定期收集清雪记录和资源投入，通过分析总结，不断提高清雪效率；现场测量基线、水准点及有关标志须定期复测检验，确保测量精度符合规范要求；测量仪器使用过程中的应注意防护，同时对测量仪器要求定期及时进行检验、校正，确保其精度。

5 结语

(1) 高海拔高寒地区暴雪道路安全高效贯通施工技术采用了优资源配置、安全高效的贯通施工工艺，解决了暴雪道路贯通难题，取得了显著的经济效益和社会效益。

(2) 采用"无人机＋GPS"等先进技术进行雪崩监控、预警，实现了对雪崩危害的实时防控。

(3) 针对高原特殊积雪条件导致的高硬度深厚积雪，首创了一套高海拔高寒地区多类设备序列施工工艺，实现了深厚积雪路面安全高效贯通。

(4) 实现了墨脱公路从"打通"到"联通"，提升了国家精准扶贫和国防安全。

(5) 该项目技术可广泛应用于公路、水利水电、铁路等相关行业中，高海拔高寒地区暴雪道路的清雪贯通施工。

基于分流条件恶化工况下截流实施要点分析

周洪云，安辉

(中国水利水电第八工程局有限公司，湖南长沙，410004)

摘要：分流条件恶化工况下进行截流施工是工程上普遍存在的现象。为克服分流建筑物分流条件恶化带来的挑战，某水电工程在截流设计与实施过程中采取了配套应对方案，取得了良好的运用效果。本文以该工程截流关键技术与实施要点为探究对象，可供后续类似工程参考借鉴。

关键词：截流；分流；条件；恶化；水电工程

1 概述

1.1 工程概况

云南 TB 水电站是澜沧江干流上游(云南段)河段规划的第 4 个梯级。属一等大(1)型工程，枢纽主要建筑物由挡水建筑物、泄洪消能建筑物、右岸地下输水发电系统等组成。地下厂房安装 4 台单机容量为 350 MW 的混流式机组，总容量 1 400 MW。

主体工程施工期河床采用围堰挡水、隧洞导流、坝体全年施工的导流方案。2 条导流隧洞平行布置于左岸，洞轴线中心距 50.00 m，断面型式为顶拱中心角 120°的城门洞形，尺寸均为 11.50 m×15.00 m(宽×高)。2 条导流隧洞进口高程均为 1 615.00 m、出口高程均为 1 612.00 m，1、2 号导流隧洞洞身长度分别为 1 359.674 m 和 1 484.486 m。上下游均采用土石围堰，上游围堰堰顶高程 1 673.00 m，最大堰高 67.00 m。下游围堰堰顶高程 1 631.50 m，最大堰高 36.50 m。

1.2 上游围堰结构简述

围堰全年挡水，按 20 a 一遇洪水(流量 6 320 m³/s)标准设计，堰顶高程 1 673.0 m，挡水水位 1 670.40 m，最大堰高 61.5 m，堰顶宽度 10.0 m，堰顶轴线长度约 244 m。围堰上游迎水面坡比为 1∶2，下游背水面坡比为 1∶1.5～1∶1.75。覆盖层以上最大堰高 67.00 m，堰基最低开挖高程 1 582.00 m。采用堰体复合土工膜心墙＋堰基覆盖层塑性混凝土防渗墙的围堰型式。

1.3 水文及气象条件

1.3.1 气象条件

TB 水电站坝址位于亚热带横断山纵谷区，受地形和高空气流影响，常年比较湿润，气温的季节变化明显，降水量比较充沛。

TB 水电站年平均气温为 16.6 ℃，极端最高气温为 39.3 ℃，极端最低气温为 -6.4 ℃；年平均降水量为 792.1 mm，年平均蒸发量为 955.7 mm，年平均最大风速为 10 m/s。

1.3.2 径流

TB 坝址控制流域面积为 8.87 万 km²，多年年平均流量 818 m³/s，多年平均径流量 258.0 亿 m³。暴雨出现的时间在 6—9 月，并以 7—8 月出现的次数居多，其中 3—4 月为本地区小雨季。

2 分流建筑物分流能力分析

2.1 分流建筑物分流能力计算

2 条导流隧洞平行布置于左岸，洞轴线中心距 50 m，断面型式为顶拱中心角 120°的城门洞形，尺寸均为 11.50 m×15.00 m(宽×高)。2 条导流隧洞进口高程均为 1 615.00 m、出口高程均为 1 612.00 m，1、2 号导流隧洞洞身长度分别为 1 359.674 m 和 1 484.486 m。导流洞进口设计结构及残留岩坎示意见图 1。

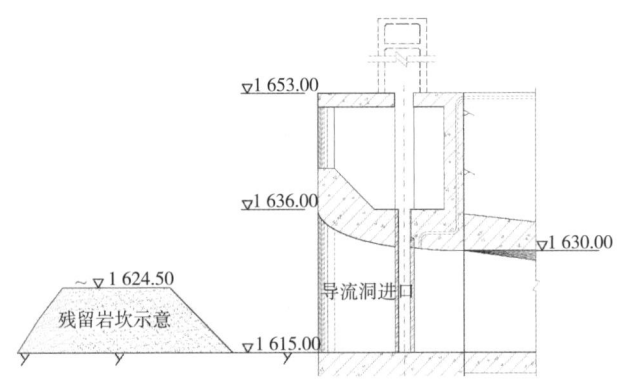

图 1 导流洞进口残留岩坎示意图

收稿日期：2022-06-06.
作者简介：周洪云，江西赣州人，高级工程师，从事水利水电工程施工技术管理工作.

工程截流时,导流隧洞流态为无压流,按宽顶堰流计算,导流隧洞进口残留岩坎亦按宽顶堰流计算,宽顶堰流计算公式如下。

$$Q = \varepsilon m B \sqrt{2g} H_0^{1.5} \quad (1)$$

式中:ε 为侧收缩系数,可由公式计算得出;m 为考虑收缩在内的流量系数,取 0.32;B 为堰孔过水宽度,m;H_0 为缺口底槛以上的上游水头,m。

由此可以计算得出导流隧洞联合泄流能力对比见表1。

表1 导流隧洞泄流能力对比

设计工况		实施工况	
上游水位/m	泄流量/(m³/s)	上游水位/m	泄流量/(m³/s)
1 615.759	22.918	1 625	45
1 616.585	69.119	1 625.5	128
1 618.220	200.123	1 626	234
1 619.787	362.785	1 626.5	361
1 621.281	545.190	1 627	504
1 622.706	740.957	1 627.5	663
1 624.071	946.261	1 627.8	764
1 625.381	1 158.619	1 628.5	1 020
1 626.644	1 376.360	1 629	1 217
1 627.865	1 598.308	1 629.6	1 469
1 629.047	1 823.607	1 630	1 645
1 630.195	2 051.611	1 631	2 113
1 632	2 411.4	1 632	2 401

2.2 分流建筑物分流能力分析

根据上述分析,实施阶段残留岩坎工况下导流洞分流能力较设计工况下降明显,在低水位情况更加突出,对比情况见表2。

表2 导流隧洞分流能力影响对比表

上游水位/m	设计泄流量/(m³/s)	实施泄流量/(m³/s)	分流能力比值/%
1 616	36.4	0	0
1 618	182.5	0	0
1 620	388.8	0	0
1 622	644.0	0	0
1 625	1 096.9	45	4.1
1 626	1 265.3	234	18.5
1 627	1 441	504	35.0
1 628	1 624	837	51.5
1 629	1 814.6	1 217	67.1
1 630	2 012.8	1 645	81.7
1 631	2 212.4	2 113	95.5
1 632	2 411.4	2 401	99.6

3 截流实施要点

3.1 截流时段选择与截流标准

截流戗堤预进占从 2021 年 10 月 1 日开始,预进占导流洞不分流。从截流难度考虑,截流时段越靠后,流量逐渐减小,难度逐渐降低。从截流后续围堰工程施工强度分析,截流时段越靠后,后续围堰工程施工强度越大,永久工程的工期将更加紧张。根据截流前后应完成的各项控制性工程的要求,TB 水电站 2021 年 10 月 19 日导流隧洞具备通水条件,将截流时间选择在 2021 年 10 月 26 日。

根据规范"截流设计标准可结合工程规模和水文特征,选用截流时段内 5~10 a 重现期的月或旬平均流量",考虑本工程上游已有梯级电站,故截流标准选择 5 a 一遇 10 月下旬洪水,相应设计流量 881 m³/s(实际截流流量为 896 m³/s),非龙口段预进占标准按 5 a 一遇 10 月中旬平均流量 1 100 m³/s 作为控制流量。

3.2 截流方式

截流方式主要有立堵和平堵 2 种,立堵又可分为单戗立堵和双戗立堵。受制于坝址下游 S_0 滑坡体,本工程上下游截流戗堤相距在 1 km 以上,根据单戗立堵截流方式水力学计算结果,在截流设计流量下最大龙口落差 6.38 m 左右,双戗堤优势被削弱。且从单戗堤方案截流水力学指标的截流流量、最大流速、单位功率、最大落差等各项指标分析,与国内同类工程相比,难度不大,且单戗堤方案较双戗堤方案物料组织协调难度小,按期截流保证率高,投资小,同时对上游围堰施工也较为有利。综合分析,选择单戗立堵截流方式。

根据本工程坝址地形条件,右岸地形较陡,地形坡度一般为 40°~55°,其中坝址中部高程 1 720.00 m 以下为临河陡崖;而左岸地形较缓,其中高程 1 635.00~1 645.00 m 为残存的Ⅱ级阶地,最大宽度 100.00 m,便于施工道路布置及截流备料,因此,本工程大江截流采用在上游由左岸向右岸单向单戗堤立堵进占方式。

3.3 截流戗堤设计

3.3.1 戗堤位置

截流戗堤轴线距围堰轴线 50 m,堤顶长约 77.20 m,戗堤按梯形断面设计,上下游边坡均为 1:1.5,堤端边坡为 1:1.5。

3.3.2 戗堤顶宽

类比国内同类工程实践经验,按戗堤前沿能够同时布置 4 处卸车点,确定戗堤顶宽为 30 m,可满足 4 辆 20 t、25 t 自卸汽车同时抛投、卸料要求。

3.3.3 戗堤顶高程

戗堤在进占过程中严禁漫顶，截流戗堤顶高程应满足挡截流进占时段的水位要求，同时戗堤顶作为混凝土防渗墙的施工平台，还应满足防渗墙施工期间挡水位要求，两者取大值。按挡时段11月1日至次年3月31日10 a一遇流量1 449.5m³/s设计，设计分流工况下相应上游水位约为1 627 m，原设计考虑戗堤顶高程1 628.5 m；实施工况下分流条件恶化后相应上游水位约为1 629.6 m，戗堤顶高程由原设计1 628.5 m抬高至1 631 m。

3.4 截流水力学计算

截流期间分流建筑物为已完建的2条导流隧洞，根据实际残留岩坎的导流洞泄流能力、截流流量896 m³/s、实测戗堤水下地形资料进行截流水力学计算，计算成果见表3。

表3 截流水力学计算成果统计（Q=896 m³/s）

龙口宽 /m	上游水位 /m	龙口泄流量 /(m³/s)	平均单宽流量 /(m³/s)	最大平均流速 /(m/s)	龙口落差 /m	单宽功率 /(tm/sm)
45	1 626.76	509.3	25.3	4.39	4.89	123.47
35	1 626.9	423.5	40.2	8.29	5.03	202.11
30	1 627.17	333	34.8	7.79	5.3	184.42
25	1 627.6	214	25.8	7.06	5.73	147.92
20	1 628.04	113.4	16.3	5.75	6.17	100.67
15	1 628.17	41	7.5	3.97	6.3	47.05
10	1 628.25	1.81	0.5	0.86	6.38	2.97
0	1 628.25	0	0.0	0.00	6.38	0.00

3.5 龙口位置及宽度

3.5.1 龙口位置选择

戗堤轴线处河床地形总体上是左高右低，左岸主要为古河槽覆盖层台地，右岸基本为陡崖，基岩裸露。河床覆盖层厚10～40 m，主要由块石、砂卵砾石及碎石夹粉质黏土组成。

考虑左岸古河槽覆盖层台地，覆盖层抗冲流速较小，而右岸多为基岩，相对抗冲流速大。在相同流量及河床覆盖层抗冲流速条件下，如考虑龙口设置在左岸，预进占长度受限，龙口宽度相对较大，合龙抛投工程量及合龙抛投强度均较大。同时从现场施工道路及地形条件分析，右岸地形相对陡峻，施工道路布置困难。为降低截流难度，因此选择龙口设置于右岸、从左岸向右岸推进的方式。

3.5.2 龙口宽度确定

预留龙口的合理宽度以预进占材料少流失、覆盖层不被冲刷为原则，另外应尽量减少龙口抛投工程量，降低截流施工抛投强度，缩短合龙历时。根据截流水力学计算成果并结合水工模型试验成果，确定龙口宽度为45 m。

3.6 龙口分区

根据水力学计算成果并结合龙口布置情况，截流戗堤分为非龙口段和龙口段。非龙口段为左岸预进占段，长约为22.7 m，右岸裹头段，长为9.50 m；龙口段宽45.0 m，分为Ⅰ、Ⅱ两个区，分区情况如下：

Ⅰ区：龙口宽45～15 m，抛投材料主要采用粒径0.7～1.5 m的块石混合料及串联钢筋石笼料，并辅以一部分石渣料。

Ⅱ区：龙口宽15～0 m，抛投料主要采用粒径1.1 m以下的块石混合料，并辅以一部分石渣料。

合龙施工分区见图2。

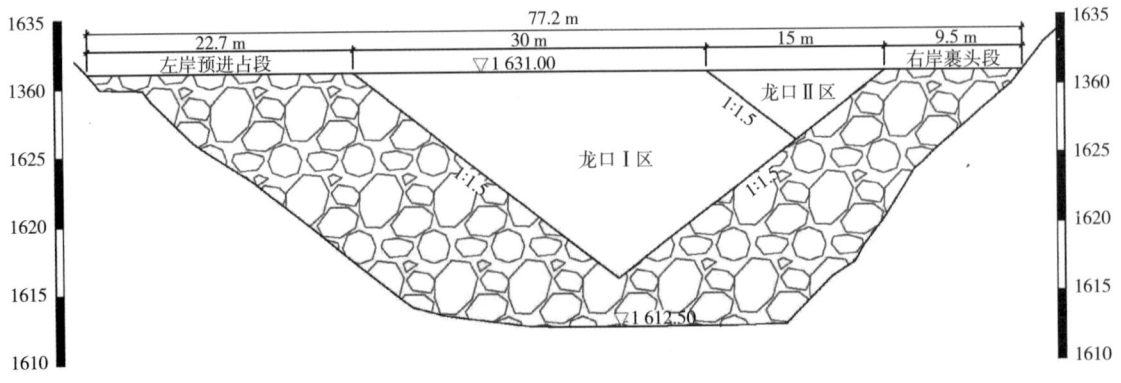

图2 龙口分区示意图

3.7 截流备料

3.7.1 截流备料设计

根据规范，立堵截流抛投体质量可按式（2）和式（3）计算：

$$d = \left(\frac{v_{\max}}{k\sqrt{2g\dfrac{\rho_m - \rho}{\rho}}} \right)^2 \quad (2)$$

式中：d 为抛投体粒径，折算成圆球体的直径，m；$v_{\max}$ 为龙口平均流速，m/s；k 为综合稳定系数；g 为重力加速度，m/s²；ρ_m 为抛投体的密度，t/m³；ρ 为水的密度，t/m³。

$$W = \frac{\pi}{6} d^3 \rho_m \quad (3)$$

式中：W 为立堵截流抛投体质量，t。

采用上述方法计算的截流抛投料粒径及质量与流速关系见表4。

表4 截流抛投料尺寸与流速理论关系

平均流速/(m/s)	2	2.5	3	4	4.5	5	5.5	7	8.3
抛投体最小粒径/m	0.16	0.25	0.35	0.63	0.8	0.98	1.19	1.93	2.71
抛投体最小质量/kg	5.3	20.3	60.6	340.2	689.7	1 297.8	2 299	9 772	27 156
材料类型	石渣			中石		大石		特大石、人工材料	

通过粒径计算，结合龙口分区情况、开挖料岩石特性，截流抛投物天然料选择石渣料、中石及大石，人工材料以钢筋石笼为主、辅以少量混凝土四面体。根据截流水力学计算成果及分流条件恶化的实际情况，截流特殊材料（钢筋石笼）占龙口总备料量15.6%，龙口不同分区的抛投材料数量见表5。

表5 截流戗堤设计抛投材料汇总

抛投分区	龙口宽度/m	抛投材料/m³				
		石渣 0.1~0.3 m	中石 0.3~0.7 m	大石 0.7~1.1 m	钢筋石笼 2 m³/个	合计
左岸预进占	22.7	15 777	2 000	724	276	18 777
右岸裹头	9.5	6 098	3 000	376	200	9 674
龙口Ⅰ区	45~15	2 346	1 200	2 891	2 400	8 837
龙口Ⅱ区	15~0	605	0	787	200	1592
龙口抛投设计量		9 049	4 200	4 054	2 800	20 103
备料系数		1.5	1.5	1.8	1.8	—
龙口备料量		13 574	6 300	7297	5 040	32 211

3.7.2 备料场地选择

为应对分流条件恶化后高水力学指标截流难度大的情况，截流备料场地紧靠戗堤就近布置。截流所需石渣、中石及大块石从左岸水垫塘边坡开挖料（高程1 667~1 632 m）及吉介土弃渣场挑选合格材料提前预备于左岸坝肩空旷场地（平台高程1 630 m）；钢筋石笼笼体在吉介土弃渣场制作，在吉介土弃渣场及左岸坝肩空旷场地装填形成钢筋石笼；混凝土四面体于前期临时拌和系统附近挑选合适位置进行预制，提前转运至左岸坝肩空旷场地堆放。

3.7.3 实际备料工程量

截流实际备料量见表6。

表6 截流实际备料汇总表

备料场地	石渣/m³ 0.1~0.3 m	中石/m³ 0.3~0.7 m	大石/m³ 0.7~1.1 m	钢筋石笼/个 2.0×1.0×1.0 m/个	混凝土四面体/个 10 t/个
左岸坝肩备料场	16 000	8 000	8 000	805	4
右岸裹头平台	—	—	—	24	
右岸坝肩	8 000	4 000	4 000	—	
吉介土	—	—	—	1 691	
合计	24 000	12 000	12 000	2 520	4

3.8 截流交通规划

为满足分流条件恶化工况下快速截流施工需要，从左岸低线道路坝肩附近修建一条截流道路至戗堤左岸，截流戗堤往上游导流洞方向开挖一条道路经上游围堰试验区至左岸坝肩开挖工作面，与下游截流道路连接形成1条环形道路。截流道路宽12m，采用泥结碎石路面，截流施工过程中布置双向三车道（2条重车进车道，1条空车回车道）。

截流施工主要材料运输路线见表7。

表 7　裹头及截流主要材料运输路线表

抛投位置	抛投材料	运输路线	运距/km
左岸龙口	石渣、块石、钢筋石笼(部分)	左岸坝肩临时备料场→左岸下游低线道路→截流道路→截流戗堤龙口→上游围堰试验区→左岸下游低线道路→左岸坝肩临时备料场	0.95
左岸龙口	钢筋石笼(部分)	吉介土弃渣场→左岸上游低线道路→截流道路→截流戗堤龙口	3
右岸裹头	石渣、块石	右岸坝肩开挖料→右岸上游低线道路→右岸裹头处	0.2
右岸裹头	钢筋石笼	吉介土弃渣场→左岸上游低线道路→上游悬索桥→右岸上游低线道路→右岸裹头处	3.5

3.9　截流设备配置

3.9.1　龙口设计抛投强度

戗堤设计顶宽 30 m，考虑同时 4 个抛投点。龙口合龙段设计抛投量 20 103 m³，计划 24 h 合龙，平均抛投强度为 838 m³/h，最大抛投强度为 1 076 m³/h。

3.9.2　龙口实际抛投强度

按照戗堤顶高抬高至高程 1 631.0 m，顶宽约为 30 m，布置四车道同时卸料，理论最大抛投强度为 1 076 m³/h，现场实际最大抛投强度达 1136 m³/h。

3.9.3　截流主要施工设备配置

根据理论最大抛投强度 1 076 m³/h 配置挖装运等设备并考虑一定的安全富余。挖装主要选用 2～3 m³ 的挖掘设备，大石选用 CAT349 等反铲挖机挖装，钢筋石笼与混凝土四面体选用 25 t、50 t 汽车吊吊装。为了保证抛投物料的及时就位，在堤头布置 2 台大功率的 CATD8T 推土机。截流实际投入主要施工设备见表 8。

表 8　截流实际投入主要施工设备统计

名称	规格及型号	数量/台
挖掘机	CAT349,2.6 m³	5
	PC400,2.0 m³	2
装载机	山东临工 ZL50,2.5 m³	3
自卸汽车	中国重汽,25 t	60
推土机	CAT D8T,259 kW	2
汽车吊	QY16,25 t	2
	QY25,50 t	1
	QY70,70 t	1
平板拖车	40 t	1
振动碾	自行式振动碾,18 t	2

3.10　预进占及裹头施工

2021 年 10 月 1 日启动截流道路及左岸预进占施工，料源取至左岸坝肩开挖料，预进占施工采用 2～2.6 m³ 挖掘机装渣，25 t 自卸汽车运至戗堤端头，采用自卸汽车后退卸料、推土机配合的抛填方式。戗堤预进占抛投结束后及时进行堤头防护施工。本工程预进占期间导流洞不分流，堤头流速超 3 m/s，每班预进占完成后及时抛投大块石及少量钢筋石笼进行堤头防护；预进占至设计位置后，堤头流速超 5 m/s，戗堤采用钢筋石笼串作裹头保护，保护水位以下预进占戗堤不被水流冲刷淘空。

根据本工程坝址地形条件，右岸地形较陡，地形坡度一般为 40°～55°，其中坝址中部高程 1 720.00 m 以下为临河陡崖，在设计分流能力工况下，预进占期间堤头流速不到 4 m/s，小于右岸岸坡抗冲流速，原设计不考虑进行右岸堤头防护；实施阶段分流条件恶化工况下预进占至设计位置后，堤头流速超 5 m/s，合龙期间堤头最大流速达 8.29 m/s，为防止右岸边坡冲刷或垮塌，及时新增 1 条右岸上游低线道路连接右岸坝肩开挖工作面及戗堤右岸堤头，左岸预进占过程中同步进行右岸裹头施工，右岸进占及裹头长度 9.5 m，采用钢筋石笼串作裹头保护。预进占及裹头施工前原测水深为 15.80 m，左岸预进占和右岸裹头施工完成后，底部左右连通，形成三角形断面，河床抬高，实测水深 8.0～9.0 m。

3.11　坝肩开挖形成双戗堤进占分担落差

按原工程整体规划，右岸坝肩(坝 0－41.70～坝 0＋160.00 m)开挖至 1 682 m 高程后将暂停实施，待截流完成后进行下部开挖。实施阶段分流条件恶化工况下龙口总落差 6.38 m，龙口流速大、水深大、单宽功率高，为应对此不利影响，截流前对右坝肩 1 682～1 652 m 高程实施爆破开挖，开挖渣料随戗堤进占同步往河心进占，变相地在戗堤下游约 140 m 处形成一道子戗堤，用于分担龙口总落差，减小合龙过程中戗堤上下游水位落差，减小合龙单宽功率，降低合龙难度。

4　结语

TB 水电站截流流量为 896 m³/s，龙口最大流速达 8.29 m/s，龙口总落差 6.38 m，其截流水力学指标位居同类工程前列，通过上述截流要点的规划与实施，克服了分流条件恶化带来的系列挑战，经过 5 个多小时的努力，截流戗堤顺利合龙，提前实现大江截流目标，提出的各项截流实施要点可供后续类似工程参考借鉴。

某水库大坝除险加固经验探讨

杨世武，石勇

(贵州省黔东南州水利电力勘察设计院，贵州凯里，556000)

摘要：文章以某水库定向爆破填筑和人工填筑的堆石坝除险加固过程为研究对象，通过分析其各阶段的坝体险情及原因、防渗处理设计方案，得出该水库大坝除险加固经验。该堆石坝组成复杂而存在坝体不均匀变形及渗漏严重的问题，经过坝轴线以上坝体充填灌浆、坝面铺设土工膜、截流墙轴线处帷幕灌浆等3次除险加固，历时20余年，最终解决了大坝渗漏问题。该水库大坝验证了定向爆破填筑堆石坝技术，探索了堆石坝坝面土工膜防渗技术，可为类似项目提供参考。

关键词：除险；加固；防渗；爆破；填筑；渗漏；灌浆

0 引言

定向爆破筑坝首创于前苏联的截流工程的其他水坝，我国自1958年起开始研究并直接用于修建永久性蓄水坝工程。二十世纪六七十年代国内采用定向爆破筑坝技术修筑了一批爆破堆石坝，由于爆破筑坝堆石体组成复杂，该期防渗技术也满足不了堆石坝的要求，其渗漏非常严重，不能很好地发挥水库功能。由于爆破堆石体(及未经科学施工的人工填筑堆石体)变形不均匀，坝体防渗是一个技术难题，导致现在水利工程大坝基本不采用定向爆破筑坝技术。

某水库大坝已通过爆破和人工完成坝体填筑，坝体存在不均匀变形和渗漏问题。除险加固过程中，利用充填灌浆解决了堆石坝坝体不均匀变形的问题，利用坝面土工膜防渗解决了堆石坝的渗漏问题，有别于目前国内堆石坝通过分层碾压控制不均匀变形及采用钢筋混凝土面板防渗的技术。虽然水库大坝已成功除险加固与正常蓄水发挥效益至今已有10余年，但是该坝处理技术仅为个例且蓄水时间不长，还需进一步通过工程案例验证。

1 基本情况

某水库大坝采用定向爆破结合人工填筑坝体，1978年动工兴建，1989年初步建成。该坝在试蓄水期间发现病险，随后20余年经历3次除险加固，最终水库大坝成功消除病险后正常蓄水。

1.1 坝体结构及地质条件

某水库集雨面积13.8 km², 总库容328万 m³，小(1)水库，大坝为堆石坝，坝顶高程700.00 m，正常蓄水位696.50 m，最大坝高38 m，坝顶长度140 m，坝顶宽5.0 m，坝底宽174 m。坝基置于砂砾石层上，上游设混凝土截流墙，坝基(肩)未设防渗帷幕，664.50～700.0 m为坝体，658.06～664.50 m为砂砾石层，658.06 m以下为基岩。坝体结构具体见图1。

坝基地质条件：岩层倾向上游偏右岸、倾角32°左右；未发现顺河向的断裂；地表岩体节理裂隙发育，岩体风化破碎；地层为上板溪群清水江组(Pt3q)的灰色绢云母板岩、变余砂岩，及第四系(Q)的砂砾石层；地下水以基岩裂隙水型式赋存、运移于岩体中，坝基岩体透水率较大、相对不透水层埋深20 m左右(控制标准为5 Lu)。

1.2 施工情况

工程于1978年10月动工，采用定向爆破填筑和人工填筑施工大坝。1981年7月完成大坝主坝体填筑，同年缓建。1986年底恢复建设时，采用塑膜防渗斜墙，并将此项目列为"七五"计划期间的科研项目。工程于1989年1月12日竣工，同年6月开始蓄水试运行。

施工时，爆破填筑未能达到原爆破设计要求，仅少部分岩体直接填入设计堆积区域，且填筑高度仅为3 m左右，未经碾压，填筑质量差。后采用人工搬运爆破散落的岩石(体)上坝填筑，未经筛选、自然堆放、分层(厚薄随意)不严格，再采用人工原始夯锤夯实(夯实能量小)，填筑质量差。左坝段部分坝体直接采用覆盖层作填筑料。677.5～700.0 m的坝体为人工填筑加高部分，664.40～677.5 m的坝体为爆破填筑堆积体。

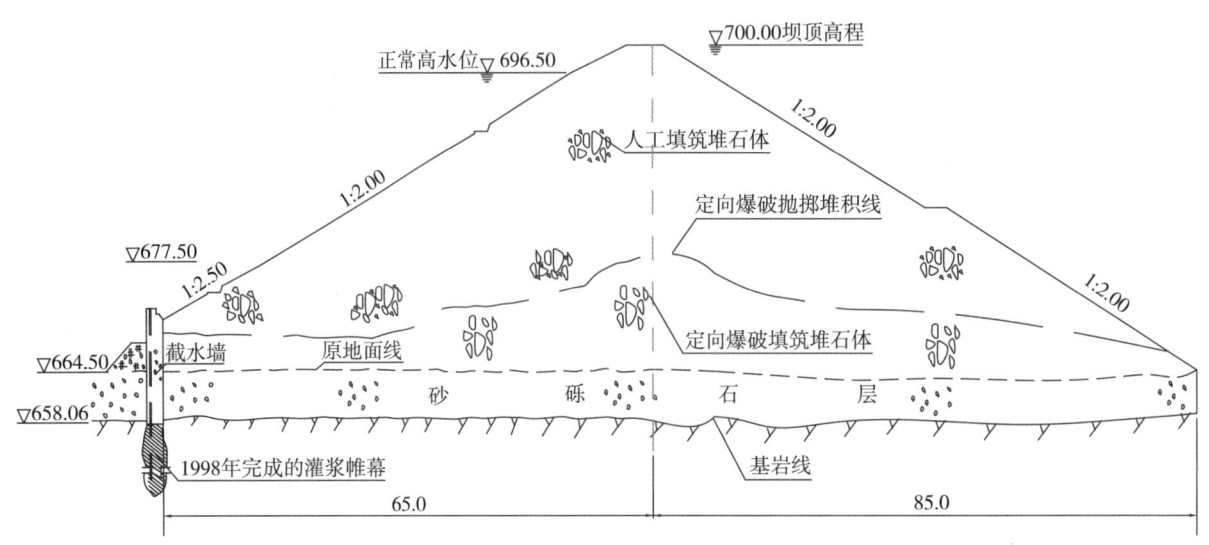

图 1　原某水库大坝设计剖面示意图

2　第 1 次除险加固

该除险加固时间段为 1997 年至 1999 年。

水库试蓄水 2 年后出现险情,然后降低水位蓄水。由于资金短缺直至 1997 年才开始除险加固工作,1997 年 3 月完成充填灌浆试验及除险加固设计工作,1997 年 8 月开始施工,1999 年底基本完工,2000 年 3 月试蓄水。

2.1　坝体病险

水库运行初期大坝防渗体就出现多处局部沉降变形,但坝体、坝基的渗漏量小。

1991 年 7 月 14 日(开始试蓄水 2 a 后),库水位达到 696.55 m(高于溢流堰顶 5 cm),大坝防渗体发生较大变形,坝下游出现大量集中渗漏,总渗漏量达 0.3 m³/s;水库放空后发现,防渗体与上游截水墙结合处塑膜被拉断 56 m,周边截水墙及坝面结合处塑膜被拉断 17 处、总长 42 m。

出现险情后,水利行业主管部门为防止坝体失稳,采取降低库水位的控制措施,自 1991 年 7 月 14 日至第一次除险加固完成前水库保持库水位在 665～677 m 之间。低水位蓄水期间,水库出现两次被动蓄水至正常蓄水位的经历,坝身发生短期较大流量的渗漏,但坝坡未见失稳迹象。发生时间分别为 1993 年 6 月 25 日及 1995 年 7 月 12 日,坝后渗漏量分别达 0.3 m³/s 及 0.35 m³/s。

经勘察:坝体堆石体颗粒级配不连续,直径小于 4 cm 的颗粒含量为 58%～66%,细粒含量较多,孔隙率为 40%～45%,孔隙率大;左坝段采用覆盖层作填筑料,细颗粒含量高,且黏土颗粒含量达 7%～8%。

2.2　坝体病险原因分析

病险原因:在试蓄水初期,由于坝体填筑质量差且坝面防渗体不满足防渗要求,导致坝体发生不均匀沉陷和局部塌陷变形;低水位蓄水期间,在坝面防渗效果差的情况下,坝身下部经历了长达六年的坝身过流(2 次被动蓄水时,坝身上部也过流),该部分坝体长期(坝身上部短期)受到水流冲蚀淘刷,坝体内的细颗粒逐步被带走,导致坝体部分区域呈架空状态;被架空的坝体区域在水压力作用下加速沉降变形,导致置于架空体之上的防渗体再次发生不均匀沉陷和局部塌陷变形,从而导致防渗体进一步拉裂破坏。

以上原因导致坝身沉降变形,引起坝体防渗体系失效而渗漏严重。

2.3　防渗处理设计

2.3.1　充填灌浆试验

出现险情后,为了做好除险加固,1997 年 1 月采取了坝体充填灌浆试验。

试验过程中,当浆面水力坡降大于 0.1 时,浆面在坝体孔隙中的流动速度为 0.05～0.067 m/s,在观测孔口能清晰地听到浆液流动声响,说明坝体孔隙率大,浆液流动顺畅。充填灌浆试验后,试验区域内的 671.40 m 以下部分坝体得到充分填充密实,试验区灌前坝体 CT 大功率声波波速为 400 m/s 以下,填充密实后坝体 CT 大功率声波波速为 600 m/s 以上。

灌浆试验后,当时的设计单位及相关部门认为:坝体可灌性好,充填灌浆可以达到填充坝体目的,通过合理设计最终能防止上游坝面(及坝轴线以上坝体)不均匀沉陷,从而能确保蓄水后防渗体不被拉裂破坏，达到除险加固目的。

2.3.2 防渗处理设计

针对险情，结合充填灌浆试验成果，设计单位对坝体进行防渗处理设计。防渗处理设计以坝轴线上游坝体充填灌浆为主，同时对原塑膜破裂处进行修复，沿上游截水墙中心进行帷幕灌浆。

坝体充填灌浆设计如下：灌浆孔布置于坝轴线上游坝体，平面呈梅花形布置，排距为 6 m，坝体中部孔距 8 m，坝与岸坡连接处附近（重点处理部位）和第 10 排孔（限浆墙）孔距为 4 m；总孔数为 136 个孔，共 10 排孔，总进尺为 5 344.5 m；浆液材料采用水、水泥、黏土、砂，视情况掺水玻璃；Ⅰ序孔采取自下而上灌浆、灌浆段长 1～2 m，Ⅱ序孔采取自上而下、灌浆段长 3～5 m；灌浆孔口压力 0.02～0.05 MPa。

3 第 2 次除险加固

该除险加固时间段为 2003 年至 2010 年。

由于前期资金短缺、对病险原因认识不足、对处理方案研究不透等原因，处理不彻底，水库试蓄水 2 年后又出现新的险情，2003 年再次进行除险加固。2003 年底完成除险加固的初步设计报告，2008 年完成除险加固的实施方案报告，2009 年开始施工，2010 年基本完工，2011 年 3 月试蓄水。

3.1 坝体病险

试蓄水期间发生险情。坝体渗漏严重，库水位 696.50 m 时总渗漏量达 0.3 m³/s，渗漏量大小与库水位高低正相关，同样库水位时渗漏量随时间呈增大趋势，渗流主要以坝体渗漏为主。水库放空后，2002 年 11 月 23 日上游坝面发现 30 多处较大规模的塌坑，其中最大的塌坑前缘高度达 0.72 m。

后经勘察，坝体堆石体孔隙率为 25.0%～30.0%（较一次病险时小，第一次除险加固的充填灌浆有填充效果）；人工填筑部分坝体渗透系数为 7×10^{-3} cm/s，爆破堆筑部分坝体渗透系数为 8.6×10^{-2} cm/s。

3.2 坝体病险原因分析

经过 2 a 多的试蓄水后，坝体再次出现险情，说明前期防渗处理未达到除险加固的目的。本次病险原因和第 1 次病险原因基本一致，同时坝体与岸坡连接的截流墙轴线未设防渗帷幕，导致原防渗体系不是封闭的防渗体系。

3.3 防渗处理设计

在 1997 年坝体充填灌浆处理灌浆的基础上，本次除险加固采用上游坝面防渗、沿坝基（肩）截流墙作坝基及坝肩帷幕灌浆。上游坝面防渗具体为：坝面采用"二布一膜"，土工膜与周边的趾墙和防浪墙咬接嵌固。沿坝基（肩）截流墙作坝基及坝肩帷幕灌浆具体为：帷幕孔沿截流墙中轴线布置，向左岸延伸 60 m、向右岸延伸 30 m；共 110 孔，孔距 3 m，有效进尺为 2 764 m。

4 第 3 次除险加固

第 2 次除险加固基本完工后，试蓄水时又出现小的险情。除险加固时段主要为 2011 年 10 月至 2012 年 5 月，2012 年 6 月水库试蓄水。

4.1 坝体病险

水库试蓄水过程中，在大坝下游厂房左后侧有多处漏水点（其中两处渗漏量较大），当库水位高程 684.2 m 时，渗漏量为 3.47 L/s；当库水位 688.0 m 时，渗漏量增至 15.05 L/s；渗漏量有随库水位增高而加大的趋势。经水库放水至死水位后检查，右岸截水墙与坝体连接部位（高程 673.0～686.0 m）多处坝面塌陷，沉降位移 3～20 cm，其中高程 673.0～676.6 m 带塌陷最严重，土工膜被拉裂；水平段截水墙与坝体结合部位出现塌陷现象，沉降位移 3～15 cm，局部土工膜被拉裂；左岸截水墙与坝体连接部位（高程 675.0～676.0 m）有凹陷现象。

4.2 坝体病险原因分析

经勘察，坝前水平段截流墙混凝土（实为混凝土、埋石混凝土、局部为混凝土砌石）质量差、其透水率为 11.5～50.4 Lu；两肩截流墙高度为 0.5～1.0 m，局部达不到原设计厚度，且局部不密实；截流墙与基岩接触段的帷幕灌浆质量差。导致水库蓄水后，库水沿截流墙渗入坝体带走细小颗粒，导致坝体局部凹陷和塌陷变形，将局部土工膜拉裂。

4.3 防渗处理设计

处理方案：在原坝前截流墙前新建 C15 混凝土截流墙，截流墙基础开挖至基岩，截流墙顶部高程为 671 m，新截流平均高度为 15 m，墙宽为 2 m，总长为 70 m；对局部两岸截流墙不合格段进行重新修建；对沿新截流墙中轴线进行帷幕灌浆或补充帷幕灌浆；对塌陷坝面进行翻修，对破坏的土工膜进行修复。

4.4 处理效果

最后一次除险加固后至今运行 10 余 a，水库正常蓄水，发挥效益。同时该水库最后依据《水利水电建设工程验收规程(SL223—2008)》完成了分部工程验收、单位工程验收、合同工程完工验收、最后通过竣工验收。至今未出现险情，每年左岸溢洪道溢流 1～2 次。

5 建设过程中的经验

本水库大坝建设及除险加固时间周期长，投入了大量的人力和资金成本，教训是深刻的，但作为科学试验坝，还是有一定的价值（经验）。

（1）定向爆破筑坝技术经验。本水库大坝为定向爆破筑坝技术积累了一定的经验，证明了当时爆破技术直接填筑堆石坝质量可控性差。由于技术局限性，二十世纪以后定向爆破筑坝技术逐步退出水利工程大坝建设舞台，未来爆破技术及碾压机具技术突破后，可以继续探索和发展定向爆破＋碾压填筑堆石坝坝体技术。

（2）堆石坝防渗技术经验。爆破堆石体组成复杂、不具防渗效果，必须采取科学的防渗方式。国外有水库大坝利用土工膜心墙对堆石坝进行防渗，并取得成功，如：老挝色萨拉龙灌溉工程的挡水坝采用复合土工膜心墙堆石坝，其高大坝高21 m、坝顶宽5 m、坝顶长度1 793 m，上下游为堆石区，中间为0.8 mm厚的复合土工膜防渗；柬埔寨斯登沃代一级水电站拦河主坝属2级建筑物，主坝自右向左为右岸回车场20.0 m、右岸接头复合土工膜心墙堆石坝段长80.0 m、混凝土重力坝段长168.47 m、左岸复合土工膜心墙堆石坝段长71.53 m，左岸接坝最大坝高19.5 m，右岸接头坝最大坝高29.5 m。本水库大坝利用土工膜对堆石坝防渗，虽然是一种不得已的办法，但是开创了一种先河，值得下步根据水库运行情况对此防渗方案进一步研究。

6 结论

综上所述，本水库大坝通过坝体充填灌浆和坝面土工膜防渗解决了定向爆破堆石坝的不均匀变形和渗漏问题，最终成功消除了大坝的病险。坝面土工膜防渗堆石坝属于一种新的探索，为类似项目除险加固提供了一定的参考依据，也为水利工程大坝防渗提供了一种新思路。

笔者认为，针对水利工程的建设现状，今后可从以下2个方面进行探索：探索分次定向爆破结合先进碾压设备进行堆石坝填筑；探索多种堆石坝坝体防渗研究，如土工膜坝面防渗堆石坝、沥青心墙防渗堆石坝、黏土斜墙防渗堆石坝等。

参考文献：

[1] 董鸿瑜,张若冰.定向爆破技术在筑坝工程中的应用[J].安徽建筑工业学院学报(自然科学版),1999,(3):44-46.

[2] 谢庆明,李照,彭清华.爆破堆石坝除险加固防渗处理与设计[J].海河水利,2014,(6):20-23.

[3] 胡平.某水库除险加固灌浆施工报告[R].凯里:贵州省黔东南州水利电力勘察设计院,1997.

[4] 某水库除险加固工程竣工验收委员会,某水库除险加固工程竣工验收鉴定书[R].凯里:黔东南州水务局,2021.

[5] 韩庆杰,朱福余.灌溉工程复合土工膜心墙堆石坝防渗施工技术[J].技术与市场,2014,21(9):214-216.

[6] 望燕慧.柬埔寨斯登沃代一级水电站复合土工膜心墙堆石坝设计与施工[J].红水河,2012,31(5):1-4.

DG 水电站多断层基坑梯段爆破开挖试验

蔡畅，向前，沈国武

(中国水利水电第九工程局有限公司西藏建设工程有限公司，西藏拉萨，850000)

摘要：由于 DG 水电站地处高海拔地区，左右岸坝基和河床坝段均发育断层破碎带，同时该地区空气稀薄，为确保基坑爆破开挖施工质量，减少爆破对周围非开挖岩体的扰动，对大坝基础进行了梯段爆破试验，并采取了建基岩体开挖爆破松弛深度检测。经检测岩体所有控制点爆前、爆后声波波速的平均衰减率均满足规范要求，开挖清理整体效果好。结果表明，合理的爆破参数能够有利于基础开挖成型，该技术可供类似工程借鉴。

关键词：DG 水电站；高海拔；断层；破碎带；爆破；试验

1 概述

DG 水电站位于西藏自治区山南地区，为二等大(2)型工程，开发任务以发电为主，水库正常蓄水位 3 447.00 m，相应库容 0.552 8 亿 m³，电站坝址控制流域面积 15.74 万 km²，多年平均流量 1 010 m³/a，电站装机容量为 660 MW。

DG 水电站处于高海拔（坝顶高程 3 451.00 m）、低气压（多年平均气压为 685.5 hPa）、气候干燥（多年平均相对湿度为 51%）施工环境恶劣，稀薄的空气将直接影响到施工的效率。

坝址岩体主要为坚硬的黑云母花岗闪长岩，弱风化上段岩体以Ⅲ2类岩体为主，局部强卸荷带为Ⅳ类岩体，弱风化下段岩体以Ⅲ1岩体为主，局部蚀变带为Ⅲ2类岩体，微风化以Ⅱ类岩体为主。根据地面地质测绘及平洞资料，坝址构造发育，主要构造形迹有断层、节理等。共发育Ⅱ级结构面 6 条，Ⅲ级结构面 37 条，Ⅳ级结构面 23 条，主要以 NNW、NNE 向为主，多为陡倾角结构面，带内一般由碎块岩、碎裂岩、岩屑及泥膜组成。

2 试验目的

(1) 采集爆破施工效果，确定安全、合理的基本爆破参数。

(2) 确定最佳的爆破参数，为大坝基础开挖提供施工依据，指导后续爆破施工。

(3) V 测试开挖前、后岩体松弛深度检测，确定开挖爆破松弛深度和影响带，为河床坝基建基面验收提供基础数据。

3 试验场地及参数设计

3.1 试验场地选择

根据各工作面开挖进度和结构布置情况，爆破试验场地选在左岸 5#坝段 EL3 345 平台进行爆破试验。爆破试验选取两块试验区块，单块试验区长 12 m，宽 9.2 m，试验区合计面积 220.8 ㎡；实验前开挖先锋槽(长 24 m×宽 4 m×高 5.5 m)便于进行试验区的钻爆试验。

3.2 爆破试验参数

考虑基坑岩体断层及高原地区空气稀薄对爆破的影响，分 2 种爆破工艺进行爆破试验，根据爆破试验的效果，确定该地质条件下最佳的爆破参数。

(1) 垂直浅孔梯爆破+预留水平光面孔分层爆破工艺。爆破开挖深度共 5 m，该方法将上部结构的 3 m 设置为竖直钻孔爆破，下部 2 m 采取水平光面爆破，垂直 3 m 段先行施工，爆破完成后再爆破下部 2 m，保护层采取光面爆破一次成型，爆破参数详见表1。

(2) 水平预裂孔+垂直浅孔梯段爆破工艺。该工艺为上部 4 m 为竖直爆破孔，下部 1 m 底部布置 1 排水平预裂孔，一次爆破开挖到位，爆破参数详见表2。

3.3 起爆网络设计

爆破网络采用孔内延时起爆，孔外延期传爆的顺序起爆网络。爆破网络连接采用导爆索，起爆网络采用电雷管激发。其爆破试验施工工艺如下：

起爆材料现场外观检查→结合爆破设计进行段别区分→孔内外段别分类→孔内段别安装→由起爆网络末端开始联接→中间部分网络联接→起爆点联接→网络检查→准备引爆器材→引爆。

在设计起爆网络时，要求预裂孔起爆前，主爆破孔孔外传爆应完成，减少拒爆因素。预裂爆破的

收稿日期：2022-03-22.

作者简介：蔡畅，重庆人，工程师，从事水利水电工程项目施工技术与管理工作.

表 1　垂直浅孔梯段爆破＋预留水平光面分层爆破参数

炮孔名称	钻孔参数				装药参数			孔数/个	装药量/kg	装药形式
	孔径/mm	孔距/cm	孔深/cm	药径/mm	单孔药量/kg	装药密度/(g/m)	堵塞长度/cm			
主爆层竖向爆破孔	90	200/220	300	70	6	—	150	22	132	连续装药
保护层水平主爆孔	70	150/180	920	32	7.8	—	140	8	62.4	连续装药
保护层水平光面孔	70	60/75	920	32	1.7/1.95	185/212	80	19	31.15	间隔装药

表 2　水平预裂孔＋垂直浅孔梯段爆破参数

炮孔名称	钻孔参数				装药参数			孔数/个	装药量/kg	装药形式
	孔径/mm	孔距/cm	孔深/cm	药径/mm	单孔药量/kg	装药密度/(g/m)	堵塞长度/cm			
竖向爆破孔	90	200/220	400	70	8	—	200	22	176	连续装药
水平预裂孔	70	60/75	920	32	1.95/2.25	185/245	80	18	75.6	间隔装药

起爆采用导爆索，与主爆破孔一同爆破时，预裂孔超前主爆破孔 150 ms[1]。

预裂爆破孔先于相邻梯段爆破孔起爆的时间大于 75～100 ms[2]，本次试验预裂孔先于梯段爆破孔起爆时间为 150 ms。

3.4　钻孔及装药工艺试验

根据开挖岩层揭露情况，大坝基础岩体断层、节理发育，其中左岸靠下游侧岩体相对完整，右岸岩体呈弱风化状为主，上游溢流坝段部分区域主要为漂卵石及卵石。根据本工程地质岩性特点，本试验主要是探讨适合该地质条件下的最优钻孔深度、孔径、倾角的钻孔机械和正确的装药工艺。

根据现场钻孔试验结果，对于围岩较好的部位采用潜孔钻和手风钻钻孔，不容易卡钻。对于岩石破碎的部位采用液压钻钻孔效率较高、钻孔比较顺利。同时潜孔钻和手风钻在造孔时搭设样架用时较长、效率相对低下。在进行主爆孔造孔时尽量采用液压钻造孔，预留时间让潜孔钻和手风钻进行结构边线预裂钻孔，对于局部围岩较差容易卡钻的部位采用液压钻进行造孔，液压钻造孔时每个钻孔均有专人负责校核，确保钻孔精度。

炮孔装药前清除孔内粉尘，按爆破设计自下而上装入药卷，起爆体应安装在距孔底 1/3 范围以内，采用反向起爆方式，主爆孔采用连续装药，预裂孔采用间隔装药。

4　爆破试验结果

根据爆破后岩面残孔长度、岩面平整度、残孔壁完好情况等进行检查，总结如下：

（1）垂直浅孔梯爆破＋预留水平光面孔分层爆破效果与水平预裂孔＋垂直浅孔梯段爆破效果比较，垂直浅孔梯爆破＋预留水平光面孔分层爆破效果明显更好。

（2）在线装药密度 185 g/m、孔间距 60 cm 时，爆破后相邻两孔间的岩壁面整体平整，因该部位围岩局部较差，炮孔痕迹在开挖轮廓面上大体均匀分布。

（3）在线装药密度 212 g/m、孔间距 75 cm 时，爆破后相邻两孔间的岩壁面除局部凹凸不平外整体较为平整、炮孔痕迹在开挖轮廓面上均匀分布，整体爆破效果良好。

综上所述，开挖预裂爆破参数选取孔距 70 cm，孔线装药密度控制在 190 g/m～200 g/m 比较理想。

鉴于地质条件对爆破质量影响较大，在保护层开挖过程中需根据已开挖部位岩体成型情况及保护层开挖的地质条件，及时总结经验，优化爆破参数，以期达到较高的开挖质量。

5　爆破松弛深度

测试保护层开挖前后建基面岩体原位测试孔声波波速衰减率，判定岩体开挖爆破松弛深度及影响带，为河床坝基建基面验收提供基础数据，为评价开挖后爆破松弛圈深度提供重要依据，同时可为坝基固结灌浆提供重要的基础资料。

根据技术要求，各建筑物建基面部位的岩体爆前、爆后波速的衰减率不大于 10%，松弛层的厚度以爆后波速明显拐点为判别依据。

5.1　测试原理

单孔声波测试又称声波速度测井，工作示意图见图 1。采用单孔声波探头在钻孔中每间隔 20 cm 测试一次声波速度，从而得到一条沿钻孔方向从孔口到孔底随深度变化的波速曲线。该方法测出的声波纵波速度主要反映孔壁附近的岩体质量[3]。

本工区单孔声波测试采用岳阳奥成科技有限公司的 HX-SY02A 型多功能声波仪及北京智博联科技股份有限公司的 ZBL-U5700 型多功能声波仪。

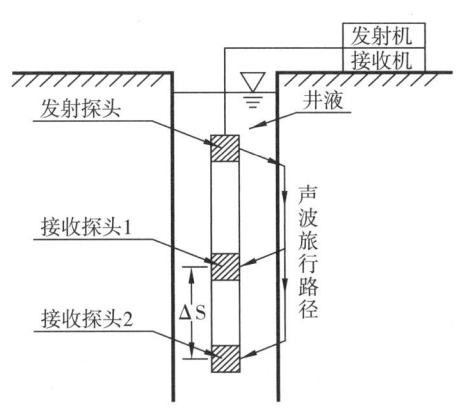

图 1 单孔声波工作示意图

声波仪采样道数为 2 道，采样间隔 0.1 μs，声时测量精度 ±0.1 μs，通频宽度 10～200 kHz。现场测试要求如下：

(1) 检测前向孔内灌满清水，并检查钻孔的畅通情况。

(2) 根据收发间距设置声波仪的延时时间为 20～40 μs，使声波首波位于显示器中部位置。采样点数设置为 1024 点，滤波设置为全通，波形存盘，发射电压选用 1 000 V。

(3) 采样时采用连发方式，待波幅、声时、频率稳定后存盘，结束测点的检测工作。

(4) 单孔声波测试点距为 0.2 m，每测试 1 m 校对一次深度。

(5) 复测工作量不小于 10%，复测声时误差不大于 5%。

5.2 单孔声波测试结果

5.2.1 波速统计

根据测试结果，爆后各孔段的平均波速随孔深整体呈增大趋势，各孔段的平均波速值均大于 4 050 m/s（Ⅲ$_1$ 类岩体波速界限）。

5.2.2 爆破松弛圈深度

各检测孔爆破松弛深度成果统计见表 3。

表 3 建基岩体开挖爆破松弛深度检测成果统计

孔号	位置	平均衰减率/%					松弛深度/m
		0～1 m	1～2 m	2～3 m	3～5 m	5～10 m	
BP30	5#坝段、EL3367.0	5.4	0.3	−0.1	0.1	0.1	1.2

5.3 爆破松弛深度结果

爆破试验区距建基面 1 m 范围内的岩体爆前、爆后声波波速的平均衰减率均小于 10%，满足设计要求，属于正常的爆破松弛破坏。爆破试验区 1 m 以下各孔段岩体爆前、爆后声波波速的平均衰减率均小于 10%，满足设计技术要求。爆破试验参数能够满足要求。

6 爆破安全

6.1 爆破飞石距离计算

在进行爆破试验时，需按照以下公式进行爆破飞石距离计算[4]。

$$R_f = 20 k_f n^2 W \quad (1)$$

式中：R_f 为个别飞石对人员的安全距离，m；n 为爆破作用指数；W 为最小抵抗线，m；k_f 为安全系数，一般选用 $k_f = 1 \sim 1.5$，取 $k_f = 1.5$。

按松动爆破控制，取 $n = 0.75$。

在爆破试验中不同爆破孔飞石安全距离计算见表 4。

表 4 爆破飞石安全距离统计

爆破类型	抵抗线 W /m	飞石安全距离 R_f/m	备注
主爆孔	1.2	20.25	仅考虑装药顶部（堵塞段）抵抗线。
预裂孔	0.8	13.5	
光面孔	0.8	13.5	

6.2 注意事项

(1) 严格执行警戒制度，做好监视工作，避免不知情人员进入警戒区。每次爆破前通过广播和口哨提醒人员、施工设备撤离警戒区，防止发生意外。

(2) 严格执行盲炮、瞎炮的处理制度，出现盲炮、瞎炮的情况，封锁现场，并派丰富经验的专业人员排险。

7 结语

本次爆破试验效果分析，根据不同的地质条件，取得了最佳的爆破参数，并将用药量和岩体破坏程度降到最低。通过爆破松弛深度检测，建基面部位的岩体爆前、爆后波速的衰减率均不大于 10%，证明爆破效果较好，满足了设计要求，可供类似工程借鉴。

参考文献：

[1] 王海雷，田克妮，谢子芳. 某水电站大坝基坑开挖爆破试验分析[J]. 低碳世界，2018.

[2] 苏海. 两河口水电站深孔泄洪洞出口槽开挖施工方法[J]. 四川水力发电，2018.

[3] 唐力. 物探方法在小湾电站坝基岩体深度方向分带中的应用[J]. 云南水电技术，2009.

[4] 程康，祝文化，王清华. 岩土开挖工程爆破[M]. 武汉：武汉理工大学出版社，2008.

超深抛石挤淤施工技术应用

石景建,吴晓祥,熊曼丽,罗婵英

(中国水利水电第九工程局有限公司工程总承包公司,贵州贵阳,550081)

摘要:抛石挤淤法适用于厚度小于 3 m 的软土层和常年积水且不易抽干的湖、塘、河流等积水洼地,以及表层无硬壳、软土的液性指数大、层厚较薄、片石能沉达下卧硬层的情况。本文以"贵安新区 ZX－01－02/07/10 地块配套工程项目"为依托,通过分层抛石挤淤、分层振动碾压对厚度 1～5 m 的软弱地基进行加固处理,并对加固处理后的压实度进行检测,从而得出超深抛石挤淤的地基加固效果,可在其他类似项目中进行推广应用。

关键词:抛石;挤淤;软土;压实度

0 引言

抛石挤淤为强迫换土的一种形式,通过在软黏土中抛入较大的片石、块石,使片石、块石强行挤出软黏土并占据其位置,以此来提高地基承载力、减小沉降量,提高土体的稳定性。抛石挤淤法可分为整式压载挤淤、散式挤淤 2 种,分类如图 1 所示,本文所述属于接底式的整式压载挤淤。

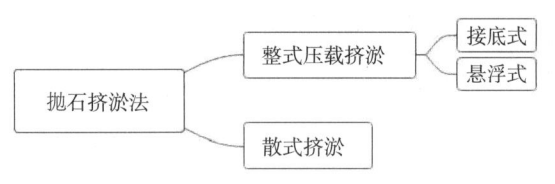

图 1 抛石挤淤法分类

1 工程概况

贵安新区 ZX－01－02/07/10 地块配套工程,位于贵安新区已建的兴安大道以西、天河潭大道以北、拟建的西纵线以东。项目为 II 类场地,抗震设防烈度为 6 度,设计基本地震加速度值为 0.05 g,设计特征周期 0.35 s,设计地震第 1 组区。场区分布有 1 条南北流向的车田河,水量受季节及降水影响较大,丰水期流量大,平水期水量小,该河流自场区北侧向南径流,在拟建场区南部变宽形成堰塘状,宽度最大达到 20.0 m,水深一般 0.5～1.5 m,局部深达 6.0 m,淤泥质土厚度 0.5～5.0 m。本文主要从工艺原理、流程、要求、操作要点、材料设备、质量控制、应用效果等方面进行阐述,研究超深抛石挤淤在软弱地基的加固效果,以便在其他类似项目中进行推广应用,需要注意的是,对于淤泥质土厚度<1.0 m 直接挖除外运,挖除和挤出的淤泥质土不得用于场地填筑。

2 工艺原理

抛石挤淤是对含水量高,孔隙比大,透水性弱,抗剪强度低的软土地基,利用振动碾压机器,加入片石,对片石进行振动碾压,淤泥质黏土由于受振动、挤压等原因,土体结构产生破坏,当片石被挤入后,土粒颗粒重新调整,孔隙水通过片石排出,孔隙水压力消散,土体有效应力得到增加,使下卧层的淤泥质黏土的性质得到改善。通过置换挤密作用,使片石充分挤填到软土中,形成片石垫层,以提高地基承载力,减少沉降,且片石本身具有良好的透水性,因此可加速地基固结,使淤泥质黏土的结构强度得到恢复和提高。

2.1 散式挤淤

在厚度≤3 m,不排水剪切强度<2kPa 的稀软淤泥中,可通过散抛碎石的散式挤淤方式,依靠单块块体(块径不小于 0.3 m)的自重或再借外力的振碾,使抛填体沉入到淤泥中,形成以块石为骨架中间充满淤泥的复合地基。对于四周呈封闭状的淤泥,经抛填、吸淤、碾压后,填筑体能形成接底的较为稳定的置换地基,并有较高的承载能力和较小的变形性。散式挤淤中抛填体必须下沉到底的硬土层中,石料层层挤压成稳定的承重骨架,才能作为垫层使用。

2.2 整式压载挤淤

整式压载挤淤由于填筑体整体一起沉入淤泥中,因此除与淤泥交界面外,填筑体内部不混有淤泥,整式压载挤淤的形式有悬浮式和接底式。

收稿日期:2022-03-22.

作者简介:石景建,湖南邵东人,高级工程师,从事建筑工程项目施工管理工作.

（1）悬浮式。在沉或差异沉降要求不高、上部荷载不大的情况下，可采用悬浮式结构。

（2）接底式。结构整体性好、承载力高，本项目采用的就是接底式整式挤淤，在淤泥较薄的情况下，应尽可能使填筑体挤至硬运动场支面上。

3 工艺流程

施工工艺流程如图2所示。

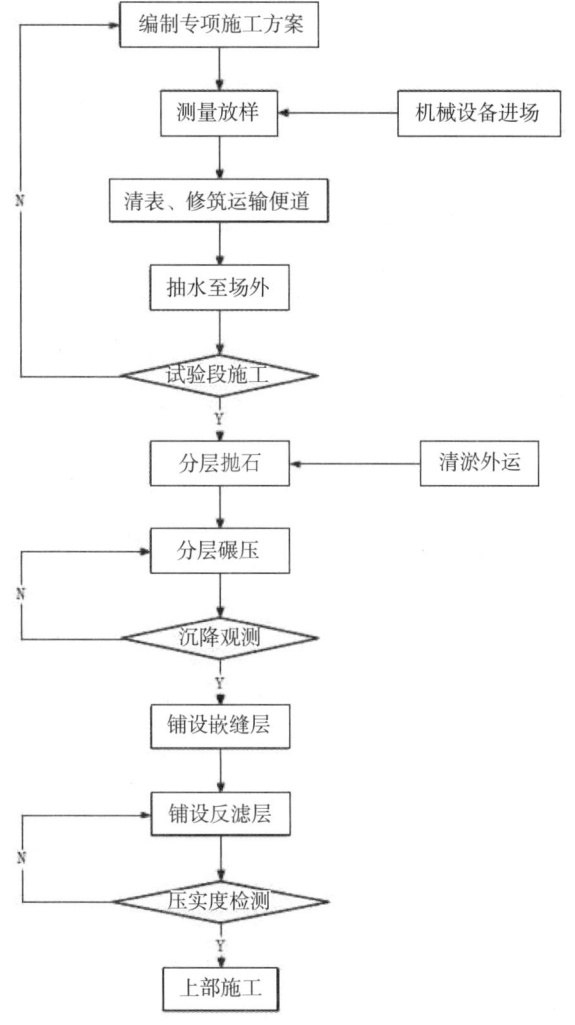

图 2 施工工艺流程

4 工艺要求

（1）抛填。总体施工顺序从车田河上游往下游进行，针对南部的大范围鱼塘提前进行专项施工。在地势平坦的地段，从中心位置向四周抛填，渐次向四周对称抛填至全宽，使泥沼或软土向四周挤出，当软土地层横坡陡于1∶10时应自高侧向低侧抛投，并在低侧边部多抛填，使低侧边部约有2 m的平台顶面。

（2）碾压。每层抛石后用挖掘机先进行碾压，碾压时如仍有淤泥翻出及时清除，再进行抛石，每层抛石经挖掘机碾压至不下沉后可用压路机碾压。

（3）反滤层。抛石回填至天然土壤结合面且露出软土后，用较小的石块填塞垫平，经挖掘机整平碾压后用重型压路机碾压平整，在振动压实过程中，观察到填石顶面不再沉降且表面平整后，停止压实然后铺设反滤层，在其顶面铺设一层碎石垫层用压路机碾压平整。

5 操作要点

5.1 测量放样

（1）组织人员对控制点等进行全面的调查、核对，对抛石挤淤范围进行现场探坑勘察，标明具体位置、深度后报建设单位、监理单位审核。

（2）按照图纸进行抛投片石的施工放样：先按抛投片石设计标高计算出抛投片石路段顶面宽度，在周边定出抛投顶面的边桩和中桩。

（3）根据现场实际情况：无水状态下抛填高度暂定为原地面以上 80 cm；有水的淤泥区域，在抛填前尽可能将水排干，如无法排干时，片石抛投面标高按原地面或水面以上 50 cm 要求进行控制。

5.2 清表、修筑运输便道

采用挖掘机等土石方机械对抛石挤淤范围内的表土进行清除，修筑场内运输便道，如图8所示，以满足施工机械、运输车辆通行。

5.3 抽水至场外

现场抛石挤淤范围内的湖、塘、河如果有大量的积水，为了人员和施工机械的正常进出，视具体情况建立场内临时排水系统，在抛石挤淤低洼处设置集水坑，集水坑采用水泵抽水。

5.4 试验段施工

在现场取具有代表的一段进行试验段施工，验证该方案的可行性，同时确定抛石挤淤相应的施工参数，用以指导后续施工。

5.5 分层抛石（进占法或前进法）

用自卸汽车将石料运至抛投现场，先用挖掘机分选抛投向前推进，即由挖掘机将大粒径的片石均匀分层向前抛投至软土面或水面，然后由推土机将小粒径的片石向前推平嵌缝，再分层抛填片石并用较小石块填塞垫平，每层厚度控制在60～80 cm。抛石粒径下大上小，原则是大于50 cm的石料抛于底部。

5.6 分层碾压

（1）分层抛填的片石缝隙采用较小石块填塞垫平，采用砂石混合料进行填缝，用击振力不小于

40 t的重型压路机分层碾压,静压2遍,振动碾压4遍,碾速控制在2 km/h以内。

(2)在整个全断面上压实,纵向分行进行,直线段由两边向中间,曲线段由内侧向外侧,两行之间的接头重叠1/3轮迹,压路机始终以纵向进退方式进行压实作业,并不得掉头。

(3)抛投过程中首先由自重较大的挖掘机及推土机来回走动进行碾压,使片石沉入基本稳定;碾压过程中,用人工将片石空隙以小石或石屑填满铺平,直至抛石层顶面平整无明显孔隙。

5.7 沉降观测

(1)压实度检测采用沉降观测法,以重型振动压路机碾压密实,重型压路机无明显轮迹后,在现场埋设沉降观测点,实测沉降观测点高程,再次用重型压路机进行压实,压实后测量,沉降量小于3 mm,视为已碾压密实,沉降稳定。

(2)沉降观测检测点每50 m检测1个断面,每个断面检测5点。检验合格后方可填筑嵌缝层和反滤层,如检验后不符合要求,查明原因,采取挖除重新抛填或继续碾压,直到合格。

5.8 铺设嵌缝层

按设计要求的厚度(10 cm)用细骨料铺设嵌缝层,推土机推平后振动碾压。

5.9 铺设反滤层

嵌缝层完成后,再按设计要求的厚度(10 cm)填筑砂砾石反滤层。

5.10 压实度检测

反滤层施工完成后,对反滤层进行压实度检测(水袋法),压实系数不小于0.92。

6 材料设备

6.1 主要材料要求

抛石选用片石或块石,宜就近取材,石料必须为未风化不易破碎的岩石,强度应符合设计要求,石质均匀不易风化、无裂纹、剥落,受腐蚀严重的石料不得使用,片块石料径不小于300 mm,浸水抗压强度不小于20 MPa。

硬质片、块石:粒径50～80 cm(明水较深地段50～100 cm),强度不小于30 MPa;

细骨料:粒径一般小于10 cm,强度不小于30 MPa的碎石或砂砾石;

垫层:粒径不大于53 mm,含泥量不大于5%,并具有良好的透水性。

6.2 机械设备计划

根据现场实际情况及进度计划要求,配置现场所需主要机械设备,如表1所示。

表1 主要机械设备计划

设备名称	规格与型号	单位	数量
机械设备运输车辆	>8 t	辆	2
挖掘机	485	台	2
挖掘机	220	台	2
推土机	SD22	台	2
振动压路机	40 t	台	2
自卸车	25 m³	台	10
全站仪	徕卡	台	1
水准仪	南方	台	1

7 质量控制

7.1 施工质量偏差控制

施工质量控制标准如表2所示。

表2 施工质量控制标准

检查项目	规定值或允许偏差	检查方法和频率
压实	沉降差≤3 mm	水准仪:每50 m测1个断面,每个断面测5点
压实系数	0.92	密度法:每200 m每压实层测1处
高程/mm	+10,-30	水准仪:每200 m测2点
宽度/mm	满足设计要求	尺量:每200 m测4处
平整度/mm	≤30	3 m直尺:每200 m测2处×5尺
边坡坡度	满足设计要求	尺量:每200 m测4点

7.2 技术保证措施

(1)所有质检人员必须经过培训,持证上岗。

(2)采用三级交底模式对本工程的施工流程、进度安排、质量要求以及主要施工工艺等进行技术交底。

(3)对清表、开挖、回填、碾压等环节,必须严格按照施工图设计和《超深抛石挤淤专项施工方案》执行,符合相关规范要求。

(4)片石材料应使用块径不小于30cm的坚硬石块,小于30cm的片石含量不超过20%;当抛石露出地面或水面时,改成较小石块;抛填石块尺寸大小应有搭配,才能增加抛石体的密实性。

(5)每次填料不宜过厚,易造成振动能量减弱,对淤泥质黏土起不到振动破坏作用,片石难于挤入。

(6)垫层施工时应分层铺填,每层须振动碾压密实。

(7)抛石石料必须严格控制,已被风化的片石及粒径太小、抗压强度不合格的片石,不得用于工程中。

(8)抛石应根据设计断面分层填筑,分层压实,并应有足够的天然护道宽度;抛石挤淤工作完成并经检测合格后,才可进行下步施工工序。

(9)夜间施工时,应合理安排施工顺序,配备足够的照明设施,防止石料铺筑超厚。

(10)抛石挤淤后,应当连续进行上部填筑作业。

(11)施工现场石头的料有限,需外借石方;施工前除需办理相关手续外,还需认真落实现场安全防护工作,必须设专职安全员进行巡查,严禁超限作业,保证现场运输等安全。

8 应用效果

8.1 经济效益

如果采用开挖换填级配碎石,工期需要将近1个月,且需要耗费大量的级配碎石,各项成本大幅度增加。

而抛石挤淤用的材料是块石或片石,就地取料方便简单,环保节能;同时受外部因素较小,机械化程度高,工期缩短了10%,很大程度上也节约了10%的间接成本;由于操作简单方便,在保证质量的同时,安全也得到了保证。

8.2 社会效益

项目的顺利履约具有较好的社会效益,对公司后续属地化管理和可持续化发展奠定了重要的基础。本施工技术简化施工工艺,缩短施工工期,节约成本,解决了项目现场实际问题,使得后续单位能够提前进场,为项目的早日投产创造了有利条件,能够取得较为明显的社会效益。

8.3 技术推广价值

通过本工程实践证明,超深抛石挤淤施工技术具有较好的技术经济效果和较高的推广应用价值。

9 结语

事实证明,与其他加固方法相比,抛石挤淤法施工方便快捷、工艺简单、施工迅速,特别适用于软弱地基表面存在大量积水无法排除,大型施工机械无法进入的区域。对施工区域附近石料丰富,运输距离较短的情况,采用抛石挤淤法进行软基处理,可以有效节约施工成本,缩短工期。正是由于这些特点,抛石挤淤法在沿海地区的地基加固工程中得到了广泛的应用。

生态鱼塘地基处理及生态排放建设初探

李迪光[1]，杨健[1]，张夏娟[2]

(1. 贵州省水利水电工程咨询有限责任公司，贵州贵阳，550081；2. 贵州省生态渔业有限责任公司，贵州贵阳，550081)

摘要：生态环境是发展生态渔业的基础，加快转变渔业发展方式，提升渔业生产标准化、绿色化、产业化和可持续发展，符合国家创新、协调、绿色、开放、共享的发展理念，以推进水产养殖业生态健康养殖。黏土地基鱼塘设计、施工以及尾水处理再利用等工作值得总结，本文就规模化生态鱼苗基地鱼塘地基处理、池埂土料填筑及鱼塘尾水处理利用等设计与施工，与大家共同探讨。

关键词：鱼苗；基地；黏土；地基；生态；渔业

1 工程概况

贵州省贵水黔鱼苗种基地位于贵州铜仁玉屏县茅坡村，工程所在地距玉屏县城7 km，苗种基地主要利用当地龙泉泉水，泉水四季清澈见底，水资源丰富，水质优良无污染，日流量达1 000 t左右，水温常年保持在15 ℃左右，为鱼苗养殖创造得天独厚的条件。

贵水黔鱼苗种基地新建400亩苗种繁育基地，其中水面面积248亩，主要养殖鲤鱼、草鱼、鲢鱼、鳙鱼、鲈鱼及鲟鱼及地方土著鱼类等苗种，建成后年产鱼苗1 200万尾，5 cm规格特种鱼苗100万尾。该基地为贵州省最大的国家级鱼苗养殖场，鱼苗批发供给覆盖全省并辐射周边省市。

贵水黔鱼苗种基地是根据国家发展农业产业，特别是发展生态渔业、生态农业及循环经济的政策，是顺应当前经济和社会发展需求而提出的一个重要生态渔业苗种产业化建设项目。

生态渔业作为生态环境保护规划的重要组成部分，项目符合国家创新、协调、绿色、开放、共享的发展理念，同时加快转变渔业发展方式，提升渔业生产标准化、绿色化、产业化、组织化和可持续发展水平，提高渔业发展的质量效益和竞争力，走出一条产出高效、产品安全、资源节约、环境友好的中国特色渔业现代化发展道路。

根据本地资源条件、渔业产业发展特点，培育苗种，因地制宜推广设施渔业、生态休闲渔业等具有"短平快"特点养殖模式；推广"企业(公司)+农户"模式，增加群众在产业链、利益链中的收益，带动农户增收，全力助推脱贫攻坚。

贵水黔鱼苗种基地包含蓄水池1座，300 m²；亲本培育池3座，35.35亩；水花苗培育池29座，84.86亩；大规格苗种培育池7座，105亩；特种鱼亲本池4座，3.96亩；生态净化池1座，4.52亩；模块化人工湿地1座，1 500 m²；污水处理设备1套，面积为50 m²；消毒池和曝气池各1座，单个面积15 m²；中控室、实验室及展厅1座，面积600 m²；养殖车间3个，单个面积为1 000 m²(50 m×20 m)，分别为催产车间、孵化及特种鱼苗种培育车间、鳙鱼工厂化养殖模式试验车间；饵料培育车间1个，面积为2 295 m²(45 m×51 m)，采用塑料温棚结构。

2 工程区地质情况

2.1 地形地貌

建筑场地为缓坡状沟谷地带，总体地形较低。鱼苗基地场地覆土层主要为素填土、红黏土，回填的碎块石土为中软土，土层厚度4.0～9.0 m，场地基础土为中软土，类别为Ⅱ类。

2.2 地质情况

根据地质测绘及地质钻探，表层覆盖层主要为素填土、耕植土、红黏土，下伏基岩为寒武系(∈)白云岩。

(1) 素填土。由碎块石及少量黏土混合组成，结构为稍密，填土厚约1～2.5 m。

(2) 耕植土。杂色，主要由红黏土组成和植物根系组成，经长期浸水的影响，土质较软。

(3) 红黏土。褐黄色，可塑至硬塑状态，土质较均匀，中压缩性；该层厚度2.0～6.50 m。

(4) 强风化白云岩。灰色、灰白色，中厚层状，岩芯极破碎，呈碎块状、颗粒状，节理裂隙很发育，厚度为0.9～1.5 m。

收稿日期：2022-04-23.
作者简介：李迪光，教授级高级工程师，从事水利工程技术咨询工作．

(5) 中风化白云岩。灰色、灰白色，中厚层状，岩芯呈短柱状、柱状及少量碎块状。岩体节理较发育。岩石坚硬程度划分为较硬岩，场地岩体基本质量等级划分为Ⅳ级。

2.3 场地岩溶问题

地基岩为白云岩，属于可溶盐类岩石，根据钻探揭露情况，基岩中岩溶现象不发育，但基岩面起伏相对较大，该场地岩溶发育程度为中等发育。

3 鱼塘工程设计及实施特点

3.1 池埂设计及施工

除亲本培育鱼池和大规格苗种培育鱼池深度在 4 m 以内，其余鱼池深度控制在 3 m 以内，鱼池基础多为素填土、耕植土、红黏土，少数鱼池基础局部为强风化白云岩，池埂顶宽 2 m，内外坡比为 1∶1.5，鱼池主要开挖基础，填筑池埂形成。除亲本培育鱼池采用黏土池埂自身防渗，内坡采用预制厚 10 cm 六棱块护坡，其余鱼池均采取黏土池埂自身+复合土工膜防渗方式；所有池埂顶部采用厚 15 cm 混凝土压顶；所有池底采用黏土处理防渗。

施工时段主要为当年 9 月至次年 3 月，施工期间多为小雨及中雨，少数池埂利用原有鱼池池埂改建加高，所用填筑土料均为黏土、耕植土、素填土和外购土石料，但外购土石料碎石含量较少，填筑料含水量大多在 30% 以上。施工期间，因填筑土料含水量较大，池埂填筑无法碾压施工，如将土料翻晒后再行填筑，又因场地所限，实施较困难，后经设计论证后，运用现有土料直接填筑鱼塘池埂，采用挖掘机料斗逐一碾压，池埂填筑厚度 30 cm，逐层压实，施工完成后，池埂达到设计高度的 110% 后，经 3 个月自然沉降期过后，再对鱼塘池埂进行修边处理，对个别鱼塘池埂局部塌方或蠕动变形部位进行处理，施工完成后钻孔检测，鱼池池埂压实度满足堤防类设计和规范要求。

3.2 鲈鱼养殖池基础处理

因鲈鱼生存的最适合水温为 20~30 ℃，喜欢清新水质，尤其是缓慢流动的清新水体。根据设计需求，鲈鱼养殖鱼池，应设计为流动水养殖，要建设 3 个鲈鱼培育池养殖鲈鱼，鱼池水位每天须下降 30 cm 左右，并不断补水，保持水质清新、水体缓慢流动、水位不变，方能培育好鲈鱼苗种。为此现场选择强风化白云岩基础片区修建鲈鱼苗养殖池，鱼池实施完成后，先蓄水，根据渗漏水情况，对池底进行适当黏性土防渗处理，最后铺设 20 cm 黏土处理池底，达到养殖鲈鱼苗技术要求，鱼池每天补水与下渗水量保持平衡，进行鲈鱼微流水养殖，达到符合流动水体鲈鱼养殖及节约用水的要求。

3.3 尾水处理系统

鱼塘工程化循环水养殖是本工程的亮点，本项目设计、施工、运行注重生态渔业养殖和环境保护，按照生态绿色发展理念，更进一步加快生态渔业健康可持续发展，为此，各类鱼塘基础开挖和池埂填筑注重耕作层保护、满足基本流水养殖、同时节约用水，并注重对养殖场尾水处理工作，特别在鱼苗养殖场尾水区域，设计有尾水处理再利用循环系统，设计理念新颖、注重生态环保。

本项目走生态农业之路，处理好生产与环境的关系，污水经过排水系统末端全部收集至沉淀池，经尾水处理系统处理后的水体用于大规格苗种培育池，使场内的污水零排放。

尾水处理工艺流程为：进水→前置沉淀池（工程化车间排水）→混凝沉淀系统→生态净化池→人工湿地→消毒池曝气池→进入大规格苗种培育池。

整个养殖场的鱼塘及车间的尾水经过排水系统末端进入前置沉淀池、模块化人工湿地、消毒池的沉淀、净化、脱氧除磷和氨氮处理，并投入次氯酸钠溶液消毒，同时清除残余氯酸钠，处理后的水循环再利用于大规格鱼塘的鱼类养殖。

4 结语

养殖场设计布置时，龙泉水源点至养殖场区，以自流为主，并有备用水源取水点，保证鱼类养殖成活率，节约工程建设投资和运营成本。

对于黏性土软土地区鱼塘池埂填筑，填筑料主要为耕作土、素填土和黏土，且主要在雨季施工，并有工期要求，在鱼塘池埂填筑土石料时，填筑料含水量大且又无法处理时，填筑层厚控制在 30 cm 以内，并简化碾压方式，经过 3~5 个月的沉降期，对个别鱼塘池埂蠕动变形部位进行处理，池埂内坡修整平顺，采用复合土工膜防渗处理，鱼塘池埂可达到稳定和防渗的设计和规范的要求。

采用智能化管理，采用水质自动监测预警、无人机鱼池投放鱼饵、尾水自动抽排并进行污水处理等，信息智能化的使用，对于大型鱼苗养殖，可节约人力物力，以减少养殖成本，增加养殖效益。

软土地基的鱼塘建设应加强鱼塘基础开挖、池埂填筑、供电线路布置，供排水管安装和管槽回填的施工方法、工序、工艺的过程质量控制，加强对安装完成的供排水管的保护，应对供排水管道进行混凝土包裹，以至管槽回填土石下部管道不被碾压变形及损坏，减少不必要的返工，保证供排水管的畅通和正常通水。

高海拔水利工程高边坡监测系统研究与应用

赵鹏飞,梅峰

(中国水利水电第九工程局有限公司三公司,贵州贵阳,550008)

摘要:文章结合西藏湘河水利枢纽高边坡施工及地质情况,针对性布置了三点式位移计、锚索测力计、锚杆测力计等多种监测仪器,在该工程的优化设计、指导施工、安全预报等方面很有必要。通过对边坡监测系统的设置应用以及观测数据的综合处理以及对高边坡锚索的应力损失采取补偿张拉等措施,运用观测指标分析了边坡的稳定性。

关键词:高边坡;监测;技术;数据;分析;稳定性

1 工程概况

西藏湘河水利枢纽及配套灌区工程位于西藏自治区日喀则市南木林县,兼顾发电等综合利用的大(2)型水利枢纽。水库总库容 $1.134 \times 10^8 \ m^3$,电站装机容量 40 MW,本工程涉及到高边坡施工范围主要为大坝左岸洞式溢洪道、导流泄洪洞、引水发电洞进出口。进口边坡自坝顶以上高程 4 214 m 至河床最低处高程 4 058 m,高度 156 m,共计 15 级边坡,出口边坡自坝顶以上高程 4174 m 至河床最低处高程 4 045 m,高度 126 m,共计 13 级边坡,按照边坡坡高度进行分类,属高边坡。边坡地势较陡,正面开挖边坡坡度 65°~75°,总体走向 SW260°~265°倾向 NW,其岩性为二长花岗岩,其表层风化较强,裂隙较发育,下部为坡积碎石土,结构松散~稍密,局部有松动现象,多置于弱风化岩体上,需进行必要的支挡、锚固处理,并做必要的监测系统。

边坡开挖采取分级分段分层自上而下进行开挖,边坡支护形式浅层支护为 $\phi 8$ 钢筋 100@100 挂网喷混 10 cm + $\phi 18$ 中空锚杆 4.5 m(砂砾层)+ $\phi 28$ 砂浆锚杆 6 m/9 m(岩石层)+ $\phi 28$ 锚筋束 9 m(岩石层)+7 束锚索 30 m/40 m(砂砾层、破碎层)。

湘河水利枢纽工程自动化安全监测系统的结构采用管理中心加现地观测站的形式进行,计算机和服务器安放于管理中心内,数据自动采集设备(MCU)安装于现地观测站房内,以光缆实现通信。

2 高边坡监测目的及任务

高边坡监测目的和任务:

(1)施工过程及运营期边坡的稳定安全,防止和避免高边坡突发地质灾害的发生,并进行相关的预判,为参建各方提供预报数据、跟踪和控制施工进度。

(2)在雨季汛期对防治滑坡灾害及可能的滑动和蠕动变形提供技术依据,预测和预报今后边坡的位移、变形的发展趋势。

(3)对已经发生滑动破坏和加固处理后的滑坡、监测数据的结果是对滑坡分析评析及处理后效果的检验。

(4)西藏高海拔、高寒地区昼夜温差大、冻凝循环周期快,边坡的应力变化受温度的影响较大,边坡监测系统的实时监控,能够实时掌控其变化趋势,对边坡的深层支护周期提供数据支撑。

3 高边坡监测的内容

高边坡监测内容根据监测变量和工程条件进行制定,并对监测变化较大的信息进行定性和定量的分析,及时进行安全预报。监测剖面位于边坡中轴线及两侧轴位置,能更加完整的反应整个边坡的整体变形发展过程。湘河水利枢纽进出口高边坡监测主要包括边坡的位移、应力、渗压变化。

3.1 边坡坡面变形监测

进出口高边坡的坡面监测主要为水平,位移和垂直位移。在边坡坡面布置 17 组三点式位移计及 20 组观测墩,采用振弦式读数仪对位移计进行数据采集,全站仪进行观测墩变形趋势的数据采集,利用两者的数据结合分析边坡在水平和垂直位移变形情况。三点式位移计埋入坡面深度为 5、15、30 m 进行监测。

3.2 地表水监测

进口高边坡 4 144 m 及出口高边坡 4 116 m,

收稿日期:2022-03-22.

作者简介:赵鹏飞,四川盐亭人,高级工程师,从事工程项目管理工作.

安装测压管,其孔隙水压力计,量程 0.7 MPa,定期观测孔隙水压力计的数据变化。

3.3 锚杆预应力监测

进出口边坡锚杆应力计分别安装 15 组、12 组,进行长期跟踪监测,通过对锚杆的应力监测,绘制出应力曲线,从而可以研究锚索预应力的变化趋势,分析边坡的稳定情况。

3.4 锚索预应力监测

目前边坡正进行深层支护,进口边坡已安装 6 组锚索应力计,出口边坡完成 3 组应力计。

4 成果分析

4.1 多点位移计监测成果分析

观测结果表明:边坡变形可划分为 3 个阶段:① 变形快速发展阶段 2020 年 1 月初～2020 年 1 月底,此阶段边坡变形速率较大,其 30 m 深度位移计速率最大达到 0.71 mm/d,其中出口边坡位移计出现负值,表明位移计处于压缩状态,边坡相对稳定。② 蠕滑变形阶段 2020 年 2 月初至 2020 年 4 月底,此阶段所有锚杆支护基本完成,且边坡下部未进行开挖及爆破作业,锚杆支护施工对抑制边坡变形起到重要作用,坡体的变形速率明显降低,累计最大位移量为 1.60 mm。③ 变形基本稳定阶段 2020 年 5 月初至今,此阶段变形速率相对更低,但出现个别速率快速变化的发生,与下部洞室开挖及雨季强降雨形成相对应关系,累计最大位移量为 3.78 mm。

从测值过程线看,目前位移计测值为表面位移,变化速率相对较小,其中 SS－3M8 1－1 断面位于 4164 马道中,多点位移计深度 5 m、15 m、30 m,月累计变化量分别为 0.14 mm、0.55 mm、0.75 mm,SS－3M12 4－4 断面位于 4096 马道中,多点位移计深度 5 m、15 m、30 m,月累计变化量分别为 0.00 mm、0.05 mm、0.60 mm,累计位移量主要集中在(－0.32～2.29 mm)没有明显变化,仪器测值稳定,进出口边坡处于稳定状态。

4.2 地表水测压管监测

通过对进口边坡多点渗压计 SS－P1 观测数据分析,其孔隙水压力孔压－时间(温度)变化曲线见图 1。由该曲线统计数据分析 7 月底～8 月初孔压处于较低水平,虽然该期间处于雨季阶段,但是前期施工的喷锚支护及边坡排水系统对孔压渗水起到一定保护作用,使边坡处于稳定状态。

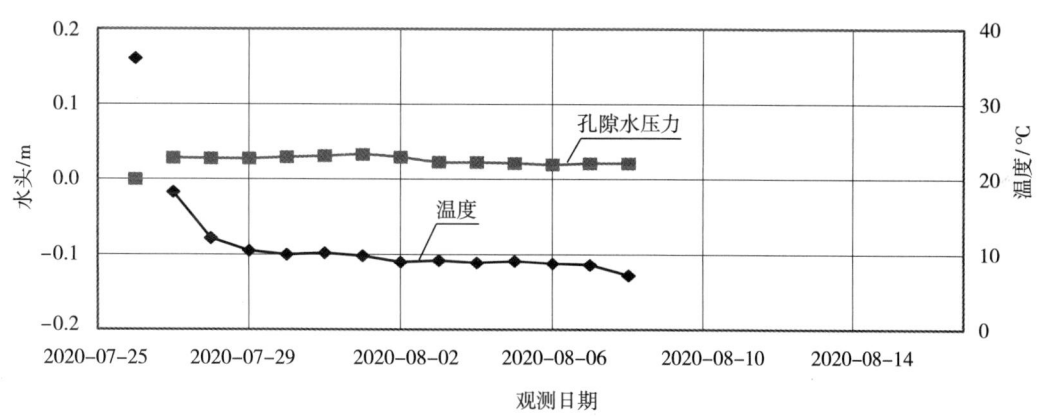

图 1 进口边坡多点渗压计 SS－P1 测值过程线

4.3 锚杆应力监测成果

通过对观测数据分析,进口 4 104 m 边坡 2020 年 1 月初至 4 月底锚杆受拉力处于增大状态,随时间的变化起伏较大,但均小于锚杆的设计荷载,2020 年 5 月后锚杆所受拉力基本处于稳定状态,锚杆拉力基本不再增加,随时间的变化起伏较小,进一步说明该进口边坡处于安全、稳定状态。

出口 4 116 边坡 2020 年 1 月初至 2020 年 4 月中旬锚杆受拉力处于平缓状态,随时间的变化起伏起小,锚杆受力均小于设计荷载,进入到 2020 年 5 月初至 6 月中旬,锚杆受力处于增大,速率加快,主要是该边坡下部正进行溢洪洞洞室进洞开挖施工,但小于锚杆受拉的设计荷载,6 月中旬以后因洞室开挖进行山体内部及部分锚索张拉施工,锚杆受力出现局部突变,但突变值较小,后期锚杆拉力基本不再增加,随时间的变化起伏较小,说明该进口边坡处于安全、稳定状态。

从测值分析,锚杆应力计测值,其中 SS－AS6 1－1 监测断面位于 4104 马道,测值累计最大值为 43.1 MPa,SS－AS21 4－4 监测断面位于 4116 马道,累计最大值为 6.1 MPa。测值集中在－5.60～43.1 MPa 之间,目前锚杆应力计大部分处于受拉状态,锚杆支护起到相应的支护作用。

4.4 锚索应力监测成果

进口 4 144 m 边坡锚索应力历时曲线见图 2。通过对观测数据分析,从锚索张拉锁定后锚固后预应力基本稳定,通过对锚索应力计变化频率(白、红、黄、红)测定显示,应力维持在 700 kN 以上,设计锚固力在 800 kN,短期 7 d 内的衰减较为明显,后期衰减随时间减小,基本处于稳定状态,30 d 天整体衰减率 8.5%,并处于稳定状态。

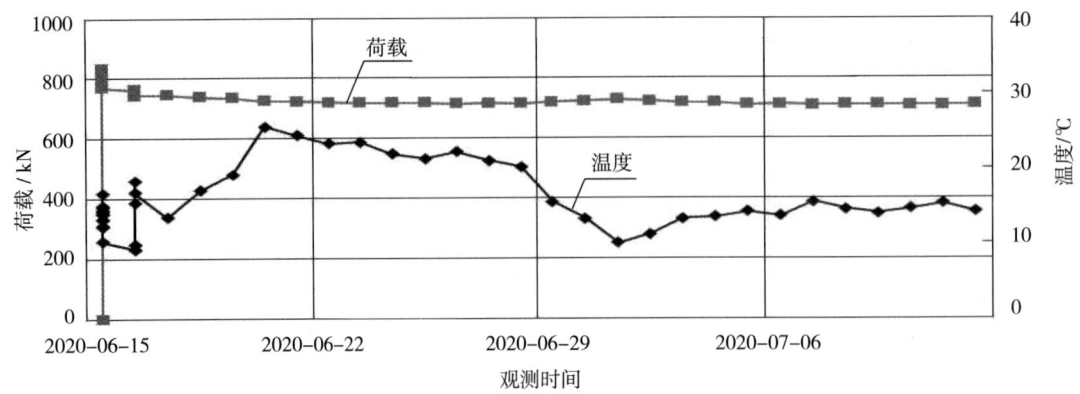

图 2　进口边坡锚杆应力计 SS－DP1 测值过程线

5　结 论

经过以上的成果分析,在施工过程中其前期完成的浅层支护,进出口边坡的应力均出较大变化,多点位移计出现最大变化值,锚杆的应力计最大达到 43.1 MPa,说明边坡的稳定性未达到有效保障,中后期完成深层锚索张拉施工,其边坡多点位移计及锚杆的应力均变化率趋小,因锚索张拉力的作用,边坡整体处于向内收敛状态,其稳定性通过系统的支护得到有效的保护。

在本次监测过程中发生的边坡局部塌方,均在提前预判重大风险范围内,根据风险等级,针对性增加了现场安全监督及预防措施,有效防止了安全事故的发生,把损失降到最低。在西藏高海拔水利工程监测系统中的多点位移计、地表水测压管、锚杆应力、锚索预应力计的应用,能较好指导了施工,对高边坡安全稳定起到预警作用。通过量测观测和对观测数据的分析,可以预先知道边坡的发展趋势,以便及时采取预防措施,并对施工过程中起到优化作用。

大中型水电厂剪断销剪断保护优化设计

彭俊先

（贵州乌江水电开发有限责任公司东风发电厂，贵州贵阳，551408）

摘要：某电厂因其剪断销信号器不可靠，剪断信号频繁误报警，引发剪断销剪断保护误出口停机，造成机组非停事件，带来了较大的经济损失。本文主要针对此现象从信号器、安装方式、环境、信号电缆、保护逻辑等方面进行分析，提出有效的改进办法解决此现象，提高设备运行的可靠性。

关键词：水电厂；信号器；剪断销；保护；LCU

0 引言

水轮发电机最关键的设备就是水轮机，水轮机依靠导叶的开关有效控制机组流量，确保机组安全稳定运行。导叶分为活动导叶和固定导叶，活动导叶传动机构中连接板与导叶臂是由剪断销连接。剪断销保护装置是水电厂水轮发电机水机保护的重要组成部分，由剪断销及其信号器组成，信号器用于监视剪断销剪断情况及上送信号至计算机监控系统报警。[1]机组运行正常时，导叶在开关动作过程中，剪断销有足够强度带动导叶转动，但当导叶间有异物、杂物卡住时，导叶轴和导叶臂不能动，而连接板在叉头带动下转动，这时会对剪断销产生一定的剪力，当剪力大于正常操作应力上限倍数时，剪断销发生剪断，导叶脱离可靠控制，无法实现水轮机在固定转速运行，流量大会造成机组过速事故，流量过小会造成机组无法正常停机，机组完全失去控制，此时只有通过剪断销保护装置触发剪断销剪断保护出口紧急关闭快速闸门（蝶阀），及时切断进水，避免扩大机组事故，确保机组设备安全，因此提高剪断销信号器及其保护装置的可靠性、稳定性有着重大意义。

1 剪断销剪断原因及风险分析

1.1 剪断销剪断原因分析

水轮发电机组正常运行时，通过转动机构有效控制机组导叶的开关角度，结合国内水电厂案例分析及某厂多年机组运行状况分析，当发生剪断时主要有以下原因：

（1）导叶间有大块杂物、异物卡住。水电厂水库库区均设置有拦污珊，主要用于拦住因河道顺水流入的木头、树等大体物件，如果拦污珊破损或无法发挥其有效作用，将导致这些异物漂流至机组进水口闸门处，处理不及时加之进水口处水力漩涡的作用，将其通过压力钢管带入机组导叶，造成导叶卡住，一旦导叶用力活动则发生剪断销剪断。

（2）导叶安装工艺不规范、不合格。新投运机组或机组大修时，均需对机组各部件进行组配安装，若安装过程中导叶连杆安装时倾斜度较大或导叶上、下端面间隙不合格或上、中、下轴套安装不当，均会使导叶产生蹩劲或被卡住。

（3）剪断销使用年限过长或频繁操作。设备都有一个寿命周期，其健康寿命周期受其运行状况影响极大。若水电厂承担调峰任务，则机组开停机、调整负荷就频繁，导叶动作也随之频繁，相应剪断销的寿命就会缩短，频繁操作会使其产生疲劳导致健康状况下降，最终导致剪断。

1.2 剪断销剪断风险分析

（1）水轮机工况恶化造成机组损坏[2]。机组运行过程中一旦发生剪断销剪断，立刻会引起水轮机受到的水流冲击力不均衡、不一致，进而造成空蚀作用加剧。同时机组机架及大轴振动、摆度程度严重增加，水轮发电机组各导轴承也会受到很大振动影响，造成轴承摩擦程度加剧、瓦面损伤现象，可能会造成瓦温在短时间内迅速上升，甚至引发"烧瓦"恶果，如果不能及时解决此故障，那么水轮机事故运行时间越长，机组损伤也就越大。

（2）机组过速或低速振动运行。导叶剪断销发生剪断后，机组将失去有效控制，若发生多根剪断销剪断，能控制的导叶就减少机组将很有可能过速运行，加之剪断销剪断后机组振摆加剧，那么机组损坏程度升高；若发生1根或者2根剪断销剪断，导叶无法全部关闭，从其导叶缝隙过流量将导致机

收稿日期：2022-04-07.
作者简介：彭俊先，贵州贵阳人，工程师，主要从事水电厂运行维护管理工作.

组不能完全停稳刹车，机组低速振动运行，长时间的过速、低速高振动运行均会破坏机组的稳定性，其附属部件、固定件均会受到不同程度影响。

2 剪断销剪断保护现状及问题

2.1 传统剪断销剪断保护

目前，国内水电厂剪断销剪断保护主要采用简单的报警、跳闸出口逻辑设计，不仅在功能性能上不满足标准要求，而且经常发生信号器破损、电缆老化、误报警、误动作现象。剪断销剪断保护采用的信号元件即剪断销信号器，采用陶瓷或脆型聚苯乙烯材料制成，内阻一般小于 1 Ω，分为常开、常闭式 2 种，安装于剪断销的轴向中心孔内，每台水轮机组信号器的数量主要由活动导叶的数量决定。贵州某中大型水电厂原剪断销信号器采用常闭式，设计方法是将所有剪断销信号器一个挨着一个头尾相接方式用电缆串联起来，然后由第 1 个的头和最后 1 个的尾用电缆接入计算机监控系统开关量输入模块中，作为开关输入量，因其内阻小，工作时处于短接状态，当其中某一只或多只剪断销信号器发生剪断，整条回路就断开，计算机监控系统就会发出剪断销剪断报警信号提醒运行人员立即赶往现场检查处理，也有部分电厂不仅将其作为报警使用，还将其作为水机保护停机逻辑判断条件。原理见图 1。

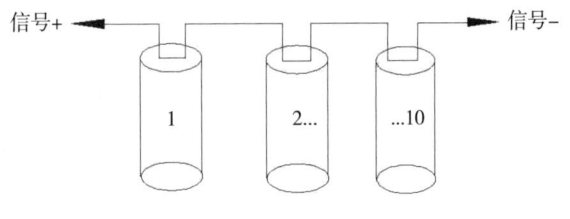

图 1 原理图

2.2 故障因素

（1）元件质量差，易故障。图 2 为该厂原剪断销信号器，从其整体结构不难发现：① 其本体接线柱有两根，需要对其进行焊接接线处理，因员工技能水平高低不同，导致焊接处焊疤大小不一致，而且时间稍长，焊疤容易掉落，会导致剪断销信号剪断；② 密封性极差，剪断销信号器盖帽采用黑色塑料盖帽，稍微一拉扯盖帽便与剪断销信号器本体脱落，接线柱完全裸露于外部；加之其安装在顶盖处，由于该厂机组结构不同，顶盖上有积水，水花很容易溅入剪断销信号器内部导致信号短路接地；③ 元件老化较快，由于其安装环境潮湿，导致元件寿命短，内阻变化快，不到两个月内阻就出现整体上升现象。经处理缺陷统计因剪断销信号器焊疤发生松动脱落故障每年不少于 10 次，因盖帽密封性不好导致电源接地短路每年不少于 8 次，因内阻增大导致剪断销剪断信号误发每年不少于 5 次。

图 2 原剪断销信号器

（2）信号器间连接电缆易老化。从图 2 可以看出剪断销信号器间连接电缆已发生老化、电缆皮硬化现象。由于其安装环境的复杂性，油水混合物较多，信号器间连接电缆均放置在导叶臂上，维护人员在开展维护工作时易踩踏，电缆长期处于油水混合物环境中，老化程度得到了进一步加剧，导致连接电缆经常发生局部破皮触发信号器电源接地误报警，查找故障时犹如大海捞针。

（3）组合逻辑不合理，故障点难查找。剪断销信号器通过每颗首尾串联方式将信号接入计算机监控系统进行监控，此接线方式只要其中某一颗或者接线发生故障，则信号就会中断，维护人员无法判断是具体几号剪断销信号器发生故障，只有对每一颗都进行认真检查、测试才可能发现故障点，若故障现象发生在开停机、机组负荷调节动态过程时，那就更难以判断，只能耗费大量的人力、物力、精力。

（4）剪断销信号报警、配置不满足要求。根据《GB/T 11805—2019 水轮发电机组自动化元件（装置）及其系统基本技术条件》规程要求，模拟 1 个或多个剪断销剪断，检查剪断销信号报警装置是否正确发出报警信号，同时还应指出被剪断的剪断销的编号[3]。该厂剪断销信号采集方式直接通过串联方式接入计算机监控系统，未配置剪断销信号报警装置，无法实现精确报警，同时也不满足《水电站水力机械保护配置技术要求》规程中每一个剪断销剪断信号应单独采集规定。[4]

（5）控制策略简单、严谨性差。该电厂采用控制策略为计算机监控系统现地控制单元（LCU）采集剪断销剪断信号动作后立即发出报警，经过 30 s 延时过滤处理确认信号真实性，出口水机保护停机。根据 Q/CHD 24—2019《水电站水力机械保护配置技术要求》规程规定，剪断销剪断保护动作逻辑为：第一，当任意 1 个剪断销剪断则触发报警；若机组处于发电态，退出机组有功调节，保持导叶开度不变;若机组处于正常停机过程中,触发水机紧急事故停机;若机组处于电气或水机事故停机过程中,触发水机紧急事故停机。第二,任意2个剪断销剪断,机组处于非停机态,且任意1个顶盖振动值达到报警值,触发水机紧急事故停机。[4]结合该电厂控制策略判断出其策略单一简单、严谨性差、可靠性低,易导致机组发生非停事件。

3 优化措施研究及设计

该厂结合以上5点故障因素,从现场元件选择、安装方式创新、信号电缆比选、控制策略优化等软硬件多方面提出了一套可靠、稳定的设计方案,如图3所示。

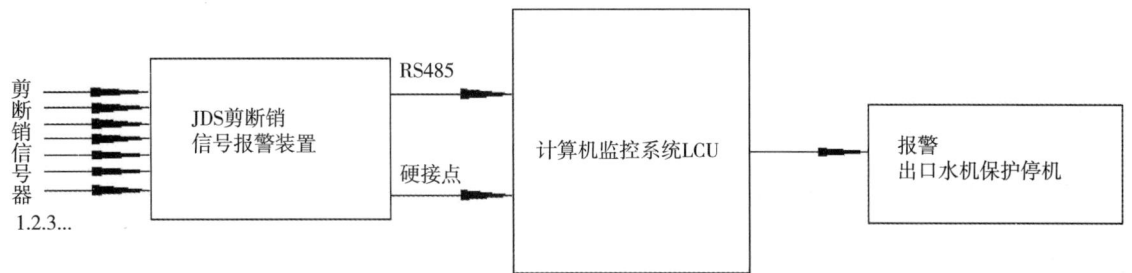

图3 设计方案

3.1 采集元件选配

验证一套系统的稳定性、可靠性,最根本的在于其基础元件的可靠性。为提高剪断销信号器可靠性,该厂从元件外观、接线方式、内阻变化率及密封等方面重新选配了一种密封引线一体式剪断销信号器。该元件密封帽是完全浇固密封,经放入水中1h测试试验,未发现内部有渗入水现象;接线柱在生产时做好内部处理,只需引出2根延长线即可,方便外部接线处理;将选配剪断销信号器与原剪断销信号器安装与同环境、同时间内阻对比,一体式剪断销信号器内阻变化趋势较小,而原剪断销信号器内阻变化趋势较大,测试结果见表1。

表1 内阻值测试对比统计 单位:Ω

原剪断销信号器			一体式剪断销信号器		
安装时	30 d	60 d	安装时	30 d	60 d
0.1	0.15	0.17	0.8	1.2	2.5
0.1	0.13	0.18	0.9	1.5	2.6
0.15	0.18	0.19	0.7	1.8	2.7
0.14	0.15	0.16	1.6		3
0.14	0.15	0.17	1.5		2.8
0.2	0.22	0.22	0.8	1.8	3.5
0.18	0.2	0.21	1.7		3.6
0.17	0.19	0.19	0.6	1.8	3.7
0.19	0.21	0.2	0.7	2.1	3.2
0.14	0.17	0.18	0.8	2.2	3.9

3.2 安装方式创新

从现场了解原剪断销信号器引出电缆均为普通电缆,布线方式均放置导叶臂上,这是导致其故障率高的主要原因之一。针对其电缆工作环境,必须采用抗油、耐腐蚀、绝缘强度高的外皮材料电缆,这样能保证电缆的可靠性;其次水车室通道盖板下方每个剪断销信号器对应位置焊接固定一颗固定螺栓,将电缆进行竖起固定,且留有余量,这样就解决了电缆长期放置导叶臂问题,既能保证导叶活动时不拉扯电缆,也使得电缆不因人为工作因素踩踏破坏,进一步确保了源端元件的可靠性。

3.3 报警装置原理设计

由于该电厂所有剪断销信号器均通过首尾串联方式实现信号传递,为满足规范要求,重新对其进行优化设计。

在基于小型可编程控制器(PLC)为控制核心的基础上,设计一套专属报警装置。根据现场实际剪断销信号器数量进行报警装置设计对应输入点数,剪断销信号器单独接入报警装置,装置工作电源采用可靠的不间断DC/AC220V交/直流电源,采用成熟的RS485通讯方式,可与计算机监控系统LCU通讯机进行通讯采集信号,同时还支持报警信号硬接点输出。报警装置本体可通过液晶显示屏显示报警事件、系统工作状态、运行状态等信息，同时设置故障或剪断销剪断报警指示灯，若一旦发生1个或多个剪断销信号器剪断液晶显示屏则立即循环报警某支路剪断销剪断，报警灯常亮，同时通过通讯方式上送具体支路剪断销剪断，硬接点方式上送剪断销剪断综合报警信号，实现了报警信号双保险保障，为提高安全可靠性，还增加了装置故障硬接点输出信号。通过对剪断销剪断实现了准确编号上送，使得运维人员能在第一时间精准定位故障剪断销排查处理，大大节省了人力和时间。设计原理如图4所示。

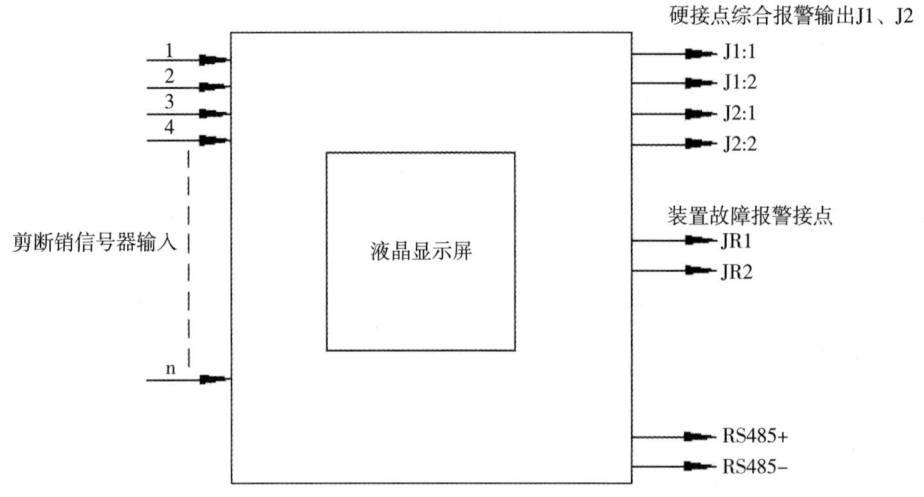

图 4　报警装置设计原理图

3.4 控制策略优化

现场元件的可靠性确保了信号的真实性、准确性，原基础元件原因及考虑不周期，导致采取的控制策略简单、误动风险大。该厂依据多年积累经验，结合现场实际设备对控制策略进行了讨论分析，除满足《Q/CHD 24—2019 水电站水力机械保护配置技术要求》规程剪断销剪断报警、出口逻辑要求，还对判断程序进行了优化、防干扰设计，确保剪断销保护正确动作，不发生误动、拒动现象；如增加剪断销保护功能投退压板，运维人员可根据工作的必要性进行投退；计算机监控系统 LCU PLC 程序剪断销剪断报警综合条件为通讯量采集量和硬接点同时动作报警且报警装置无故障、与 LCU 通讯无中断现象，才能判断信号为真，避免误动作；设置防抖动措施，剪断销剪断综合报警需 5S 过滤延时排除信号接点抖动因素，才能判断信号信号为真；结合机组运行工况，增加了机组非振动区运行情况下振动与摆度二级报警组合值等。

为验证优化方案的可行性、可靠性，确保剪断销剪断保护正确报警、出口动作。按照规程规范要求该厂组织专业人员进行讨论分析，制定试验方案，利用机组检修期间分别经过静态试验模拟、动态试验动作，验证了方案的正确性。

4 结语

结合现场实际状况，通过对传统剪断销剪断保护整体的分析和总结，从采集元件、信号电缆、安装方式及控制策略提出了优化措施、改造方法，保护投运至今未发生剪断销信号误报警、保护误动作情况，系统运行良好，提高了保护动作的可靠性，进一步保证了设备安全稳定运行。

参考文献：

[1] 练圣哲.肖元强.王杰,等.一种基于电压比较器的剪断销信号报警装置的研究[J].云南水力发电,2020,36(2):212-216.

[2] 宋伟庆.浅析水轮机发生多根剪断销剪断事故时应急处理[J].中国新技术新产品,2014(10),16:105.

[3] 朴秀日.王立贤.侯人杰,等.GB/T 11805—2019 水轮发电机组自动化元件（装置）及其系统基本技术条件[S].国家市场监督管理总局,2020.

[4] 刘传柱.郭召松.吴元东,等.Q/CHD 24—2019 水电站水力机械保护配置技术要求[S].中国华电集团有限公司,2019.

水电厂励磁低励限制与失磁保护的配合校核计算

唐邦洪,宋文韬,陈明松

(贵州乌江水电开发有限责任公司洪家渡发电厂,贵州黔西,551500)

摘要:励磁系统低励限制定值设置应考虑与发电机失磁保护的配合。为防止由于发电机组运行参数整定不合理,在进相运行时保护误动作,低励限制应在发电机失磁保护之前动作。文章通过分析发电机低励限制和失磁保护的基本原理,根据进、迟相试验结论,将失磁保护的异步阻抗圆由阻抗平面转换到功率平面,并在同一平面内对两者之间的配合关系进行分析,验证两者之间的参数配合关系满足低励限制先于失磁保护动作的要求。

关键词:失磁保护;参数;整定;低励限制;异步阻抗圆

1 低励或失磁故障对系统及发电机的影响

低励和失磁是发电机常见的故障形式。而造成低励、失磁的主要原因,是励磁回路的部件发生故障、励磁调节装置发生故障以及操作不当或由于系统事故造成的。在一定条件下,将破坏电力系统的稳定运行、威胁发电机的自身安全。

其危害主要表现在以下几个方面:

(1)低励或失磁的发电机,从电力系统吸收无功功率,引起电力系统电压下降。若电压下降幅度太大,可能会导致电力系统电压崩溃而瓦解。

(2)低励或失磁的发电机进入异步运行后,机端观测的发电机等效电抗降低,从电力系统中吸收的无功功率增大。低励或失磁前带的有功功率越大,转差就越大,等效电抗就越小,所吸收的无功功率就越大。发电机带很大负荷下失磁进入异步运行后,若不采取措施,发电机将因过电流使定子过热。

(3)低励或失磁运行时,定子端部漏磁增强,将使端部和边缘铁心过热,失磁后,由于出现转差,在发电机转子回路中出现差频电流。差频电流在转子回路中产生的损耗,如果超出允许值,将使转子过热。

为避免使发电机和系统因为发电机失磁而受到危害,保证发电机在系统中运行时,既要向系统输送有功功率,而又不破坏静态稳定,因此,励磁调节器及发电机应装设完善可靠的失磁保护,便于及时限制失磁或将失磁发电机与系统解列。

首先对励磁系统进行发电机进、迟相试验,按照试验结论,应对励磁调节器低励限制定值进行设置。为保证低励限制定值满足规范要求,须在设置前校核低励限制与发电机失磁保护配合关系。

2 低励限制与发电机失磁保护的配合关系

水电厂励磁系统的低励限制和发变组失磁保护之间存在着配合关系,发电机进相运行时,低励限制应在失磁保护之前动作。根据《防止电力生产事故的二十五项重点》(国能安全〔2014〕161号)第5.1.16.3条"低励限制定值应考虑发电机电压影响并与发电机失磁保护相配合,应在发电机失磁保护之前动作。应结合机组检修定期检查限制动作定值"的要求,以及《发电机组并网安全条件及评价》要求"投入生产运行的发电机组应检查及校核失磁保护的整定范围和低励限制特性,防止由于发电机组运行参数整定不合理,在进相运行时保护误动作。"低励限制定值应按照进、迟相试验结论,同时考虑与失磁保护的配合进行校核设置。

3 低励限制与失磁保护的整定原则

当发电机进相运行,在低励限制整定定值范围内,阻止励磁降低,限制无功功率的减少,使机组运行在低励限制曲线之上的区域,保证机组的安全稳定运行。

当发电机失磁后,引起发电机失步,将在转子的阻尼绕组、转子表面、转子绕组中产生差频电流,引起附加温升,可能引起转子局部高温,产生严重过热现象,危及转子安全,其次,同步发电机异步运动,将会在定子绕组中产生脉动电流,产生交变的机械力矩,使机组发生振动,影响发电机的

收稿日期:2022-04-07.
作者简介:唐邦洪,贵州贵定人,布依族,助理工程师,从事水电厂自动化工作.

安全。同时，定子电流增大，可能使定子绕组温度升高。为保证发电机稳定运行所需的最低励磁值。为防止发电机损坏，保护电网稳定运行，失磁保护会动作于发电机出口断路器，使发电机脱离电网。

发电机并网进相运行时，若出现励磁不断降低情况，首先应通过励磁系统自身低励限制功能，限制励磁的继续降低，保证发电机安全稳定运行；若限制不成功，则由失磁保护予以配合，根据保护判据动作，将发电机从系统中解列，缩小事故范围。

4 校核计算方法及步骤

4.1 校核计算方法

以校核1号发电机失磁保护与低励限制配合关系为例，由于失磁保护整定计算与低励限制整定定值不在同一平面，失磁保护整定计算是在 $R-X$ 阻抗圆上进行，而低励限制整定定值是在 $P-Q$ 平面上给出的。为便于分析比较，须将二者整定归算到同个平面（$P-Q$ 平面）上。

4.2 计算步骤

（1）计算以发电机阻抗为基准的发电机和系统阻抗标幺值，在 $P-Q$ 平面上计算以发电机视在功率为基准的阻抗圆和半径标幺值。

（2）依据《1#发电机组进相、迟相试验报告》中建议的低励限制整定值，将低励限制曲线绘制到 $-Q$ 平面。

（3）根据失磁保护定值，将异步阻抗圆映射到 $P-Q$ 平面，根据配合原则校核失磁保护与低励限制的配合关系。

5 校核计算

5.1 校核计算方法

根据《1号发电机组进相、迟相试验报告》中对低励限制的整定建议值绘制低励限制线见图1。

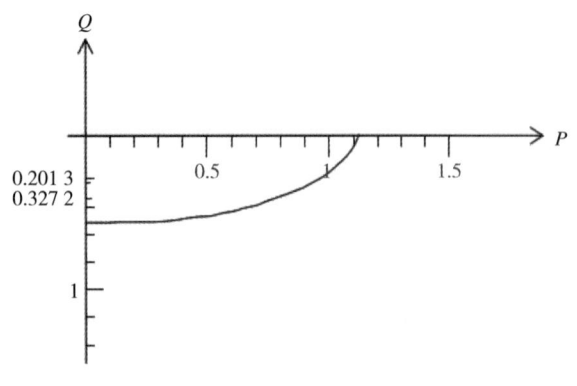

图1 1号发电机低励限制曲线

5.2 失磁保护阻抗圆映射至 $P-Q$ 平面

（1）失磁保护整定计算是在 $R-X$ 阻抗圆上进行的（见图2），设失磁保护异步阻抗圆圆心坐标为 $(0, Z_c)$，半径为 Z_r，圆内为动作区，其动作方程为

$$R^2 + (X - Z_c)^2 \leqslant Z_r^2 \quad (1)$$

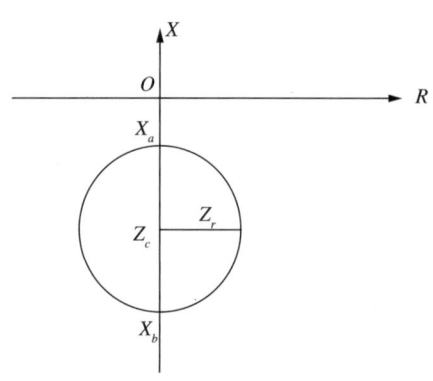

图2 失磁保护异步阻抗圆

将 $R = (U\cos\varphi)/I$，$X = (U\sin\varphi)/I$（其中，U 为线电压的标幺值，I 为相电流的标幺值，$\varPhi$ 为功率因数）代入式（1）化简得

$$P^2 + \left(Q - \frac{Z_c U^2}{Z_c^2 - Z_r^2}\right)^2 \leqslant \left(\frac{Z_r U^2}{Z_c^2 - Z_r^2}\right)^2 \quad (2)$$

（2）根据式（3）计算发电机电抗：

$$X_{fb} = \frac{U_n^2 n_{TA}}{S_{gn} n_{TV}} \quad (3)$$

式中：X_{fb} 为发电机电抗；U_n 为发电机额定电压，15.75 kV；n_{TA} 为机端电流互感变比，12 000/1；S_{gn} —发电机额定容量，228.75 MVA；n_{TV} 为机端电压互感器变比，15.75 kV/0.1；代入上述参数计算出发电机电抗 $X_{fb} = 82.688$。

（3）计算失磁保护阻抗圆整定定值的标幺值：

$$Z''_c = Z_c / X_{fb} \quad (4)$$
$$Z''_r = Z_r / X_{fb} \quad (5)$$

式中：Z_c 为阻抗圆圆心整定值，根据发变组保护整定计算，值为 -47.11；Z_r 为阻抗圆半径整定值，根据发变组保护整定计算，值为 35.33。

根据式（4）、（5）计算出失磁保护阻抗圆整定定值的标幺值：$Z''_c = -0.569\ 7$，$Z''_r = 0.427\ 3$。

即失磁保护异步阻抗圆的圆心为 $(0, -0.498\ 5)$，半径为 $0.373\ 8$。

（4）在机端电压为95%额定电压时，失磁保护异步阻抗圆按式（2）映射到 $P-Q$ 平面，其圆心 S_c 及半径 S_r 按式（6）、（7）计算

$$S_c = \frac{Z''_c U^2}{(Z''_c)^2 - (Z''_r)^2} \quad (6)$$

$$S_r = \frac{Z''_r U^2}{(Z''_c)^2 - (Z''_r)^2} \quad (7)$$

计算结果为：$S_c = -3.6211$；$S_r = 2.7155$。

(5) 根据以上计算结果及《1号发电机组进相、迟相试验报告》中低励限制参数整定建议值，将各数据按相同比例绘制在$P-Q$平面上，得到1号机失磁保护与低励限制整定关系示意图(见图3)。

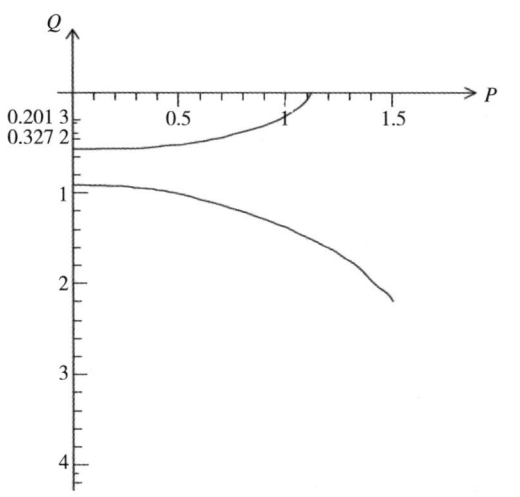

图3　1号机失磁保护与低励限制整定关系示意图

由图3可知，发电机失磁保护和低励限制保护的配合关系满足当发电机进相运行时，低励限制保护先于失磁保护动作的要求，表明了发电机运行参数整定合理。

6　结语

励磁系统低励限制定值首先通过发电机进相运行试验结论整定，与失磁保护的配合关系经相关试验及计算校核验证，保证了励磁系统低励限制先于发电机失磁保护动作；若不能限制励磁电流的进一步下降，则发电机失磁保护动作，及时将失磁发电机与系统解列，缩小事故扩大，有效确保机组的安全和系统的稳定。

参考文献：

[1] 李基成.现代同步发电机励磁系统设计及应用[M].北京：中国电力出版社,2002.

[2] 郝雪平.低励限制与失磁保护配合分析[J].华北电力技术 2005(7):15-17.

[3] 葛元宝.发电机失磁保护和低励限制之间的配合问题[J].电气应用,2008,27(13):30-32.

[4] 柳焕章.发电机失磁保护的原理及整定计算[J].电力系统自动化,2004,(14).72-75.

[5] 陈锋云,陈洁.励磁系统故障引起的发电机失磁保护动作分析及定值优化[J].电工技术.2021,(2).32-34,50.

水电站地下厂房智能化通风系统研究

令狐娇龙

(贵州乌江水电开发有限责任公司乌江渡发电厂，贵州遵义，563100)

摘要：水电站地下厂房通常存在气流组织不合理，送风口及排风口太小和通风量不足，设备陈旧，厂房内通风不畅等问题，严重影响通风、散热和散湿效果，给电站设备安全和运行人员健康带来了隐患。开展水电站地下厂房通风系统研究，将通风空调自动化的概念引入进来，通过计算机技术对厂房温湿度进行实时监控，并结合先进的控制理论对厂房内的空调设施进行调控，排出厂房内的余湿、余热，对电站设备的安全稳定运行和工作人员的环境改善具有重大的意义。

关键词：水电站；地下厂房；智能；通风；安全；稳定；运行

1 概述

水电站厂房作为水电站的重要建筑物，由于地理条件和工程建设的需要，大多数都采用了地下式的厂房。这种深埋地下的厂房被厚厚的岩层所覆盖，导致地下水电站在散热和散湿方面都表现出了很突出的问题。地下水通过岩体缝隙渗透到了厂房围护结构的表面，是使得厂房内空气潮湿的 1 个重要原因。这种潮湿的环境往往会让厂房内的工作人员产生"潮""闷"的感觉，不利于厂内员工的身体健康，同时对于一些电气设备的正常运行也造成了很大的影响。空气过于潮湿甚至会导致厂房局部区域出现发霉、结露等现象。地下厂房空间巨大，并且具有较大的发热量，而发热源又集中在输电母线、变电设备、发电设备所在的区域，其他区域主要还是以湿负荷为主。这种不均匀的热量分布和潮湿的环境使得通风系统调控难度大大提升。

现有的水电站高大空间地下厂房热湿控制技术并没有从最根本的热湿传递原理方面进行设备负荷计算，而往往是采取"按设备叠加"的拼凑方法，未就厂房中工作人员的位置进行个性化布置送风。这就造成了针对高大空间地下厂房热湿空气处理与实际情况差距较大；导致我国目前建成的一些地下水电站中，厂房内的空气环境并不令人满意，工作人员普遍感到不舒适。

由于水电站"远程集控、少人维护"生产运行模式的推广，对水电站厂房温湿度调整系统设备的及时性、可靠性、节能性提出更高要求，传统的人工操作越来越不能满足生产需求。近些年来，随着信息化、自动化技术的发展及应用，为水电站厂房温湿度控制及空气质量的改进提升提供了更多的技术手段，主控区域风流远程调度与控制、信息采集等技术组合而成的厂房通风监测与智能控制技术和相关设备的发展进步为实现地下厂房通风实时监测与智能调节提供了可能，符合水电站"远程集控、少人维护"生产管理模式发展的需求。

以贵州某水电站作为依托，通过现场实测、数值模拟和理论分析、自动控制方案示范实施相结合的方法，研究该电厂地下厂房的通风系统流场和温湿度场的分布特点，查找现有的存在问题，提出厂房通风系统改造、优化运行方案，构建地下厂房空气环境在线监测、主控区域风流远程调度与控制、故障诊断等技术方法，研究开发水电厂地下厂房通风监测与智能控制系统并进行应用，实现地下厂房机组运行环境及空气质量的全面提升。本项目研究对于改善厂房内部热环境，确保发电设备、设施的安全运转以及保护工作人员的舒适、健康具有重要的工程实用价值。

该电厂位于川黔线上，是我国在岩溶典型发育区修建的 1 座大型水电站。电厂坝高 165 m，坝顶全长 395.6 m，库区水面面积 47.5 km^2，水库总容量 21.4 亿 m^3，厂房为地下式厂房。该电站老厂共装有 3 台 25 万 kW 的水轮发电机组，总装机容量达到 75 万 kW。

水电厂的通风系统为 4 台送风机，2 台引风机，运行方式为远程手动，组合运行，送风方式为隔墙送风，顺次通过发电机层、母线层、水轮机层、蜗壳层、母线层以及各洞室和廊道。厂房空气环境通过就地仪表显示和记录，通过人工感知空气环境，对 4 台送风机和 2 台引风机进行投运或者切

收稿日期：2022-05-09.
作者简介：令狐娇龙，贵州遵义人，工程师，从事水电运行管理工作.

除的控制，厂房内温湿度控制不理想，给运行人员身体健康以及设备的安全稳定运行带来了一定的隐患，是多年的老问题。

我国拥有大规模、大容量的水电站工程，如何使厂房高大空间拥有合理的通风气流组织也成了关注的重点问题之一，针对类型不同的水电站厂房，如地面式、地下式、坝后半封闭式、坝内式和地面半封闭式等采用了不同的采暖通风技术，如自然通风、机械通风、天然冷源空调和余热采暖等，经多年实践证明效果良好。

目前尚无针对水电站厂房智能通风进行研究的文献报道，传统通风检测方式仍然占据水电厂房通风的主导地位，即通过检测系统，对电站内的空气参数进行测量，集中进行显示和管理，通过人工方式进行通风设备的投运或者切除，控制厂房内的空气环境。在国外，近年水电站的建设较少，对地下厂房的空气环境自动检测和控制研究的报道较少，更是没有关于把智能化的技术应用的水电站地下厂房环境控制的检测与控制的报道中。

2 研究内容和技术路线

2.1 研究内容

项目拟通过同类电厂调研、现场测试、理论建模和数值模拟、研究成果示范的方法，结合水电厂地下厂房通风空调系统现有行业规范标准和潮流，研发地下厂房通风除湿系统改造控制方法和智能控制系统。项目示范成功应用后，再推广到同类型电厂，改善地下厂房工作环境，确保机电设备运行的安全可靠性和延长设备寿命，提高运维人员的工作效率和管理水平，进一步帮助水电厂以较小的投资改造优化资产运行水平，节省能耗、降低运行费用和规范管理。主要研究内容包括：

（1）调研相关水电厂地下厂房通风系统运行参数集中检测和控制的经验和研究成果，作为本项目实施的参考依据。

（2）结合电厂通风系统图，查排电厂通风系统路径，并对比分析与相关电厂通风系统的优缺点以及存在的问题。

（3）通过在线、离线测试相结合方式，测试典型季节典型运行工况条件下，地下厂房热湿源以及温湿度、流速、烟灰等时空分布的特点，其中典型运行工况包括通排风机的运行与机组的运行组合方式。

（4）通过数值建模（CFD）方式，对电厂在典型季节典型运行工况条件下，对地下厂房特别是温湿度、流通性和烟灰等控制不理想区域或洞室，进行精细化的地下厂房温湿度、流速、烟灰等分布的数值建模计算和分析。

（5）通过现场不同工况和季节的测量和数值研究，分析地下厂房在不同季节和工况条件下的温湿度、速度和烟灰等分布特点，存在的问题，提出通风系统改造的措施。

（6）通过现场不同工况和季节的测量和数值研究，分析地下厂房在不同季节和工况条件下的温湿度、速度和烟灰等分布特点，建立不同的季节、工况、厂房温湿度参数下，通排风机运行的专家数据库。

（7）采用模糊或人工神经网络等智能方式，结合测试、数值建模和专家数据库结果，构建电厂地下厂房优化控制策略。

（8）构建并示范地下厂房温湿度、速度、烟灰和送排风系统的状态检测系统，实现地下厂房送排风机的专家库和智能控制运行方式运行。

（9）总结研究成果，为相关推广提供依据。

2.2 技术路线

本项目拟通过同类电厂调研、现场测试、数值模拟、设备研发、设备应用示范的路线，项目研发成功应用后，再推广到同类型电厂，改善地下厂房工作环境，确保机电设备运行的安全可靠性和延长设备寿命，提高运维人员的工作效率和管理水平。

2.2.1 调研

调研相关水电厂地下厂房通风系统运行参数集中检测和控制的经验和研究成果，作为本项目实施的参考依据。

调研地下厂房空气环境控制优良的水电厂或者抽水蓄能电厂，着重对其参数集中检测和控制方法的调研。目前，除三峡电站等大型水电站外，常规水电对通风空调系统参数现实集中检测和控制的单位还较少，考虑对新建的抽水蓄能电站进行调研。根据调研的成果，结合电厂的实际，对本项目的技术方案进行完善，作为项目的实施依据。

2.2.2 排查

结合电厂通风系统图，排查电厂通风系统路径，并对比分析与相关电厂通风系统的优缺点以及存在的问题。

结合电厂的通风系统图，走访设计单位，排查电厂通风系统路径，对比分析与相关电厂通风系统的优缺点以及存在的问题，如风机老旧不能运行、风道不通等，编写电厂通风系统路径与存在问题的分析报告，提出改造措施，并为进一步的空气环境检测提供参考。

2.2.3 测试

通过在线、离线测试相结合方式，测试典型季节典型运行工况条件下，地下厂房热湿源以及温湿度、流速等时空分布的特点，其中典型运行工况包括通排风机的运行与机组的运行组合方式。

本项目对主厂房内各层空气环境分别进行测试，验证厂房内温度、相对湿度、CO_2 浓度等参数，分析空气组织的合理性。测试过程中要结合每层的结构特点，分别制定测试方案。

（1）发电机层测试。发电机层的测点布置图如图 1 所示，布置对应数量的温湿度和 CO_2 浓度等参数固定测点。

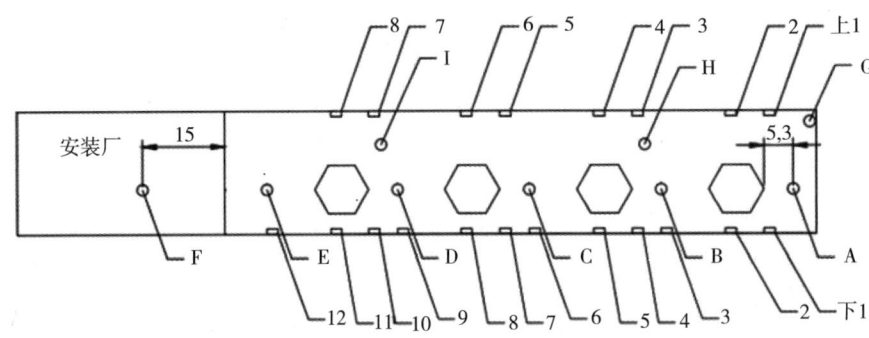

图 1 发电机层测点分布图

注：风速计：16+4 支；温湿度仪：16+4 支；空气品质仪器：9 支。

（2）母线层测试。母线层电气设备较多，发热量大，上游侧墙有轴流风机横向送风。测点布置如图 2 所示。

在母线洞入口处，使用风速仪测量风速，布置对应数量的温湿度和 CO_2 浓度等参数固定测点。

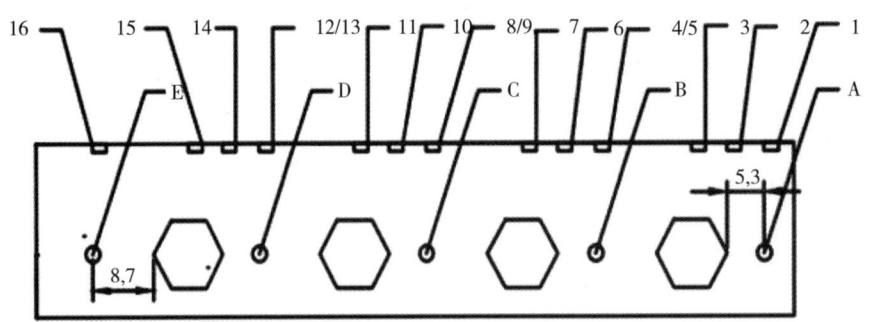

图 2 中间层测点布置

注：风速计：16 支；温湿度仪：16 支；空气品质仪器：5 支。

（3）水轮机层测试。水轮机层散热散湿较大，内部有单独抽送风的空调管道及除湿机。水轮机层测点布置如图 3 所示。

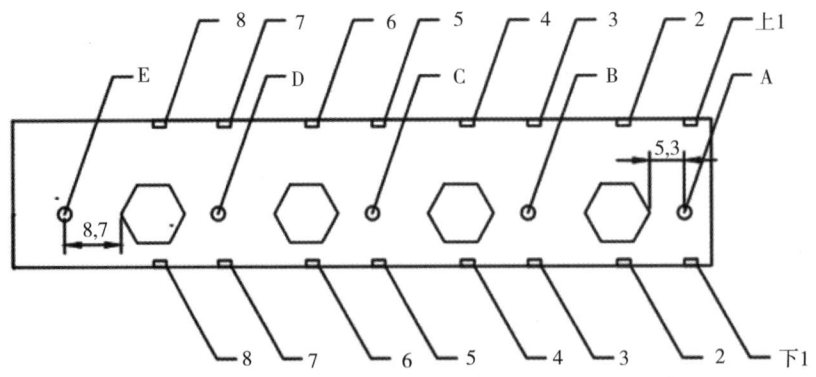

图 3 水轮机层测点布置

注：风速度：16 支；温湿度仪：16 支；空气品质仪器：5 支。

(4)蜗壳层测试。蜗壳层散湿较大，采用发电机层回风。测点布置如图4所示。

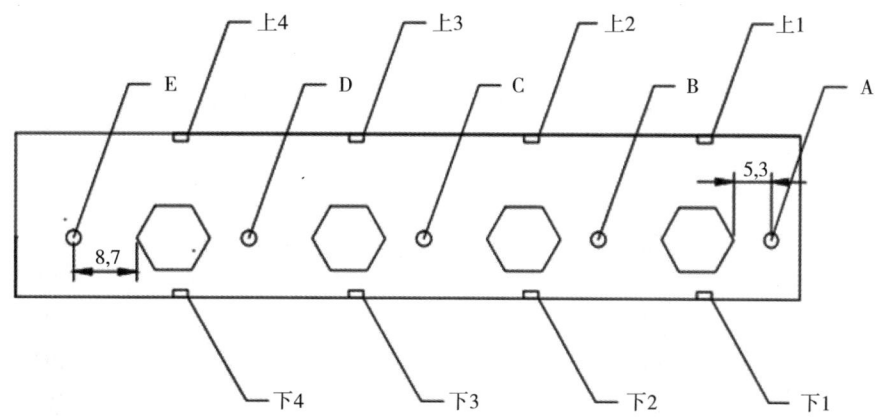

图4 蜗壳层测点布置

注：风速度：8支；温湿度仪：8支；空气品质仪器：5支。

(5)典型洞室的测量。在变压器室、开关室、运行人员会议室等典型的洞室，同样采用在线和离线方式对温、湿度、CO_2浓度参数测量布置测点。

测试的工况包括：

(1)夏季工况测试。其测试参数包括温度、湿度、速度等，测试采样时间间隔不超过10 min。结合人工现场离线测试，其中人工离线测试在夏季至少要包括温度和湿度比较高的天气工况、通排风机组合工况、发电负荷较大的工况的组合。现场运行人员记录开关机组工况和时间。

(2)冬季工况测试。冬季往往是温度较低的季节，通过在地下厂房的在线测点，其测试参数包括温度、湿度、速度等，测试采样时间间隔不超过10 min。开展人工现场离线测试，其中人工离线测试在冬季至少要包括温度较低的天气工况、通排风机组合工况、发电负荷较小的工况的组合。现场运行人员记录开关机组工况和时间。

(3)春秋季工况测试。春秋季是电厂运行的多数气候工况，通过在地下厂房的在线测点，其测试参数包括温度、湿度、速度等，测试采样时间间隔不超过10 min。开展人工现场离线测试，其中人工离线测试也要包括通排风机组合工况、不同发电机组运行工况的组合。现场运行人员记录开关机组工况和时间。

2.2.4 数值建模

通过数值建模(CFD)方式，对电厂在典型季节典型运行工况条件下，对地下厂房特别是温湿度、流通性和烟灰等控制不理想区域或洞室，进行精细化的地下厂房温湿度、流速、烟灰等分布的数值建模计算和分析。

地下厂房典型洞室内空气流动与热湿输运的数值建模、可靠性验证与温湿度分布特征研究，具体内容包括：

(1)发电机层空气流动与热湿输运的数值建模。发电机层空气流动与热湿输运数值模拟建立包括：发电机层物理模型建立；发电机层入口、出口边界条件拟合；发电机层热源与湿源项的定义；发电机层控制模型的数值求解；发电机层模型可靠性验证与修正；发电机层温湿度分布规律研究。

(2)母线层空气流动与热湿输运的数值建模。中间层空气流动与热湿输运数值模拟建立包括：中间层物理模型建立；中间层入口、出口边界条件拟合；中间层热源与湿源项的定义；中间层控制模型的数值求解；母线层模型可靠性验证与修正；母线机层温湿度分布规律研究。

(3)水轮机层空气流动与热湿输运的数值建模。水轮机层空气流动与热湿输运数值模拟建立包括：水轮机层物理模型建立；水轮机层入口、出口边界条件拟合；水轮机层热源与湿源项的定义；水轮机层控制模型的数值求解；水轮机层模型可靠性验证与修正；水轮机层温湿度分布规律研究。

(4)主变室室空气流动与热湿输运的数值建模。主变室室空气流动与热湿输运数值模拟建立包括：主变室层物理模型建立；主变室层空气流动与热湿传递控制模型建立；主变室层入口、出口边界条件拟合；主变室层热源与湿源项的定义；主变室层控制模型的数值求解；主变室模型可靠性验证与修正；主变室温湿度分布规律研究。

(5)蜗壳层空气流动与热湿输运的数值建模。蜗壳层空气流动与热湿输运数值模拟建立包括：发电机层物理模型建立；蜗壳层入口、出口边界条件拟合；蜗壳层热源与湿源项的定义；蜗壳层控制模型的数值求解；蜗壳层模型可靠性验证与修正；蜗壳层温湿度分布规律研究。

（6）其他典型洞室流动与热湿输运的数值建模。在变压器室、开关室、运行人员会议室等典型的洞室空气流动与热湿输运数值模拟建立包括；其他典型洞室入口、出口边界条件拟合；其他典型洞室热源与湿源项的定义；其他典型洞室控制模型的数值求解；其他典型洞室模型可靠性验证与修正；其他典型洞室温湿度分布规律研究。

2.2.5 分析与研究

通过现场典型工况和季节的测量和数值研究，分析地下厂房在不同季节和工况条件下的温湿度、速度和烟灰等分布特点，存在的问题，提出通风系统改造的措施。

对现场不同工况和季节空气环境参数的测量和数值研究，研究地下厂房在不同季节和工况条件下的温湿度、速度和烟灰等分布特点，存在的问题，主要是温湿度控制中出现的参数过高、流通性不够、执行器不能工作等，提出通风系统改造的措施。

通过现场不同工况和季节的测量和数值研究，分析地下厂房在不同季节和工况条件下的温湿度、速度和烟灰等分布特点，建立不同的季节、工况、厂房温湿度参数下，通排风机运行的专家数据库。

对现场不同工况和季节空气环境参数的测量和数值研究结果，分析地下厂房在不同季节和工况条件下的温湿度、速度和烟灰等分布特点，建立不同的季节、工况、厂房温湿度参数下的数学模型，从而建立基于现场参数测量和预测的通排风机运行专家数据库。

采用模糊或人工神经网络等智能方式，结合测试、数值建模和专家数据库结果，构建电厂地下厂房优化控制策略和风机的诊断功能。

通过现场不同工况和季节空气环境参数的测量和数值研究结果，建立基于现场参数测量和采用模糊或人工神经网络等智能方式预测和控制决策方法，并且结合任务建立的专家数据库，构建水电厂地下厂房优化控制策略，实现闭环控制。

构建并实施地下厂房温湿度、速度、烟灰和送排风系统的状态检测系统，实现地下厂房送排风机的专家库和智能控制运行方式运行和诊断。

2.2.6 实施

本任务为构建水电厂地下厂房通风监测与智能控制系统，并实现落地实施，其具体要求如下：

（1）功能要求。研发并实施厂房温湿度、速度、粉尘和送排风系统的状态检测系统，实现地下厂房送排风机的专家库和智能的运行方式运行，同时实现通风设备故障诊断、大数据分析等功能。

（2）控制系统包括高性能上位机、4台送风机地和远程的检测与控制单元、2台引风机就地和远程检测与控制单元、发电机层上下游侧不少于6点的环境参数测量与远程单元、母线层上下游侧不少于6点的环境参数测量与远程单元、水轮机层上下游侧不少于4点的环境参数测量与远程单元、蜗壳层上下游侧不少于4点的环境参数测量与远程单元、运行班组会议室环境参数测量与远程单元、其他典型洞室共4点的环境参数测量与远程单元，另外的就地与检测单元经研究和协商后配置。现场布置的测点要求在后期的检测控制中可以应用。

（3）软件系统的要求。具体要求包括4台送风机、2台引风机、发电机层、母线层、水轮机层、蜗壳层、运行班组会议室、其他典型洞室等的环境测量与控制参数保存、显示、查询、趋势、报表等，要求控制功能拥有自动和远程功能，实现研发的智能控制功能，界面友好美观。

2.2.7 总结研究成果，为相关推广提供依据

水电厂地下厂房环境监测与智能控制系统研究总报告，包括水电厂地下厂房空气环境数值研究报告；水电厂地下厂房空气环境测试研究报告；水电厂地下厂房空气环境远程检测系统研究报告；水电厂地下厂房空气环境远程智能控制研究报告。研究成果为同类电站的通风空调系统设计、运行和改造提供参考。

3 结语

项目的实施能加强对地下式厂房通风数据的在线跟踪监视，为电站设备安全运行提供良好的运行环境保障，降低设备安全隐患，延长设备使用寿命，有效减少设备事故损失；实现厂房通风系统数据监测及风流调整的自动化、高效化，减轻工作人员的劳动强度、提高工作质量，效率，节能效果显著，预计每年可以为电厂减少开支100万元以上。

智能化通风系统在地下式厂房进行应用，是对水电站环境监测技术的重大改进和提升，为水电站开展智能化建设、远程集控以及运行维护规范化管理提供强有力的技术支撑。其应用将逐步提升电站运行的自动化、信息化水平，减少运行人员工作负担，提高工作质量，提升工作成就感和幸福感。同时项目的研究成果在行业内水电站有着很高的推广和应用价值。

220 kV 接地线电动收线装置设计与应用

郑攀登

(贵州乌江水电开发有限责任公司乌江渡发电厂，贵州遵义，563100)

摘要：220 kV 线路检修工作结束等待复电时，需要将出线平台避雷器间隔处所搭设 1 组三相短路接地线拆除并收回。因接地线重量较大、软铜线较长，收线过程费时费力，影响设备复电时效性。为了解决接地线收线费时费力的问题，笔者提出设计 1 种 220 kV 三相短路接地线电动收线装置。该装置通过交流电机驱动夹具带动绝缘杆旋转，实现电动收线目的。该装置提高了人员收线工作效率，劳动强度得到降低，可为同行业运维人员接地线收线工作提供相关借鉴和参考。

关键词：开关站；线路；接地线；绝缘杆；收线；夹具；滑轨

0 引言

接地线作为电力线路检维修过程中保障人身安全的重要技术措施，广泛用于发电厂升压站、变电站，按其型式可分为三相短路接地线和分相式接地线。目前发电厂常用接地线电压等级有 6 kV、15.75 kV、35 kV、110 kV 及 220 kV，接地线在使用过程中，因电压等级、软铜线长度不同，其整体重量不同。

乌江渡发电厂位于贵州省遵义市境内乌江上游河段，电站正常蓄水位 760 m，总库容 21.4 亿 m³，电站额定水头 116 m，装机容量 5×250＋30 MW，在贵州电网中肩负着调峰、黔电送粤潮流调控主力发电厂的重任[1]。乌江渡发电建厂至今已 40 余年，是乌江流域水电厂内设备种类最多、接线方式最复杂的老厂[2]。该厂现有六回 220 kV 线路，线路遇检修工作进行停电操作时往往需要在出线平台避雷器间隔处搭设 1 组三相短路接地线作为与系统间的安全措施；而当线路检修工作结束等待复电时，需要将出线平台避雷器间隔处所搭设 1 组三相短路接地线拆除。接地线拆除后回收整理时，需将软铜线均匀缠绕在绝缘杆上，且不能有松动，同时要避免打结损伤软铜线，因接地线重量较大、软铜线较长[3]，在无法借助其他工具情况下，收线工作非常困难。

同时，企业通过调度机构所下发关于提高设备操作准时性通知得知，220 kV 线路复电接地线拆除时间标准为 15 min。从线路复电接地线拆除流程图（见图1）可看出，该操作分为指令接收、操作票填写、接地线拆除、收线、工具回收及汇报 6 个流程，目前，指令接收和操作票填写以及接地线拆除等流程已通过相应技术手段将时间控制在最低范围。但接地线收线始终采取人工收线方式，效率极其低下，这一难题在企业内一直未能解决。

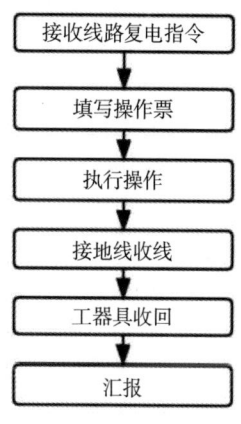

图 1 操作模拟图

1 220 kV 三相短路接地线人工收线存在的问题

220 kV 三相短路接地线使用完毕后需将软铜线均匀缠绕在绝缘杆上，且不能有松动，同时要避免打结损伤软铜线。笔者经过调查发现，运行人员在日常 220 kV 线路复电工作中，接地线收线用时平均值为 8.02 min。

220 kV 线路复电接地线拆除整个流程中，各分项目用时数据如下：指令接收 2 min、接地线收线 8 min、操作票填写 5 min、工具收回 1 min、接地线拆除 3 min、汇报调度 2 min。

综合上述数据可知，220 kV 三相短路接地线平均收线时间为 8 min，接地线拆除整个流程花费

收稿日期：2022-06-23.

作者简介：郑攀登，贵州贵阳人，助理工程师，从事水电厂水轮发电机组运行巡检工作.

时间为 21 min，但电网公司 2020 年度所下发关于提高设备操作准时性通知中明确指出将 220 kV 线路复电接地线拆除时间标准制定为 15 min，因此，当前收线方式已不能满足实际工作需求。可见，要在 15 min 之内完成工作，必须将接地线收线时间控制在 2 min。

2 装置设计方案

经过现场测试后发现，220 kV 三相短路接地线完整收线时，绝缘杆共需旋转 36 圈。因此，想要在 2 min 内完成收线工作，需提供收线装置带动绝缘杆做同轴转动，实现自动收线，同时绝缘杆转速需满足 ≥18 r/min。

因收线装置需满足转速 ≥18 r/min，但从安全性考虑，装置转速不可过快。因此，装置动力模块选择交流电机，通过减速装置将其转速降至 20 r/min 左右。绝缘杆与装置同为水平放置，通过两侧夹具固定后经传动机构与电机相连接。为改变软铜线缠绕在绝缘杆上的位置，从动夹具设计为滑轨式[4]，装置设计图见图 2。

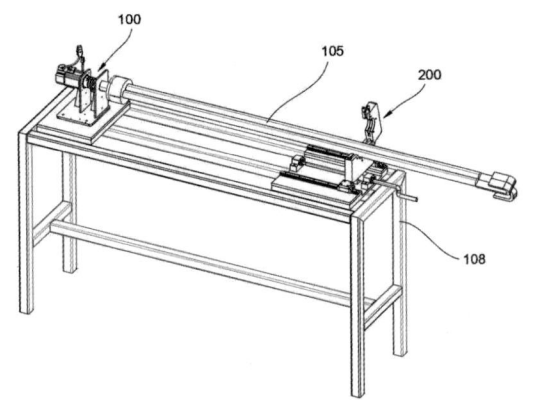

图 2　收线装置设计示意图

3 方案实施

3.1 交流电机选择

经测试，带动绝缘杆旋转时所需最小力矩为 2 N·m，因此选择交流输入电压值为 220 V，转速、扭矩负荷要求的电机即可。对比发现，市场现有的 5GN60K 型交流电机，功率 60 W，经过减速之后输出转速 23.3 r/min，输出力矩 5 N·m，转轴直径 15 mm，满足要求。因此，选择型号为 5GN60K 交流电机。

3.2 传动机构选择

电机转轴通过联轴器、轴承、轴杆与主动夹具端盖相连接，实现传动效果。结合电机转轴尺寸，选择轴杆尺寸外径为 20 mm；轴承内径为 20 mm；联轴器一端内径为 15 mm 与电机转轴相连，另一端内径 20 mm 与轴承轴杆相连接。传动机构各部件型号、尺寸见表 1。

表 1　传动机构部件尺寸统计

名称	数量/个	尺寸/mm
联轴器	1	$d_1=15$、$d_2=20$、$L=50$
轴承	2	$d=20$、$D=47$、$h=15$
轴杆	1	$d=20$、$L=12$

3.3 主动夹具制作

经测量，绝缘杆外径为 30 mm，其夹具需满足在 3 根绝缘杆相切时起到固定绝缘杆的作用，且夹具一端通过螺栓与盖板、传动轴相连接。为满足夹具不会对绝缘杆带来损伤而影响其使用，采取环氧树脂材质设计加工夹具，其硬度低于绝缘杆，强度又可满足要求。主动夹具加工图纸及实物图见图 3。夹具制作完成后，3 根绝缘杆可插入夹具，且无松脱、滑动现象。

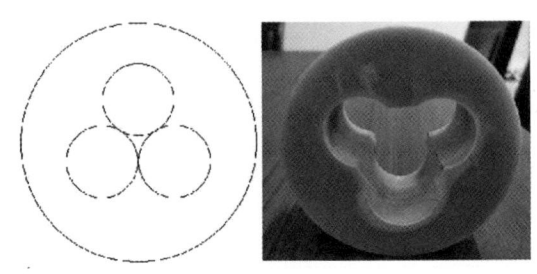

图 3　主动夹具加工及实物图

3.4 从动夹具制作

因该夹具直接与绝缘杆相接触，而绝缘杆不能有磨损现象，因此出于保护绝缘杆不受损伤这一角度来考虑，从动夹具材料的选择同主动夹具一样，使用环氧树脂进行加工制作，其硬度和强度均满足要求。为方便绝缘杆安装与拆卸，从动侧夹具采用上下开合的设计，一侧设有转轴，夹具上半部分可与下半部分实现闭合与分离。从动侧夹具加工完成后，经测试其尺寸与绝缘杆相符合；安装后绝缘杆可在夹具内做圆周转动。从动夹具加工图纸及实物图见图 4。

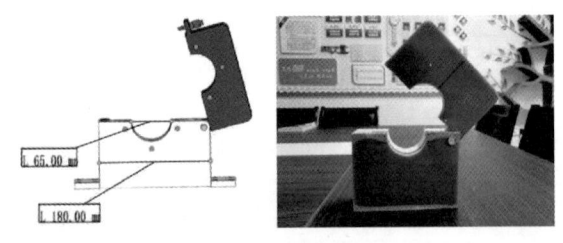

图 4　从动夹具加工图及实物图

3.5 滑轨选择与安装

滑轨安装于从动夹具下方，通过滑动块连接与滑轨实现滑动连接，可保证夹具沿滑轨做平移运动。滑轨底座通过表面两端设置的轴承座转动连接有从动夹具摇杆，从动夹具摇杆一端外壁设有螺纹，从动夹具下底座底部设有螺母，从动夹具摇杆穿过螺母，且螺母与螺纹相匹配。通过操作从动夹具摇杆，可以使得从动夹具下底座带动滑动块沿着滑轨前后正向行进或逆向行出，从而改变接地线软铜线缠绕在接地线绝缘杆上的长度。滑轨设计图纸见图5。

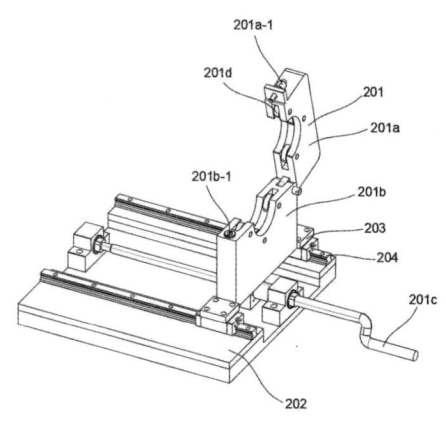

图 5 滑轨设计示意图

3.6 装置功能测试

收线装置各组件加工制作完成后，按照交流电机电气接线图进行接线，同时完成电机控制箱安装并测试电机转向。经测试，装置各部件工作正常，主动夹具随电机做圆周运动，转速稳定在每分钟23转左右。

4 装置使用情况检验

220 kV 三相短路接地线电动收线装置安装调试完成以后，对工作人员使用其收线操作效果进行测试。为验证装置普遍适用性，安排不同人员分别使用该装置进行接地线收线操作，以此来测试装置的实际应用效果。

在实际工作中使用 220 kV 三相短路接地线辅助收线装置可使接地线平均收线时间降低至 1.74 min，较人工收线平均用时 8 min 缩短约 6 min，同时满足接地线收线时间在 2 min 之内的要求，电动收线装置效果显著。

5 装置产生的效果

5.1 填补行业空白

行业内首次针对 220 kV 三相短路接地线收线问题而设计的一种电动收线装置，改变了行业内人工收线时间长、体力消耗大的现状。

5.2 装置所产生经济效益

220 kV 三相短路接地线电动收线装置投入使用前，接地线收线操作靠运行人员人工完成，时间长，影响线路供电时间。活动后，用时降低，线路供电时间等效增加，即企业发电效益增加。经济效益计算见表2。

表 2 经济效益计算统计

项目	活动前	活动后
装置投入成本/万元	0	0.28
自动收线装置/台	0	1
发电量(活动前按0基数计算)/kWh	0	3万
每回线路年度操作次数/次	5	5
线路数/回	6	6
年度经济效益/万元		89.72

从表2中数据可以看出，220 kV 三相短路接地线电动收线装置投入使用之后，节约的操作时间可等效为线路发电时间为企业增加发电收益，每次操作可等效增加发电量为 3 万 kWh，年度效益增加约 89 万元。另一方面，该装置投入使用后，降低了线路复电操作时间，增加企业发电量，使企业能够为社会提供更多清洁安全高效的电能；同时，该收线装置可推广至流域位使用，提升人员工作效率。

6 结语

220 kV 线路复电操作是水电厂运行人员基础工作之一，在保证倒闸操作正确率的前提下提高操作效率对运行工作具有重要意义。文章针对 220 kV 线路复电操作流程中接地线收线用时较长且体力消耗较大的问题进行逐步分析，提出设计、制作一种 220 kV 三相短路接地线电动收线装置的解决措施，该装置投入使用之后使得线路复电流程中接地线收线时间大幅下降[5]，可供同行业运行工作人员作为参考，以提高线路倒闸操作效率，保证线路复电时效性，提升运行人员工作效能，为电厂带来经济效益。

参考文献：

[1] 张毓昊.乌江渡发电厂接地线搭设效率低的原因分析及处理[J].红水河,2020,39(4):92-95.

[2] 郑攀登.机组倒闸操作耗时较长原因分析及处理[J].红水河,2022,41(2):121-124.

[3] 周锦宏.35 kV 及以上接地线卷扬装置研制[J].广西电力,2014,37(6):44-46.

[4] 赵宏飞.1 000 kV 接地线收放装置的设计[J].集成电路应用,2020,10(4):217-218.

[5] 徐伟.10 kV 配网接地线新式辅助绕线架研制[J].中国科技信息,2019,17(24):60-63.

运行与管理

关于水利水电设计单位转型发展的建议

陈大松[1]，陈勇[2]

(1. 贵州省水利水电勘测设计研究院有限公司，贵州贵阳，550002；
2. 贵州省水利工程建设质量与安全中心，贵州贵阳，550002)

摘要：近年水利水电工程建设条件越来越复杂，进度要求越来越快。勘测设计单位企业化改革完成后，未来的市场竞争将加剧，对勘测设计单位生存发展提出了新的挑战。实行项目经理制是保证项目顺利推进，提高企业生存能力有效手段。本文就勘测设计单位如何优化组织机构，明确组织分工及责任，规范工作流程，完善配套项目管理制度，完善信息共享机制，提升市场反应能力、提高勘测设计质量与速度，促进水利水电设计单位转型发展进行了论述。

关键词：竞争；优化；项目；管理；服务；质量

0 引言

随着中国经济进入新常态，水利水电勘测设计行业所面临的外部环境正在发生深刻变化，项目建设条件越来越复杂，成本投入将会加大，勘测设计服务质量、服务速度等要求越来越高；随着社会固定资产投资增速的放缓，市场将在资源配置中发挥决定性作用，带有国家计划属性、地域属性设计市场行为将被打破；又因国家要求2020年底前所有经营类事业单位必须全部完成转企改制，勘测设计市场竞争将愈发激烈。

1 水利水电工程建设现状

1.1 水利水电工程建设条件越来越复杂，进度越来越快

水利是国民经济和社会发展的重要物质基础，是国之命脉，水利兴则国家兴。水利工程按其功能分为防洪、治涝、灌溉、农村人畜饮水、城镇及工业供水、发电等，其中防洪、治涝、灌溉及农村人畜饮水工程属于公益性质，城镇供水具有准公益属性，工业供水及发电属于经营属性。公益性及准公益性水利工程基本由政府资本主导，而经营性水利工程由企业主导。随着国家经济高增长过后，近年来水利工程的建设条件将变得越来越复杂；同时各地方政府为维持经济发展的需要，工程建设进度要求越来越快。

1.2 水利水电工程各个阶段勘测设计要求侧重点不同

当前我国水利水电工程基本建设程序按《水利工程建设项目管理规定》(水利部水建〔1995〕128号)一般分为：项目建议书、可行性研究报告、初步设计、施工准备(包括招标设计)、建设实施、生产准备、竣工验收、后评价等8阶段。

其中初步设计以前的勘测设计工作统称为前期工作，设计单位作为水利水电工程前期阶段主要参与者，需要就对应的阶段提交项目建议书、可行性研究报告、初步设计报告及附图以及各阶段专题报告等，并配合主管部门的审查与审批工作。前期阶段是否按时提供，关系该工程项目立项、审批是否成功，关系到地方政府向国家争取资金的机会等问题，直接影响到设计单位是否完整履行勘察设计合同及设计费用的获得。

到了建设实施阶段，设计图纸及配套的技术要求等文件能否按时提供、设计服务是否到位等会影响到项目建设进度、质量、安全，甚至还会引起施工单位索赔，影响单位效益，甚至单位的信誉。

1.3 水利水电勘测设计涉及学科专业多、接口多，协调难度大

水利水电工程是一个综合性及专业属性比较强的基础建设项目，从现行《水利水电工程项目建议书》《水利水电工程可行性研究报告编制规程》、《水利水电工程初步设计研究报告编制规程》等3阶段规范的要求看，其报告章节包括综合说明、工程必要性、水文、工程地质、工程任务及规模、工程布置及建筑物、机电及金属结构、消防设计、施工组织设计、建设征地与移民安置、环境影响评价、水土保持、劳动与工业卫生、节能评价、工程管理、投资估算、经济评价等17个章节[1]。

收稿日期：2021-06-03.
作者简介：陈大松，贵州赫章人，工程技术应用研究员，长期从事水利工程设计工作．

完成水利水电工程章节报告主要涉及学科与专业有地理信息，水文（泥沙、水情、规划），水工结构（坝工，水道，厂房，监测），工程地质，物探，岩土工程，道桥，水力机械，工业电气自动化，信息与通讯技术，材料成型及控制工程，暖通，工程施工，建筑结构，工程造价，给排水，环境工程，水土保持，风景园林，土地开发与管理、试验检测等21个。专业较多、接口多，导致协调难度大。

2 勘测设计单位转型改制后市场竞争加剧

随着中国经济进入新常态，水利水电勘测设计行业所面临的外部环境正在发生深刻变化，国家相继出台了《关于深化体制机制改革加快实施创新驱动发展战略的若干意见》，《中共中央、国务院关于深化国有企业改革的指导意见》等一系列政策及文件，按2016年出台的38号文要求，2020年底前所有经营类事业单位必须全部完成转企改制，大多数勘测设计院改为公司。

早期，水利水电勘测设计企业大多为国家或地方事业单位，主要业务范围局限于单位所属地方或系统内，具有很强的地域性和行业性垄断。随着经济的发展，市场化程度迅速提高，行业的地域集中特征也相对减弱，勘测设计业务跨区域竞争成为新的发展趋势。

另外，水利水电勘测设计行业将面临宏观经济波动与基础设施投资规模调整的风险，行业市场竞争风险。随着跨行业融合，上下游业务企业（比如施工企业）也将有机会加入市场竞争，新的工程咨询企业不断进入公司既有优势领域，公司将面临更为激烈的市场竞争环境，存在因市场竞争加剧导致盈利水平下降的风险，水利水电勘测设计公司只有不断进行改革创新，才能应对行业发展的机遇和挑战[2]。

3 水利水电勘测设计项目管理现状

水利水电工程勘测设计是一个设计范围、设计内容（工程任务、工程规模、工程布置及建筑等）、质量、安全、进度、投资等目标比较明确的服务性工作；是在一定时间内，多学科、多专业共同交叉、协作完成的一次性、唯一性设计活动；因多数水利项目勘测设计周期较长，勘测设计公司生产经营活动均是多个项目同时展开，往往造成人力资源、时间的冲突，资料相互提交、信息传递等变成难点与焦点，存在相互影响和制约问题，关键专业的进度和质量出现偏差，甚至影响整个项目的进度和质量。

我国从20世纪80年代开始应用项目管理的思想、方法、手段来组织实施建设工程项目。1983年由原国家计划委员会提出推行项目前期项目经理负责制，1995年建设部颁发了建筑施工企业项目经理资质管理办法，推行项目经理负责制[3]。

1997年水利部勘测设计改革领导小组办公室委托上海院负责编制《水利行业勘测设计单位项目管理实施方案》，为此，上海院组成了项目管理课题组，在收集资料、调查研究的基础上提出了初稿，并广泛征求各有关单位意见，经修改后形成讨论稿，并通过了由水利部建设司召开的审查会审查，根据审查通过的实施方案，结合上海院具体情况，编制了《上海勘测设计研究院项目管理实施细则》（试行）提交职代会审查通过，并决定从1998年1月1日起在上海院正式试行项目管理[4]。

当前多数水利水电勘测设计单位借鉴工程建设企业项目管理的运行经验，实行"项目经理制"。根据项目特点组织成立相应的临时性项目经理部，指定相应的项目经理或项目负责人，不同专业人员组成专业负责人，来解决时间冲突、信息传递困难、项目难决策的矛盾。

项目经理是勘测设计合同履约的主要参与者、项目质量安全第一责任人。项目经理（项目负责人）是项目从启动、策划、过程控制、进度协调、产品交付、设计服务、沟通、劳酬分配等全过程的总设计师、决策人和责任人，是项目生产要素合理投入和优化组合的组织者，起到项目开展全过程、全方位的桥梁和纽带作用。对内主持协调专业技术接口和工作接口，对外参与配合处理与相关部门、建设单位（业主）、监理单位、施工单位及各相关方关系，保证项目建设顺利推进。

工程建设期间通过赋予项目经理人力资源建议权、项目执行的决策权、考核及分配权、一定的财务管理权，将项目的进度、质量好坏与各专业人员的效益进行关联，使专业之间的协作得到了加强，明确各级人员的责、权、利关系，充分发挥和调动生产人员的积极性和主观能动性，满足业主提出的变更设计等设计服务需求。但从当前的执行情况看，还有需要不断优化改进的地方。

4 优化项目管理促进水利水电设计单位转型发展需求

4.1 优化公司组织机构满足以项目管理为中心的勘测设计业务需要

当前多数水利水电勘测设计公司的组织机构实行"专业处室（综合处或专业处）+行政部门"二维

管理架构。对勘测设计项目采用项目管理为中心，专业管理为基础的矩阵式结构管理模式，项目启动时成立临时性项目部来执行任务，项目完成项目部自行解散。对项目采用项目经理制，采用动态管理的方式，项目部内各成员根据项目的需要由各职能部门或专业处室调用。矩阵式的项目管理为提高项目质量、降低项目成本、促进企业技术进步和提高企业管理水平以及企业文化建设和品牌塑造发挥着重要作用，是设计院实施企业战略管理的基础，是设计院增强核心竞争力的有效手段。其质量、安全体系为：院（公司）级总工程师负责审定→专业处室主任工程师（所、处、室）负责审查→高级工程师组成的校审人员负责校核（设计人员进行设计）3 级校审制；这个体系决定了技术质量的决策权限及路径，决定了生产管理的跨度与幅度。但因水利水电工程学科多专业多，管理者个人能力有限，同时由于项目管理团队人员受职能部门和设计团队的双重领导，当决策主线是多条的时候将会有部门或专业本位主义存在，存在组织结构惰性及桎梏。本文就如何优化组织机构及配套相应的管理制度，提出如下建议：

（1）创造条件加大职业培训力度，让公司员工多学科、多专业执业，减少沟通环节。

（2）优化职能部门专业设置，比如勘察类专业合并在 1 个部门、设备设施类合并在 1 个部门，让决策主线聚焦到 1 个点，消除彼此之间的信息不畅，减少本位主义增加有效协作。

（3）可以充分利用 BIM 等数字化技术，由公司组织相关力量，对项目经理部提供模块化、系统化技术支持，甚至精准交付，快速将经验转化成生产力，满足建设进度要求越来越快的市场需求。

（4）健全企业标准化，建立企业知识库，研究部分建设条件简单、技术又成熟的项目取消审查或审定级，将常规的 3 级校审变为 2 级，减少管理跨度，满足快节奏生产服务的需要。

4.2 勘测设计业务实行分级项目责任制

为规范建设行为，国家根据水利水电工程的规模、效益和在经济社会中的重要性的不同分为Ⅰ～Ⅴ等，同理设计公司应该根据工程的规模、项目重要性、建设难度等实行分级管理，任用不同层级的人担任项目经理。对单一项目，由处室内直接组建设计团队的弱项目管理方式，单位只对其进行弱管理，对综合性强、规模大的项目组建临时性项目部的项目管理团队，单位对其进行强管理方式，缓解项目经理人员不足的矛盾。其分级标准严格依据现行 SL252 规范要求确定：

（1）大（1）型水利水电工程的勘测设计任务由公司负责完成，项目经理在公司层面选定，增强管理协调力度，充分调动公司资源支持项目部工作；特殊项目根据项目特点给项目经理配置管理助理，协助项目经理进行日常管理，提升公司核心竞争力。

（2）大（2）型水利水电工程的勘测设计任务由二级部门负责完成，项目经理在二级部门领导层选定，报公司确认，公司对项目执行情况进行动态管理。让二级部门领导的业务及管理能力能得到有效提升，为公司管理层培养储备干部。

（3）中型水利水电工程的勘测设计任务由二级部门全权负责完成，项目经理在二级部门选定，报公司确认；项目执行情况实行部门提出技术需求，公司按单位管理制度只对日常管理进行抽查、检查，对提出重大技术提供支持。为公司二级部门管理层培养储备干部。

（4）小（1）型水利水电工程等别Ⅳ等、建筑物级别为 4 级的项目，二级部门全权负责完成，部分特殊项目公司参与技术咨询支持，项目经理在二级部门里面选定，报公司备案，项目执行情况按院规定进行。培养一批业务能力及管理能力比较强的项目管理人才。

（5）小（2）型水利水电工程等别为Ⅴ等、建筑物级别为 5 级的项目，由二级部门制定，项目经理全权负责。夯实公司基层业务工作。

4.3 利用新过程控制、方法等体系文件为项目管理提供有力支持

（1）公司应该继续健全设计质量安全质量保证管理规定、实施细则、设计服务工作手册等体系文件工作，并确保这些体系的有效运行，主动接受行业第 3 方评估认证。

（2）根据分级管理要求加强设计过程质量控制，健全设计文件等成文信息的校核、审查、审定、会签、批准制度，做好设计文件的交底等设计服务工作；所提交的成果文件需符合国家、水利行业有关工程建设法规、工程勘测设计技术规程、标准和业主合同的要求，建立内部自查机制，并主动接受行业监督检查，增强企业信誉。

（3）加快建设企业级标准化制度建设，让简单的事情认真做，让人工智能去做，减少管理协调，让单位积累的知识快速转化成设计产品，提供标准服务，减少运行成本，增加市场竞争力。

（4）建立定期项目管理总结及考核制度，不断总结项目管理经验，提升项目管理能力。

4.4 人事、人力资源、薪酬等其他主要配套制度

按西方发达国家理论建立的项目经理制，是决策、分配在一身的全权责任制，其有契约文化为基础，而我国以东方圣贤文化为基础，其管理哲学还是有一些区别的，多年来形成的分配制度需要进行渐进式改革才能适应改企的需要，企业分配制度是企业生成的基础，实行项目经理制，如何解决分配问题是企业治理的关键问题。

4.4.1 多元的薪酬激励机制

水利水电项目通常具有建设周期长，前期投入大，不少业务需要前期投入资源去开发研究，具有业绩存量滞后于成果兑现特点。勘测设计公司仍然是全面履行合同的主体责任，实行的院、部门二级核算产值切块模式，甚至三级细分的分配方式，当年设计成果当年兑现。这种方式能有效调节项目分配差异，相对公平解决分配矛盾。

如何量化个人劳动所得，是一个比较困难事情，技术密集型企业的劳动所得，原则上很难用简单的工时定额去量化，需要探索多元有弹性的激励机制，比如对人才珍重、个人才华的展现等等，才能调动设计人员的积极性，提高项目管理水平[5]。

4.4.2 人事制度

项目部专业人员多，项目部有效运行需要得到各部门全力支持。改企后需要根据单位业务特点、人员结构、企业发展需要等优化原有组织结构，同时配套相应的人事制度，让有德、有技术技能、组织能力强的贤者居上，充分发挥组织的领导作用，减少对个人路径依赖。让领导在项目中来，又要到项目继续接受锻炼，与企业发展同步成长，不要走上领导岗位就与项目脱节，个人能力停滞不前，还阻碍优秀人才职业晋升。

4.4.3 人力资源保障制度

设计单位转企改制后，公司员工流动会加快；需要配套人力资源制度，保持专业人才不断档，同时根据业务拓展及业务转型需要，引进和培养懂设计、懂管理、懂采购、懂运营、懂财务等综合性项目管理人才及其他科研、专业技术人才。需要单位加大内部项目管理人员的管理培训，同时招聘工程管理专业人员进行探索试点，不断总结经验。

4.4.4 项目经理对人力资源建议权、考核权、分配权等其他制度

项目经理制是一个基于团队管理的个人负责制，应该根据不同的项目对项目经理部的人员进行针对性配置，比如重大项目，配置专业的项目协调人等。要最大可能将决策权归集到项目经理一人身上，使各部门大力支持项目经理的工作，需要同制度保障项目经理具有对各专业人力资源配置建议权；对各专业的生产进度、服务质量及各专业间互提资料质量和进度进行考核权；参与项目各专业产值调整分配甚至项目成员的绩效分配等权力。

5 结语

（1）项目是单位生存的基础，项目部是执行项目主体，项目经理是项目的执行责任人。实行项目经理制，聚焦业主，为业绩服务，实现项目顺利推进。运行中需要不断优化组织机构，加大职业培训，减少专业部门设置，明确组织分工及责任，规范工作流程，强化管理制度，完善信息共享机制，从项目管理中要效益是企业发展基本要求。

（2）勘测设计行业是具有专业属性强、高技术人才多的服务行业，当下可以利用 BIM 等数字技术进行管理流程优化，快速将丰富的知识经验积累化为设计产品，对项目管理提供有力技术支持，提升服务质量，减少成本投入，才能提高改制后竞争力，赢得市场。

（3）基于工程规模分等建筑物分级的勘测设计业务实行分级项目责任制，对单一项目，由处室内直接组建设计团队的弱项目管理方式，公司只对其进行弱管理，对综合性强、规模大的项目组建临时性项目部的项目管理团队，公司对其进行强管理方式，项目经理根据项目重要性从不同层级中选用，以缓解项目经理人员不足的矛盾。

（4）如何量化个人劳动所得，是比较困难事情，技术密集型企业的劳动所得，原则上很难用简单的工时定额去量化，需要探索多元有弹性的激励机制，才能调动设计人员的积极性，提高项目管理水平。

（5）实行项目经理制，除了保证 QES 质量等体系有效运行外，还需要相应的人事制度、人力资源保障制度、同时赋予项目经理人力资源建议权、考核权分配权等其他制度作为补充。

参考文献：

[1] SL618—2013 水利水电工程初步设计研究报告编制规程[S].北京：水利电力出版社，2013.

[2] 安郁群.中国水利水电勘测设计行业发展现状及未来发展展望[J].中国勘察设计，2020(4).

[3] 李宏凯.设计企业"项目经理制"模式的组织陷阱和项目管理模式的选择[J].项目管理，2015,(3).

[4] 上海勘测设计研究院.上海勘测设计研究院推行工程设计项目管理的实践[J].水利技术监督，2002,(5).

[5] 钟姝.浅析企业人力资源薪酬管理[J].现代经济信息，2015,(4).

流域水电运行风险"源·网"一体化管理

徐伟

(贵州乌江水电开发有限责任公司水电站远程集控中心,贵州贵阳,550002)

摘要:经过5年多的探索和实践,本文结合乌江流域9座水电站在远程控制模式下电力调度、水库调度、生态调度和远程操作等工作实际,介绍了乌江流域水电运行整合流域集控侧、乌江流域水电电源侧和电网调度侧对电力运行安全风险管理要求,以技术突破和体制机制创新为支撑的"源·网"一体化运行安全风险模式的实施背景、内涵、做法与成效,为其他流域远程集控管理提供经验借鉴。

关键词:远程;集控;风险;管控;一体化

1 概述

贵州乌江水电开发有限责任公司水电站远程集控中心主要负责乌江公司远程控制、梯级优化调度、洪水联合调度、电量集中营销等工作[1]。2015年,乌江公司梯级水电厂全面实施了"远程集控"生产管控模式。乌江梯级9座电站32台机组总装机容量8 665 MW 的控制权全部移交乌江集控中心[2]。在此管控体系下,集控中心负责远程控制、集中监视、统一调度的运行管理模式,同时开展乌江梯级水电站联合发电优化和站内机组负荷优化分配。

尽管远程集控模式带来的优势很明显,但随着远程控制管理工作的不断深入,结合"深化运行"需要,对其流域集控水电运行安全风险管理提出了更高的要求。结合乌江流域9座水电站在远程控制模式下电力调度、水库调度、生态调度和远程操作等工作实际,通过优化整合流域集控侧、乌江流域水电电源侧和电网调度侧对电力运行安全风险管理要求,以技术突破和体制机制创新为支撑,探索构建出"源·网"一体化运行安全风险模式的管理路径,更好发挥集控中心在保障运行安全中的作用,提升风险管理水平和电力运行效率,充分发挥乌江集控在流域水电运行风险管理中的能力。

2 实施背景

2.1 适应现代化的水力发电企业集控运行新形势,是流域集控电力运行安全生产管理的需要

随着科学技术的不断发展和进步,在不断的管理创新和技术条件下,流域水电生产自动化程度不断提高,机械设备性能的可靠性逐步提升,水力发电企业远程集控中心的运行模式也在广泛推广。实行流域水电群集中远程控制管理和联合优化调度在改善现场运行管理环境的同时,也对安全生产管理提出了更高的要求,尤其是集控中心作为流域水电与电网调度机构的纽带作用需要进一步强化。如何通过集控中心强化梯级流域水电站集中管理水平和提高电力系统电源侧事故响应能力,对于发挥发电企业与电网调度之间灵活高效互动和促进电力运行风险管控体系发展具有重要意义。

2.2 新型运行安全风险管控是实现电源侧与电网调度侧深度融合的有效路径

集控中心作为流域电站与电网调度机构协调沟通的责任主体,坚持底线思维,以现代化的信息通信、大数据、应用系统等新技术为依托,有效防范化解各类安全风险,研究电力系统"源·网"一体化新模式的安全共治机制,探索新型电力系统安全治理手段,保障集控中心远程集控与流域水电联合调度运行安全,是全面实现流域集控中心"统一调度、集中控制"构筑坚强安全屏障的需要。

2.3 提升集控中心对梯级电站应急处置与风险主动防御能力是管控的必然选择

集控中心统筹流域水电运行多层级管理,进一步加强"源·网"多向互动,通过对远程操作风险预控、环境风险预控及实时运行风险预控等方面一体化聚合模式,完善运行安全风险机制,提高梯级各电站响应能力是增强集控中心对流域水电运行安全管理的支撑需求。同时,集控中心通过调动流域各水电站运行设备主体的积极性,引导电源侧主

收稿日期:2021-06-11.
作者简介:徐伟,贵州贵阳人,工程师,从事梯级水电站水库调度工作.

动作为、合理安排、优化运行，为提升流域集控对各梯级电站应急保障和风险防御能力提供支撑。

3 流域水电运行风险"源·网"一体化管理的实施

针对乌江流域水电运行特性和流域多层级调度管理特性的特点，以"坚守安全底线，一切事故都可以预防"作为安全风险管控理念，充分发挥"源·网"协调互联能力，把远程集控运行过程中安全防范的关口前移，实现动态的、主动的和超前的安全风险管理，有效预防和杜绝各类隐患及事故发生。流域水电运行风险"源·网"一体化管理的内涵就是贯彻高质量发展理念，更好发挥流域集控中心在保障电源侧与电网侧安全管控中的双向互动作用，以安全制度为基础，以风险识别、风险评估、风险管控措施为预防手段，以调度运行全过程趋势预警为辅助工具，以监督措施落实、运行及事故分析为管理对策，确保全方位提升流域水电运行安全风险管理水平，实现流域水电运行"源·网"一体化管理模式安全生产的总目标。

3.1 建立流域运行风险"源·网"一体化管理机制

3.1.1 建立流域水电运行"1+3"风险分级管控

随着远程控制管理工作的不断深入，针对集控运行风险管控工作涉及多主体和对措施及实施要求不够细化等问题，通过对水电站远程控制模式下安全风险进行调研梳理，结合"深化运行"需要，找出薄弱环节，对风险进行分级分类，确定影响水电站运行安全的风险主要体现在厂用电全部丢失、电站主要设备损坏、线路跳闸后不能及时强送、水淹厂房等4个方面。建立相应的风险分级管控制度，总结提炼出梯级流域水电运行风险分级管控"1+3"管理模式，即"电网调度总领，公司、集控、电站3级管控"的水电站调度运行风险分级管控的新模式。内容主要体现为上级调度机构对所管辖的电力设备检修计划、运行方式及设备健康状态的整体把控，当乌江公司所属电厂可能出现运行风险时，公司级负责组织集控中心、水电厂相关专业人员进行会商，评估风险发生的可能性以及对风险防控全过程进行监管；集控中心级负责评估风险造成的后果，制定风险管控预防措施、应急预案，并向水电厂发布《乌江公司运行安全风险预警通知书》，督促电厂落实风险预控措施；电厂级接收集控中心下发的风险预警通知书，根据通知书要求的风险防控措施，组织人员将措施落实到位，并向集控中心反馈风险预控措施落实情况。

3.1.2 开展流域集控风险与事故管控双向风险管控会商

为进一步完善、规范在事故情况和运行风险的管理体系，建立形成《集控中心运行风险会商机制》，采用安全风险"事先控制"、事故过程中"事中分析"的方法，改变运行安全生产"事后分析"的被动管理模式，更好地预防和判断远程集控运行事故[3]。建立风险控制会商机制，与上级调度机构保持紧密合作，跟踪电网运行方式及流域各水电厂计划工作，做好梯级各电厂远控状态下的运行专业事故预想，针对未来可能存在的危险点进行年度解读、月度分析、实时跟踪，提前组织相关部门和电厂进行风险会商，通过风险分析与制定控制措施，有效降低和避免风险发生。建立事故会商机制，针对管辖范围内的设备发生事故时，集控中心组织内部相关部门到场，对事故情况进行跟踪、信息发布和分析等运行生产各环节把关。

3.1.3 全力打造集控运行学习型组织

根据远程集控的实际情况，努力打造学习型组织，强化运行人员的自主学习意识，一是实施"专业大讲堂"的培训机制，以各专业系统分块组织培训，将理论与实际工作结合，并将培训内容进行"云储存"，便于未能参加培训人员补学和后期周期性反复强化学习。二是建立"微培训"的培训方式，充分发挥运行倒班工作性质，以每个运行大值成员成为独立单元，坚持在每一个倒班周期内组织大值成员进行一次专业技术专项培训，并形成记录，定期与各值开展交流学习。三是着力实施以考促训，以运行规程及制度、运行方式特点、主系统检修操作重点及业务流程、相关参数标准、事故处理和典型事故分析等相关应知应会的业务知识为重点，每月组织集中进行笔试考试，逐步提升人员专业技能。通过多举措的教育培训方式，增强了运行人员的学习积极性，提高了技术水平。2020年，集控中心调度运行专业月考11次，现场"微培训"综合讲评135次，能力提升集中授课10次。

3.2 建立流域运行"源·网"一体化"点对点"调度业务联系

3.2.1 优化远程集控运行值班模式

为了进一步突出当班值长的管理职能，由值长全面负责当值安全生产、专业技术和值班管理工作，负责趋势报警处置和事故处置，根据远控值班"一人一席多厂"的工作性质，通过认真分析所存在的安全风险，针对各岗位在值班期间可能存在的安全风险进行评估，并制定相应的监护、协调和督导等防护措施。根据乌江公司集控中心实际情况，优化远程集控按照五值四倒的值班模式，各值按"1+3"岗位设置，其中设置1个值长岗位，2个远程控制岗位，1个检修操作岗位。在风险管控中值长岗位主要负责综合分析故障信息，决定故障设备恢复方案，做好电力运行风险管理，判断和决定事故中及事故后的梯级运行方式调整方案。远程控制岗位主要负责收集梯级各电厂设备缺陷、异常等情况的信息，汇报电网调度。检修岗位主要配合电网调度、流域水电厂开展事故、异常等情况的处置。通过"点对点"的方式开展调整远程集控运行值班管理，做细做优调度管理、远程监视控制工作，规范远程集控操作，突出当班值长的组织、协调、指挥和督导的管理职能，明确各值班岗位之间的相互关系，确保远程集控运行对生产情况、调度沟通和迅速反馈等方面的安全管控。

3.2.2 深化远程集控调度业务执行管理

随着远程集控对乌江流域水电的电力调度、生态调度和优化调度等多个工作面不断扩大，针对集控中心远程集控的风险管控需求，为实现对远程集控管理中调度业务执行过程中安全风险管理水平，结合电网调度操作票及指令下发系统的基础上，有针对性建设了"乌江集控调度指令下发系统"，分别在集控、电厂进行部署，其中指令管理、受令单位、受令人管理和信息管理等系统功能保持基本一致。在正常情况下，调度业务任务执行过程中，集控中心与上级调度进行调度信息交互，接受上级调度机构的指令，远程集控对上级调度机构的指令进行二次核对确认后，再通过乌江集控调度指令下发系统对现场进行设备操作进行指挥，构建起了远程集控调度业务任务执行过程管控和识别安全风险管控体系。

3.2.3 提升远程集控优化调度水平

随着辅助服务市场化，乌江流域各水电厂积极主动提供满足系统实际需要的各类辅助服务，强化流域水电调度运行管理，维护流域发电调度秩序，以最大程度避免调度考核事件的发生并找到提高流域各并网发电厂安全生产水平和提高辅助服务补偿效益。一方面充分利用电力低谷时段，通过实时协调上级调度机构，有序开展乌江梯级水电各机组的转动部分检查专项工作，为机组正常运行提供有力保障。2020年，乌江流域水电机组通过电力低谷时段，开展转动部分检查共计287台次。另一方面运行值班中对梯级运行情况进行实时分析，跟踪各项考核事项，制定相关远程集控模式下的事故处理应急预案，为梯级电厂提供调度运行、事故及异常情况下所需的资料信息，积极配合电厂对考核及补偿服务的相关事项进行专题分析，以便更好免考申请工作，确保各发电厂安全、稳定运行的前提下，提高流域水电经济效益。

3.3 创建流域远程集控报警驱动式巡视监盘模式

3.3.1 开发智能化趋势告警系统，提高安全风险预警预控能力

为加强集控中心对梯级电厂设备的监视管理，集控中心全面完善监控系统，建立趋势报警系统。趋势报警系统包含了主辅设备温度监视、重要辅助设备监视和报警系统。在计算机监控系统中增加主辅设备温度监视和重要辅助设备状态监视；在声光报警系统中增加温度趋势报警，引入声光报警系统，通过声光提醒，同时因梯级电厂机组较多且设备厂家和安装工艺不同，不同电厂机组和同电厂不同机组的各个重要辅助设备温度整定存在差异，在计算机监控系统中设备温度超过趋势报警温度时，温度数值颜色发生变化，集控运行值班人员能快速查找到具体异常设备，结合温度变化监视和重要辅助设备运行状态监视综合分析，初步判断故障点，迅速通知电厂进行检查处理，当出现远程操作失败、母线电压越限等异常和故障时，采取协调调整运行方式和负荷、停机等应急措施，避免事故发生，保障设备的安全[4]。

3.3.2 明确趋势报警层级管理关系，确保远程集控安全管理闭环

乌江梯级电站远程集控管理实行"统一调度、集中控制、分级管理、各负其责"的原则，集控中心在远程集控工作中，当发生温度异常或巡视发现异常，判断温度变化及主设备运行情况，及时通知电厂运维人员，必要时申请调度调整负荷，给电厂现场运维人员赶到厂房和处置留下充裕的时间。流域各电厂作为设备设施的责任主体，根据报警情况组织人员按照现场要求进行分析及处理，并及时将结论反馈至集控中心。集控中心再根据处理情况做好过程跟踪、信息发布、汇报和分析等方面工作。

3.3.3 实施报警驱动式巡检模式

集控中心通过对流域水电厂远程集控模式下可能存在的安全风险进行辨识和评估，分析出可能发生的事故风险状态，并寻找出预警不正常状态的主要范围和因素，利用温度特性、电流特性、压力特性对设备运行进行提前预判，为达到实时了解生产现场的安全状态变化，提出预警状态采用"正常、升高、偏高、过高"等趋势性多级预警的预防控制措施，通过增加接入计算机监控系统和远程诊断平台共计超过5 000个以上的趋势性运行参数和重要信号，结合已建立的声光报警系统，再实行报警式

驱动监盘,实现对流域水电厂运行状态的动态监测。当发出"升高"报警时,值班人员立即进行干预,提前进行处置,保证设备运行在正常指标范围。通过对流域水电运行的动态检测趋势告警,实现了运行设备现状与未来情况的预判分析,有效防止和控制事故的发生,降低了由异常发展为事故和故障的可能性,同时降低人为漏看、错看的风险[5]。

在远程集控值班管理制度上完善对温度监视和重要辅助设备的监视,将梯级电厂主辅设备温度报警及重要辅助设备状态监视纳入每日定期远程巡检内容,每日0时、2时、6时、13时、20时及交接班前后各6次,每日远程巡检最少11次,同时根据特殊天气情况及非正常运行方式时动态增加巡检次数。

4 流域水电运行风险"源·网"一体化管理效果

4.1 实施"源·网"一体化管理,超前预控风险,安全防范效果突出

2019年以来,构建"源·网"一体化管理新模式,充分挖掘集控中心在流域水电运行风险管控和隐患排查能力,对流域远程操作、风险预警和现场机电设备运行情况等方面的安全管控效果明显,一是通过掌握远控电厂主、辅设备健康状态,对运行风险点进行分析和预判,有效防范和预控了实时安全风险。利用运行监测、趋势判断、实时预警等系统及时发现重要辅助设备缺陷127项,并向乌江梯级水电发布38份"运行安全风险预警通知书",有效避免了因发展性故障导致的主设备非停,提前进行安全生产风险防控,将风险有效控制在隐患之前,保障了乌江梯级的电力调度运行安全,实现了梯级7座电站"零"非停,同比减少10次。二是新的管理模式实施以来,通过多举措的教育培训,提高了人员的专业素质及技能水平,有效提升了调度运行专业工作效率,风险管控水平有了极大的提高,特别是在风险识别和制定风险管控预防措施、应急预案能力方面。在远程自动开停机28 976次的基础上,实现远程开停机成功率99.92%,同比上升0.06%;负荷调整、AGC/AVC投退操作23万余次,未发生一次不规范操作引起的不安全事件的。

4.2 实施"源·网"一体化管理,流域水电提质增效能力显著提升

依靠流域水电运行风险"源·网"一体化管以来,联合乌江流域部分电站针对南方区域"两个细则"积极开展钻研及攻坚,通过实时优化协调保证电厂AGC投入调频模式和提高AGC投入率,实现补偿最大化。针对"两个细则"考核,通过电源侧与电网调度侧各环节间协调互动,有效避免了乌江梯级水电因调度运行管理、综合停电管理、风险管控、技术保障管理、网络安全管理等方面导致的累计考核电量1 656万 kW·h。

4.3 实施"源·网"一体化管理,提升流域水电安全风险管理水平

结合乌江流域水电运行特性和流域多层级调度管理特性,通过探索新型电力系统安全治理手段,优化整合电源侧和电网侧安全风险分级管控互补特性,建立水电运行"源·网"一体化安全共治机制。按照电网调度整体要求,集控中心统筹运行分析评估,流域各水电站严控设备管理,有效提升流域水电运行应急保障和风险防御能力,为乌江流域水电高质量发展构筑坚强的安全屏障。

4.4 为流域集控水电运行行业、集团提供借鉴

目前国内水电站群集控中心远程集控管理都处于摸索阶段,人员结构、组织管理及环境等方面给安全生产带来不同程度的难点和新问题,乌江流域集控中心远程集控模式结合自身实际情况,对流域水电运行风险管理进行创新和优化,保障了集控模式下水电运行安全管理系统各项工作有序开展,因此,具备向其他流域和集团所属水电企业推广的价值。

参考文献:

[1] 胡应权.贵州乌江梯级水电站群调控一体化探索与实践[J].水利水电快报,2015,36(4):42-43,46.

[2] 陈启萍.梯级水电站群"远程集控"模式实施探索[J].中国水能及电气化,2018(12):29-35.

[3] 徐伟.乌江流域水电运行专业管理一体化[J].红水河,2020,39(5):97-100.

[4] 穆庆文.远控模式下趋势报警的应用分析[J].红水河,2021,40(1):86-88.

[5] 简永明.集控中心计算机监控系统报警信息优化策略研究与实践[J].红水河,2020,39(3):63-66.

乌江集控远程操作自动化需求分析

石建明

(贵州乌江水电开发有限责任公司水电站远程集控中心，贵州贵阳，550002)

摘要：文章对乌江集控值班人员远程操作自动化的需求进行分析，在保证安全、高效完成远程操作前提下，提出进一步要求以助推远程集控水平。

关键词：远程；操作；自动化；需求

1 概述

远程控制职责范围包括正常状态下水轮发电机组远程开停机、有功和无功负荷调整、主变中性点地刀远程分合闸、AGC和AVC功能远程投退操作，以及水电站发生机组顶盖水位高、全厂失压、机组过速等异常情况的应急处置。

随着远程控制工作的深入开展，32台机组的远程操作由2位值班人员完成，远程控制操作烦锁、操作量大，在操作集中时段，乌江集控值班人员经常在操作员和监护员转换，安全与效率存在矛盾。乌江集控一直在寻求提高自动化水平来提高工作效率，降低误操作的风险。

2 目前实现的功能

2.1 操作防误功能

2.1.1 乌江集控侧监控系统设置操作投入、退出按钮

值班人员在远程操作前点击"操作退出"按钮，在按钮变为"操作投入"后，才能进行远程操作，防止在画面切换过程中误碰、误点操作按钮。

2.1.2 根据远程控制职责范围，开放操作权限

目前远程控制操作范围包括正常状态下水轮发电机组远程开停机、有功和无功负荷调整、主变中性点地刀远程分合闸、AGC和AVC功能远程投退操作，以及水电厂事故的远程应急处理。专业人员已将不在远程操作范围的操作权限关闭，保证电厂侧不执行集控值班人员下达的不在远程控制范围内的操作指令，降低误操作的风险。

2.1.3 控制权闭锁功能

对纳入远程控制范围的水轮发电机组、AGC和AVC的操作，在监控系统设置控制权。当机组、AGC、AVC有检修工作或者缺陷不具备远控条件时，将机组、AGC/AVC控制权切至电厂，监控系统将闭锁集控侧对相应机组的开停机、有无功负荷调整、AGC/AVC功能的投退操作。为了提醒远控值班人员，同时在退出远控进行检修工作的机组、主变、线路悬挂检修和接地标志。

2.1.4 值班人员只能在规定画面远程操作

值班人员只能在监视控制画面进行远程操作，其他画面只具备监视功能，均不开放操作功能。

2.1.5 设置开、停机操作密码

值班人员在操作比较集中时，需要不断切换画面进行操作，容易误入操作间隔。为了防止误入操作间隔，在进行操作时从电站名→机组编号→操作内容进行确认。并且在执行开、停机操作时需要输入开、停机密码，对于每一台机组开、停机密码都不相同，在开、停机密码输入错误时，会提示密码错误，操作退出，保证远程操作的正确性。

2.2 报警提醒功能

2.2.1 计算机监控系统的出力监测和实时预警功能

乌江集控远控构皮滩发电厂属于南网总调直调，值班人员需要人工跟踪发电计划曲线，按曲线自主开停机和负荷调整。计算机监控系统的出力监测和实时预警功能实现开机提醒、停机提醒、实时出力偏离提醒、计划曲线修改提醒，并通过声光报警系统发出告警信息提醒值班人员。

2.2.2 事故画面自动弹出

当远控电厂发生全厂失压、机组过速等事故时，监控系统会自动弹出对应厂站一键开机图、紧急落进水口闸门图，一方面起到提醒值班人员，另一方面节省了处理事故的时间。

3 需求分析

乌江集控2018年远程开停机17 467次，2019

收稿日期：2021-05-11.
作者简介：石建明，甘肃兰州人，助理工程师，从事梯级优化调度、远程集控工作.

年开停机 16 281 次，2020 年开停机 12 695 次。每次开停机附属负荷调整，AGC、AVC 功能的投退多达 8 次，占用值班人员大量的时间和精力，同时频繁操作，增加了误操作的风险。利用自动化设备，优化程序，减少值班人员的远程操作次数，分析需要改进的地方。

3.1 远程一键停机

远程一键停机是指优化和完善机组停机程序，实现机组能在 AGC、AVC 功能投入且任意负荷情况下直接下停机令。集控值班人员在下达远程停机操作指令后，停机程序能自动识别 AGC、AVC 功能投入状态，并能自动退出 AGC、AVC 功能，并将机组有、无功负荷减至零后解列停机。目前乌江集控远控各电厂已完成部分机组试验，但操作仍按照退机组 AGC、AVC 功能→减有、无功负荷→停机的顺序进行。

3.2 取消机组投入 AGC 负荷门槛值

乌江集控远控机组振动区比较大，开机并网后，需要将有功负荷调整至振动区以上投入 AGC，才能保证 AGC 正常动作。优化 AGC 程序，保证机组并网后 AGC 功能立即投入，既能满足电网负荷的需要，又极大提高了工作效率。

3.3 取消单次调整有功、无功负荷限制

现在乌江远控各厂都有生态流量的要求，在负荷低谷时，要保证生态流量满足要求不能停机时，经常需要将有功负荷在 0 和越过振动区最低负荷之间调整，因机组振动区比较大，同时各厂对手动调整有功、无功的步长有要求，值班人员需要多次调整才能将有功、无功负荷调整至目标值，增加了值班人员工作量，同时增加了误操作的风险。

3.4 机组一次调频复归后，有功负荷自动调整至手动设定值

乌江梯级电厂部分机组在 AGC 功能退出时，一次调频动作后有功负荷不能自动调整至设定值，在一次调频频繁动作，有功负荷实发值会严重偏离设定值。通过优化程序保证运行机组一次调频动作后有功负荷自动调整至设定值，避免值班人员手动调整有功负荷造成对一次调频干扰，受到一次调频考核，同时减轻远控人员工作强度。

3.5 将 AGC、AVC 控制权分离

目前乌江集控各厂 AGC、AVC 共用同一控制权，不能单独切换。将 AGC、AVC 控制权分离，避免因 AGC 或 AVC 工作需要将 AGC、AVC 同时退出远控，不利于集中控制管理，影响远控操作效率及远控智能化水平。

3.6 生态流量在线监测实时预警功能

乌江流域各电厂都有生态流量要求，生态流量限制纵横交错，控制参数复杂多变，涉及出库流量、工作水头、日发电量、区间来水量等多项参数。对乌江梯级各电厂进行生态流量进行在线监测，生态调度和优化调度相结合，实时监测乌江梯级生态流量参数，在生态流量不满足时，触发提醒信号，及时提醒值班人员调整远控机组的负荷，确保在满足乌江梯级各厂生态流量要求的情况下开展优化调度。

3.7 监控系统监护任务自动推送

在值班人员下达远程操作指令后，操作任务自动推送至监护人所在的操作员站，由监护员确认后指令才执行，避免因监护不到位发生误操作。

4 达到效果

4.1 保障了远控操作安全

通过开放职责范围内的操作权限、控制权闭锁等功能，提高防误水平，有效防止人为原因的误操作，保障远控操作安全。

4.2 提高了应急处置的响应速度

远控电厂发生全厂失压、机组过速等事故时，监控画面自动弹出操作画面，缩短了远程应急处理的时间，远程值班人员第一时间对事故进行处置，提高了应急处置的响应速度，保障设备安全。

4.3 降低了远控人员的劳动强度和误操作风险

最近 3 年年平均开停机次数为 15 481 次，每次开停机有、无负荷调整次数以 4 次计算，每年减少操作 61 924，相当于每天减少操作 170 次，极大降低了远控人员的劳动强度，也降低了误操作的风险。

4.4 提高了梯级各厂的远控率

AGC、AVC 控制权分离，能够单独对 AGC、AVC 控制权进行切换，避免单一的 AGC 或 AVC 故障和工作，同时将 AGC、AVC 退出远控，提高了梯级各厂的远控率。

4.5 保证机组稳定运行

机组一次调频多次动作，会将机组有功负荷调整至振动区或者超出额定值，不利于机组的安全稳定运行，修改一次调频程序、一次调频动作复归后，有功负荷自动恢复主设定值，保证机组稳定运行。

5 结语

随着科学技术迅速发展，新兴的技术不断出现，更多的新技术将推动远程集控的发展，远程操作将越来越安全、高效。

乌江集控中心监控系统防误操作功能的实现

朱明星

(贵州乌江水电开发有限责任公司水电站远程集控中心,贵州贵阳,550002)

摘要:乌江集控中心负责乌江梯级9座电站32台机组的远程集中控制工作,操作量大、安全压力大。文章通过视觉防误、操作流程防误、设备码防误、梳理报警信息、强化防误制度等多种措施,在监控系统上实现了防误操作功能,该功能便于运行人员及时准确掌握设备健康状况,确保远程操作安全,保障梯级水电站机电设备安全运行。

关键词:监控;系统;操作;安全

1 概述

乌江公司集控中心负责调度管辖的电站有洪家渡、东风、索风营、乌江渡、构皮滩、思林、沙沱,支流清水河上有大花水、格里桥,共9座、32台机组,装机容量8 665 MW。集控中心负责梯级电站的远程开停机、负荷调整、AGC/AVC的远程投退、主变中性点的倒换等操作。

据统计,每年集控中心的远程开停机组达到14 000台次以上,每天至少开停机组30余台次,最多时1 d开停机近70台次。每日人工调整负荷及AGC/AVC的投退操作在100次以上。面对水电机组频繁的启停、负荷人工调整,从技术层面防止误操作的手段显得非常重要。

2 计算机监控系统"五防"功能实施

集控中心操作员工作站与梯级各电站的操作员工作站具有完全相同的功能,不同的是在集控中心操作员工作站上有多个电站,设备编号存在相同的情况,误操作的可能性增加。

为了加强远程控制功能的安全性,保证操作指令的正确下达,防止误操作事故,确保梯级电站的正常运行,根据电力系统"五防"要求,集控中心计算机监控系统"五防"功能具体从以下几方面实现。

2.1 视觉防误

(1)界面布局一致。重要信息显示位置固定。机组、主变母线、线路的监视参数,字体大小一致、单位一致、统一显示在该设备的右侧。

(2)设备顺序一致。每个电站内各个画面的机组、主变从右到左统一按"#1机→#2机→#3机→…"顺序排列。

(3)操作界面唯一。设置"某某电站监视控制图",远程开停机、负荷调整、主变中性点的倒换操作只能在该界面进行,在其他界面点击鼠标不会有任何响应,避免人员误碰。同时将机组、主变的操作界面固定,形成一个个间隔分图,该间隔的设备名称、运行状态在间隔分图中显示更为清楚。操作人员在进行操作时,必须找到待操作对象的间隔分图,找间隔分图的过程又是操作人员确认操作对象的过程,减少了误操作的可能[1]。

(4)画面优化。将展示的画面、运行参数种类统一,删除集控侧不需要的运行数据,删除操作功能界面内不属于远程操作范围的按钮,若因软件原因不能删除某些按钮,则将其置为"灰色",无法操作。

(5)数据测点一致。例如母线电压的测点,有的电站是U_{ab},而集控侧是U_{ca},测点电压有时相差大于1 kV。为确保在画面显示、监控报警、AVC测值等关键环节使用同一电压测点,在线路、母线停电预试工作时统一进行技改。

(6)检修设备标识防误。为进一步完善远控设备检修的安全措施,在集控中心操作员站对电站检修的设备实施挂牌提示[2],保证电站设备检修工作的顺利进行,具体如下所示:已开展检修的设备挂白底三角形内加红色"检"字的标示牌。对合上的接地刀闸和人工搭设的接地线挂黄底三角形内加红色接地标志的标示牌。上述标示牌由集控中心值班操作员挂牌、拆除。在一幅监控画面挂牌后,与该设备相关的所有画面均自动显示标示牌;当一幅监控画面标示牌拆除后,与该设备有关的所有画面均自动拆除标示牌。

收稿日期:2021-05-11.
作者简介:朱明星,河南洛阳人,工程师,从事集控运行调度工作.

2.2 权限防误，控制权分级管理

为防止误操作管辖范围外的设备，需要对设备控制权实施分级管理。设备实施画面闭锁，即对电站按所属系统划分控制权。在集控中心和各电站分别设置专门的控制权管理界面，该画面划分为单台机组、开关站、AGC/AVC 部分，可分别切换控制权，同时增加"全部切换"的功能按钮。

集控中心和电站侧都可切换设备的控制权，仅能对控制权在本侧的设备进行操作，点击无控制权的设备时，监控系统将提示无控制权，不能进行后续操作。

2.3 设备码防误

操作员在监控系统"监视控制图"界面点击待操作设备后，监控系统自动弹出对话框，要求输入设备码，输入设备码后，系统与数据库中设定的设备码进行比较，正确无误后方可进行后续操作。由于不同电站设备的调度编号存在相同的情况，因此，集控中心远控设备码不能简单设置为调度编号，而应三重命名即"厂站名称＋设备名称＋设备编号"，例如"洪家渡＃1 发电机"的远控设备码为"HJD1"。这样设置既能避免在操作过程中其他电站的图形界面由于某些信号自动推图到当前界面，而操作人员未认真核对便进行操作，导致误操作其他电站机组的情况，又可避免维护人员在图形界面的维护制作过程中的疏忽，将图形单元关联错误，导致值班人员误操作。

2.4 流程防误

2.4.1 实行双登录

为贯彻执行操作监护制度，防止无人监护造成误操作事故，在操作员工作站上进行远程操作时实行操作人和监护人双登录制度。

只有 1 个操作人或 1 个监护人登录时，闭锁各个电厂的远程控制、功率调节、AGC/AVC 操作，并有报警提示、登录提醒。

操作人和监护人均登录时，允许各电厂的远程控制、功率调节、AGC/AVC 操作。

同时需加强运行人员的用户名、密码管理。

2.4.2 操作投入

双登录后、操作前需点击"操作投入"解锁监控系统各项远程操作，防止双登录后触碰鼠标、键盘时误点击图标、误输入数字。操作后需点击"操作退出"，对监控系统各项远程操作上锁。

2.4.3 防止操作错电厂

远程操作某一个电站的时候，点击这个电站的设备，自动弹出有该电站标志性的背景图案及比较醒目的电站名称对话框，操作人员确认是对该电站的操作后，方可进行下一步操作。否认后则操作终止，退至初始界面。

2.4.4 防止操作错设备

只有点击操作设备固定部位才能弹出对话框，确认操作设备及操作方式，如"XX 电厂＃1 机开机、停机、空载"等状态指令供选择，点击确认后弹出密码提示框，此密码即设备码，系统核对选择的机组与输入的机组一致，再次弹出"启动 XX 电厂＃1 号机开机（停机）操作"对话框，确认后，监控系统执行开停机指令操作。否认后则操作终止，退至初始界面。

2.4.5 开停机流程防误

当点击这个电站机组设备时，自动弹出带电厂特色背景的对话框，核实需操作的电站，确认后弹出相关机组及操作方式对话框，选择目的状态，确认后弹出设备码对话框，系统核对选择的机组与输入的机组一致，再次弹出"启动 XX 电厂＃号机开机操作"对话框，确认后开机流程开始执行。整个流程中有 5 次确认。

停机确认流程、主变中性点调整流程与开机类似。

2.4.6 负荷调整确认方式

考虑到退出 AGC 时，机组负荷调整的紧急性，确认方式相对简单一些。在监视控制图，点击机组负荷设定框后即可弹出负荷调整对话框。

2.4.7 投退 AGC、AVC

AGC/AVC 的远程投退设置单独操作界面，将常用的机组振动区、母线电压合格范围等重要参数展示其中，操作步骤分为确认电站、确认机组二级确认。

2.5 流程优化

2.5.1 优化监控系统开停机流程

梯级各电站监控系统的开发厂家不同，对应的开停机流程也不同、格式不统一，有的是树形流程、有的是线形流程，值班员需要较长时间学习适应。集控中心统一了开停机流程显示方式，优化工作界面，删除与远程控制工作职责无关数据、信号，突出显示风闸位置、导叶开度、转速、机端电压等重要的运行参数。

2.5.2 优化主变中性点自动分合程序

机组开停机过程中需要确保主变中性点合闸，而主变中性点自动分合程序关联 AGC 程序。由此常出现 AGC 退出的情况下，开停机后主变中性点不能实现自动分合。集控中心与各电站研讨后将主变中性点自动分合程序从 AGC 程序中独立出来，取消了主变中性点位置与 AGC 之间的关联，实现了按电网系统要求自动分合主变中性点。

2.6 报警信息防误

集控中心对上送集控的数据梳理归类，清理无关远控工作、不重要的辅助设备信号，避免了过多的报警信息、声光报警信号对操作和监视产生干扰。接入发电机和主变温度异常升高、冷却水中断、强迫外循环冷却器全停等主要设备和重要铺设的非电气量异常信号，便于值班人员紧急处置[3]。

（1）剪断销剪断报警后，自动退出单机 AGC，不必由运行人员操作退出。

（2）压油装置油压过低报警后，自动退单机 AGC，不必由运行人员操作退出。

（3）机组检修时，电厂屏蔽该机组单元上送集控和诊断平台的信息，避免试验信号刷屏。

（4）温度报警推送。电厂对每个发变组单元单独做 2 个温度综合报警点送集控，包含导轴承温度、推力温度、主变温度、励磁变温度，集控侧收到该综合报警信息后在监控系统推出相应单元温度画面，并触发声光报警。

（5）重要辅助设备异常信号。电厂将每个发变组单元的主变外循环、推力外循环冷却器全停异常信号做成综合报警点上送集控中心，集控侧收到该报警信号后通知电厂检查。

2.7 维护防误

维护防误是调试阶段的防误闭锁安全措施。当操作对象控制权在电厂侧时，集控侧监控画面自动闭锁该设备的相关操作，运行值班人员无法进行后续指令操作。但是集控维护人员后台调试时依然有异常下发指令的风险，即在数据库同步、监控系统版本升级、程序优化等工作时存在误调误控的可能。控制权切换后闭锁了监控画面，但无法保证底层数据传输过程中出现错误。

集控中心在控制权管理界面中增加 1 个软开关即"电厂调试态"按钮，在 104 程序配置中进行逻辑判断，按维护人员和运行值班人员需要，通过软开关的投退将中心至各电厂的控制指令进行 2 次闭锁，对远控操作实施双保险，可有效避免数据维护工作时误调误控的问题。

（1）当某电站控制权在电站时，软开关测值为 1，闭锁集控对该电厂控制令下发。

（2）当某电站控制权在集控时，软开关测值为 0，恢复集控对该电厂控制令下发。

（3）当集控短时进行数据库升级、程序优化工作时，集控运行人员可手动将软开关设置为 1，闭锁集控控制令下发。

2.8 制度防误

集控中心制定了严格的操作管理制度，"严禁无人监护，严禁疑问不除，严禁信息不核，严禁无令操作，严禁意图不清。"以"五严禁"的形式强化操作安全，以年终评优安全生产一票否决的规定警醒生产人员。

编制《远程控制操作手册》，将监控系统操作流程标准化，图文并茂的方式进行描述，便于新进值班人员快速掌握。

3 实施效果

自乌江梯级远程控制工作实施以来，全年远程开停机次数均在万次以上，加上机组有无功负荷调整、AGC/AVC 投退和主变中性点分合闸操作、主设备检修期间测点核对、电站监控系统国产化改造期间的各项联合调试等未统计的远控操作，实际各项操作次数更多。有时为配合电网紧急调整负荷，梯级开停机、负荷调整非常集中，经完善监控防误措施、强化操作管理制度，至今未发生一起人为误操作事件。

4 结语

防止电气误操作已逐步发展成为电力自动化技术的重要分支，是一项保障电力安全生产的重要措施[4]。通过远程集控系统防误与电站就地操作闭锁的有机结合，可以形成一套可靠的防误闭锁方案[5]。乌江集控中心计算机监控系统的防误操作功能构筑了保证梯级安全生产的一道必要防线，在使用过程中不断吸收经验发展、完善。

参考文献：

[1] 赵灿辉.集控站防止误操作方法探讨与实践[G]//云南电网公司,云南省电机工程学会.2011 年云南电力技术论坛论文集(入选部分)[C].云南电网公司,云南省电机工程学会,2011.

[2] 张道中,高一涛."五防"在远程集控中心计算机监控系统上的应用[J].贵州水力发电,2009,23(01):69-70.

[3] 胡应权.基于少人值守现状的远程控制安全系统化管理//梯级调度控制研究论丛 2017 年学术交流论文集[C].武汉:武汉出版社,2017.

[4] 郑玲.集控站运行模式及防止误操作探讨[J].广东科技,2008(22):92-93.

[5] 李东岳.计算机监控系统防止电气误操作的模式讨论[J].电力安全技术,2007(05):28-30.

"表格日报式"调度意图控制单在乌江集控的应用

龙潭

(贵州乌江水电开发有限责任公司水电站远程集控中心,贵州贵阳,550002)

摘要:通过预测来水情况,结合各电站设备实际情况和电网电量需求,科学地制订梯级水电优化方案并实施,从而实现流域水力资源的合理利用,提高梯级水电经济效益。乌江集控一直注重水电优化调度方法研究,在实践中逐步创建了"表格日报式"调度意图控制单,并在应用中取得显著的成效。本文就"表格日报式"调度意图控制单内容、应用流程、应用效果等进行了介绍。

关键词:水电;表格;日报;调度;意图

0 引言

乌江是长江上游南岸支流,发源于贵州省威宁县,横贯贵州中部及东北部,至重庆市涪陵区汇入长江,全长1 050 km,天然落差2 124 m,流域面积87 920 km^2,多年平均水量约534亿m^3。乌江公司梯级水电站包括洪家渡、东风、索风营、乌江渡、构皮滩、思林、沙沱、大花水、格里桥9座电站,总装机容量866.5万kW,其中洪家渡和构皮滩为多年调节水库,东风、乌江渡、大花水为不完全年调节水库,索风营、思林、沙沱、格里桥为日调节水库。为了梯级水能资源优化利用,乌江公司成立水电站远程集控中心(简称集控中心),下设调度部、运行部等部门,调度部主要负责中长期水电运行方式优化协调和洪水调度工作,运行部主要负责电力调度、梯级水电实时优化协调以及远控操作工作。

1 应用背景及形成历程

梯级水电站优化调度目标是在安全基础上减少水量损失,降低耗水率,最大可能增加发电量,一般要经过制定长期(多年、年和季)、中期(月)和短期(周、日)规划对梯级电站联合调度来实现。由于长期、中期优化调度规划受来水不确定性影响,多以枯期抬高水头降低发电耗水率、汛期利用洪水大发满发提高水量利用率的思路来作为决策的参考,而短期水电优化可以根据相对准确的天气预报及电网负荷预测来控制,通过制定周、日优化运行方案来协调梯级水库实时发电,是实现优化运行的最直接手段。为做好短期水电优化调度,乌江集控加强对梯级运行方案的应用研究,并在实践中逐步建立了"表格日报式"调度意图控制单,其形成历程主要经过3阶段。

1.1 "周报式"阶段

乌江集控成立时间比较早,缺少其他梯级流域公司先进管理经验来借鉴,水电优化调度工作在摸索中前行,初期主要结合近期天气预报和梯级设备情况,通过周例会来制定周运行方案,如遇特殊天气或特殊运行方式再讨论决定方案调整。

此方法开始取得不错的效果,但也出现新的问题。一是运行方案周期比较长,内容不够细化到每日,难以参考精细的意图开展实时协调;二是后期索风营、构皮滩、思林和沙沱电站的陆续投产后,优化工作兼顾的电站变多,而且各电站的水库特征不同和处在不同电网片区,工作变为复杂,加上受天气、电网、电站等因素的不确定影响较大,实际方案和理想运行方案难免产生偏差。

1.2 "日报式"阶段

为解决"周报式"阶段的不足,使运行方案更加符合实际,更利于开展每天、每小时、每刻的优化工作,乌江集控提出了"日报式"调度意图控制单,即以周为周期制定运行方案改为以每日制定,由于周期变短,意图方案更符合天气、电站和电网实际情况,参照应用价值更高,同时方案上每日内容相对以前更丰富和细化,适用性更强。

1.3 "表格日报式"阶段

"日报式"调度意图控制单实施初期,为便于容易理解和掌握,采用文字描述,内容繁多且相互交汇,开展优化实时协调时如果电网调度员询问一些比较细致问题,运行值班人员不易在调度意图控制单上一眼看出答案,需要来回翻看查找,过程中难免手脚忙乱,不仅降低了工作效率,也影响了梯

收稿日期:2021-06-08.

作者简介:龙潭,贵州黄平人,助理工程师,从事水电站运行、远程集控工作.

级运行人员在电网调度员心中的形象。随着集控人员水电优化技能不断提高和工作经验逐步丰富，"日报式"调度意图控制单首要目的是要求内容简洁归纳有序，画面一目了然，使运行值班人员一眼看出需要的内容，"表格日报式"调度意图控制单由此应运而生，其形式见表1（以2021年3月25日调度意图控制单为例）。

表1 "表格日报式"调度意图控制单表格形式

电厂	机组	运行情况						日电量/万kWh	日末水位/m	目标水位/m	生态流量要求	其他要求
		是否可调	AGC	AVC	一次调频	无功范围/MVar	有功范围/MW	振动区/MW				
洪家渡	1F	√	√	√	√	−30~70	0~174	0~30、85~160	850	1 098.64	—	按保障实时生态流量最小方式发电，单机保持60 MW	洪家渡水位低于1 085 m日降幅不超10 cm
	2F	√	√	√	√	−30~70	0~174	0~30、85~160					
	3F	√	√	√	√	−30~70	0~174	0~30、85~160					
东风	1F	√	√	√	√	−22~60	0~177	0~120	1 152	967.74	968.50	单机保持90 MW；若索风营水位高于834.7 m，东风日电量231 万kW·h满足生态流量后可停机	东风水位24 h降幅不超2 m
	2F	A修	×	×	×	—	—	—					
	3F	√	√	√	√	−10~60	0~177	0~120					
	4F	√	√	√	√	−20~55	0~125	0~90					
索风营	1F	√	√	√	√	−30~78	0~200	0~130	650	836.00	836.00	单机保持130 MW；若乌江渡水位高于754.16 m，索风营日电量130 万kW·h满足生态要求后可停机	—
	2F	C修	×	×	×	—	—	—					
	3F	√	√	√	√	−30~78	0~200	0~130					
乌江渡	1F	√	√	√	√	5~100	0~250	0~66、119~209	1 700	743.55	—	老厂单机保持110 MW或新厂单机保持200 MW，满足生态要求。当构皮滩水位高于620 m时，乌江渡最小日电量301 万kW·h，满足生态要求后可停机	#0变按照220 kV侧电流不超425A控制平衡厂
	2F	A修	×	×	×	—	—	—					
	3F	√	√	√	√	−10~100	0~250	0~66、119~209					
	4F	√	√	√	√	−30~100	0~250	0~206					
	5F	√	√	√	√	−30~100	0~250	0~206					
构皮滩	1F	√	√	√	√	−200~200	0~500	0~60、240~280	3 300	605.35	—	日电量782 万kWh满足生态要求	当(思林+沙沱)出力<1 080 MW时无开机台数要求；当1 080 MW<(思林+沙沱)出力≤1 620 MW，至少开2台机；当(思林+沙沱)出力>1 620 MW时，至少开3台机
	2F	√	√	√	√	−200~200	0~500	0~100、200~300					
	3F	√	√	√	√	−200~200	0~500	0~40、220~360					
	4F	C+D修	×	×	×	—	—	—					
	5F	√	√	√	√	−200~200	0~500	0~200、250~360					
思林	1F	√	√	√	√	−110~120	0~262.5	0~180	1 400	438.91	439.00	单机保持180 MW；当沙沱水位高于360 m，思林每日20:00至次日08:00机组可全停，日电量324 万kWh满足生态要求。	—
	2F	试验	×	×	×	−110~120	0~262.5	0~190					
	3F	√	√	√	√	−110~120	0~262.5	0~180					
	4F	A修	×	×	×	—	—	—					
沙沱	1F	√	√	√	√	−40~135	0~280	0~200	1 400	363.69	364.00	单机保持180 MW；当彭水水位高于290.10 m，沙沱日电量352 万kW·h满足生态流量。每日20:00至次日08:00全停	沙沱2021年3月25日09:00—17:00过船；沙沱全厂出力维持在200 MW以上固定负荷。若调整沙沱出力，须提前30 min通知电厂值班人员
	2F	√	√	√	√	−40~135	0~280	0~200					
	3F	√	√	√	√	−40~135	0~280	0~200					
	4F	C+D修	×	×	×	—	—	—					
大花水	1F	√	√	√	√	−20~50	0~95	0~63	200	861.41	—	日均流量大于7.6 m³/s，日电量25 万kW·h满足生态要求	—
	2F	√	√	√	√	−20~50	0~95	0~65					
格里桥	1F	√	×	无	√	−19.9~40	0~75	0~12、35~55	150	718.08	718.00	日均流量大于8.23 m³/s，日电量20 万kW·h满足生态要求	—
	2F	C修	×	×	×	—	—	—					
梯级总电量									10 802				
天气预报		省的西部边缘地区多云，其余地区阴天有阵雨或雷雨。											
调度意图		按照自上而下的消落顺序降梯级蓄能：日调节水库水位：格里桥718 m、索风营836 m、思林439 m、沙沱364 m。洪家渡除低谷时段外，其余时段尽最大能力发电。东风全天尽最大能力发电。乌江渡尽量多发电。构皮滩、思林、沙沱匹线运行，构皮滩日电量3 300万kW·h。大花水、格里桥按来水发电											参阅签字：
负荷加减顺序		加负荷顺序：洪家渡→东风→索风营→乌江渡→思林→沙沱；减负荷顺序：大花水→格里桥→沙沱											
说明		AGC、AVC、一次调频："√"表示可投；"×"表示不可投											
编制：××（调度部方式人员）、××（运行部人员）						审核：××（运行部领导）、××（调度部领导）						批准：××（集控中心领导）	

2 调度意图控制单应用

顾名思义，所谓"表格日报式"即每日编制1张表格式梯级电站调度意图控制单并发布，供运行值班人员按其要求开展实时优化协调工作。"表格日报式"调度意图控制单是乌江集控在满足梯级各电站及下游安全、生态流量、生活用水等要求的基础上，参考近期的梯级天气预报、电站运行情况及电网电量需求，通过水库调度自动化系统数据分析并结合人工计算后制定的梯级各电站发电优化方案，以满足梯级整体水位控制在较佳位置。

2.1 特点

乌江集控"日报式"调度意图控制单采用表格式描述，具有实用性强、信息量大、内容简洁、画面一目了然等特点。

2.2 控制策略

2.2.1 原则

在安全基础上，按照"枯期保耗水率，汛期在兼顾不弃水或少弃水条件下再保耗水率"的原则优化梯级各电站出力，利用上一级水电站和出库水量和下一级水电站出力相配合来控制水位。

2.2.2 各电站控制策略

洪家渡和构皮滩2个多年调节水库主要作用是汛期拦洪蓄水和汛后对下游电站补水调节[1]，由此两库是被动调节，东风和乌江渡2个不完全年调节水库配合洪家渡和构皮滩对整个梯级水位调节，索风营、格里桥2个日调节水库应保证高水位运行[2]，思林、沙沱2个下游日调节水库非汛期保证高水位运行，汛期在满足防洪安全基础上水位尽量抬高，支流大花水电站库容比较小，汛期来水时容易发生弃水，汛前应尽量腾出库容，非汛期保持高水位运行。

2.3 主要包含内容

"表格日报式"调度意图控制单内容主要包含目标水位、天气预报、梯级设备运行情况、各电站日计划电量、生态流量及其他要求、调度意图、加减负荷顺序等信息。

（1）目标水位。水位控制是实现优化调度根本措施，为使整个梯级耗水量和弃水量控制至最低，根据梯级来水及电网电量需求制定目标水位，使汛期时不发生弃水或少弃水，枯水期保持高水位运行，降低耗水率。水位目标控制不仅仅单纯考虑某个电站，更要兼顾整个梯级水位，利用梯级上下级电站水量补偿与匹配，实现梯级电站整体水位处在较优位置。

（2）天气预报。根据天气预报分析来水量，合理安排每个电站计划发电量，利用出、入库水量协作来控制水位。

（3）日电量。根据电网计划电量需求来协调梯级总日发电量，合理分配各电站的电量，在满足电网电量需求基础上控制梯级整体水库水位在较优位置。

（4）生态流量。生态流量是为保障河流环境生态功能，保证下游河道的最小流量。生态流量是刚性要求，如果流域生态流量不能保障，会导致河流断流、生物多样性受损、生态服务功能下降等问题。在控制水位时，生态流量首先作为最低出库流量考虑[3]。乌江流域水文特征复杂，电站众多，有些电站按实时生态流量控制，有些按日均生态流量控制，有些电站根据下游水位情况决定其生态流量为实时或日均，生态流量主要在枯期低水位时影响水位控制。

（5）防洪要求。为汛期洪水预留容库，水位必须按照一定范围控制，配合乌江下游及长江防洪工作，洪家渡、构皮滩、思林和沙沱均有限汛水位要求。

（6）梯级设备运行情况。梯级设备运行情况主要包括电站机组检修情况和正常机组有功、无功调节范围、振动区范围以及一次调频、AGC、AVC可投情况。机组水头随水位变化而变化，水头变化造成耗水率和某些机组有功调节范围、振动区发生改变，机组检修关系到电站总出力，汛期机组因故障、异常等临时检修对水位控制有一定影响[4]。

（7）其他。电站开发任务不仅发电，其他还包括航运、旅游等，特别是下游思林、沙沱电站经常过船，过船期间要求负荷保持不变。

（8）调度意图及负荷加减顺序。根据梯级各电站目标水位、计划发电量及上游预测来水情况，推算并制定出最优调度控制措施及加减负荷顺序。

3 应用流程

（1）信息收集。每日运行人员收集当前梯级设备运行信息，包括各电站机组检修情况及出力受限、当前水头下机组振动区范围、有无功调节范围、AGC是否可投等；调度方式人员收集天气信息、航运过船信息、影响梯级出力受限的电网设备检修情况、各电站生态流量要求，并根据运行方式预测电网电量需求[5]等。

（2）编制。调度部根据天气和梯级设备运行情况，结合电网电量需求，确定目标水位，利用各水库来水量和目标水位算出各电站应发电量，并以此为目标向电网调度建议和协调，如遇到电网特殊运行要求约束时，积极和电网调度沟通，在电网约束条件和梯级优化电量之间寻求平衡点，编制调度意图控制单，经过调度部和运行部领导审核后由集控中心领导批准发布。

（3）执行。调度意图控制单批准后，分发调度部和运行部值班调度台，值班人员参阅熟知后签字，运行部值班人员根据意图内容，和电网值班调度员积极沟通，实时协调梯级各电站运行方式，尽量控制水位在最佳位置，调度部值班人员监督执行情况并提供指导。

（4）评价。通过每日水位控制情况，结合运行人员协调记录，对每日调度意图控制单实施评价，并每月统计运行人员协调次数及成功率，前三名评选"协调之星"并加相应的绩效分。

4 紧急情况及处置措施

紧急情况主要包含两种：第一种是指汛期突然来水增大，可能造成梯级电站泄水或已造成梯级电站泄水的情况；第二种是指汛期乌江及长江下游遭遇洪水，威胁到人们安全，乌江梯级电站需要采取措施配合下游防洪的情况。紧急情况下当前调度意图单可能不再符合实际要求，需要采取措施处置。

（1）第1种情况。及时汇报领导，立即启动水情会商，编写水情快报，实时调整协调方案，向电网调度说明当前梯级实际情况和意图方向，利用梯级电站联合调度的优势，调整各电站运行方式，并积极寻求跨流域、跨地区、跨水电等多边协调方式，保证可能泄水或已经泄水的电站出力满发不受限。具体措施包括协调减火电机组负荷为水电发电腾空间；增加外送电量；确保洪水调度和防洪安全前提下，协调防汛部门动态运用构皮滩、思林、沙沱汛限以上库容；开展北盘江和乌江的联合调度、平寨普定红枫与乌江干流联合调度等，利用错峰手段实现不弃水或少弃水；协调中调、遵义地调、毕节地调，倒110 kV线路地区负荷，增加乌江渡110 kV系统总负荷，解决乌江渡1号机有功负荷受限问题。

（2）第2种情况。及时汇报领导，在防汛部门的统一指挥下，采用错时拦蓄等方式开展联合调度，全力配合乌江下游及长江防洪工作。

（3）2种情况同时发生。这2种紧急情况有可能同时发生又相互矛盾，此时应以防洪保安全为首要任务，在满足防洪工作要求的前提下再兼顾考虑梯级水电经济运行。

5 应用效果

乌江集控自"表格日报式"调度意图控制单管理应用以来，在梯级水库调度工作中坚持安全第一、科学调度，通过编制日梯级运行方案应用，发挥梯级联合调度的优势，实现安全防汛与经济效益双赢，其他方面也满足管理要求。

（1）防洪效益。利用梯级汛前腾出的库容，多次配合乌江下游及长江防洪工作，先后获水利部长江水利委员会及下游地方政府的书面表扬，比如2020年长江流域先后发生5次洪水，乌江集控动用构皮滩、思林、沙沱防洪库容累计拦蓄洪水约8亿 m^3，利用错时拦蓄等方式配合三峡水库拦洪削峰，有效减轻了重庆市和长江中下游防洪压力。

（2）经济效益。在防洪安全得到保障基础上，经济效益方面也取得巨大的成效，2017年梯级综合水能利用提高率5.14%，节水增发电量11.7亿kWh；2018年梯级综合水能利用提高率5.05%，节水增发电量11.62亿kWh；2019年梯级综合水能利用提高率4.06%，节水增发电量11.25亿kWh；2020年梯级水电综合耗水率3.78 m^3/kWh，梯级综合水能利用提高率6.70%，节水增发电量21.26亿kWh。

（3）其他效果。生态流量方面，电站生态流量日均保证率达98%以上，满足水利部、贵州省生态管理要求；航运方面，平均每年协调思林、沙沱保持固定负荷配合过船240次/年，年累积过船时间960 h左右，满足航运通航要求。

6 结语

乌江集控按照"精益化调度"要求，加强梯级水电短期优化调度深化管理，建立了"表格日报式"调度意图控制单管理方法并应用，在保证防洪效益及生态流量等的基础上，取得很好的经济效益。

参考文献：

[1] 李泽宏.梯级水电站群优化调度的影响因素及应对策略[J].贵州水力发电,2009(1):27-32.

[2] 贺亚山.贵州乌江梯级水电站日调节水库水位控制策略[J].水利水电快报,2015(4):67-69,77.

[3] 周金江.乌江干流保障生态流量方式研究及应用[J].红水河,2021(1):26-28.

[4] 田艳,董峰,李薹.新形势下提高梯级水电站经济运行指标思考与研究[G]//中国水力发电工程学会梯级调度控制专业委员会.梯级调度控制研究论丛2017年学术交流论文集,武汉:武汉出版社,2017:325-327.

[5] 郑惠清,高英.乌江流域梯级水电站水库联合优化调度探讨[G]//第一届水力发电技术国际会议,2006.

乌江流域水电站二次防雷接地系统分析

杨康，唐小波

(贵州乌江水电开发有限责任公司水电站远程集控中心，贵州贵阳，550002)

摘要：雷击对于水电站造成的影响是巨大的。做好防雷工作，能够尽可能减少雷电对于水电站的损害和威胁，保证乌江流域水电厂各项工作的顺利进行。本文通过对乌江流域某电厂一起雷击事故的分析，提出了二次设备应采取的防雷措施，该措施对乌江流域其他电站二次防雷系统的设计具有借鉴作用。

关键词：雷击；水电站；接地系统；措施

1 概述

2015年4月，集控中心实现对乌江梯级9座电站的电力运行远程集中控制，主要负责远程操作、优化调度、远程应急处理、电力调度风险管理、信息发布、检修协调等工作。在水电厂传统生产模式向远程集控模式转化过程中，远程应急事故处理遇到了各种新难题、新挑战，比如，乌江流域每年5—10月份是雷雨多发季节，属强雷电地区，雷击会导致电站整体设备的运行出现问题。

2 雷电对水电站的危害

雷电是大自然中最宏伟壮观的气体放电现象，雷电放电所产生的电流高达数十甚至数百千安，从而会引起巨大的电磁效应、机械效应和热效应，不管是水电厂的一次电气设备，还是二次电气设备，在直击雷的干扰下，都不可避免地受到损坏。由于水电站出线的回路较多，电气一次设备受到直击雷的干扰时，其输电线路会出现过电压，进而发生闪络情况，给电气的开关设备和变压器造成不同程度的损坏。

感应雷对水电站二次系统造成的危害比较小，一般来说，当水电站二次系统受到感应雷干扰的时候，每当雷云对地放电或者雷云之间放电，就会在各种设备和线路之间产生电磁感电势。由于电磁感电势的幅值比较高，会经过连接线路路径入侵二次设备系统。此时，二次系统的各种电子设备发生感应过电压最终损坏，也会导致其附近的实际电缆线感受到最大化的感应电流，然后会通过线缆传输给设备。

3 接地网和防雷情况

水电厂大型接地网主要是为了达到安全运行的目的而设立的，这包含了很多类型，如保护接地、工作接地、防雷接地以及屏蔽接地等。通过接地网，能够及时将雷的危害性降低到最低限度，这对于保证水电站的安全运行具有良好的效果和意义。乌江流域9座水电站的接地网主要由水库接地网、大坝人工接地网、220 kV开关站深井接地极、厂房地板等自然接地体构成，水库接地网与大坝接地网、厂房接地网、开关站深井接地极等连接。

为防止雷击及雷电侵入波损害电气设备和人身安全，流域电站主要采取了装设避雷针等设备。乌江梯级水电站利用220 kV、110 kV出线避雷线对厂房和开关站进行避雷防护，其他建筑物则采用屋顶敷设避雷带和避雷针进行防护。在220 kV、110 kV设备的各段母线内及各线路出线上装设避雷器，防止雷电侵入波危害220 kV、110 kV设备；在主变压器中性点及低压侧装设避雷器，为防止雷电波危及变压器、发电机及配电装置；厂用10 kV及400 V设备在各段母线上也装设了避雷器。

4 某电厂事故情况简介

2020年9月10日，某电厂生产区域天气情况为强雷电、暴雨，电厂机组按正常方式运行，5台机运行总负荷2 485 MW，19时2分，监控系统发"3号机进水口闸门全关""3号发电机保护A套、B套逆功率动作、3号机出口断路器803分闸动作""3号机灭磁联跳重动保护B套动作"等信号。经进一步的检查，厂房渗漏集水井、水垫塘渗漏集水井、坝体渗漏集水井水位在同一时间发生突变，尾水边坡渗漏排水泵报故障，3号机进水口快速落门控制回路，而外部电缆检查却无异常。

收稿日期：2021-05-11.

作者简介：杨康，贵州贵阳人，工程师，从事水电站运行、远程集控工作.

5 原因分析

2020年9月10日18:30,电厂现场为强雷电暴雨天气,坝址降雨量38.5 mm。现场检查发现厂房渗漏集水井、水垫塘渗漏集水井、坝体渗漏集水井及尾水边坡渗漏排水泵4处自动控制系统均出现不同程度损坏,分析判断为当时现场出现强烈雷击,雷电直击进水口检修门机接闪器,雷电流通过门机行走导轨进入地网,2号泵站位于检修门机导轨之间,在2号泵站闸门控制周围形成强大电磁场,严重干扰2号泵室内的控制系统。

3号机组进水口闸门快速下落原因分析:进水口工作闸门是防止机组飞逸的最后1道过速度保护,当机组转速上升到额定值的140%或者事故停机时剪断销剪断,应能自动关闭进水口工作闸门。进水口闸门自动关闭的判据有3点:按下机组LCU1号柜内紧急停机按钮、电气过速140%继电器动作、机械过速155%继电器动作,只要满足其中1点就动作出口相对应机组进水口闸门。由于事故前3号机运行正常,监控系统上位机简报未发现机组事故落门相关信息,故排除监控开出动作事故落门的可能;查看监控系统简报和LCU1号柜内无操作紧急停机按钮及水机事故停机信号,查看3号机转速曲线无过速现象,故排除水机保护回路中"关进水口闸门"继电器动作导致事故落门的可能。经过专业机构报告分析得出快速闸门异常关闭原因存在2种可能,雷击造成地电位反击,雷电流流经地网时,通过电缆屏蔽接地线流入电缆屏蔽层,该电流在电缆芯上(继电器上端)感应出较高电势,使动作功率偏小的继电器误动,使得3号快速闸门动作;雷电波直接入侵电缆,雷电直击进水口检修门机构架,雷电流通过门机行走导轨进入地网,雷电流将在电缆皮层及芯线上感应很高的电势,但是位于进水口检修门机附近的事故落门柜电源的进水口直流系统1、2号充电馈电屏的相应浪涌吸收等过压保护均未动作。初步分析认为,雷电波直接入侵电缆造成快速闸门异常落门可能性不大。

6 暴露问题

(1)厂站区有引雷环境,弱电设备没有采取任何防范雷电感应过电压的措施,抗干扰能力差,元件特性容易受干扰发生突变而误发信号等问题。

(2)远程集控中心运行人员和现场人员对异常雷电情况下的影响和破坏程度认识不足。

(3)远程集控中心运行人员和现场人员对雷电相关的行业技术规范和安全技术导则了解不多。

7 防范措施

(1)加强集控中心运行部人员关于雷击的相关专业知识技术培训,采用每月定期开展考试、开展考问讲解、创办运行培训小组等多种培训方式提高运行人员理论水平和实际处理分析问题的能力。

(2)完善集控中心在异常天气情况下远程处理水电厂的应急处置预案。

(3)要求梯级各电厂汲取此次事故暴露的问题,为防止雷击通过电磁感应在二次电缆上产生感应过电压,要求梯级各电厂利用今后的装置定检、设备检修等停电机会,认真检查进水口工作闸门控制系统,对全厂监控、保护等设备及室外的二次屏蔽电缆进行检查,确保二次回路电缆采用屏蔽电缆,重要二次电缆穿管并做好接地,尽可能与强电电缆分开排放,屏蔽层在室外、室内两端可靠接地,若有问题及时整改。

(4)要求梯级各水电站复核坝区避雷针等防雷措施满足设计要求,对大坝接地网进行部分开挖检查。对大坝地网与主厂房地网的连通情况,全厂接地网导通电阻进行复核测量,对避雷针接地引下线的位置进行检查。

(5)要求梯级各水电站检查计算机监控系统现地LCU屏至室外的二次电缆是否采用屏蔽电缆,检查监控装置屏外壳是否可靠且正确接地,以防止附近的雷电感应。

(6)要求梯级各水电站检查是否需要在进水口工作闸门控制系统柜内加装电涌保护设备,对间接雷电和直接雷电影响或其他瞬时过压的电涌进行保护,确保设备安全和系统正常运行。

8 结语

二次系统是电力系统的重要组成部分,一旦雷电波侵入易导致二次设备的损坏,影响电力系统的正常运行。通过分析,采取相应的防雷接地措施可以有效减小其造成的危害,进而保证水电站二次系统的可靠、安全运行,同时也提高了运行人员远程应急处理事故的能力,为水电厂减少了经济损失,减轻了调度及电厂维护人员的负担,消除了乌江流域"远程集控,少人维护"水电厂的一大安全隐患,对其他水电站如有类似问题有借鉴意义。

参考文献:

[1] 赵智大.高电压技术[M].浙江:中国电力出版社,2006.

[2] 倪思远.关于500 kV变电站二次系统的防雷接地技术应用分析[J].科技与创新,2017(1):138-139.

乌江渡发电厂水电远程诊断平台的设计与开发

令狐争争

(贵州乌江水电开发有限责任公司乌江渡发电厂,贵州遵义,563100)

摘要：根据近年来水电企业对状态监测的需求与故障诊断技术的发展,乌江渡发电厂设计开发了1套远程诊断平台。该诊断平台通过获取水电机组设备的运行、维护、检修、试验等数据,根据其变化趋势和相应的历史数据,定期或不定期对机组运行状况进行综合分析、评估,并借助专家系统,实现故障的预警、分析、诊断以及设备的寿命预测等。

关键词：水轮发电机组；故障；诊断；运行；优化；检修；决策

0 引言

乌江渡发电厂于1977年10月建厂,是乌江干流梯级第4级电站,也是乌江流域梯级开发最早的母体电站,是我国在喀斯特地区自行设计、施工建设的第1座高坝大型水电站。工程设计和施工先后获国家优秀设计奖、国家优质工程奖和国家科技进步一等奖。总装机容量1 280 MW,是以发电为主、兼顾防洪和灌溉的综合利用工程,在贵州电网中担任调峰调频任务。乌江渡发电厂机组在运行中不断受到汽蚀破坏、机械磨损及其他机械或电气损伤,导致设备的寿命缩短。电力设备和系统故障后,轻则降低系统生产效率,重则停运,甚至造成灾难性的后果。因此准确分析和评估水轮发电机组故障对电力系统稳定可靠运行具有十分重要的意义。

1 开发背景

为了防止设备出现故障,缺陷能够及时被发现,使机组能够始终处于良好的运行状态,就必须对设备进行维护和检测,并对维护的方法进行仔细分析。而本次远程诊断平台开发的目标就是提高设备的利用率,避免设备事故的发生。国外在故障诊断技术研究与实践应用方面都已取得了较成功的经验,包括美国、德国、日本、法国等发达国家都在应用这项技术。相比而言,国内故障诊断技术整体水平相对落后,伴随着国家"十三五"规划纲要的出台和电力市场的深入改革,新形势下电力设备检修模式的变革呼声越来越高,2013年国家能源局发布了水电站设备状态检修管理的行业标准,而国内相关电力企业在改变传统检修模式上也进行了较大胆的尝试,开展了许多有意义的工作,并积累了一些经验。因此,乌江渡发电厂开展水电机组远程诊断平台的开发对实时了解水电设备的运行状态、为各项生产提供辅助技术支持、提高机组的安全经济运行能力具有重大意义。

2 诊断平台功能定位

在系统建设之初,确定了要借助"互联网+"技术,开发包含区域级和电厂级的水电设备远程状态分析与故障诊断平台(水电远程诊断平台),实现远程异地诊断,打破现有"现场服务,事后服务"为主的被动诊断服务模式,便于公司内部资源共享和数据、信息、知识交流,实现水电厂设备的远程诊断、维护和运行高效管理。

区域以"管理主体责任、利润中心"为定位,做实、整合区域状态分析和故障诊断数据资源,建设区域级诊断平台,实现对流域各水电厂设备的监测分析、故障诊断等,侧重于对厂站级数据的统计、分析、对标等,主要存储厂站级的统计分析结论。厂站以"设备主体责任、成本控制中心"为定位,采集、感知设备生产数据,侧重于本电厂现场设备的监测分析、故障诊断等,对厂站级收集的相关数据均进行就地存储、实时计算和分析。

3 系统架构

平台建设满足电力监控系统安全防护规定要求,遵循"安全分区、网络专用、横向隔离、纵向认证"的原则,采用分层分布式体系结构,系统硬件拓扑如图1所示,平台将建立厂级数据中心,接入电厂监控数据和其他子系统数据,数据平台提供实时数据和历史数据查询服务接口。

收稿日期：2021-12-22.

作者简介：令狐争争,贵州桐梓人,工程师,从事水电厂水轮发电机组机械检修工作.

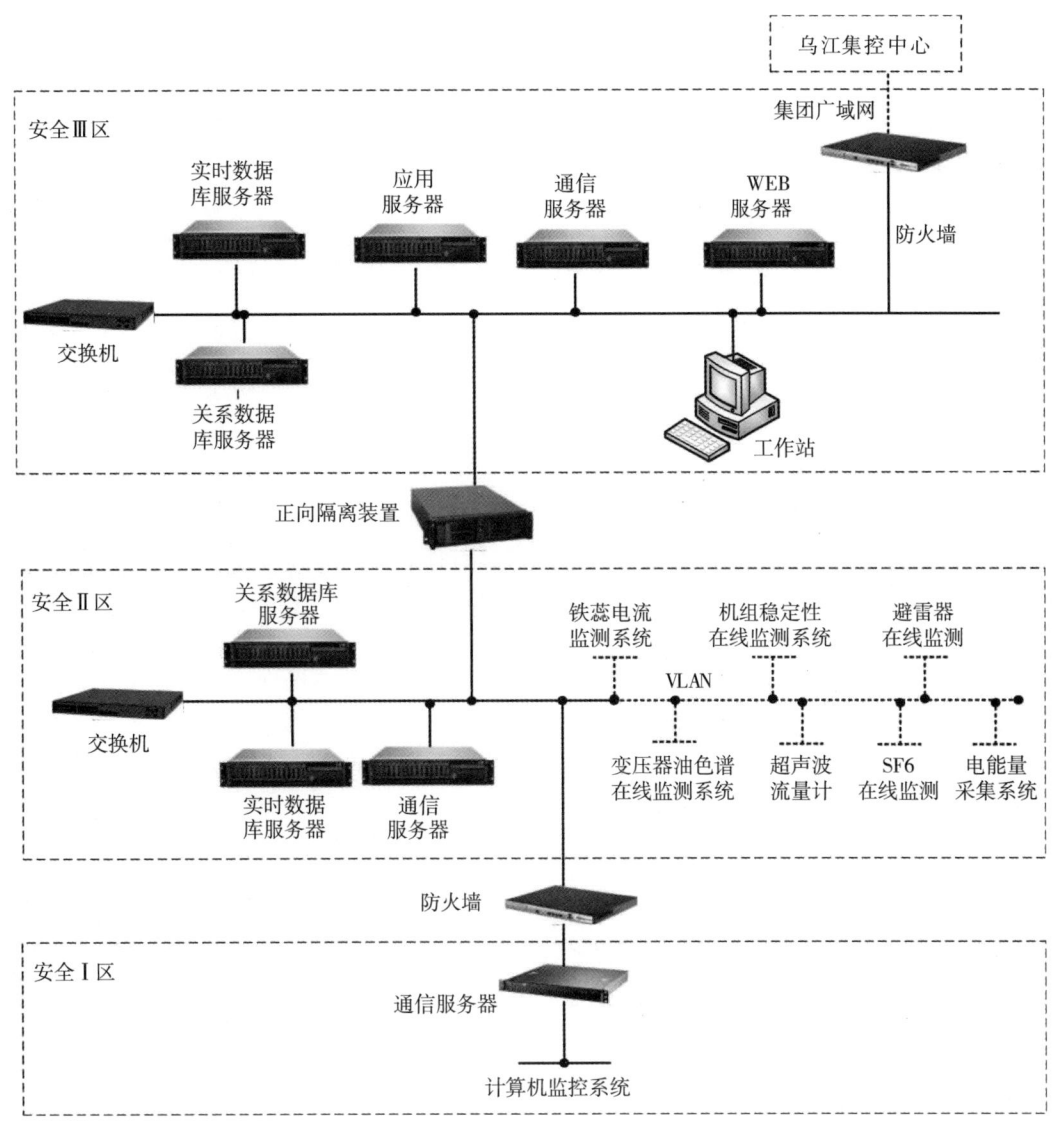

图 1 系统架构

服务器节点功能、特性描述见表1。

表 1 服务器节点功能特性统计

区域	节点名称	功能特性
安全Ⅰ区	通信服务器	负责与安全Ⅰ区的系统通信
安全Ⅱ区	实时数据服务器	Ⅱ区实时数据服务器,存储采用磁盘阵列
	关系数据服务器	Ⅱ区关系数据库,存储Ⅱ区关系型数据
	数据通信服务器	经网络隔离装置与安全Ⅰ区、安全Ⅲ区的数据通讯,采集/传输数据
安全Ⅲ区	实时数据服务器	Ⅱ区实时数据服务器,存储采用磁盘阵列
	关系数据服务器	Ⅲ区关系数据库,存储Ⅲ区关系型数据。存储采用磁盘阵列
	应用服务器	应用服务器用于运行平台应用和后台服务,如报告、评分系统、预警报警服务,根据应用负载和机器性能情况来部署应用
	对外通信服务器	负责与安全Ⅲ区的系统通信
	Web服务器	Web前端的发布
	维护工作站	工程师站,用于平台的维护工作

4 诊断平台基础功能开发与应用

水电机组运行设备远程诊断通常依据诊断模式的选择以及对数据的分析,为了保证诊断的准确性,远程诊断平台通过获取水电机组设备的运行数据,根据其变化趋势和相应的历史运行数据,定期或不定期地对机组运行状况进行综合分析、评估,并借助专家系统,实现故障的预警、分析、诊断,以及设备的寿命预测等功能。

（1）综合信息。综合信息作为平台首页和电厂的展示窗口，主要展示电厂概况介绍、机组装机容量、机组历史发电量、上下游水位、当前蓄能、全厂能效状态、年利用小时数以及安全运行天数以及报警信息的滚动播放。主要用于为平台高级用户提供直观的电厂生产情况总览。

（2）状态监测。状态监测主要对电厂的主要设备及用户在诊断平台数据服务模块中所建立的设备监测对象进行实时监测，展示内容包括机组状态总览、报警信息查询、电气主接线图、机组实时状态、状态评价报告、评价历史状态以及对比分析等信息。状态总览包含机组的运行状态、机组健康状态、主变健康状态以及机组实时负荷等信息；报警信息查询包含全厂报警信息的历史简报搜索功能；电气主接线图可以实时显示全厂电气主接线中设备的运行参数；实时状态包含各个机组的水轮机、发电机、振摆、主变以及开关站的状态监测信息，并可用不同颜色来区分机组的运行状态量；状态评价报告可以根据机组的状态评价情况给出合理建议并出具报告；评价历史状态包含对机组设备评价状态的历史值状态查询；对比分析功能包含对机组状态监测测值的对比分析功能，帮助用户判断决策。

（3）能效分析。能效分析对电厂的经济性指标进行数据加工处理，经济指标包含机组水轮机效率、耗水率、导叶漏水率、引水损失率以及水能利用率等信息。根据机组效率、发电量、利用小时数、耗水率、弃水量等指标对机组进行综合效益分析和评价；通过适当的方式展示机组当前效益评价结果，并支持机组历史效益评价结果的查询；通过适当的方式突出展示评分较低的机组综合效益评价结果，并对机组综合效益评分较低的原因进行分析，给出合理的优化建议，并生成对应能效分析报告。

（4）故障诊断。故障诊断对电站主设备已发生的报警信息和故障进行监测分析与统计分析，了解电站各主设备的报警和故障情况。故障诊断模块包括故障诊断、故障分析、故障统计以及故障诊断报告的功能。故障诊断模块支持对设备事件故障信息查询、报警信息处理等功能；可以根据自身需求选择提取任意时段内的设备报警信息和故障统计结果，以及报警或故障时刻前后的设备的基础参数内容；该模块可对电站主设备已发生的报警信息和故障进行监测，并追踪故障的进展。

（5）运行优化。运行优化可对机组的经济性和适用性进行评价，通过机组运行时间、振动区运行情况以及机组经济性指标综合确定机组运行的优先顺序，以辅助用户进行决策。该页面具有运行优化总览、安全运行分析以及经济运行分析等信息。

（6）检修决策。检修决策可对机组的状态监测量、能效分析信息以及机组设备的能效健康状态进行综合性评价，给出机组设备的检修建议，并可对机组的检修台账、检修结果进行管理和分析显示。检修决策页面具有状态评价、检修建议、检修计划、检修评价、机组总览、机组设备总体分析报告、振动区运行时间以及检修历史资料库管理等信息。状态评价模块对机组健康状态和能效状态以及机组检修后的运行参数进行深度展示，用于辅助机组检修决策；检修建议模块可根据机组健康状态和能效状态以及机组检修后的运行参数，给出机组检修合理化建议；检修计划模块可以根据检修建议，录入计划检修日期和工期等信息；检修评价模块可以根据机组的检修前后状态进行对比分析，对检修结果进行综合性评价；机组总览模块可以统计机组的检修历史和检修类型；机组设备总体分析报告模块可以根据机组检修建议、检修计划、检修评价等信息，出具机组设备的检修总体分析报告；振动区运行时间模块可以根据机组状态监测信息，对机组在振动区运行时间进行统计分析；检修历史资料库模块可以根据对以往的检修计划进行台账录入和管理。

（7）系统管理。系统管理是平台的管理窗口。系统管理员通过该页面可以实现个人信息管理，角色管理，单位、用户管理，通知公告管理以及系统配置等功能。包括个人登录信息、基本信息、个人照片、注册信息等进行查询、编辑和修改；系统管理员对用户的增加、删减和密码初始化，查看通知公告。

5 结语

水电机组故障诊断技术可以简单地概括为"以合理的数据采集和数据分析为必要条件，以合适的人工智能技术为手段对机组状态进行评估，以指导机组检修为目的的一项综合性科学技术"。水电机组生产厂家、在线状态监测系统厂商、水电企业以及研究机构均做了不同程度的探索研究，虽取得了一定的成果，但系统状态评估与故障诊断的能力还处在初级阶段，还不完善，还达不到预期。进入新时代，新科学技术不断发展和应用，使预测、评估、决策等越来越精准和科学，电厂也将持续在状态评估与故障诊断方面开展工作，充分总结运行检修维护经验，继续发展系统功能，最终为推进状态检修技术而努力。

乌江渡发电厂老厂厂房温度过高原因分析及改造建议

叶长红

(贵州乌江水电开发有限责任公司乌江渡发电厂，贵州遵义，563000)

摘要：乌江渡发电厂属于封闭式厂房，其通风条件的好坏直接影响着机组及生产设备的安全运行。近年来，由于诸多因素的影响使得厂房内温度明显升高，特别是汛期机组满发时，电缆层、励磁变、离相母线、中控楼侧设备室温度偏高，只能靠增加临时风机进行降温。本文就厂房温度过高原因进行分析，并提出改进意见，以供有关人员参考。

关键词：送风；回风；排风；系统；风量；改进

1 概述

乌江渡发电厂位于贵州省遵义市乌江镇，老厂装机3×250 MW。1979年首台机组发电，1982年3台机组投产。厂房形式为坝后封闭式厂房，全厂由主厂房(包括中控楼)及坝后副厂房2部分组成。进厂交通洞位于坝后右端，长约430 m。全厂主要机电设备除220 kV开关站外均集中在厂内。主厂房分4层，分别是发电机层(地面高程635.04 m)、电缆层(地面高程631.40 m)、水轮机层(地面高程627.90 m)、管道层(地面高程625.50 m)；副厂房设于主厂房上游侧，分6层，分别是110 kV开关站层(地面高程648.70 m)、220 kV电缆层(地面高程644.00 m)、仪表室层(地面高程639.50 m)、厂变层(地面高程635.04 m)、母线层(地面高程631.40 m)、水轮机层(地面高程627.90 m)。

乌江渡发电厂所在地遵义属亚热带季风性湿润气候，冬季温和、夏季湿热。该厂有关室外计算参数如下：夏季通风计算温度29 °C、相对湿度60%、夏季空调计算干球温度31.4 °C、湿球温度24 °C，夏季空调日平均温度28 °C，冬季通风计算温度4 °C，冬季空调计算干球温度-3 °C、相对湿度81%，大气压力夏季684 mmHg、冬季693 mmHg。

2 厂内原通风空调系统简介

原厂内通风空调采用全空气系统。以水库深层水作为天然冷源，喷淋除湿降温。全厂集中设置2个空调室，左右空调室分别位于坝内副厂房110 kV开关站左右端，室内各设T4-72、No.2-14E送风机2台(共计4台)。左空调室旁还设集中排风机室1个，内设T4-72、No.2-14E排风机2台，供厂内易燃易爆、热负荷集中的设备间及冬季运行工况之排风用。

室外新鲜空气从设置在大坝第7及第11坝段703.00 m高程上的两取风口分别进入左右空调室，经滤尘并降温处理后，由送风机通过5条送风干管送到发电机层上下游侧以及主变室、6.3 kV变压器室、220 kV电缆层、110 kV开关站等处。吸收上述各处的余热，升温降低相对湿度。余热较少的区域如水轮机层、水泵房、中控楼、油库等均由发电机层取风由空调回风端吸风造成室内负压，自然引入。整个送风量的13%从交通洞及电缆竖井排出厂外，27%由排风机排出厂外，60%则由左右回风竖井流回空调回风室重复使用。除集中空调室及排风机室外，厂内蓄电池室还设有防爆B4-72-4A型风机1台供蓄电池室排风，主厂房管道层装有专供机组检修转轮室排除焊接烟雾用T4-72-4A型风机1台，主厂房3个机墩上装有30K4-11 No.3型轴流风机3台供机组检修时水轮机坑排风用。

厂内热负荷85万kcal/h(988 kW)，系统总风量33万m³/h，空调露点温度18 °C，送风参数18.6 °C、96%，夏季发电机层设计温度26~27 °C，相对湿度60%。

3 厂内通风空调系统问题分析

3.1 电厂通风系统以往改造及运行情况

自电厂建成投产后，由于水库泥沙异常淤积，致空调取水口堵塞(空调取水口共设置3层，仅最上层取水口未堵塞，但取水温度达到20 °C，偏高)，空调喷淋系统始终没有投入运行，厂房内普遍出现闷热的现象。由于喷淋系统不能运行，回风

收稿日期：2021-05-27.
作者简介：叶长红，贵州息烽人，工程师，从事发电设备检修维护工作.

管路打开后势必引起厂房温度升高，回风总阀一直处于关闭状态，回风系统未投入运行。据1983年8月25日～31日电厂系统调试测定记录，主厂房发电机层最高温度达到了30 ℃，母线层达到了34 ℃，上游副厂房主变搬运道最高温度达到了30.5 ℃，220 kV电缆道、110 kV开关站达到了31.5 ℃。

为改善厂内空气环境，电厂组织有关单位对厂内空调系统于1991年进行了局部的改造，具体举措如下：

（1）左空调风机房进口引入廊道风。由于廊道风温在20 ℃左右，引入廊道风后，有效降低了左空调送风温度。而右空调机房附近没有方便适用的廊道，因此此项改造仅限于左空调。

（2）中控楼改从旁边的废弃上坝电梯井直接取风，增设1台中控楼送风轴流风机。

（3）在上游副厂房厂变层的上游右侧增设1台离心风机，直接从上游侧坝内廊道及上坝电梯井取风，利用原上游副厂房的夹层风道，送至厂变层及仪表层。

（4）堵塞左右空调的部分高温回风（电缆层、水轮机层回风等），以降低送风温度。

进行上述改造后，虽使厂内部分区域的空气环境有了一定改善，但厂内闷热的现象仍未从根本上消除。2001年8月27日，厂内部分区域的温度实测数据如下：发电机层29 ℃，主变搬运道30 ℃，母线电缆层上游侧29.5 ℃，离相母线道33 ℃，主厂房电缆层30 ℃，主厂房水轮机层28.5 ℃。

后期由于厂房7S环境整治、安全整改，第1次改造的中控楼送风机停运，在上游副厂房厂变层的上游右侧，增设1台离心风机被拆除，主厂房和副厂房通道门拆除，电缆层回风廊道增加隔离门封闭，厂房通风系统运行效果变差。近几年汛期满发时中控楼底部、电缆层、离相母线层、励磁变、厂变室温度增大明显，不得不采用临时增加风机冷却方式进行降温。

2020年6月在未增加临时风机时测量温度如下：发电机层28 ℃，主变搬运道30 ℃，母线电缆层上游侧32 ℃，离相母线道36 ℃，主厂房电缆层34 ℃，主厂房水轮机层29 ℃，励磁变线圈温度3号机最高85 ℃，励磁变线圈温度1、2号机70 ℃，72 ℃。

3.2 存在问题

由于喷淋系统废弃，新风温度不满足设计要求。

回风系统未投入运行，设计60%回风量不能实现，造成副厂房工作间、技术供水室、推力外循环室、主变外循环室、617廊道、电缆层上游侧、水泵房、空压机室无风流动。

4个电缆竖井排风考虑防火需要封闭，造成原设计由交通洞和电缆竖井共同完成13%排风量不足，交通洞风量很小。

部分通道门被拆除或封闭。主厂房至副厂房两通道门被拆除，造成主厂房和副厂房风路短路。左右电梯廊道进入门拆除，造成副厂房和电梯廊道风路短路。

110 kV开关站至中控楼4楼，有2处门不能关严，造成2号主变排风廊道排风短路；220 kV电缆层主变室外防护门常因巡视人员的疏忽未关，从一定程度上影响主变排系统的正常排风，同时也造成220 kV电缆层温度升高。

4 改进措施

4.1 主厂房

（1）主厂房内发电机层只设计了送风道，并未考虑排风措施，其排风是靠交通洞自然排风，根本无法达到正常排风要求，造成主厂房顶部温度升高。主厂房在通过自然排风方式的情况下，可以考虑将主厂房顶部650.50高层的管路—回风室的两端堵死，让左端进排风机室的管道开口，把回风管改为排风管道使用（该管道在排风机室顶部）。

（2）由主厂房发电机层进入6.3 kV高压厂变室的门应关闭，以确保厂房内各大设备按各自设备要求，形成独立的送排风闭合回路。

（3）中控楼左侧进入机械班组的玻璃门应改装设弹簧门，以保证各班组送风风源良好。

（4）尾水平台进人门处相当于1个自然风道，除在汛期将其关闭外，建议在其余期间将其打开以加强自然风量的循环。

（5）恢复主厂房和副厂房通道隔离门，确保送回风不造成短路。

4.2 主变室

（1）主变室内因主变设备自身的散热量大，使设计的送排风口不能满足其将主变内的热温带走的要求，致使主变内温度一直居高不下。对主变送风管路进行清理，同时调节其手动对开式调节门，可增大送入的冷风量，也可考虑将原送至220 kV电缆层的3个送风口，改其中2个对主变送风。

（2）对主变排风口以及排风廊道进行清理以保证风流的顺畅。

（3）220 kV电缆层主变室外的防火门应保持常关闭严；110 kV开关站至中控楼4楼的主变排风廊道内2处不能关闭的木门改装成弹簧门。

（4）将电缆竖井上升至 688.0 m 层，恢复与 220 kV 开关站电缆廊道相接的被封死的自然通风口。

4.3 副厂房

（1）400 V 配电室低压厂变、副厂房侧电气几个班组虽然在右电梯廊道内装设风机为其独立送风，但是 400 V 配电室和低厂变的温度依然偏高。

（2）右电梯廊道内现设 BL－4－72－11V6A 型风机经常发出断断续续的声音，因其风源供风量不足，可考虑增大风源的来风量。

（3）电焊班后夹墙送风管路装设不规范，造成送风量分配不均，应利用专用测风仪器测量后，规范送风管道，使风量分配合理化。

（4）在副厂房夹墙两侧通向回风坚井的支管应用规范的铁板封死，以保证风机来的新风送入副厂房低压变室、400 V 配电室及机械、电气各班组。

（5）左右岸电梯侧人行梯的铁板门应改成网式铁门，可以增加送风机的冷风风源。

4.4　627.9 层

（1）射流泵室、供水室、外循环室及主厂房的 627.9 层在设计时并未考虑排风，并且送风口只在靠水泵室侧装设了 1 个，使得此层风流难以循环，所以外循环室与主厂房 627.9 层通风条件很差。

（2）将原设计的回风系统投运起来，或将回风管道改为排风管道使用。

4.5　中控楼

恢复原通过电梯竖井引风的送风机，让其独立运行。

4.6　回风系统

恢复原设计回风系统，逐步打开送风机前端回风阀，考虑能恢复 30% 风量循环进行各点温度测量，确保副厂房工作间、技术供水室、推力外循环室、主变外循环室、617 廊道、电缆层上游侧、水泵房、空压机室有风流动，对降低结露会有较大改善，由于回风管理温度较低，对送入风温度升高不会太明显。

4.7　管路及风门

清理所有管路及风门，对各送排风口风量进行调节，确保兼顾各处温度。

5　结语

通过对厂通风空调系统存在问题的分析，发现全厂通风系统，除了使用上存在着不合理的因素外，检修维护人员对系统不熟造成人为的破坏，送排风设备运行年限长，设备老化导致通风设备的送排风量循环不足，也是厂房温度偏高的重要因素。

立轴水轮发电机组 C 级检修态的接力器换型改造

麻国，向浩，余涛，罗乐，陈倪政，郭筱君

(贵州乌江水电开发有限责任公司索风营发电厂，贵州贵阳，550215)

摘要：为及时消除立轴水轮发电机组接力器存在的隐患，在 C 级检修态下，通过安全风险管控、施工工艺并结合现场实际自制机具，安全高效完成换型改造，为同类型机组主要设备换型改造提供借鉴。

关键词：水轮发电机组；检修；接力器；换型；改造

0 引言

索风营发电厂地处贵州省修文县与黔西县交界处的乌江干流六广河河段，乌江流域梯开发的第 5 级水电站，装机容量为 3×200 MW，保证出力 166.9 MW，年设计发电量 20.11 亿 kW·h。电站总库容为 2.012 亿 m^3，属日调节水库，在系统中担负着调频、调峰和事故备用作用。电站于 2002 年 7 月 26 日开工建设，2005 年 8 月 17 日首台机组投产发电，2006 年 6 月 3 台机组全部投产运行。

为了及时消除 3 台机接力器重大隐患，在没有 A 级检修只有 C 级检修计划的情况下，提前做好前期改造的可行性研究、选型决策、购置合同管理及施工安装。根据现有接力器安装空间，改造后确保接力器在外形尺寸等于原接力器，新接力器保证与原接力器安装基础法兰尺寸相匹配。改造后接力器进排油孔大小和开孔位置与原接力器一致，避免重新配管连接，同时确保接力器动作正常。施工随机组 C 级检修进行，现场将旧接力器卸解吊至水车室门口(内)，在水车室进入口处安设 1 个 5 t 的葫芦，并在楼梯上铺设导轨，用葫芦作为主要牵引力，将旧接力器整体运出，并将新接力器整体运至水车室进行安装，安装时对水车室花铁板进行相应加固。从可研、选型、购置、施工等环节做了大量的创新工作。

1 背景及原因

电厂水轮机型号是 HLF134ml-LJ-590，调速系统所采用的接力器形式为直缸液压式接力器，安装高程 754.73 m，布置在机坑水车室上游侧里衬内，接力器行程 $702+5$ mm，操作油压(最小/最大) 4.8/6.4 MPa，活塞直径 $\phi500$。

电厂 3 台机组接力器自投产运行 15 a 以来，存在以下隐患：接力器缸体、推拉杆均存在不同程度的拉伤造成内漏，检修时曾用新型液态金属修补剂进行修复处理过，但效果不够理想。接力器防尘圈出现外翻，且轻微渗油。前缸盖 Y 型密封未设置导向槽易损坏变形，造成接力器前端盖多次渗泄漏事件。接力器前缸盖设计不合理，更换前缸盖密封件需要拆除接力器活塞杆，施工周期较长，工程量较大。

根据集团公司检修、技改管理办法，索风营发电厂机组 A 修 $55\sim65$ d，间隔周期 $4\sim6$ a；B 级检修 $45\sim50$ d，每年有 1 次 C 级检修，工期为 $8\sim10$ d。

接力器改造为重大技改项目，属集团公司重点关注的一般隐患。如何在 C 级检修态不吊转子、不吊上下机架的情况下，完成 3 台混流式立轴水轮机的 3 对接力器(含推拉杆和一、二次油管配管等)换型改造重大技改项目，是一次探索创新之举。

2 实施过程及做法

2.1 施工安全风险及防控措施

2.1.1 工作内容

(1) 动用厂房桥机起吊接力器及其他机具。

(2) 现场制作导轨及搬运架铺设在进水车室的楼梯上，对水车室花铁板进行相应加固。

(3) 拆卸旧接力器、旧锁定及相关附属管路和二次元器件。

(4) 更换安装新接力器、配管及安装二次元器件。

(5) 对新接力器进行调试。

(6) 机电设备及环境卫生清扫。

2.1.2 风险辨识

(1) 通过对该改造项目全面进行风险辨识，存在以下风险：高处坠落、车辆伤害、起重伤害、机

收稿日期：2021-08-02.
作者简介：麻国，高级技师，高级工程师，从事水电企业安全生产管理工作.

械伤害、物体打击、触电、灼烫、中毒和窒息、环境污染、设备损坏、火灾、职业健康损害。

(2) 按照LEC法进行等级分析计算：$D=L \times E \times C=3 \times 2 \times 50=300$，属较大风险级，管控级别部门级。

2.1.3 防控措施

2.1.3.1 组织措施

(1) 开"三票合一"工作票、动火作业工作票和有限空间作业票各1张。工作票签发人由维护部或生产技术部主任及以上人员。工作票负责人由维护部副主任以上人员担任。工作班成员由电气二次班、机械班及门机操作人员、接力器厂家技术人员、外委作业人员组成。工作时配置专职安全员，工作负责人全过程监护。

(2) 开调速系统退出、恢复操作票各1张。

2.1.3.2 技术措施

(1) 动用厂房桥机起吊接力器及相关机具操作。

(2) 水轮发动机组在停机态关闭进水口工作门检修门、排空钢管水、退出调速系统、排空调速系统管路积油、拉开机组及调速系统所有电源。

(3) 现场应设置安全警示标志牌。禁止标志牌：未经许可禁止入内、禁止跨越、禁止依靠、禁止合闸有人工作。警告标志牌：当心火灾、当心中毒、当心机械伤人、当心扎脚、当心挤压、当心坑洞、当心坠落、当心吊物、当心滑倒。指令标志牌：必须戴安全帽、必须系安全带。提示标志牌：从此上下、在此工作、检修区域。

2.1.3.3 安全措施

(1) 开工前，工作负责人组织全体工作班成员安全技术交底及教育。

(2) 检查特种作业人员（起吊、电焊）有证未过期。

(3) 检查工作班成员正确佩戴合格的安全帽，穿戴劳动保护工作服。

(4) 检查桥机及全部工作机具合格，有检验合格证及定期检查记录。

(5) 水车室加装的临时照明电源线绝缘良好，电源低于12V，照明度满足工作要求。

(6) 检查本次施工自制的导轨及搬运架牢固、焊接部门无开焊、轮轴连结可靠。

(7) 检查开工前的技术措施已做到位。

(8) 检查确认油系统管路内油已排空，如旧管路内残油较多，需进行相应处理和采取措施。

(9) 接力器吊装使用M16钢丝绳，吊装前需检查钢丝绳情况，不得有断股的情况。

(10) 吊装前对吊装使用的手拉葫芦进行检查，手拉葫芦不得出现卡涩，各部位零件无损坏。

(11) 起吊过程中，除司机、司索、指挥外，禁止其他人员进入工作范围内。

(12) 搬运过程中严禁触碰其他设备，重点难点在用导轨搬运新旧接力器进出水车室楼梯过程中，防伤人、防手拉葫芦损坏、防接力器侧翻等。

(13) 在进行接力器安装工作前，要对工作过程中所使用的测量工具进行全面检查，避免使用校验不合格的测量工器具。

2.1.3.4 环保措施

(1) 工作中产生的废弃物及垃圾统一回收到指定的地点，切实做到"工完料尽场地清"。

(2) 工作中可能会产生漏油现象，按照厂"现场环保应急处置方案"及时进行清理，不得影响环境。

(3) 在水车室焊、切割作业时，加装送排风机及时进行空气换换。

(4) 做好现场卫生工作，严禁焊渣、油污遗留现场。

2.2 接力器改造总体内容及要求

(1) 接力器型式。采用直缸接力器，新接力器布置在机坑上游侧里衬内原专设的接力器支座上。提供适当的锚筋和锚固螺栓，以防止在接力器操作时发生滑动或摆动。接力器底部设置调整板，待调整压紧行程后，配做调整板厚度后，装入调整板。

(2) 接力器缸体、缸盖、活塞及活塞杆。缸体和缸盖采用钢制造，并有密封结构以防止漏油，所有进排油口与原接力器缸方向一致。接力器活塞及活塞杆用高精度加工的锻钢制造，活塞设活塞环及导向带，以达到活塞动作灵活且通过活塞的漏油最小。活塞杆设有青铜导轴承，以便使活塞没有侧向负荷。

(3) 前接力器前缸盖密封形式。采用导向带、铜套、组合式密封、防尘圈的形式，使前缸盖密封没有侧向负荷且密封良好。

(4) 推拉杆。接力器活塞杆和导叶控制环之间的推拉杆用锻钢制作，并带有无油自润滑衬套。接力器压紧行程必须满足5~7mm可调要求，调整方式改为推拉杆螺纹调节方式。同时保证接力器前缸盖密封在松开推拉杆条件螺母（无须整体拆卸接力器）的情况下能顺利更换。

(5) 由于原接力器安装基础为预埋件，新接力器必须与原接力器安装基础法兰尺寸匹配。

(6) 锁锭装置。液压锁定和机械锁定安装于接力器本体上，应保证在额定油压误动作的情况下有足够的机械强度，且操作轻便。液压电气锁定方式采用导向座液压方式，机械锁定采用导向机械锁定方式。锁定装置经过核算确保水轮机导水叶能可靠地锁定在关闭位置上。导水叶锁定机构包括带触点的限位开关，限位开关在锁定位置完全啮合或脱开时动作，并将信号送出。锁锭装置安全可靠，保证在失去油压时不会误动。

(7) 接力器后腔排油管采用与缸体焊接一体成型，前后腔排油阀后端采用高压软管连接至回油箱。为了从接力器两端排出油和放出截留的空气，装有合适的阀门和管路。接力器油缸两端装有压力表的接头。

(8) 为了减缓额定水头下近似空载位置到关闭位置之间的关闭速度，减少冲击负荷，接力器需装有可调整的缓冲关闭装置。

(9) 材质要求。所有材料应为全新，接力器材料采用 Q235-B+锻35，避免有缺陷或不完整。未特别指定的材料应在最大限度满足要求的前提下尽可能实用，尽量符合最新的 ASTM 规格标准或 DIN、EN 或其他相当的标准。所采用材料的详细质量等级和标准应在相应的图纸或材料清单中提交。

(10) 新投运接力器在设计范围内运行，8 a 内不解体大修保证安全运行。

(11) 新接力器应设计有机械行程指示标尺，接力器外部按现有安装接力器位移传感器进行匹配加工，并设置主令反馈钢丝绳安装位置。

(12) 法兰及管路的焊接符合 GB20236—2011《现场设备、工业管道焊接工程实施规范》的规定。

(13) 探伤验收要求。接力器的主要部件如缸体、活塞、活塞杆和前后缸盖等须进行无损检测，并提交材质及检验报告，具体要求如下：钢板质量根据 JB4730.3 超声波检测、Ⅱ级的要求；锻件质量根据 JB4730.3 超声波检测、Ⅱ级的要求；无缝钢管质量根据 JB4730.3 超声波检测、Ⅱ级的要求；铸件质量应符合 CCH70-3、超声波检测、3级和磁粉检测、3级的规定。

2.3 专用技术条件（性能参数）

(1) 使用 46 号防锈汽轮机油。

(2) 接力器各参数应优于原接力器，原接力器以下尺寸不能改变：活塞直径 ϕ500 mm、操作油压（最小/最大）4.8/6.4 MPa，接力器行程 702+5 mm，全行程差≤1 mm。接力器安转调整，要求安装高程为 754.73 m，开关机侧接力器高程差≤0.5 mm，接力器与控制环连接后，接力器水平满足≤0.10 mm/m。

(3) 接力器动作应平稳，开启和关闭的最低油压一般不大于额定工作压力的 15%。

(4) 接力器和管路安装调整应符合设计要求，并保证各接力器动作时间的一致性。

(5) 接力器耐压试验必须严格进行，必须满足压力和时间要求(1.25 倍额定工作压力，保压 30 min)。

2.4 施工部署及实施

接力器换型改造实施"双负责人制"进行管理，即业主维修负责人和厂家技术负责人对本工程的施工过程、质量、安全、进度、劳动力和设备资源的调配进行全面的管理。选取具有丰富水电站机电安装施工经验和液压油缸检修人员，并对所有参加施工的人员进行相应的岗前培训；针对施工特点、技术要求、工期及现场条件，编制相应的施工进度计划、施工质量目标、施工安全措施、现场文明施工措施；对施工过程中出现的问题，由"双人"及时进行协调、处理。

2.4.1 施工前的准备

(1) 成立改造施工工程专业组。

(2) 及时组织人员进场，双方及时拟定施工方案、施工计划、作业面交接、相关施工资料的交接工作。

(3) 按照约定的检修范围，根据规范及设计施工文件、接力器的产品说明书等资料拟定外购件的采购工作。

(4) 现场施工作业的准备工作，即三角架、导轨(长×宽×高=5.6 m×0.75 m×0.14 m)+导轨架(长×宽×高=1.5 m×1.05 m×0.47 m，轮间距 0.76 m，轴间距 1.2 m)等机具现场制作。

(5) 使用厂房桥机，按照施工顺序把新接力器吊运至安装点水车室楼梯(坡度 35°，高度 2.8 m，跨度 4.8 m，宽度 1.5 m)门口，原接力器拆除后，运吊至厂房指定作业区装箱回收。

2.4.2 接力器拆除工序

2.4.2.1 拆除准备

(1) 设置安全护栏，搭设施工作业台，挂设安全防护网，设置安全警示标示、标牌；安设施工机械设备，布设用电、用水、用风设备等。

(2) 按照设备组成表，使用记号笔将各设备拆除件按照设备所在位置进行编号，编号需两两对应，拆除件与非拆除件编号应一一对应，所有的编号应可靠，易于识别且做好记录。

(3) 设备拆除转运平台搭建，先用木板和彩条布和塑料薄膜铺设于施工平台地面，上面放置枕木或支架，用活动篷房进行防雨，防尘。

(4) 规划接力器支座定位位置，注意预留吊装工位和周围工作空间。

2.4.2.2 拆除工艺

接力器活塞杆与控制环连接销轴拆除接力器与坑衬连接拆除接力器缸连接油管拆除并用堵头封死防止漏油。

2.4.3 接力器安装工序

（1）安装导叶转臂，调整导叶的端部间隙至设计值。

（2）用钢丝绳捆紧导叶，用塞尺检查导叶立面间隙。如有局部超差依照厂家工艺进行导叶立面间隙处理，直至立面间隙符合规范要求为止。

（3）导叶端部的总间隙最大不超过设计间隙值，同时上部间隙大于下部间隙，导叶转动灵活。

（4）控制环、连杆、销的安装按厂家要求顺序进行。

（5）将接力器吊入与基础板把合（此时导叶间隙已调整合格、导叶双连臂已安装完成、导叶处于捆紧状态），将接力器推拉杆与控制环连接好，利用顶丝、千斤顶等调整每个接力器的基础板，使接力器缸体和推拉杆处于水平状态，并根据已测出的每个接力器的实际行程确定接力器的压紧行程，合格后对基础板进行可靠加固。

3 结语

3.1 接力器结构创新

一是把原来液压锁定控制环方式更新为液压锁定主接力器＋机械锁定副接力器，在正常开停机方式动作主接力器液压锁定；在机组检修时需要全开导叶进入蜗壳内作业时用纯机械锁定副接力器，从而保障进入蜗壳内作业人员安全。二是在接力器前端盖密封形式：采用导向带、铜套、组合式密封、防尘圈的形式，使前缸盖密封没有侧向负荷且密封良好，并且更换密封只需拆开前端盖就能完成，不像原接力器更换密封需要对整个接力器解体。

3.2 施工工艺创新

原来更换或检修接力器需要在机组A级检修状态下吊出转子、上下机架后，用厂房桥机直接吊进吊出到检修间作业。而这次为了及时消除隐患，没有A级检修计划的情况下进行更新改造，新旧接力器必须通过进水车室楼梯采用现场自制的导轨搬运，是风险最大的工序。

3.3 安全管理创新

本次施工利用安全风险管控手段，从工作任务、工作地点、工作内容、风险辨识、风险级别、管控级别和防控措施7个方面进行风险管控。其中风险辨识出12种风险，风险级别为较大级，管控级别部门级，从组织、技术、安全、环保4个方面制定了防控措施。

在没有A级检修计划在C级检修态下对3台机组接力器进行更新改造，及时消除了重大隐患，提高接力器运行可靠性，避免接力器漏油事故的发生，为实现电厂机组"零非停"打下坚实的基础，同时为机组的安全运行提供有力保障，从选型、购置、施工全过程进行了创新管理，取得了圆满的结果。

主材年度区域集中框架采购的实践与创新

翟华军

(中国水利水电第九工程局有限公司,贵州贵阳,550081)

摘要：采购管理一直是企业价值链管理的核心环节。建筑施工企业设备物资采购支出占企业成本的比重平均超过了55%,控制采购成本已经成为企业发展的重要利润源泉；在市场前景看好和在建项目比较集中的区域,实施主材年度区域集中框架采购,挖掘采购降本潜力,放大采购规模效应,提升企业采购市场地位,强化议价能力,助力企业提质增效,是建筑施工企业实现高质量发展的有效途径。

关键词：框架；采购；主材；区域；年度；集中

0 引言

在当前深化国企尤其中央企业改革,适应新时代发展需要,实现提质增效高质量发展的背景下,各建筑施工企业更加注重眼睛向内,苦练内功,精耕细作,降本增效。相较于企业的其他管理,集中采购在开源节流、降本增效方面见效快,成果也能直接转化为企业的利润。传统的集中采购还停留在一单一议的模式,即以单个项目单种类材料的分散集采为主,规模优势发挥不明显。"框架采购"是指对采购频次高且技术标准通用的设备或物资进行需求总量采购,确定入围供应商并约定相关合同条件的一种采购方式。作为大型建筑施工企业,在市场前景看好和在建项目比较集中的区域,主材需求总量极大,集中采购能产生规模效应,实施主材年度区域集中框架采购具有必要性和可行性。

1 主要思路和做法

本企业在完成贵州区域钢筋年度集中框架采购的基础上,创新开展主材年度区域集中框架采购,相继完成贵阳区域商品混凝土(以下简称"商砼")、贵阳区域蒸压加气砖年度集中框架采购,鉴于商砼属于地材,实施年度区域集中框架采购有难度,且具有创新性,以下仅以贵阳区域商砼年度集中框架采购为案例作介绍。

1.1 选定区域

本企业总部在贵阳市,贵阳是贵州省的省会城市,贵州正在实施的"强省会"发展战略,必然会给贵阳的建筑市场带来发展机遇,从实际采购需要和采购方优势分析,选择贵阳区域都更为合理。考虑到市场开发的不确定性,具体项目地点也具有不确定性,在贵阳下辖区域确定方面,按照"区必须全覆盖,县不作要求"的原则确定。

1.2 确定主材种类及数量

根据本企业2021年度贵阳区域预期市场开发情况,主要以房建为主,预计建筑面积1.5×10^6 m^2,平均按$0.4 m^3/m^2$计算,预计2021年度贵阳区域商砼需求量约为6×10^5 m^3；再以本企业2019年、2020年贵阳区域实际采购的商砼(混凝土)种类及数量作为参考,最终确定2021年度贵阳区域商砼采购计划表,包括具体商砼种类、规格型号和数量。

1.3 确定采购方式

从国家相关法律法规的规定及中央建筑施工企业的规章制度来看,框架采购必须按照公开招标程序组织采购。

1.4 入围候选人

考虑到具体实施商砼采购的项目地点尚不确定；按贵阳下辖区划分多个包件,会导致集中度不够,远远发挥不了"集约优势"；贵阳区域市场有40多家一定规模的商砼公司且在贵阳下辖区一般设有商砼站；框架采购主要是招15 km运输半径内的报价,待具体项目出来,再从入围供应商(短名单)内按原则选择等因素。本次贵阳区域商砼年度集中框架采购招标采用入围制。

1.5 评审方式

评标采用经评审的最低投标价法；遵循有限数量评审制的原则。

1.6 计量方式

(1)商砼数量按立方米计算。

(2)采用现场过磅重量与对应商砼容重计算方量方式进行复核。由于公司主要以房建项目为主,

收稿日期：2021-09-02.

作者简介：翟华军,湖北襄阳人,高级工程师,从事设备物资管理工作.

则底板及以下部分采用过磅重量与对应混凝土的容重计算方量来计量；底板以上部分采用结构模方计量，量差在±0.3%以内，超出部分双方现场核实确认。

1.7 支付方式

支付方式对年度集中框架采购的供应商报价产生直接影响，甚至决定供应商参与投标的积极性和招标的成功与否，支付方式必须符合或优于当地的市场行情。

（1）货款的结算。先货后款，按月结算。结算时段为上月21日至本月20日。供方凭需方授权的现场验收人员签收的《收货凭证》和《收货清单》，以检验合格的数量为结算数量，于本月25日前到需方办理本期《材料结算单》。

（2）付款比例及支付方式。卖方提供本月结算时段供应量等额的增值税专用发票到买方项目部设备物资管理部门核对，按照项目管理制度到财务挂账，买方于挂账后90个工作日内向供方支付当期结算款的80%；当期另17%结算款在挂账后120个工作日内支付；剩余的3%为质量保证金。

1.8 投标报价要求

招标文件关于投标报价的要求是否清晰、准确、符合当地市场规则，也是决定年度集中框架采购成败的关键因素。

（1）投标单价。出厂价+15 km运输费。投标单价已包括混凝土出厂价格、保险费、运输费、装车费、过江过路过桥费、合理利润、税金税费；包括货物被许可用于工程前所需进行的试验、检测费用；包括售后服务以及市场价格涨幅等各类风险费用；包括其他15 km内运至需方指定交货地点混凝土入仓之前发生的一切费用(不含泵送费)。

（2）投标报价组成。投标人必须以《贵州省建设工程造价信息》2020年12月发布的贵阳市区主要建筑安装材料市场综合参考价中预拌混凝土信息价为综合基准单价，填入浮动比例进行报价。投标综合交货单价计算公式如下：

$$P = D \times (1+E)$$

式中：D为投标期综合基准单价；E为浮动比例，上浮为正值，下浮为负值，浮动比例在合同执行期间固定不变。

（3）特殊混凝土增加费用限价报价。对特殊混凝土增加费用限价，投标人不得超限价报价，特殊混凝土增加费用不计入投标总价。

（4）供应期结算价格的规定。供应期结算价格以《贵州省建设工程造价信息》结算上月和结算当月发布的贵阳市区主要建筑安装材料市场综合参考价中预拌混凝土信息价为结算基准单价依据。供应期结算综合交货单价的计算公式如下：

$$P = D \times (1+E) + G$$

式中：D为供应期结算基准单价；E为投标期确定的浮动比例；G为特殊混凝土增加费用。

供应期结算基准单价的计算规则如下：

$$D = Ca \times 1/3 + Cb \times 2/3$$

式中：Ca为结算上月预拌混凝土信息价；Cb结算月预拌混凝土信息价。

1.9 设定投标人要求

（1）投标人必须是在中国境内注册的企业法人，企业注册资本金1000万元人民币及以上，具有建筑业企业预拌混凝土专业承包资质证书；具有在有效期内的第三方质量管理证书。

（2）其产品必须具有政府主管部门资质认定许可的第三方专业检验检测机构出具的检验合格报告。

（3）应具有房建、市政等大型工程供货业绩，2018年至今的供货合同不少于3个，且签订单项合同金额至少有一份在2 000万元以上。

（4）投标人必须提供其贵阳区域所属的商砼站点分布情况，并明确具体位置及所能覆盖的区域。

（5）本次招标不接受代理商投标。

1.10 形成框架采购策划方案并实施

根据以上确定的条件，编制本企业2021年度贵阳区域商砼集中框架采购策划方案，在履行本企业审批和决策程序后，严格按照框架采购策划方案实施招标、评标、定标。

1.11 框架采购成果的实施与运用

主材年度区域集中框架采购成果能否转化为企业的利润，根本还是在于实施与运用，具体主要在以下方面：

（1）企业要正式下发执行框架采购成果的文件，主要是公布入围供应商名单及做好后续有关工作的相关要求。

（2）确定框架采购成果适用范围与期限：贵阳区域新建及在建项目1年。

（3）在本企业设备物资集中采购平台公布入围供应商框架协议，工作组联系方式以及投标文件、分项报价等资料，项目可根据实际需求与供应商取得快速对接，提高采购工作效率。

（4）框架采购区域内项目的商砼采购计划仍严格按照本企业采购计划管理规定执行，具体供应商的选择必须按本企业正式下发的文件执行。

（5）项目部要严格按照以上规定与入围供应商签订具体实施的采购合同，保证框架采购成果在项目落地并产生实际效益,采购合同必须报本企业设备物资管理部门备案。

(6) 未经本企业设备物资管理部门批准,严禁不执行框架采购成果,严禁在框架采购入围供应商以外进行采购。

(7) 在具体采购实施过程中,要求项目部将框架采购区域下月所需的商砼采购计划,本月已执行采购的数量、财务挂账及支付情况上报本企业设备物资管理部门,本企业设备物资部门汇总后,以统筹、管控并指导项目有序开展框架采购实施工作。

2 取得的成效

本企业贵阳区域商砼年度集中框架采购竞争充分,成果显著,入围供应商最低总价:1.4 亿元,相对上一年度本企业贵阳区域的单个项目采购,在同等条件下,每方节约 4.46% 的采购成本,共计节约采购成本 649.33 万元。

3 经验总结

(1) 开标后要及时组织评标专家对各投标人报价涵盖的商砼站点分布情况进行实地考察,包括商砼站所在地,共配备多少座搅拌站,具体分布地点;搅拌站设备情况,搅拌站生产能力、生产厂家及成色等;混凝土输送泵情况,天泵、地泵、泵车等配备情况;生产原材料情况、产地、储存量等;试验室和养护室设备配置情况;技术人员配备情况;周边交通情况等,并将考察结果作为评标的重要依据。

(2) 如何从入围供应商内确定最终供应商主要有 2 种方式:一是采用所有入围供应商二次竞争性谈判或询比价的方式;二是采用本企业制定选择规则的方式。

(3) 经测算分析对比,此次框架采购成果符合本企业的预期,从为企业建立合作共赢可持续发展的采购环境考虑,采用第二种方式确定最终供应商,其主要选择规则如下:① 若在项目周边 15 km 范围内有多家入围供应商的商砼生产站点,项目部必须选择本项目周边 15 km 范围内排名第一的入围供应商签订采购合同;如排名第一的入围供应商供应能力不满足项目生产需求,项目部经报本企业设备物资管理部批准后,必须与排名第二的入围供应商签订采购合同,以此类推。② 若在项目周边 15 km 范围内有两家及以上并列排名第一的入围供应商站点,在支付条件不变的情况下,项目部采用竞争性谈判或询比价方式,在并列排名第一的入围供应商中选择最终报价最低的入围供应商为首选供应商,选择最终报价排名第二的为备选供应商,但最终报价不得高于该入围供应商在本次框架采购投标阶段的报价;项目部必须与首选供应商签订采购合同。③ 若在项目 15 km 范围内无入围供应商站点,在支付条件不变的情况下,项目部采用竞争性谈判或询比价方式,按最终报价从低到高的方式选择报价最低的入围供应商为首选供应商,排名第二的为备选供应商,项目部必须与首选供应商签订采购合同。④ 项目部按以上原则选定具体签订采购合同的入围供应商时,必须先报本企业设备物资管理部门审批,以批准文件作为采购的前置条件。⑤ 若在项目 15 km 范围内无入围供应商站点,同时 15 km 范围外的入围供应商站点也不能满足要求时,项目部必须将具体情况书面报本企业设备物资管理部门,由项目部按批复意见执行。

(4) 具体项目采购合同实施时,必须严格按照框架采购确定的支付条件支付,实行项目资金收入与框架采购资金支出 2 条线,不允许项目以"以收定支"来搞变通,否则框架采购成果将难以实现,且会给企业采购供应市场带来负面的品牌效应;如果项目的资金出现困难,经核实确实不能满足支付要求,可按企业内部融资管理办法提出资金申请,企业应给予支持和保障。

(5) 在执行过程中要加强与入围供应商的沟通协调,共同探索和研究多层面战略性合作的渠道和方式。

4 结语

主材年度区域集中框架采购将采购资源按照区域进行有效集中,"以量换价"向集中采购要效益,同时有效解决了新中标项目和短期施工项目主材快速进场供应的合规采购问题,持续地减少同类主材采购招标频率,减少规模小、履约差的供应商数量,通过框架入围方式锁定价格、服务、质量等关键条件,提升了采购效率和效益,增强企业在采购市场的品牌价值与采购话语权,发挥集中采购更强的资源保障和采购创效能力,为企业的可持续发展做出应有的贡献。

大型水电流域检修体制改革与发展探索

曾超，周红卫

（贵州乌江水电开发有限责任公司乌江渡发电厂，贵州遵义，563104）

摘要：文章结合我国大型水电流域发展现状，深入分析流域式水电检修的难点和需求，按照"创一流"发电企业的理念和专业化队伍的建设标准，提出自主用工模式和检修管理派驻模式，有效推进水电流域检修体制改革。

关键词：水电；检修；体制；改革；管理；创新

0 引言

近年来，水电企业工作重点转为保证机组的稳定运行和提质增效。由于各电厂不单独设立检修队伍，检修专业化是大型水电流域当前一个重要研究内容。一直以来，水电检修工作均没有一套完善、统一、行之有效的管控及运作机制，各电厂、各流域均有不同的检修管控模式，效果也参差不齐，流域检修体制机制改革与创新，构建专业化检修管理体系[1]，成为水电行业关注和探索的焦点。

乌江渡发电厂通过分析影响乌江流域水电检修业务承揽、人员组织、后勤保障、现场管理、修后保障等方面存在问题，借鉴其他领域改革经验，先理顺检修公司管控关系、定位与职责[2]，指出区域内实行"单一来源方式"开展检修采购必要性，同时探索检修自主用工机制建设、检修后评估激励机制建设，进一步规范大型流域水电检修业务经营管理，提高专业化水平和劳动生产率。

1 现状分析

以问题和目标为双导向，按照一"找"、二"调"、三"定"、四"整"、五"树"的工作方法开展检修体制改革发展及创新探索。贵州乌江水电开发有限责任公司拥有7厂9站33台水轮发电机组，检修任务依靠流域上游修试中心及下游修试中心完成，流域修试中心挂靠东风发电厂、乌江渡发电厂管理，两电厂设有各自检修公司，多年来流域各水电厂（公司）采取单一来源方式与检修公司签订合同开展检修工作。但由于检修公司性质以及在新的社会背景和企业发展要求下，凸显出以下几大问题：

1.1 现行检修体制不能满足依法依规的基本要求

（1）流域修试中心均为非独立法人，不具备与各水电厂（公司）签订检修合同的主体资格。必须依靠检修公司承揽乌江流域水电机组检修合同，履行合同签订事宜。但检修公司性质复杂，根据政策规定，必须通过关闭注销、破产清算、对外转让、收归主业等方式，基本完成所属企业清理工作，促进企业实现依法依规经营，检修公司届时将要进行清理。

（2）检修公司采取单一来源的方式，直接与各水电厂签订检修合同依据不充分。

（3）流域修试中心员工在检修现场领取工地补贴（差旅费）问题。在对外开展检修工作中，修试中心人员从检修公司领取检修现场工地补贴（差旅费）问题，有主业员工在其他企业领取报酬嫌疑，需进一步规范与妥善解决。

1.2 现有人力资源配置严重不足

根据定员要求，明确下游流域修试中心定员分别为103人、170人。目前，乌江下游修试中心有正式职工72人（机械检修部41人、电气检修部31人），检修公司长协用工26人，年龄结构老龄化，50岁以上人员中5 a内即将退休人员28人，因年龄及身体、专业原因，可到检修现场进行作业人数不足30人，生产技术力量亟待解决。

1.3 人员结构不合理，专业技术人员少

检修班组人员均来源于电厂检修维护部门及后勤等部门，年龄偏大、学历低、专业不对口，整体素质不高，特别是学习力严重不足，不符合企业中长期发展要求。且短期内还有较多员工退休，而因大定员限制，新人无法及时补充，检修人力资源不足且不合理的问题将更加凸显。同时许多检修检验和技能未能有效传承，造成各专业技术把关人员越

收稿日期：2021-08-26.

作者简介：曾超，贵州织金人，工程师，从事大型水电机组检修工作；周红卫，贵州遵义人，高级工程师，从事大型水电机组检修管理工作．

来越少，一些关键技术上只能依托厂家和第三方单位技术支持。

1.4 激励机制不完善，工作积极性不高

检修激励方式单一，现场检修采用比较简单的激励方式就是发工地补助（或差旅费）；检修人员一专多能没有明显的激励机制；职业规划及发展重视不够，员工没有竞争意识，沉溺于舒适区；对技能水平人才等级没有明显的待遇差异。随着检修安全管理考核的强化，多干活多出错多受考核和处罚几率更大，在很大程度上严重打击了员工干活的积极性。

1.5 检修装备落后，检修效率亟待提高

检修公司现有的检修装备水平与20年前相比没有明显提高，基本靠人力，既费时又费力，导致工作强度极大。对新方法、新技术、新工艺的学习调研少，未能及时掌握行业内现有的装备更新情况及新技术应用情况，工作中缺乏创新。大量的人工除锈、打磨等作业，人工成本投入大，效率低。

2 具体思路与措施

2.1 找准问题核心，制定解决方案

40多年来，乌江渡发电厂积攒了非常丰富的检修经验，机械、电气、电焊、起重、试验等各专业体系基本完整，技术力量完备，具有做全做到、做精做专、做优做强的基本条件。但因检修体制问题，严重制约了检修专业化、规范发展步伐，公司检修整体管控水平、检修效率近十年来无明显提升。针对存在的问题，结合自身发展需要，努力寻求政策支持，制定切实可行实施方案予以解决。

2.2 积极开展调研，认清发展方向

先后3次对四川电力工程公司、国电大渡河检修公司、广西桂冠电力股份有限公司检修分公司等进行了调研，三家公司均顺利完成了国有化改制，是流域或区域专业化的检修公司，各单位经过多年努力取得较好发展。

2.3 明确检修定位，制定发展目标

乌江公司新建的发电企业只保留经营管理人员、运行人员和少量的维护人员，机组设备的检修和大型技改任务必须依靠区域流域修试中心或社会检修力量来完成，同时公司未来着手大力开发新能源产业，新能源企业的运行、维护也需要修试中心派遣人员进行管理。

修试中心作为流域化或区域化专业检修队伍，确保流域各厂站水电机组的安全稳定运行为宗旨，以安全、优质、高效、环保检修为目标，检修公司应作为修试中心内协队伍，为修试中心提供后勤保障及外协人员支持。

2.4 整合现有资源，突出重点优势

抽调部分运维骨干人员，整合检修人力资源，以补充检修力量。同时，大型设备起吊、特殊焊接工艺、零部件加工、高压电气试验等传统优势专业是企业发展的不竭动力，要重点发展。另外，在故障诊断、机组缺陷分析、特殊项目改造等方面，乌江渡发电厂也具有较多成功案例及积累，要将经验转化为优势，结合物联网技术，建立远程诊断平台专家系统、智能检修管理系统，形成工业4.0时代的竞争优势。

2.5 强化人才培训，培养行业工匠

启动中青年优秀人才培训班，班组长综合能力提升培训班、双周夜校培训班、创新方法培训班等一系列培训计划，全面覆盖到各阶层人员。同时选拔各专业顶尖技术人才担任乌江渡发电厂技术、技能专家，评选厂级"工匠"，树立榜样标兵，按照一专多能计划，引领企业技术技能人才发展。

3 具体实施成效

3.1 制定乌江流域检修体制改革方案

（1）明确检修职责。修试中心是乌江公司下属机组检修责任主体，检修公司负责配合修试中心作好后勤保障及用工需求服务；检修公司配合修试中心为公司所属水电企业提供专业、规范的检修、抢修及检测检验服务、新能源运维管理及技术咨询服务。

（2）明确资本性质及投资占比。资本性质：国有。投资人：乌江渡发电厂工会委员会，占比100%。

（3）明确流域检修基本管理模式。各发电厂是检修监督管理的责任主体，修试中心是检修业务实施的责任主体，检修公司负责履行商务程序、提供后勤保障及用工服务。检修费由材料费（含备品备件）和外委人工费组成。检修公司通过与各厂签订检修合同获得检修费（主要是外委人工费及现场管理费），并对检修工作实施的安全、质量、进度、环保负责。检修现场人员薪酬、差旅费，按上级公司的标准执行，修试中心人员在主业电厂列支，检修公司员工、外协用工在检修项目费用中列支；检修现场用车费、材料费、食宿费等其他均在检修直接费用列支，但不含修试中心人员劳动保护费，修试中心人员劳动保护在发电企业领取。

3.2 明确区域内实行"单一来源"开展检修采购必要性

按照集团公司采购管理实施办法明确公司系统

内水电机组检修的采购方式必须为"单一来源方式",若采用公开招标方式选择检修单位,不符合建立专业检修队伍目标,同时存在以下几个方面问题:

(1)中标单位对公司各水电机组特性和运行状态熟悉程度不足,直接影响机组检修安全、质量、进度与长期稳定运行。

(2)中标单位在机组检修后的消缺和特殊专项检修项目反馈上存在滞后、不准确等问题,直接影响到机组修后维护与消缺服务工作以及年度季节性检修工作计划安排。

(3)公开招标将导致机组检修费用的增加,直接加大各电厂检修成本。

3.3 制定自主用工机制

根据多年检修实际情况,乌江流域每年需要检修机组至少6~8台次,至少需要各专业技术、技能人才100人左右。因受定员限制,修试中心检修人员严重不足、年龄较大问题短期内无法得以解决,虽然许多流域检修公司都采用将自身无能力完成或不存在竞争优势的项目进行外委[3],但是主体工程依然需要修试中心承担,未能从根本上解决人力资源问题,因此,以检修公司为后勤保障平台,可不受定员限制,按照业务的需要招聘或培养各种专业技能人员,为修试中心提供熟练技术工人,保障人力资源。

检修公司每年从大、中专技术院校、社会人力资源服务中心招聘10~20人自主用工,3~5 a时间,逐步完成检修各专业人力资源的储备工作。季节性辅助用工则采用从劳务公司派遣方式获得。

3.4 建立完善机组修后评估激励机制

绩效管理是检修管理的重要手段,能充分调动检修职工的劳动积极性[4]。修试中心分3个阶段、8个方面建立完善机组修后评价机制。即准备阶段的准备情况、实施阶段的安全、质量、进度、文明、环保、服务情况以及修后经济技术指标。在检修完成后按343权重进行三方评价,即项目部自评占30%、发电企业评价40%、上级生技部评价30%,并计算最后得分。对超过95以上者奖励项目部承包费用10%,对90~95分者奖励项目部承包费用5%,对80~90分者不奖不罚;对70~80分者处罚项目部承包费用5%,70分以下者处罚项目部承包费用10%,评价完成后立即兑现。该机制公布实施后,检修现场管理水平得以明显提高,检修管理人员、作业人员工作的积极性、主动性、创造性更加凸显,多台次机组检修都取得了优异的成绩。

3.5 开启检修管理派驻模式探索

乌江渡发电厂拟选择主业人员派驻检修公司担任各级管理人员,主要选择财务管理、预算及计划管理、资产管理、薪酬管理等综合管理人员及后勤保障管理人员,以提高检修公司规范管理水平及后勤保障服务水平。派驻人员劳动关系仍隶属于乌江渡发电厂,其薪酬在发电企业发放。

4 结语

通过改革大型水电流域检修运作模式,为流域水电检修的改革发展提供了参考,但在水电检修专业化发展的很多环节仍需补强,如备品备件采购与仓储、工器具管理等。同时,未来水电检修模式将全面向精益化检修及状态检修发展[5],检修管理应该往更加一体化、标准化、数字化的方向发展,用新兴数字技术减少人力在检修工作中的占比,降低检修成本,也是检修体制机制改革的重要研究方向。

参考文献:

[1] 叶薇.水电企业检修管理模式探讨[J].机电信息,2015(18):167-168.

[2] 陈天明.普速铁路线路养修体制改革的思考和实践[J].上海铁道科技,2017(4):15-17.

[3] 高勇.水电检修外委项目管理的探索[J].水电与新能源,2015(10):58-61.

[4] 侯家全,苏国军.水电站检修管理模式的探索与实践[J].四川水力发电,2013,32(6):128-132.

[5] 胡文东.水电机组实施精细化检修和状态检修管理的策略研究[J].中国高新科技,2020(7):57-58.

远控模式下调度运行专业融合管理探索

龙潭

(贵州乌江水电开发有限责任公司水电站远程集控中心，贵州贵阳，550002)

摘要：为提高调控工作效率、合理分配人力资源，本文提出了调度运行专业融合的管理方法，就实施过程可能出现的问题提出了相应的对策，并对未来的调控管理进行了展望。

关键词：调度；运行；专业；融合；管理；展望

0 引言

乌江公司梯级水电站包括洪家渡、东风、索风营、乌江渡、构皮滩、思林、沙沱、大花水、格里桥9座电站，共32台机组，总装机容量866.5万 kW。为了梯级水能资源优化利用，2005年5月乌江公司成立水电站远程集控中心(简称乌江集控)，主要负责乌江梯级水电优化调度和洪水联合调度工作，下设调度部、维护部、信息部等部门。为了提升管理水平，优化人员资源，提出"远程集控、少人维护"管理办法，通过实施此办法，2015年4月乌江集控实现对乌江梯级32台机组远程集中控制。初期为了远程控制工作顺利开展，在乌江集控内部对调度和远控工作实行"调控分开"管理原则，乌江集控增设运行部，专门负责乌江梯级各电站远控操作、事故远程应急处置以及主要设备监视工作。随着远控工作顺利开展和远控运行人员技能提升，2019年乌江集控提出调度运行专业融合的新管理理念，并于2020年初正式实践应用。

1 乌江集控原调控管理模式介绍

1.1 管理模式

2019年之前，乌江集控对调度和运行工作管理实行"调控分开"，调度部负责水电优化调度、洪水调度、电力调度等工作，工作对口部门主要是上级调度机构和集控运行部；运行部负责正常状态下机组远程开停机、有功和无功调整、主变中性点地刀远程分合闸、AGC和AVC投退操作和远程事故处理等，工作对口部门主要是集控调度部和梯级各电站。联系过程一级接一级，上级调度下达操作令(如远控操作)要经过集控调度部转达至集控运行部操作，上级达操作令(如现地操作)要经过集控调度部下达至集控运行部，集控运行部再转下达至电站现场操作，回令同样一级一级往上报。

1.2 人员情况

调度部值班人员10人，1个值2人，5班3倒(3个值倒班，1个值行政班，1个值休息)，调度值班人员多数为2005年乌江集控成立之初调入，50岁以上5人，40～50岁3人，40岁以下2人，平均年龄偏大。

运行部值班人员15人，1个值3人，5班3倒(3个值倒班，1个值行政班，1个值休息)，运行值班人员多数为2015年乌江公司实施"远程集控"之初调入，除了2人在40多岁外，其余年龄均为30～36岁，相对比较年轻。

2 调度运行专业融合管理理念的提出

2.1 随着工作的开展，原管理模式难以满足新形势要求

"调控分开"管理模式虽然让调度部和运行部人员分工明确，调度人员执行调度工作，运行人员专心执行远程控制工作，各司其职，专业性强，容易熟练，在实施"远程集控"之初，作用明显，推动了公司远程集控工作的发展。但是，随着工作深入开展，该管理方法的劣势也显现出来，由于工作联系流程中多1道环节，效率大大降低，特别在事故处理时容易延误处置时间，同时各环节工作人员的理解存在差异，调度联系过程中，经过多环节后传达的内容有可能出现偏差，不利于调度和运行工作的开展。随着调度人员年龄的增大，慢慢适应不了上倒班的工作强度，急需从中解脱出来，但因岗位定员的限制，无法补充年轻员工来接替。

2.2 运行人员专业素质能力得到提升，为探索新管理模式提供了可能

运行部工作人员调入乌江集控将近5年，远控技能得到很大提升，并经过连续的调度知识培训

收稿日期：2021-05-11.

作者简介：龙潭，贵州黄平人，助理工程师，从事水电站运行、远程集控方面工作.

后，对水调知识及技能的掌握已由生疏走向熟悉，为探索更好的调控管理方法提供了可能。

2.3 调度运行专业融合管理理念的提出

为了提高调控工作的效率性，合理分配人力资源，乌江集控经过深入探讨，在2019年底提出"电力调度＋水库水电实时优化协调＋远控操作"的集约型管理模式，即将调度部的电力调度管理、水电实时优化协调职责合并至运行部进行同台办公，运行部不仅负责远控操作，同时负责电力调度和水库实时优化协调，即调度运行专业融合。

3 专业融合管理办法

3.1 工作职责划分

调度部负责洪水调度和中长期水电运行方式优化协调工作，其中中长期水电运行方式优化工作在联系上级调度协调完成后，编制调度意图发送至运行部参阅。运行部负责远控操作、事故远程、主要设备监视、电力调度以及根据调度意图开展梯级水电实时优化协调。

3.2 上班模式与人员配置

调度部抽取5人至运行部参与倒班，剩余5人留在调度部，分5个值，每个值1人，在汛期参与倒班，承担洪水调度职责，在非汛期不倒班，上常白班，周末和法定节假日实行候班模式。运行部分5个值，每个值4人，实行5班3倒。

4 调度运行专业融合管理探索

4.1 准备

4.1.1 修编制度，明确工作职责，强化基础管理

编制《运行、调度部门职责调整方案》，作好调度、运行2个部门人员和工作职责调整安排，修编《水电站远程集控中心工作职责、各部门职责及岗位说明书》，明确调度部和运行部工作职责及流程，为梯级调度和远程集控工作安全打基础。

4.1.2 调整、优化设备系统，保证管理模式顺利开展

为了做好管理模式过渡中工作顺利开展，运行部整理调度部移交来的工作明细清单及报表等所需的系统、网站网址及用户名、密码存档，并测试正常；生产短信平台增加运行部值长和后备值长用户名；在远控室的调度电话控制台上添加总调、中调、贵阳地调、遵义地调、都匀地调、毕节地调、铜仁地调、公司各火电厂电话号码；在远控室电脑上安装总调调度指挥网络交互系统和中调调度指令下发系统，测试运行部人员用户登录正常可用。

4.1.3 加强调控人员技能培训，提高新管理模式顺利实施的主观把控

编写"调度运行专业融合"人员培训实施方案。把调入运行部的调度人员、原运行专业人员分开培训，对新加入运行部的原调度人员，加强远控操作、事故处理等方面技能学习[1]，对原运行部人员，加强梯级水库优化调度管理制度、调度技能及注意事项培训；并请调度部值长分享水库优化实时协调的成功经验，从而实现新老运行专业人员技能在新领域得到整体提升。根据方案要求，培训完成后组织笔试和现场工作模拟考试，成绩全部合格（90分及以上）后再开展下一阶段工作。

4.2 实践过程

（1）第1阶段：调度部值长参与运行部值班（时间1个月）。调度部值长到远控室参与运行人员值班，充当调度技术顾问角色，对值班过程中的调度技能进行指导，主要包括调度报表、生产短信发送、调度系统应用、水电优化实时协调等，协助运行部值班人员完成调度和运行工作融合。

（2）第2阶段：运行部人员充分掌握调度技能并能独立完成各项工作后，调度部值长撤离运行部远控室，抽出5个相对年轻的调度人员正式调入运行部，运行部每个值由3人增加至4人，独立开展新工作，实现调度运行专业融合。

5 实施过程可能出现的问题及对策

5.1 运行人员对新的工作任务把握不清，比如出现调度报表漏报情况

运行部对调度运行专业融合后工作职责调整情况进行解读宣贯，梳理早、中和夜班日常工作明细清单并存远控室，值班人员接班前、交班后参阅明细清单，掌握班中将进行的工作及完成情况。

5.2 运行人员水电优化调度技能不足，和上级调度开展实时优化工作时，存在无效协调甚至反协调

编制调度意图放置远控室，意图内容包括梯级各水库目标水位、计划电量、加减负荷顺序以及生态流量要求，每个运行倒班人员值班前参阅熟悉并签字。另外继续开展调度知识培训，并每月组织考试，考试成绩纳入绩效管理。

5.3 运行人员工作量增加，远控操作安全风险增大

完善《远程集控操作、监护管理制度》。增加了"接到调度令时立即记录并按照记录的指令进行复诵，监护人在监护操作或下令前，需查看原始记录，接令人、监护人对任何疑问都应立即停止操作并向下令人核实、汇报"内容，防止忘记操作或不

按令操作。对监控系统进行优化，统一各电站画面，使清晰有序，完善监控防误操作措施，在操作重点步骤增加密码确认，加强自动化水平开发，比如增加开、停机提醒功能，提升操作安全保障。

5.4 调度运行专业融合后，处置事故时水调因素考虑不全，综合应急能力欠缺

完善计算机监控系统运行设备温度趋势报警和远程诊断平台异常报警功能[2]，做到运行设备异常情况下提前预警，在发生事故低油压、剪断销剪断事故时监控系统自动退AGC参与处置；开发生态流量和目标水位控制告警功能，在发生事故造成生态流量和目标水位偏差过大时告警，提醒运行人员处置时协调上级调度控制生态流量和水位满足要求；建立事故演练、风险预警和事故会商机制[3]，每月开展事故演练，强调处置过程中兼顾考虑梯级生态流量和水库水位控制，对调度、运行工作存在的风险进行分析，风险达到一定条件时发布预警通知，事故时及时启动事故会商，调度人员非值班期间，采取候班模式，在事故发生时，参与会商，协调运行值班人员，正确及时处理事故。

6 效果与展望

乌江集控调度运行专业融合管理在2020年初开始正式实施，针对可能出现的问题并采取对策进行预控，工作得到顺利开展，也取得了显著的成绩。2020年远程开停机12 695次，加上有无功调整、AGC/AVC投退等操作，总数接近12万次，如此量大的操作，在运行人员精心地操作下，未发生一起操作安全事件。水库优化调度方面，通过科学调度，2020年梯级水电综合耗水率3.78 m³/kW·h，比2019年低0.09 m³/kW·h，梯级综合水能利用提高率6.70%，节水增发电量21.26亿kW·h。2020年，乌江梯级各电站最小下泄流量日均保证率均为98%以上，满足水利部、贵州省生态管理要求。另外，有5名调度部老同志在非汛期从倒班中解脱出来，即使在汛期期间倒班，值班工作主要是洪水调度，工作量大大减轻，提高员工幸福指数。

虽然调度运行专业融合管理模式得到稳定推进，但是面对新时代形势，乌江集控将继续加强人员素质培养，提升设备自动化水平，以安全、经济为导向，对调控管理方法不断探索，待各方面条件成熟后，将考虑把"电力调度＋水库水电实时优化协调＋远控操作"管理提升为"洪水调度＋水库优化调度＋电力调度＋远控操作"深度集约型管理模式，实现真正意义的"调度运行专业融合"，以进一步提高工作效率，构建全能型调控人才，节约人力资源，为实现集团公司"创一流"的愿景奉献力量。

7 结语

乌江集控至调度运行专业融合管理模式实施以来，工作效率得到提高，人力资源得到更合理分配，老职工从倒班中解脱，提升了员工幸福指数，通过对实施过程不断把控，安全继续得到保障，经济效果明显提升，证明调度运行专业融合管理方法有进步性的，可值得推广。

参考文献：

[1] 胡金平.大型水电站"远程集控、无人值班、少人值守"管理模式探析[C].中国水力发电工程学会水电与新能源运行管理专业委员会,中国水力发电工程学会梯级调度控制专业委员会.水电站运行管理与梯级调度控制研究(2019).武汉:长江出版社,2020.6:24-28.

[2] 周金江.乌江梯级远程集控深化运行管理实践[J].红水河,2020,(2):100-102.

[3] 徐伟.乌江流域水电运行专业管理一体化[J].红水河,2020,39(5):97-100.

水电行业信息系统运维服务研究与实践

谢志奇

(贵州乌江水电开发有限责任公司水电站远程集控中心，贵州贵阳，550002)

摘要：近年来随着水电行业的快速发展和自动化程度日益提高，信息化水平不断提升。各类信息系统的大量建设以及相关业务开始运行。其中基于ITIL（Information Technology Infrastructure Library）信息技术基础架构库的集中运维管理模式能实现企业IT技术资源有机整合。文章通过以配置管理为主要提升手段的实施方法，尝试建立贯通企业内部的一体化流程管控机制，搭建IT部门与业务部门沟通桥梁，以促进技术与业务的融合。

关键词：信息；技术；架构库；集中；一体化；流程

0 引言

在当前企业快速推进数字化转型，网络安全形势日趋严峻的背景下，为提升信息化效能，降低安全风险，助力企业提质增效，需摸清企业IT运维现状与问题，同时遵循国内外标准，借鉴行业最佳实践，打破既有的IT运维惯性，以IT运维管理创新的工作思路，确立以问题处理为指引、配置管理为主要提升手段的实施方法，建立以ITIL为核心的集中运维管理模式，建立贯通上级机构与下属单位的一体化流程管控机制，搭建区域集中运维管理平台，设计以服务满意度为核心的评价标准，实现企业IT技术资源的整合，实施IT运维关键业务全流程管控，能有效提升运维管理能力和设备健康水平，网络安全防御能力大幅度提升，为水电企业安全生产、经营管理和提质增效提供了坚强保障。

ITIL服务管理平台主要以统一展示、配置管理、流程化管理、运维门户几个方面来实现对通过ITIL服务管理研究所得出的运维管理体系的落地，以及对日常运维工作的保障，实现平台建设运维功能的全面性，通过建设监控中心中的可视化管理模块，配置管理库CMDB，流程中心，度量中心(报表平台)以及运维门户模块来实现建设目标。

1 功能架构

ITIL服务管理平台采用B/S架构设计，功能设计既从现有的应用需求出发，又要面对未来业务和技术发展的要求，在技术方案的先进性、实用性、扩展性、稳定性等方面保持一个良好的平衡。功能设计确保为信息化建设提供长期的支撑，保证用户IT运维管理的需求能得到不断扩展和升级的需要。部署方式：平台服务器：承载运维平台应用服务；数据库服务器：承载运维平台后台数据库服务。

2 管理架构

IT运维管理以缺陷管理为出发点和核心管控目标，以业务服务满意度为主要目标，采用科学的、标准化的、经过长期实践检验的ITIL方法论对现有运维管理模式与运行机制进行改造的工作方针。

创建一体化服务管理模式，形成组织保障、制度保障、指标度量等3个运维管理体系，搭建企业级运维管理支撑平台，设计运维管理中心、运营中心和知识管理中心等3个循序渐进的创新路径，逐次提升运维管理质量，实现技术与业务紧密融合，整合与提升现有技术与人力资源，发挥企业内部各单位的群体优势，充分使用优质社会资源，强化运维管控，降低运维成本，提升技术对业务的保障力，确保信息系统整体利益得以保障。

以业务服务为导向，包含组织保障、制度保障、流程管控、指标管控等内容的集中运维管理模式，将预防性维护、故障处理和网络安全等关键管理要素融入流程管控中，各管理要素通过纵横向流程串接为有机整体，实现企业业务运营与发展提供保障。一是集中运维管理方面，建立覆盖上级单位及下属企业自动化和信息系统核心设备台账与基础信息库，制定统一的运维标准，统一开展预防性维护和故障处理等工作；二是运维标准化方面，参照ITIL和ITSS的标准流程体系，建立统一的工作流

收稿日期：2021-10-21.

作者简介：谢志奇，贵州遵义人，工程师，从事信息化与网络安全工作.

程,确保运维管理工作易管控、可追溯、能评价、知识可共享。

3 配置管理

配置管理涵盖所有的 IT 资源,包括各种软件、硬件资产、应用、业务单位、人员等均可被识别为配置项并存储在配置管理数据库中,能确保配置项的完整和精准。系统的默认配置项类型要包括主机、网络设备、存储设备、办公设备、数据库、邮件服务器、中间件、基础软件、虚拟化、业务应用等,是其他管理功能模块查询、处置和记录的基础。

通过先进的配置管理自动发现,建立跨系统的数据管理关联,进行跨功能的运维业务整合,帮助企业实现实时管理、闭环管理、精益管理、战略管理的主动提升,最终实现"监、管、控"一体化的运维管理平台。

配置库 CMDB 提供动态的、面向对象的配置模型构建功能,构建贴合实际管理需要的配置管理模型,满足企业的实际管理需求。配置库建模包括配置类型建模、配置关系建模、配置表单管理和配置项同步管理 4 个部分,对于构建完成的配置模型,支持导出和导入管理,方便配置模型的保存和恢复。

3.1 配置类型建模

配置项是配置管理数据的基础组成部分,是整个 IT 环境的基本组成元素,是 IT 运维管理最基础也是最核心的数据。CMDB 提供面向对象的配置类管理,可以通过 WEB 界面直接进行配置项及其类型的动态建模,包括配置项的继承关系,维护类的属性,定义属性的参数,设置查询条件。同时,提供了良好的扩展性,必要时可按需调整缺省的类库,如根据基类或父类进行派生,或独立构建新的配置项类。

3.2 配置关系建模

配置关系是配置管理的核心,其描述了配置项之间的相互关联关系,包括物理和逻辑关系,如果说配置项是 IT 环境的基本组成元素,那么配置关系则将这些元素链接起来,配置项和配置关系结合,能够完整的、真实描述一个 IT 环境,将复杂、异构的 IT 环境按照不同纬度展现在运维人员面前。

支持配置关系的动态建模,一种关系可以属于多类配置项,同类配置项也可以拥有多种关系。CMDB 关系建模提供了关系的源类型、目标类型、关系层次、图例等属性定义,并将配置关系也作为配置项的一种进行管理,支持配置关系的可视化编辑。

3.3 配置表单管理

系统的 CMDB 模型预置了各类配置项的录入表单和展现表单,并通过模糊提示和快速录入功能等帮助用户提高管理效率。在此基础上,系统还提供"所见即所得"的在线表单设计功能,用户可以通过 WEB 页面直接定义、编辑表单,包括表单的布局、包含的属性、属性的录入特性等进行按需调整,灵活定义符合实际管理需要的配置录入和展现表单,在未定义时可自动使用父类的表单。

通过表单设计功能,用户可以针对每一类资源分别进行录入和展现表单的设计,能够将定义好的配置属性灵活拖拽到表单上进行布局,包括列表、分页、分组折叠等布局组件,以实配置表单不仅在管理需要上满足实际要求,在管理习惯上也能够符合用户特点。

3.4 配置项同步管理

配置项同步管理是保证配置数据真实、准确,确保配置数据能够为其他管理系统技工数据支撑并产生管理价值的保障手段。

系统提供浏览直观、操作简便的配置维护管理界面,运维人员能够直接在图形化界面上对配置信息进行添加、修改等操作,对配置信息的全生命周期进行管理和跟踪,如在配置信息证实入库前需要进行审核,只有通过审核的信息才可以证实入库;对于配置变更进行跟踪和记录,每一次变更信息都将形成一个新的版本进行保存;任何对于配置项的变更都会进行审计和比对,以保证配置数据的正确性。

4 流程中心

流程中心(流程管理子系统)是日常 IT 运维工作及对外服务接口的平台,它遵循 ITIL 管理框架,应提供可视化的 BPM 流程引擎,实现流程定义、流程相关角色权限和流程跟踪控制、审计与统计以及流程关联等功能。

支持基于 ITIL 的运维流程管理,系统内置事件、问题、变更、配置管理等流程,在实际项目中将结合用户实际管理需求,通过系统自定义流程引擎,对流程进行规划设计和自定义,确保建立符合实际需要的管理流程,并保障流程可改进。

4.1 事件管理流程

事件管理流程是负责解决 IT 服务的突发事件、问题、投诉和客户请求等的运维流程,其主要目标是事件的查明和记录、归类和初步支持、事件调查和分析、解决事件恢复服务、事件终止和跟踪监督，争取在最短的时间内解决事件和恢复IT服务运作，提高事件解决和故障恢复速度，尽量避免或减少事件对客户造成影响，提高客户满意度。通过对事件的管理可以最快响应用户的要求，来解决用户的突发事件（包括服务请求、重大突发事件、所有其他事件），从而保证优良的服务水准。

4.2 问题管理流程

问题管理流程是一个化被动为主动的管理流程，该流程主要是寻找故障的根本原因，通过解决历史故障的根本原因来减少生产环境中突发事件的数量，其根本目的是消除或减少事件的发生，将业务系统内部缺陷导致的业务事件或问题的负面影响降到最低限度。通过问题管理流程，问题分析专家分析发生在生产环境的事件，确定最常发生或具有最大影响的事件，找出根本原因；然后生成变更请求、变通方法或建议的预防性措施来防止事件的再次发生。系统中问题管理模块的主要功能是完成问题（包括事件升级生成的问题、主动创建的问题等）的申报、初步审核、分派、处理、关闭。并实现对问题的统计和查询等功能。

4.3 变更和发布管理流程

变更和发布管理流程将通过标准统一的方法和步骤来管理和控制所有对业务系统环境有影响的变更活动。通过执行变更流程，对所有导致变更的操作进行正确评估和实施，从而维护IT生产环境的完整性，降低风险。变更和发布管理实现所有IT基础设施和应用系统的变更或发布，对维护过程中信息系统基础架构和服务所作出的各种改变，如增补、移除、其他修改进行的管理和控制，变更管理记录并对所有要求的变更进行分类，评估变更请求的风险、影响和业务收益。以对服务最小的干扰实现有益的变更，确保以一种受控的方式对变更进行评估、批准、实施和评审。

系统提供标准的变更和发布管理流程，主要包括变更（事件、问题所涉变更、主动变更、系统发布等）的新建、初步审核、变更的分配、变更的实施和关闭，并对变更的计划和实施过程进行记录。另外还将实现对变更的统计查询等功能，同时，系统还具备优秀的流程编辑引擎，可以根据各用户实际情况不同对流程进行定制和编辑，包括流程架构、各节点角色/人员安排、判断条件、触发条件、处理时限等。

4.4 配置管理

配置管理是对提供IT服务的相关基础设施和应用系统配置信息的管理，目的是通过将配置信息进行集中统一管理，为事件管理、问题管理、变更管理等提供准确的配置项信息。

配置管理须依照配置管理规范执行，包括配置管理控制流程和日常执行流程。配置管理控制流程主要负责配置管理规划、配置项识别与标识、验证与审计、回顾与关闭等活动；日常执行流程主要负责完成CMDB信息的日常更新。明确维护运行维护服务对象的必要记录，并保证配置数据的可靠性和时效性，关联支持其他服务过程。建立衡量配置管理的关键绩效指标，至少包括：配置管理过程的完整性；配置数据的准确、完整、有效、可用、可追溯；配置项审计机制的有效性。全面梳理所有系统的技术组件、业务功能组件、安全组件以及关联关系，建立设备配置库（CMDB），确保快速定位故障点并形成针对性的解决措施，快速恢复系统正常运行。

4.5 流程引擎平台

系统运维流程管理支持流程自定义，经过简单的定制配置，通过拖拽实现流程自定义功能，定义流程跳转、流程环节的执行人、流程环节的执行优先程度等。协调组成工作流的四大元素，即人员、资源、事件、状态，推动工作流的发生、发展、完成，实现全过程监控。每一项工作以工单的形式，从发起流程开始，经过责任部门的处理，最终到达终点，拥有不同的节点和分支。

系统提供的运维流程管理模块与电子工单管理紧密相连，工作流自定义基础上使用工单管理模块，进行严格的流程跟踪，统计并呈现工单状态，实时转派、删除以及工单的流转。工作流引擎还提供灵活的触发器设置，将流程管理中的各类事件与期望的动作自动关联，完成系统中自动协调控制。

5 度量中心（报表平台）

5.1 统计分析报表

运维管理系统预置大量IT运维管理必要报表，用户可以快速使用这些预定义的报表对包括服务请求类、事件处理类、问题处理类和变更类。报表预设统计条件可根据实际需要对包括机构、时间、状态、角色、业务系统等维度进行统计。

5.2 报表设计平台

平台预置提供多种统计分析报表模板，提供可以灵活自定义的报表工具。报表支持多种方式访问报表数据；报表打印支持套打表样、打印控制功能，提供全面的页面打印控制；报表支持灵活定制；根据不同机构、职位、角色灵活定制多种报表，报表种类、条件组合、时间粒度不同；同时系统通过权限控制可以控制到每一张报表的颗粒度，支持对不同角色用户分别授权。报表常用报表模板设置能自动产生各类型报表功能。系统提供报表设计工具，工具支持所见即所得的操作界面，支持简洁设计能力，用户定义查询语句后，即可以通过拖拽的方式快速定制报表。

6 运维管理门户

统一工作台(Portal)是内部运维人员运维管理的人机交互接口，提供了面向不同角色人的友好界面，方便操作。使得相关人员只要通过门户登录系统，就可以将角色所需的信息和功能推送到浏览器上，与其工作职责相关的最新信息，包括待办事宜、系统通知、作业计划以及个人信息等都一目了然，能够办理与该用户相关的所有待办的工作事宜。统一运维门户对内部技术人员来说，也是统一的运行展现窗口，通过集成聚合监控呈现、快速发现和分析各类运行隐患，提供各种 Porlet 展现视图，包括网络拓扑、业务系统拓扑、物理机房拓扑等，使运行值班人员掌控各类 IT 系统运行状况，保障业务的稳定运行。

6.1 个人工作台

个人工作台相当于系统的"桌面"，用户只要进入门户系统，所有最新的信息，包括创建的工单、处理的工单、待办事宜等一目了然，通过个人工作台来办理所有未办的事情。所以个人工作平台能大大提高系统使用的方便性，所有与自己相关的事务通过该模块都能得到统一处理，无须进入不同的子系统。

6.2 个人信息管理

个人信息管理包括个性化工作界面设定，即每个用户对个人工作平台界面风格、功能模块搭配、个人兴趣等都有自己的偏爱，让用户对自己的个人工作平台界面进行个性化配置，能够满足界面风格设置、排版、个人模块和功能定义等自定义需求。

6.3 全文检索

系统还提供全文检索功能，全文检索为运维过程中产生的大量数据提供了集中的查询入口，包括了工单、知识库、配置项等重要数据。类搜索引擎的界面设计，跟传统搜索引擎完全一样的使用体验，不需要任何学习即可掌握。

6.4 通知中心

系统提供集中统一的通知中心，将用户关注的信息通过通知中心进行集中展现，实现监控告警、资产配置、流程工单、值班安排的统一通知。系统支持按照权限展现相关通知内容，即技术人员登录系统后只能看到其权限范围内的通知内容，管理人员通过"我的工作台"→"我的通知"即可查看和他有关的通知信息。系统支持按通知发送时间的倒序、分页显示成功发给当前用户的通知记录；帮助管理人员方便、快捷了解当前需要完成的工作内容。

6.5 运维管理门户

系统提供自助服务台功能，直接面向业务部门，快速搭建信息部门和业务部门交互平台，提升业务部门满意度。通过自助服务台，业务部门人员可以直接进行服务申报，服务请求将自动转入信息部门进行闭环处理；同时，业务人员还可以通过自助服务台查询所申请服务的当前处理状态，服务交付过程清晰可见。

7 结语

基于新设计的运维管理模式和管控流程，选择国内一流的成熟软件作为应用原型，建立运维管理平台，功能面涵盖各企业内部单位 IT 运维业务的全部内容。通过运维管理体系建设，企业建成了层级分明、流程通畅的全业务和全要素集中运维管理模式，建立了以缺陷管理、问题管理为核心的运维工作机制，建立集控中心和各电厂一体化的预防性维护、故障处理、人才培养等工作机制，运维成本逐年下降，运维管理能力和设备健康水平明显提升。通过运维管理体系建设，企业建立网络安全自查整改、集中运维等常态化工作机制，有序推进了网络安全管理水平和防御能力的提升，确保企业生产安全、经营安全、信息资产安全和形象安全。

参考文献：

[1] (荷)博恩.基于 ITIL 的 IT 服务管理基础篇[M].章斌,译.北京:清华大学出版社,2007:35-66.

[2] 刘通.ITIL 2018 服务管理与认证考试详解[M].哈尔滨:哈尔滨工业大学出版社,2018:102-135.

[3] 刘通,周志权.ITIL 与 DEVOPS 服务管理与案例资产详解[M].哈尔滨:哈尔滨工业大学出版社,2019:38-59.

乌江渡发电厂专家系统开发建设综述

令狐争争

(贵州乌江水电开发有限责任公司乌江渡发电厂,贵州遵义,563104)

摘要：乌江渡发电厂水电远程诊断平台已上线运行,具备机组状态监测、能效分析、趋势分析、检修决策等功能。但是,随着大型水轮发电机组在整个电力系统中占有的比重越来越大,对水电设备的可用率、机组运行效率、安全性、可靠性与经济性提出了更高的要求,事故、异常、故障停机造成的经济损失会更为严重。因此,准确分析和判断水轮发电机组故障点对电力系统稳定可靠运行具有十分重要的意义。

关键词：水轮发电机组；故障；诊断；专家；系统；网络

0 引言

乌江渡发电厂于1977年10月建厂,是乌江干流梯级第4级电站,也是乌江流域梯级开发最早的母体电站,是我国在喀斯特地区自行设计、施工建设的第1座大型水电站,工程设计和施工先后获国家优秀设计奖、国家优质工程奖和国家科技进步一等奖。总装机容量1 280 MW,是以发电为主、兼顾防洪和灌溉的综合利用工程,在贵州电网中担任调峰调频任务。乌江渡发电厂机组在运行中不断发生汽蚀破坏、机械磨损及其他机械或电气损伤,导致的设备寿命缩短。电力设备和系统故障后,轻则降低系统生产效率,重则停运,甚至造成灾难性的后果。因此在发电机组发生故障时对故障原因进行分析,为故障处置提供技术支持具有十分重要的意义。

1 开发背景

为了提高水电厂设备发生故障、缺陷时分析处理效率,使机组能够快速恢复良好的运行状态,就必须对设备故障进行分析和诊断,故障诊断专家系统的开发建设目标就是能分析出准确的诊断结果和能快速定位故障位置,给电厂处理故障提供决策依据,实现快速部署、快速处理,以提高设备的利用率。国外在故障诊断技术研究与实践应用方面都已取得了较成功的经验,包括美国、德国、日本、法国等发达国家都在应用这项技术。相比而言,国内故障诊断技术整体水平相对落后,伴随着国家"十三五"规划纲要的出台和电力市场的深入改革,新形势下电力设备检修模式的变革呼声越来越高,2013年国家能源局发布了水电站设备状态检修管理的行业标准,而国内相关电力企业在改变传统检修模式上也进行了较大胆的尝试,开展了许多有意义的工作,并积累了一些经验。故障诊断专家系统的引入,将有利于电厂专业技术人员及时发现设备运行中存在的缺陷故障及确定大修目标,降低电力企业检修成本、提高电厂可用系数、延长设备使用寿命、增加发电能力、确保发供电可靠性等,可以预见,预知性检修这一先进的技术和管理体制必将在我国电力行业中得到更多推广和应用。

2 开发建设投入

2.1 硬件投入

电厂安全Ⅰ区通信服务器负责将安全Ⅰ区监控数据传送至安全Ⅱ区通信服务器。安全Ⅱ区有数据库服务器1、数据库服务器2和通信服务器,数据库服务器1、2将采集的实时数据和波形数据进行存储,通信服务器经网络隔离装置与安全Ⅰ区、安全Ⅲ区的数据通信、采集、传输数据。安全Ⅲ区有数据服务器1、数据服务器2、应用服务器、通信服务器、Web服务器、对外通信服务器和工作站,数据服务器1、2为双机互备模式,存储采用磁盘阵列；应用服务器用于部署运行平台应用和后台服务,如报告、评分系统、预警报警服务；通信服务器经网络隔离装置与安全Ⅱ区服务器通讯,将Ⅱ区已汇聚的Ⅰ区和Ⅱ区在线监测系统的数据采集到Ⅲ区；Web服务器用于部署Web应用；对外通信服务器部署集团公司访问数据服务；工作站负责平台维护和访问。

2.2 软件投入

项目软件投入见表1。

收稿日期：2021-12-22.

作者简介：令狐争争,贵州桐梓人,工程师,从事水电厂水轮发电机组机械检修工作.

表1 软件清单

软件组件	操作系统用户	用户名
IIS	administrator	administrator
SQLserver 2008	administrator	administrator

3 项目主要工作

3.1 诊断网络推理机开发

对于水轮发电机组这样的复杂系统,其故障往往表现为"一果多因,一因多果,多果多因",故障现象与机电水液等系统特征之间的因果关系错综复杂。从抽象层面上来看,可以作出这样的假设:假设系统常见的故障现象(故障参数)有 N 个,系统的机电水液等系统故障有 M 个,这些特征集合和故障现象集合之间的关系可以用图1来表示。

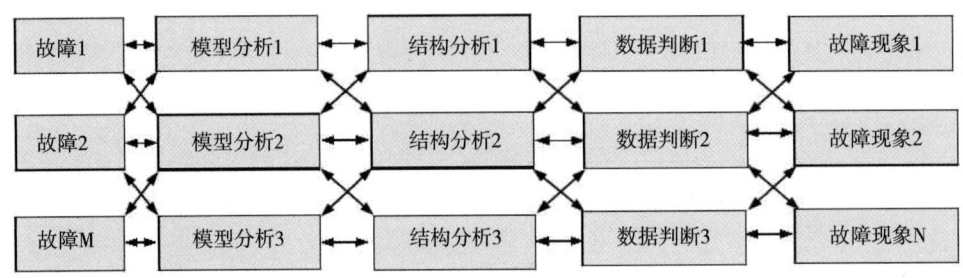

图1 诊断原理框图

这个网状图就是诊断原理框图。从故障现象到故障推理过程就是按照图1进行搜索的过程。中间要经历结构分析、数据判断和模型分析等过程。

3.2 案例开发

乌江渡发电厂前期优先选取了定子线圈温度过高、水导摆度过大、上导瓦温过高、顶盖振动过大等故障,进行了案例分析、故障诊断开发。后续开发中,乌江渡发电厂根据生产实际需求为出发点,充分总结电厂历年来发生的故障及其处理方式,再搜集了转轮叶片裂纹等20个故障案例,现已全部完成了乌江渡发电厂24个故障案例(见表2)故障诊断网络开发建设,已基本覆盖主机常见故障。

表2 24个故障案例

序号	案例名称	序号	案例名称
1	定子线圈温度过高	2	定子铁芯温度过高
3	定子匝间短路	4	定子铁芯振动过大
5	定子机座振动过大	6	转子接地
7	推力瓦温过高	8	水导瓦温过高
9	上导瓦温过高	10	上机架振动过大
11	上导摆度过大	12	水导摆度过大
13	下机架振动过大	14	顶盖振动过大
15	剪断销剪断	16	顶盖水位过高
17	尾水压力脉动过大	18	发电机制动器异常
19	励磁变温度过高	20	机组失磁
21	空载频率波动大	22	压油泵启动频繁
23	调速器溜负荷	24	转轮叶片裂纹

3.3 资料体系

编制开发建设项目资料体系如下:项目实施方案、需求分析报告、系统概要设计、系统详细设计、模型算法流程设计、数据库设计说明书、数据接口说明书、数据字典及说明、数据编码标准及说明、KKS编码、系统安全设计说明书、程序开发手册、机组振摆试验方案、变负荷试验对比报告、案例开发思维导图、完工验收标准、内部测试报告、用户测试报告、验收专家测试报告、用户使用手册、用户权限配置手册、系统运行维护手册、系统应用和运行维护管理办法、专家系统运维管理制度、日常巡检与定期维护标准化作业指导书、系统试运行工作方案、系统测试方案、试运行报告、运行报告、项目总结报告。

4 项目成效

4.1 项目成果

本项目在当前水电机组故障诊断的理论研究与应用的基础上,开展中国华电集团有限公司水电远程诊断平台(厂站级)故障诊断专家系统的研究与开发,是国内外首创,通过本项目的开发和应用,在水电故障诊断技术上达到国内领先、国际先进的水平。主要有以下几个方面的成果:

4.1.1 制定了标准和规范

制定远程诊断平台故障诊断专家系统相关的标准和规范,主要内容包括远程诊断平台的总体要求、设计和建设原则、系统架构、业务框架、功能要求、数据获取方式、数据处理方式等各方面内容。

4.1.2 建立水电设备故障库

通过对全部的设备诊断分析报告进行集中管

理，建立故障失效模式分析数据表，通过故障模式失效表对知识库和信息库进行数据建模。通过诊断分析报告(厂级就地和远程)和设备运行维护信息(实际)与故障失效模式进行管理，实现设备诊断、分析、方案、措施、实施、反馈的闭环管理，并形成水电设备故障库。

4.1.3 建立了典型故障诊断网络

在充分研究水电机组设备运行机理、结构机理和故障机理的基础上，建立了24个典型故障现象的诊断网络，模仿人类思维过程开发出诊断模型，根据诊断模型进行故障诊断推理，为以后故障现象诊断网络开发奠定了基础。

4.1.4 申请6项专利

申请6项专利：一种基于大数据的水电厂远程诊断系统、一种基于大数据的电厂设备诊断方法、一种电厂发电机组定子线圈的故障检测方法、一种电厂发电机组的上导轴瓦温度检测方法、一种电厂发电机组的水导摆动检测方法、一种电厂发电机组的顶盖的振动检测方法。

4.2 经济效益、社会效益

水电远程诊断平台(厂站级)故障诊断专家系统给厂带来了经济效益和社会效益，主要体现在以下几个方面：

4.2.1 推动工业化与信息化深度融合

故障诊断专家系统试点建设项目是在水电远程诊断平台(厂站级)基础上建设的，是进一步贯彻落实国家"两化融合"战略部署的重要举措，将进一步推动电力工业化与信息化的深度融合。

4.2.2 推动状态检修发展

故障诊断专家系统的建设可推动行业内状态检修和预知性检修的发展，并收集故障诊断的大数据，产生不可估量的价值。

4.2.3 提高故障处理效率

故障诊断专家系统的上线运行可以快速定位准确诊断结论与位置，给电厂处理故障提供决策依据，实现快速部署、快速处理，大大减少人力投入、提高处理故障的效率。

5 结语

水电远程诊断平台故障诊断专家系统开发采用模块化设计，兼容性和可扩展性强，实现24个典型故障现象的故障诊断，需进一步完善以实现机组所有故障现象的故障诊断；并制定远程诊断平台故障诊断专家系统相关的标准和规范，完善水电设备故障库；满足可靠性、稳定性、先进性、开放性的要求；满足电力监控系统安全防护规定的要求。水电远程诊断平台(厂站级)故障诊断专家系统开发是国内外首创，通过项目的开发和应用，在水电故障诊断技术上达到国内领先、国际先进的水平。但系统故障诊断的能力还处在初级阶段，还需要数据挖掘进行支撑。进入新时代，新科学技术不断发展和应用，使预测、评估、决策等越来越精准和科学，电厂也将持续在故障诊断方面开展工作，充分总结运行检修维护经验，继续发展系统功能，最终为推进状态检修技术而努力。

水轮发电机转速装置异常导致停机原因分析及防范措施

王贤发

(贵州黔源电力股份有限公司,贵州贵阳,550002)

摘要: 公司针对普定发电公司3号机组在运行过程中跳闸停机的事故,通过现场排查和原因分析,发现机组转速装置Ⅰ存在设计缺陷,内部抗干扰能力不足,导致转速装置异常。文章根据现场实际应用和存在的问题,进一步给出了处理及预防此类故障的措施和建议,为其他厂(站)提供了参考借鉴,以降低类似故障发生的概率。

关键词: 水轮发电机;转速;装置;原因;分析;保护;措施

1 概述

普定水电站位于贵州省乌江上游南源三岔河中游,距贵阳市125 km。电站共装机3台,单机容量29 MW,总装机容量87 MW,保证出力13.9 MW,年平均发电量3.16亿kW·h,年利用小时4 213 h,主要满足普定、织金等地区用电。水库面积19.25 km²,水库总库容4.014×10^8 m³,为不完全年调节水库。普定发电公司安装2套转速装置,转速装置Ⅰ为转速测控装置,转速装置Ⅱ为可编程转速测控装置,2套转速装置分别接入2路齿盘和1路残压测速信号,均送至主PLC和水机PLC中。

机组转速是水轮机控制系统最重要的参数之一,机组是否稳定运行最能直观地显示在机组转速信号上。2020年10月9日20时25分,普定发电公司3号机组在运行过程中因转速装置Ⅰ异常导致水机保护动作跳闸停机。专业人员到达现场开展详细检查,通过现场排查和原因分析,转速装置Ⅰ存在设计缺陷,内部抗干扰能力不足,导致转速装置异常,152% Ne继电器误开出。

2 故障及处理经过

2.1 事件前运行方式

2020年10月9日,普定发电公司110 kV系统合环运行,普梭沙101线路带负荷52.8 MW,梭洋102线路带负荷30 MW,35 kV系统由3号主变中压侧313供电,Ⅰ、Ⅱ段联络运行;厂用400 V系统Ⅰ、Ⅱ段分段运行;3台机组满负荷运行,1号机组带负荷29.0 MW,2号机组带负荷29.0 MW;3号机组带负荷29.50 MW,1号主变中性点地刀在合闸位置。

上游水位:1 144.9 m,溢洪闸门全关。

2.2 保护逻辑配置方式

主PLC和水机保护PLC的电气一、二级过速保护配置情况如下,其中电气一级过速保护需同时满足以下3个条件时启动事故停机流程:a. 转速装置Ⅰ或转速装置Ⅱ≥115%转速继电器接点开出;b. 调速器主配压阀拒动;c. 导叶开度在空载开度及以上。电气二级过速保护满足以下条件时,启动紧急事故停机流程:转速装置Ⅰ或转速装置Ⅱ≥152%转速继电器接点开出。

转速装置Ⅰ和转速装置Ⅱ分别接入2路齿盘和1路残压测速信号,任一路齿盘、残压信号达到115% Ne、152% Ne动作值时,其115% Ne、152% Ne转速继电器开出接点均送至主PLC和水机保护PLC中,任一接点动作均将启动停机流程。

2.3 故障情况

2020年10月9日20点25分,上位机发"3号机组>115%Ne(转速仪表Ⅰ)动作",20时26分00秒,上位机发"3号机组>152%Ne(转速仪表Ⅰ)(水机PLC)动作",20时26分3秒,上位机发"3号机组事故总动作""3号机组紧急事故停机过程动作",监控系统紧急停机流程启动。20时28分52秒,3号机组停机态。中控室上位机光字信号有:3号机调速器紧停阀1动作,3号机组事故配压阀动作,3号机组水机故障动作,3号机组进水阀关阀故障动作;现地检查调速器柜内急停阀动作、水轮机层事故配压阀动作、蝴蝶阀关闭。

收稿日期:2021-07-23.

作者简介:王贤发,高级工程师,从事电力系统及其自动化方面的研究及生产技术管理工作.

21时20分复归急停阀，复归事故配压阀，开启蝶阀。21:43将机组开启到空载态检查测速装置Ⅰ无明显异常，因机组过速保护有2套独立的测速装置，2套装置中任一套相关接点动作时，都能触发电气过速保护动作。因库水位较高（1 144.8 m），为不发生弃水，需开机带负荷运行，同时为防止转速装置Ⅰ再次误动，拆除转速装置Ⅰ152%Ne开出接点。

10月12日，3号机组停机后更换经校验合格转速测控装置Ⅰ的备件，对更换下来的装置进行进一步检测。

2.4 故障处理与检查情况

10月9日20时30分，3号机组停机后，立即对3号机组过速保护动作原因进行全面检查。经查，齿盘探头及接线良好，转速装置接线无松动，接地良好。通过查询3号机转速Ⅰ、转速Ⅱ的曲线，故障时3号机机组转速为204 r/min（额定转速200 r/min），均未达到事故停机转速。

对转速装置进行检查：装置面板上齿盘1、齿盘2、残压信号状态指示灯常亮，无任何故障显示，装置各显示正常。对3号机组转速装置接地情况进行检查，检查未见异常。

转速装置外围检查：转速装置Ⅰ和转速装置Ⅱ均采用单路残压测频、双路齿盘测频输入，2个装置残压测频取自机端同一PT，查机端电压录波正常，说明残压测频回路未见异常。两装置齿盘测频探头未见异常。

10月13日申请进行开停机空转检查，开机空转后通过按键操作登录装置内部界面，发现转速装置Ⅰ齿盘测速1无数据显示，检查齿盘测速1传感器探头外观无异常，指示灯显示正常。机组停机后对3号机组进行掉残压、齿盘1、齿盘2信号的故障模拟试验，并将齿盘1、齿盘2信号进行对调，装置无任何报警信号开出，未见误动开出等异常现象。机组停机后对3号机组齿盘Ⅰ、齿盘Ⅱ测速电缆各纤芯进行对地绝缘测试，绝缘电阻值为+∞，外观检查绝缘良好、未见异常。机组停机后对齿盘测速1探头检查紧固、无松动，后用塞尺在传感器探头前端晃动，感应距离的变化，无转速显示，通过测量传感器电压，测量转速电缆无断线及接地情况，判断齿盘测速1故障。

随后对转速装置进行校验，查阅3号机组转速装置校验记录，上次检修期间对3号机组转速装置Ⅰ试验结果满足要求。对更换下来的3号机转速装置Ⅰ进行动作值、返回值等校验工作，试验结果均满足要求。转速装置内部电源、接地检查良好；接地电容、二极管、电阻等电子元器件均符合设备厂家的技术参数要求。进行24 V_{DC}电源模拟干扰试验，从齿盘信号1处接入可调幅值的直流电压源。首先提供保证装置能够正常工作时的电源（>11.85 V_{DC}），然后分别以±6、±5、±4 V_{DC}的幅值大小，进行电源快速瞬变试验，模拟电源受到干扰时的情况，最后发现95%Ne转速继电器均会发生不同程度的异常动作，在幅值为±6 V_{DC}时，动作尤为频繁。试验复现了现场跳机时的情况，验证了该装置存在齿盘传感器电源设计缺陷，抗干扰性能不足，继而引发继电器动作出口。

进行初步原因分析，该装置的2路齿盘和1路残压测速信号应采用由外部稳定电源供电的方式，不应与装置内部开出继电器等V_{DC}工作电源并联公用，导致装置工作电源抗干扰能力不足。

3 原因分析

引发此次3号机组异常停机的转速装置1在设计上存在以下部分功能缺陷：

3.1 受现场干扰风险高

2路齿盘和1路残压测速信号的电源由装置内部24V_{DC}供电，其取至装置内部开关电源24V_{DC}输出后，即2路齿盘和1路残压测速信号与装置内部开出继电器等24V_{DC}工作电源并联共用，该装置工作电源受现场干扰的风险较高。

经现场进电源模拟干扰试验，从齿盘信号1处接入可调幅值的直流电压源，首先提供保证装置能够正常工作时的电源，然后进行电源快速瞬变试验模拟电源受到干扰时的情况，最后发现95%Ne转速继电器会异常动作，复现了现场跳机时的情况。其他继电器未动作原因推测为各转速继电器的实际动作电压等不一致。试验验证了该装置存在齿盘传感器电源设计缺陷，抗干扰性能不足的情况。

3.2 闭锁保护功能不完备

装置内部对齿盘、残压测速信号进行了类似于滤波的处理，但未针对2路齿盘、1路残压测速信号进行"质量"品质判断和变化速率过快闭锁该点信号保护开出的功能设计，存在任一路齿盘、残压测量元件、回路异常导致信号突变时，易引发保护误动。

3.3 报警功能不完备

齿盘1、齿盘2、残压测速信号的状态指示灯仅表征内部处理器工作正常的状态，在任一信号异常时无法发出有效的报警，不利于运维人员的巡检。而装置故障指示灯仅表征装置本体故障，不能发出表征其他重要故障的报警信号。

4 防范措施及重点要求

本次事件表明，安全生产工作需要加强设备技术管理与维护，切实采取有力措施，严防设备事件发生，彻底排除安全隐患。

4.1 整改措施

将存在问题的3号机组测速装置返厂检测，进一步查明装置误动的具体原因，出具详细的检测分析报告。此外，针对上述装置设计的功能性缺陷，应参照相关规程规定，结合现场实际，对装置的电源回路、2路齿盘传感器电源、抗干扰性能、闭锁保护功能、报警功能及录波功能等进行整体优化，出具装置的出厂检测报告，以满足设备的安全可靠运行要求。

择机采用录波器分别对2路齿盘传感器电源电压进行实时监测，排查干扰源；并在检修时，详细排查齿盘传感器的电缆连接处是否存在绝缘不良的情况，并使用500 V摇表对各电缆的线芯之间以及对地绝缘进行分段测试，查找可能串入干扰的环节，及时安排进行处理。

4.2 运行防范措施

针对3号机组转速装置存在的设备缺陷，在缺陷尚未得到彻底解决前，应对3台机组的缺陷转速装置采取防范措施，暂时退出该装置 $115\%Ne$、$152\%Ne$ 的2个转速开出接点，以防止水机保护误动。

4.3 加强转速设备巡检与日常维护

针对故障频发的重要设备，进一步加强日常维护和设备点的巡检，以提高设备运行周期，保证设备正常运行。同时还需要加强设备巡检质量，对重要设备的巡检过程中能发现而未发现造成的设备故障加大考核；加强设备运行巡查力度，针对一些巡查盲区更要引起高度重视；制定设备周期保养及检修计划，对设备寿命周期内的设备逐步启动换型改造工作；加强检修工艺及缺陷管理，对人为造成的重复缺陷严格进行考核。

4.4 加强设备技术管理

切实加强设备运行管理，组织开展设备运行分析专项检查，及时掌握设备运行状态，及时处理设备运行缺陷，对危及安全运行的要及时分析处置，不能处理的，要制定应急处置措施，防止缺陷隐患扩大。认真梳理检修、技改等相关管理制度、标准，认真开展危险点分析，完善检修、技改验收标准，做到验收标准可操作、全覆盖。尽力做到在线扁平化的安全隐患排查治理，从源头治理安全事故，降低水电工程的事故率，推进安全文化的形成。强化责任落实，加强检修、技改工作的全过程管理，细化签字验收等质量管理环节，实行责任追溯制，要加强制度执行的刚性考核，确保检修、技改及新建设备不留隐患。

4.5 加强"反措"管理

为了保障水电站水轮发电机组的安全有序运行，发电机组运作中要制定详细的预案，提出常见故障的维护保养途径和对策，找出常见故障的深层原因。认真落实25项反措要求，进一步加强检修、技改和技术监督工作。建立隐患、违章量化管理及事故化考核。规范工作流程，强化现场监督管理、严把质量验收关，彻底排除安全隐患。

参考文献：

[1] 王贤发,瞿自伟,覃远梁.水轮发电机轴承温度异常升高原因分析及防范措施[J].电力大数据,2018,21(2):89-92.

[2] 罗红俊,张官祥,杨廷勇.水轮发电机组转速测控装置运行稳定性分析与研究[J].水电与抽水蓄能.2020,6(1).

[3] 李爱民.水轮发电机组常见故障及维护措施分析[J].陕西水利.2019,(9).

[4] 樊启祥,林鹏,魏鹏程,等.水电工程安全事故发生机制与管理对策[J].中国安全科学学报,2019,29(1):144-149.

[5] 丁诗洋,夏友森,沈庆.以"设备主人制"为抓手促进变电站精益化管理[J].山东工业技术,2016(22):287.

[6] 黄健金,刘天佑,王恩钢,等.基于设备主人制的特高压运维策略[J].中国电力企业管理,2018(18):52-53.

[7] 系阳.水电站水轮发电机组的常见故障与处理技术分析[J].通信电源技术.2019,36(7).

[8] 王卫卫.水轮发电机组故障与处理——评《水轮发电机组及其辅助设备运行》[J].人民黄河.2019,41(9)

[9] 补祥高.水电站水轮发电机组的常见故障与维护研究[J].南方农机.2019,50(8).

[10] 段炼达,刘晓波.基于摆度大数据的水轮发电机故障预测方法研究[J].中国水利水电科学研究院学报.2017,15(6).

[11] 程江洲,朱偲,付文龙,等基于贝叶斯网络的水轮发电机组状态检修方法研究[J].水力发电学报.2018,37(9).

[12] 徐刚,阳小东.水利水电工程施工现场安全管理对策探讨[J].中国安全生产科学技术,2017,13(S2):135-138.

[13] 张红艳,高鹏.水利水电工程安全管理风险分析及对策[J].中国安全生产科学技术,2017,13(S2):89-92.

大花水电站推力头加工误差对悬式水轮机发电机轴线影响分析

苟开君,覃贵生,张围围

(贵州乌江清水河水电开发有限公司,贵州贵阳,550002)

摘要:轴线调整是机组安装和检修工作中重要的一项内容,轴线质量的好坏直接影响机组安全运行。针对大花水电站推力头及法兰存在的问题,在机组检修过程中通过对推力头、法兰面的修复,彻底解决水轮发电机组轴线加垫后的弊端,缩短下一次水轮发电机组检修时间,提高检修质量。

关键词:推力头;同心度;轴线;调整;悬式水轮发电机

1 概述

大花水电站位于开阳县与福泉县交界的清水河干流上。其水轮发电机由四川东能节能技术有限公司制造,结构型式为悬式机组,水轮机型号为SF100-22/6000,发电机型号为HL166-LJ-290。机组额定功率为100 MW,额定转速为272.2 r/min。

推力头为带上导滑转子一体结构;推力头与镜板设计无绝缘垫结构,由4颗轴向定位销、8颗螺栓进行连接;推力头与发电机轴采用过渡配合热套方式联接,配合间隙为-0.02~+0.09 mm,发电机轴与水轮机轴通过止口定位后由20颗螺栓联接,采用10颗径向销定位。

机组安装时由于轴线调整对水轮机轴与发电机轴之间进行加垫,而加垫后形成台阶形,造成结合面接触质量较差。首次大修时对水轮机法兰面、推力头侧与镜板把合面进行现场研磨处理,未能解决轴线问题,后通过加垫0.30 mm后满足要求。本次推力头检修时,通过检测存在以下问题:发现推力头把合面存在平面度偏差约0.10 mm,测量上导滑转子与推力头内孔不同心度达0.12 mm,测量水-发法兰端面平面度偏差约0.34 mm。

2 解决方案

2.1 推力头平面度修复

(1)推力头以卡环面为基准面上立车找正,打百分百测量把合面平面度偏差约0.1 mm。

(2)采用立车车削0.15 mm推力头把合面,打表检测平面度在0.03 mm以内。

(3)推力头把合面采用巴氏合金硬磨头粗磨,然后精磨。检测光洁度满足要求。

2.2 推力头同心度修复

(1)将推力头把合面作夹持面,在把合面防止等高块找正,卡环面架设百分表转动,跳动0.02 mm以内。在推力头上侧立面、上导轴领(未与轴瓦接触部位)侧面架设百分表,跳动在0.02 mm以内。

(2)在推力头内孔内侧膨胀段选取4个点架设百分表,每个点向下打表测量4个值,每个点位对应差值在0.02 mm以内,测量结果显示推力头垂直度满足要求。

(3)以推力头内孔找正后,架设百分表测量上导轴领,与内孔不同心度约0.12 mm,通过外径千分尺测量外径偏差在0.03 mm以内。

(4)通过测量数据分析,上导轴领与内孔不同心度约0.12mm。采用进刀车削0.15mm,车削完成后采用软砂纸轮进行粗磨,再进行精磨、抛光处理。

(5)研磨完成后,光洁度满足要求。测量上导轴领外径满足要求,数据见表1。

表1 上导轴领车削研磨后数据　　单位:mm

位置	#1-#5	#2-#6	#3-#7	#4-#8
轴领上段	49.81	49.80	49.83	49.82
轴领中段	49.82	49.83	49.82	49.82
轴领下段	49.83	49.80	49.83	49.80

备注:测量工具:外径千分尺;基准:1 050 mm。

收稿日期:2021-10-15.

作者简介:苟开君,贵州遵义人,工程师,从事水轮发电机组机械检修与管理.

2.3 水轮机轴法兰平面度修复

（1）主轴以转轮连接法兰面为夹持面，在发电机法兰以下约 600 mm 处设置支架。以发电机法兰止口、支架滑槽、水导轴领、动环、转轮法兰止口为基准面找正，最大值不超过 0.03 mm。

（2）主轴上卧车找正后，架设百分百，转动主轴，测量水轮机轴法兰端面平面度，最低处约 0.34 mm。数据见图 1。

（3）首先进刀 0.20 mm，观察#2 至#3 点号未切削；再次进刀 0.12 mm，观察#2 至#3 点号约 300 mm 长度未切削；再进刀 0.08 mm，观察#2 至#3 点号约 100 mm 长度不连续面未切削，深度约 0.03 mm。

（4）通过水平尺靠测发电机法兰端面进行测量，0.03 mm 塞尺不入。

（5）测量发电机法兰盘根槽深度约 4.5 mm，根据图纸 5 mm 规范，车削 0.5 mm，加工后满足图纸要求。

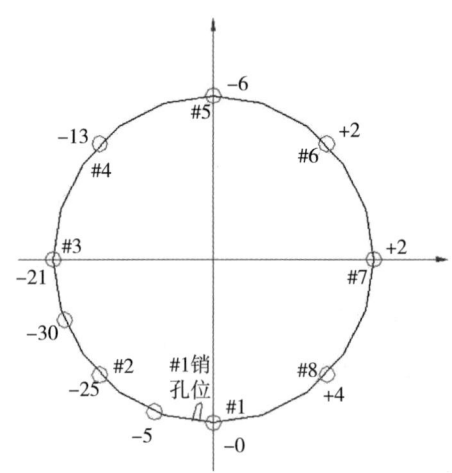

图 1　水轮机法兰端面平面度测量数据（单位：0.01 mm）

3　实施后效果

盘车采用机械自动盘车装置进行盘车，将上导 x、y 方向对应的 4 块瓦抱紧，抱紧量为 0.02 mm。盘车结果见表 2。

表 2　修复推力头及水轮机法兰面后盘车数据　　　　　　　　　　　　　　　　　　　　　　0.01 mm

测量部位	方位	#1	#2	#3	#4	#5	#6	#7	#8
上导	x	−0.5	0	1	0	0	0	0(0)	−0.5
	y	−0(−0.5)	−1	0	0	−0.5	−1	0	0.5
下导	x	1	−2	−4	−5	−6	−3	0(0)	2
	y	0(0)	−4	−6	−8	−8	−5	−2	1
水导	x	6	7	8	5	2	−1	0(0)	3
	y	0(0)	1	1	−2	−5	−8	−7	−4
镜板	x	0	0	0	0.5	−0.5	0	0(0)	0.5
	y	0(0)	0	0.5	0.5	−0.5	0	0	0.5

修复推力头及水轮机法兰面后各轴承测点全摆度值见表 3。

表 3　修复推力头及水轮机法兰面后各轴承测点全摆度值　　　　　　0.01mm

部位	方位	1−5	2−6	3−7	4−8
上导	x	−0.5	0	1	0.5
	y	0	0	0	−0.5
下导	x	7	1	−4	−7
	y	8	1	−4	−9
水导	x	4	8	8	2
	y	5	9	8	2

根据国家标准 GB/T8564—2003 里的规定，机组转速在 150 r/min≤n<300 r/min 时，其下导处摆度要求值为≤0.03 mm/m，大花水电站#2 机组下导到镜板处距离为 5 m；其水导处摆度值在转速在 150 r/min≤n<300 r/min 时摆度要求为≤0.05 mm/m，镜板到水导轴领处距离为 9.7 m。

根据以上数据可知下导最大相对摆度为 $\phi_{下4-8}=0.09$ mm/5m＝0.018 mm/m≤0.03 mm/m，水导最大相对摆度为 $\phi_{水2-6}=0.09/9.7=0.009$ mm/m≤0.05 mm/m，满足水轮发电机组安装技术规范允许摆度值的规定。

从盘车数据可以看出，通过对推力头及水轮机法兰的处理，成功取消机组水—发法兰间铜垫，提高了法兰的接触面积，保证了机组轴线，各轴承摆度值达到了很好的效果。

4　结语

水轮发电机组大修轴线处理是必不可少的重要环节，发电机轴线调整质量的好坏，直接影响水轮发电机组大修质量。通常发电机组轴线不垂直度处理工作在推力头上进行，水轮机轴线对法兰面的不垂直度在法兰面上进行。通过对轴线的处理，使机组轴线最大化满足运行要求，保障机组的健康稳定运行。

发电机主中引出线温度超高原因分析及处理

周文静

(贵州乌江水电开发有限责任公司乌江渡发电厂,贵州遵义,563104)

摘要: 乌江渡发电厂 2 号发电机定子引出线及中性点引出线在机组高负荷运行时温度超高,特别是在汛期连续高负荷运行情况下尤为突出,最高时达到 148 ℃。本文通过对引出线发热和散热两方面原因进行分析,制定并实施改进措施,有效降低了主中引出线的温度。

关键词: 引出线;温度;原因;改进

0 引言

乌江渡发电厂 2 号机组于 1981 年建成投产,装机容量为 210 MW,并于 2004—2005 年进行了增容改造,增容后机组容量为 250 MW,厂家为天津阿尔斯通水电设备有限公司,发电机型号为 SF250-40/10350。由于该发电机为 70 年代设计的产品,受多种原因的影响,发电机机坑的开挖量较小,使得定子引出线的布置存在空间狭小、间隔不够等问题,造成其散热和通风性能较差,特别是经过增容之后,这一不利因素表现得更为突出。机组高负荷运行时引出线的温度超高,在汛期连续高负荷运行情况下最高温度达到 148 ℃。为了保证机组正常安全运行,必须对发电机定子引出线、中性点引出线进行改进。

1 存在问题及原因分析

乌江渡发电厂 2 号发电机采用混合通风方式,主、中引出线分别位于与 +Y 向成 ±45°处,位于 2 个空气冷却器之间。发电机上端风路由于受到定子线棒、铜环和线夹阻挡,风阻大且风量相对较小。

同相 2 个支路的铜母排间隙小或为零,通风散热不好。线夹放置位置和结构形状阻挡通风,造成线夹背面为无风区域,母线热量无法驱散,高温致绝缘颜色变黑和老化。

2 号发电机引出线温度在近年来汛期连续高负荷状态下均在 120 ℃ 以上,最高时达到 148 ℃。因为发电机定子绕组(铜环和主、中引出线)温度允许值规定如下:采用检温计法,F 级绝缘的定子绕组温升不大于 110 K,温度不高于 145 ℃,乌江渡发电厂定子绕组采用 F 级绝缘,采用埋置检温计法测量定子绕组温度,所以引出线运行温度超标准运行。

由于 2 号发电机定子绕组每相 4 支路,在定子内部合成为每相 2 支路引出,主引线与发电机离相封闭母线相连,中性点引出线与定子单相接地保护装置相连,而发电机定子线棒和铁芯温度正常,证明发电机通风冷却系统工作良好,设计无问题。主、中引出线每支路电流 1 0473.8 A/2 = 5 236.9 A,每支路母排截面积为 100×25 = 2 500 mm²,每支路母排电流密度 = 5 236.9/2 500 = 2.1 A,满足将铜环交流电密限制在 2.1~3.3 A 范围内和满足铜环电流大时取下限之规定。导体通过交流电时将产生趋肤效应使导体发热,而主机厂家在对定子进行改造设计阶段时,对降低趋肤效应影响采取了相应措施,铜环使用了宽而薄的铜母排,母排规格为 100 mm×25 mm,其趋肤深度为 9.36 mm,基本达到为降低趋肤效应使母排厚度等于 2 倍趋肤深度的最佳方案。且当前发电机主、中引出线相间距为 400 mm,大于发电机额定电压为 15.75 kV 时,相间距不小于 350 mm 的规定,因此三相母排不会发生临近效应。

综上所述:通风散热不好是主、中引出线温度高于 120 ℃ 的主要原因。而电流密度,趋肤效应以及临近效应是次要原因。

2 改进措施

2.1 增加每相两母排之间距离,改善风路提高通风冷却效果

鉴于发电机机坑内径为 14 500 mm,定子机座外径为 11 850 mm,2 个空冷器之间的廊道宽度为 1 350 mm,空间允许对发电机主、中引出线实施合理改进。

2.1.1 主引出线

同相的 2 根引线与定子和与离相封闭母线的连

收稿日期:2021-12-23.
作者简介:周文静,重庆人,工程师,从事水电厂水轮发电机组机械维护检修工作.

接方法采用搭接银焊,引线的间隙由 50 mm 增大到 200 mm,竖向间隙由零增大到约 360 mm,增大排间散热空间和过风量,达到降低母排温度的目的。

2.1.2 中性点引出线

同相的 2 根引线与定子和与电流互感器穿心母排的连接方法采用对接银焊,引线的间隙为 400 mm,竖向间隙由零增大到约 360,增大排间散热空间和过风量,达到降低母排温度的目的,见图 1。

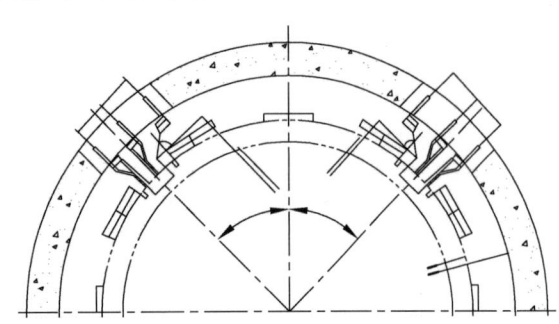

图 1 调整后的出线布置

2.2 改进线夹结构,减少风阻,提高通风冷却效果

2.2.1 支撑改造

对主、中引线支撑进行了改进,由以前的对夹固线方式改为单线夹 φ5 绦波绳绑扎涂胶固化方式,以避免上层线夹背面出现无风区域。

2.2.2 定子主、中引出端线夹

对定子主、中引出端线夹进行改进,改进后的线夹增大了通风面积,见图 2。

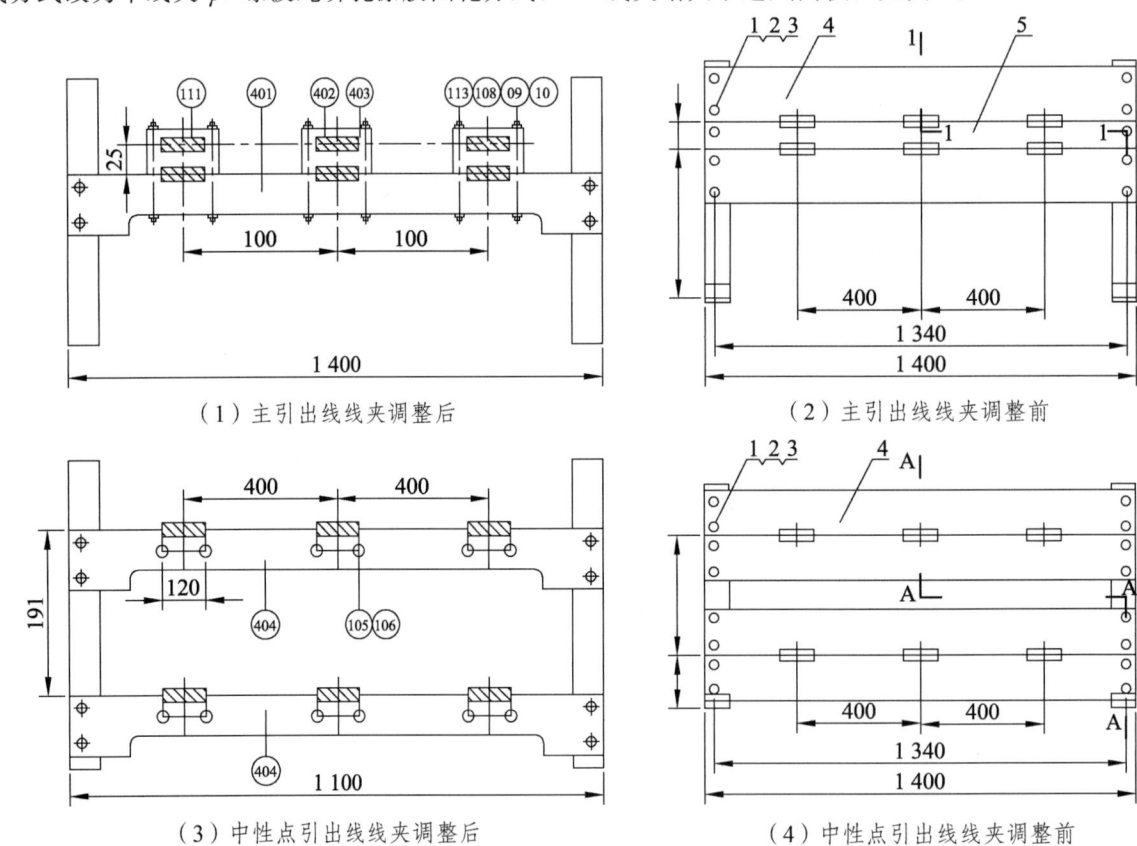

（1）主引出线线夹调整后　　　　（2）主引出线线夹调整前

（3）中性点引出线线夹调整后　　（4）中性点引出线线夹调整前

图 2 线夹调整前后对比

3 处理效果

通过改进,母排的 2 层线棒之间的竖向距离明显增大,线棒散热效果更好,通风性能也进一步增加。

对比改进前后的实测温度值,可以看出通过改进,母排的降温效果明显,最大运行温度已降至 100 ℃ 以下,满足标准要求,达到了预期效果,见表 1。

表 1 改进前后引线运行温度对比

负荷/MW	改进前		改进后	
	定子引出线/℃	中性点引出线/℃	定子引出线/℃	中性点引出线/℃
250	132	129	78	77
246	137	131	82	80
251	134	132	80	79
247	142	139	81	82
251	147	141	79	81
240	140	133	83	78
244	142	135	85	80
243	143	137	82	83

4 结语

乌江渡发电厂 2 号发电机主、中引出线改造后运行工况良好,母排温度下降明显。此次改进为接下来 1、3 号发电机主、中引出线温度超高处理积累了宝贵经验,对于同类型发电机主、中引出线温度超高、过热等问题的处理具有很好的借鉴意义。同时给设计单位、制造厂家及安装单位提供了处理案例和工作要求,在今后的发电机母排的设计、制造、安装时应充分考虑现场实际的空间位置等现实问题,避免出现通风、散热不畅等造成的温升超标现象。

乌江渡发电厂 2 号水轮发电机调速器分段关闭改造

周硕

(贵州乌江水电开发有限责任公司乌江渡发电厂，贵州遵义，563104)

摘要：乌江渡发电厂 2 号水轮发电机调速器分段关闭装置通过换型改造，解决了由于分段关闭装置结构缺点导致的事故配压阀与调速器急停控制而导叶关闭时间不一致问题，解决了由于接力器位移钢丝绳运行时间过长且老化后存在的潜在风险；优化和升级调速器分段关闭装置结构能有效保证机组在检修后，检修人员能准确地调校出满足机组调保计算的导叶两段关闭的时间，从而保障机组关闭的精准，使机组运行更加安全稳定。

关键词：停机；分段；关闭；精准

0 引言

乌江渡发电厂位于贵州省遵义市播州区乌江镇，于 1977 年 10 月建厂，是乌江干流梯级第 4 级电站，也是乌江流域梯级开发最早的母体电站，是我国在喀斯特地区自行设计、施工建设的第 1 座高坝大型水电站，工程设计和施工先后获国家优秀设计奖、国家优质工程奖和国家科技进步一等奖。乌江渡发电厂 2 号机组原装机容量 210 MW，在 2004 年扩机增容后，现在装机容量为 250 MW，到目前为止已稳定运行了 18 a。该机组调速器分段关闭装置一直保持一个良好的稳定运行状态，但在长时间的运行过程中，设备管理人员发现了现分段关闭装置存在的不足及其他需要改进的方面，使 2 号机的运行更加安全稳定。

1 改造前的结构形式及工作原理

1.1 改造前的组成

乌江渡发电厂 2 号机调速器分段关闭装置改造前的型号为 DX-A 型，生产厂家为武汉三联水电控制设备有限公司，该装置由液控单向节流阀、先导电磁换向阀(先导行程阀和分段凸轮装置，分段凸轮固定在接力器传动机构回复轴上)。

1.2 工作原理

2 号机组导叶采用分段关闭，在分段之前，先导行程阀下部滚轮不和凸轮接触，当接力器关闭到回复轴上的凸轮顶住滚轮并上升时，先导行程阀换向转动凸轮，改变它和恢复转轴的相对位置，就可以改变分段关闭的拐点位置。当导叶关闭到分段拐点时，先导电磁换向阀换向，液控单向节流阀控制腔压力油来油瞬时截断，腔内积油通过排油使液控单向节流阀节流活塞迅速上升至其上方调整螺钉整定的位置，于是接力器在关闭过程中开始分段实行慢关机。调整液控单向节流阀上方的调整螺钉，可以改变节流活塞与阀体之间的节流面积，从而可以改变分段后的慢关机速度，实现导叶分段关闭的作用。调整时间根据调保计算来调整，调好后将螺母拧紧。

2 问题提出及分析

(1) 2 号机组改造前的分段关闭装置的分段关闭的拐点主要依赖于机组关闭导叶的过程中接力器的位移钢丝绳动作带动凸轮转动顶住滚轮上升时先导行程阀换向转动凸轮，改变它和恢复转轴的相对位置，来实现机组导叶的二段关闭，此结构主要依赖于接力器位移钢丝绳的动作，但当位移钢丝绳运行时间过长，存在老化、磨损、断裂的风险，就会影响分段关闭装置动作的稳定性。

(2) 2 号机组改造前的分段关闭装置的拐点的调节是通过调节该分段关闭装置的凸轮与转轮的相对位置来确定导叶分段关闭的拐点的位置，但是由于凸轮与转轮的都是转动部件，且调整精度较高，因此当机组检修后，检修人员调整凸轮与转轮的相对位置时没得 1 个准确的参考量来调节，一般是通过调节后反复的试验最终确定 2 号机组分段关闭的拐点，因此该结构大大增加机组导叶分段关闭拐点的调节难度和调节时间，极其不方便，也不易准确调整分段关闭的时间及拐点。

(3) 2 号机组改造前的分段关闭装置的分段关闭阀是通过液控单向节流阀控制腔压力油来油瞬时截断，腔内积油通过排油使液控单向节流阀节流活

收稿日期：2021-12-23.
作者简介：周硕，贵州遵义人，助理工程师，从事水电厂水轮发电机组机械维护检修工作.

塞迅速上升至其上方调整螺钉整定的位置,于是接力器在关闭过程中开始分段实行慢关机。2号机组事故配压阀动作,关闭导叶也是通过分段关闭阀的单向节流来实现导叶的二段关闭,但是由于2号机组的事故配压阀的结构原因,不能调节该事故配压阀的油口的油量,且该油口的关机油量与调速器关机的油口油量不一致导致了事故配压阀动作关闭导叶的拐点与调速器动作关闭导叶的拐点不一致,不符合2号机组安全稳定运行的要求。

3 改造后的结构形式及工作原理

(1) 为了使原2号机组的分段关闭的拐点不依赖于接力器位移钢丝绳的动作来带动凸轮转动,通过转轮的上升使先导换向阀改变油路动作来确定的,改造后的分段关闭装置决定将接力器位移钢丝绳拆除,取消接力器钢丝绳及凸轮阀。因此选择更换为武汉三联生产的DX-B型分段关闭装置。DX-B型分段关闭装置是DX-A型分段关闭装置的升级版,取消了接力器位移钢丝绳装置,安装分段控制电磁阀,实现由纯机械控制改为由电气信号控制。改造后测量2号机组导叶关闭的时间及导叶关闭的拐点都符合该机组的调保计算,且经开停机试验及运行检验,该分段关闭装置动作灵活、准确,可以投入使用,解决了接力器位移钢丝绳运行时间过长存在的潜在风险影响机组安全稳定运行的问题。

(2) 为了使原2号机组的分段关闭的拐点调节更加方便与精确,改造后取消了之前的由凸轮与转轮的相对位置来确定拐点位置的装置,通过在分段关闭阀侧面加装1个分段控制电磁阀,直接利用机组关机过程中关闭导叶时,通过导叶的开度位移小反馈钢丝绳所反馈的导叶的位移值显示的导叶开度,由电气控制直接将关闭导叶过程中分段关闭的拐点的位置传输到分段关闭装置的分段控制阀上,依靠分段控制阀的换向改变油路来控制分段关闭阀的液压单向节流阀节流来完成导叶的慢关闭,进而实现导叶的分段关闭。通过机组关机的试验及运行检验,此结构控制的导叶分段关闭的拐点准确,及时,满足2号机组导叶关闭的要求,解决了检修后不易通过调节凸轮与转轮的相对位置来调节导叶分段关闭拐点的位置的问题及调节不精确的问题,提高了检修人员调节导叶分段拐点的精度,也更加保证了机组的安全稳定运行。

(3) 由于原2号机组的事故配压的结构不能调节事故配压关闭的油量导致事故配压阀动作关闭导叶的拐点与调速器动作关闭导叶的拐点不一致的问题,因此在新的分段关闭阀的侧面加装1个分段控制电磁阀,通过分段控制电磁阀的换向,使分段关闭阀腔内通过排油使液压单向控制节流阀节流来完成导叶的分段关闭。由于原分段关闭阀腔内的进排油均为同一管路,因此不能满足事故配压阀动作关闭导叶与调速器动作关闭导叶的拐点一致,在新的分段关闭阀的控制电磁阀再按照1根排油管,通过排油管来排分段关闭阀腔内的压力油就能保证分段关闭阀及时节流,使事故配压与调速器关闭导叶的拐点达到一致。该管路的加装保证了事故配压阀动作关闭导叶与调速器动作管闭导叶的拐点一致,为2号机组安全稳定运行提供更强力的保障。分段关闭阀控制电磁阀加装的排油管见图1。

图1 分段关闭阀控制电磁阀加装的排油管

4 结语

水轮发电机组调速器的分段关闭装置是保证整个机组稳定关闭的重要设备,因此分段关闭装置的动作准确、灵活、及时,直接影响到水轮发电机组的安全稳定运行。为了使机组导叶的分段关闭更加精准,可以通过机组在运行的过程中寻找可能出现的问题和能够升级的方面,只有不断优化和改进才能使分段关闭装置设备更加稳定,使机组的关闭时间符合调速器的调保计算,能够有效的减小机组的转速上升率和水压上升率,减小在关机过程中对机组的危害,通过2号机分段关闭装置的改造,取消原有的接力器位移钢丝绳与凸轮阀,加装1个分段电磁控制阀及分段关闭阀腔内排油管,解决了乌江渡发电厂2号机组调速器分段关闭装置接力器位移钢丝绳老化存在的风险、检修后导叶分段关闭拐点调节不精确、事故配压阀与调速器关闭导叶拐点不一致的问题。

组合电气中六氟化硫分解产物含量与潜伏性缺陷判断关系的探索

刘唯

(贵州乌江水电开发有限责任公司乌江渡发电厂,贵州遵义,563104)

摘要:文章结合乌江渡发电厂 GIS 组合电气带电检测六氟化硫分解产物试验数据进行潜伏性缺陷的判断,通过停电开盖检查证实缺陷情况。根据国家标准与电力标准,探讨分解产物中的特征气体 SO_2 与 H_2S 含量变化情况与缺陷、带电负荷之间的关系。

关键词:六氟化硫;分解;产物;缺陷;判断;电气

0 引言

六氟化硫(SF_6)气体具有良好的绝缘性能和灭弧性能,作为理想的绝缘及灭弧介质,目前已经广泛应用于高压、超高压电气设备,尤其是组合电气中。由于制造安装工艺和内部材质等原因,SF_6 电气设备在运行中可能出现事故,SF_6 电气设备缺陷可以分为放电和过热两大类,当设备存在缺陷时,缺陷区域的 SF_6 气体和水分、固体绝缘材料在热和电的作用下裂解,主要产生一些气体杂质,如四氟化碳(CF_4)、二氧化碳(CO_2)、氟化亚硫酰(SOF_2)、二氧化硫(SO_2)和硫化氢(H_2S)等。在所有的分解产物中,大部分的分解产物只能通过气相色谱法测定,需要在实验室进行。而 SO_2 和 H_2S 可通过电化学方法测试,可在现场进行测定。实践表明,检测 GIS 中 SO_2 和 H_2S 分解产物的含量,可快速准确诊断出 SF_6 电气设备潜伏性内部缺陷和设备内部缺陷,避免事故的发生。

1 分解产物试验数据

乌江渡发电厂于 2020 年 10 月至 11 月对全厂 GIS 设备共 203 个隔室进行分解产物普查。通过普查发现有 6 个隔室有特征气体 SO_2 和 H_2S。后进行了数据跟踪。试验结果见表 1。

表 1 乌江渡发电厂 GIS 分解产物普查中异常试验数据

测试日期	设备名称	折算到 20 °C 水分/(μL/L)	露点/°C	分解产物/(μL/L)		
				H_2S	CO	SO_2
20201021	215 电缆终端	92	−43.3	1.1	47.7	1.3
20201206	5 号主变高压侧电缆终端 B 相	3130	−10.9	1.1	18.3	0
20201206	5 号主变高压侧电缆终端 C 相	3090	−10.9	1.2	24.0	2.1
20201110	3 号主变电缆终端 A 相	2667	−8.5	0.1	32.8	0
20201110	3 号主变电缆终端 B 相	2967	−7.5	0.8	36.8	0
20201110	3 号主变电缆终端 C 相	2893	−7.7	0.6	43.9	0

注:215 电缆终端隔室三相分支母线由小气管相连,作为一个隔室测量。

2020 年 11 月 17 日,贵州创星电力科学研究院自带设备到现场对 215 电缆终端隔室进行分解产物测试,显示 SO_2 含量为 16.8 μL/L,与乌江渡发电厂测量值 17.6 μL/L 基本相符,排除了检测设备、人员操作原因存在误差的因素。同时取样进行分解产物色谱分析,分析结果见表 2。贵州创星电力科学研究院进行 GIS 局放检测,未见明显放电现象。经过数据分析,结合 DL/T 1359《六氟化硫电气设备缺陷气体分析和判断方法》进行判断,认为 SO_2 超标情况呈明显增大趋势,应对 215 电缆终端隔室与 5 号主变高压侧电缆终端三项停电检查处理。12 月 4 日,分项测试分解产物结果见表 3。

收稿日期:2021-12-22.

作者简介:刘唯,四川南充人,工程师,从事高压电气设备状态监测与管理工作.

表 2 贵州创星电力科学研究院分解产物色谱分析结果

位置	C_3F_8	SOF_2	SO_2	H_2	O_2	N_2	CO	CF_4	CO_2
215 电缆终端	9.3	2.1	8.4	9.2	2 265	2 240	54	30.8	158

表 3 215 电缆终端停电后分项测量数据

测试日期	设备名称	折算到 20 ℃ 水分/($\mu L/L$)	露点/℃	分解产物/($\mu L/L$)		
				H_2S	CO	SO_2
20201204	215 电缆终端 A	31	−57.4	0	51.7	0
20201204	215 电缆终端 B	33	−55.8	1.2	50.5	30
20201204	215 电缆终端 C	40	−52.1	0	49.9	0

最后决定对215电缆终端隔室三项与5号主变高压侧电缆终端三项开盖检查。

2 开盖检查情况

2.1 215电缆终端隔室开盖检查情况

对B相电缆终端气室解体发现有大量乳白色粉尘(见图1),气室内各导体镀银的裸露部位表面发黑,GIS主导体(铝材镀银)与电缆终端上端头接触面局部熔化,接触面压紧螺丝局部烧损,B相电缆终端上端头导体与电缆线芯的连接面完好无损。绝缘套管底部有疑似高温飞溅物损伤和对筒体底部内壁放电痕迹,连接板均压环对周围筒体内壁有放电麻点;A、C相电缆终端气室内未见异常。

图 1 B相电缆终端上部粉尘

2.2 5号主变高压侧电缆终端开盖检查情况

B项未见异常;C项电缆锥形体上附着少量白色粉末颗粒。

3 数据及现象分析

3.1 215电缆终端及相连接设备参数

与GIS为河南平芝高压开关有限公司G1B型SF_6分相封闭式组合电器,额定电流为2 500 A,气室额定压力(20 ℃表压)断路器为0.6 MPa,其他气室为0.4 MPa;与215电缆终端气室连接的220 kV电缆为OLEX电缆公司XLPE绝缘铜波纹护套电缆单芯电缆,铜芯截面500 mm²,允许载流量944 A;GIS侧电缆终端头为瑞士布鲁克公司硅油/SF_6绝缘电缆终端。5号主变压器容量为290 MV·A,220 kV侧额定电流为692 A,各设备均于2003年投运。

3.2 215电缆终端B项缺陷分析

根据解体后发现的电缆终端B项上端头与GIS主导体连接面连接的4颗螺栓存在1组对角螺栓相对完好,另一组对角螺栓垫片处熔化,螺杆烧粘连不能拆卸,且烧损螺丝外观有弹垫为倾斜状态。判断至少有2螺栓未紧固到位。在跟踪过程中测量GIS局放未见明显放电现象,拆解后也未见明显放电烧损痕迹。结合2020年乌江渡发电厂来水情况,连续43 d机组满发运行等外部因素,推断缺陷为近期突然恶化,加速了缺陷的暴露。分析分解产物含量可以看出SO_2的含量较大,而H_2S含量较小。色谱测试中,SOF_2的含量也较小,基本可以判断为金属悬浮电位放电。此类放电性缺陷一般能量不大,通常只会使SF_6气体分解;分解物主要SO_2、HF、SOF_2及金属氟化物等,同时可能会有少量的H_2S产生。随着放电能量越来越大,造成金属溶解,飞溅到周围筒体内部及筒底部造成麻点。结合以上情况分析,本次缺陷发生的直接原因是电缆终端上端头与GIS主导体连接面连接的螺栓未紧固到位造成的悬浮放电。

3.3 5号主变高压侧电缆终端缺陷分析

由于2020年来水较好,机组连续43 d的满负荷运行。5号主变高压侧电缆终端持续高温,极大考验绝缘材料的质量。而且5号主变高压侧电缆终端位于室内顶层,环境温度也高,散热不宜。判断是因为高温使绝缘缓慢老化,绝缘降低,造成应力锥与筒体中气体导电颗粒杂质引起放电,产生SO_2与H_2S等特征分解产物。

4 缺陷处理

按照系统要求按"修必修好"原则,结合厂家建议,乌江渡发电厂确定并执行了如下修复方案:

215隔室B相隔离刀闸返厂修复。更换分支母线侧绝缘盆子及配套配件,解体全面检查处理,并按出厂试验规范开展出厂试验;215电缆终端隔室B相气室水平段筒体(有黑点)、主导电杆返厂修复,并更换绝缘盆子及配套配件。215电缆终端隔室电缆仓外壳筒体(有灼伤痕迹)、主导电杆返厂修复,更换全新的触子、压簧,更换电缆终端上部烧损的主导体及其均压罩;更换5号主变连接高压电缆两侧电缆终端。

5 结论

乌江渡发电厂应用技术监督定期监测手段开展SF_6设备分解物普查发现异常苗头,并优于规程要求跟踪,及时发现缺陷,防止了设备事故发生。

六氟化硫气体分解产物(H_2S、SO_2、HF)检测法是判断设备潜伏性故障的重要方法之一。该方法具有灵敏度高、方便快捷、受环境干扰小等优点。

GIS对绝缘材料的选材、零部件加工、安装要求极高,需选派实践经验丰富、技术精湛、责任心强的技术人员进行监造及验收。同时现场安装细节控制要到位,对细节把控不严就会留下安全隐患。

GIS投运后,要使用各种有效手段进行在线测试。比如运用分解产物检测、超声波局放测试、超高频局放试验、X光检测等技术探测设备内部接触不良或松动、异物、高压导体尖刺等缺陷,为GIS诊断及故障排除提供有力的技术支持。

参考文献:

[1] 牛浩,邱悦.气体绝缘组合电器SF_6分解产物检测中典型影响因素研究[J].浙江电力,2018,37(8):59-64.

[2] 郭伟,刘韧强,蒋成杰等.SF_6分解产物检测在GIS故障诊断中的应用[J].电力安全技术,2017,19(5):26-28.

[3] 吴俊杰,周舟,钱晖等.SF_6气体分解产物带电检测发现GIS设备缺陷及其分析与处理[J].高压电器,2019,55(1):0243-0247.

[4] 黎晓淀,唐峰.基于气体组分分析的SF_6高压断路器内部缺陷判断[J].中国设备工程,2020,增(1):265-267.

大中型水轮机活动导叶端面密封改造

谭军，令狐争争

(贵州乌江水电开发有限责任公司乌江渡发电厂，贵州遵义，563104)

摘要：老水电机组活动导叶在安装时大多没有考虑端面密封，造成机组停机后导叶漏水量较大，从而每年损失大量水能。文章通过对乌江渡发电厂2号机活动导叶端面密封进行改造，较好地解决了老水电机组活动导叶漏水量严重超标问题，收到了明显的效果，可为老水电机组解决导叶漏水量超标问题提供借鉴。

关键词：水轮机；端面；密封；改造

1 概述

乌江渡发电厂1~3号机于1980—1982年建成投产，装机容量为3×210 MW，并于2004—2005年进行了增容改造，增容后机组容量为3×250 MW，厂家为天津阿尔斯通水电设备有限公司，水轮机型号为HLF132A1－LJ－525。由于水轮机为20世纪50~60年代设计的产品，设计之初并未考虑水轮机活动导叶端面密封，在机组增容改造时也未对端面密封进行改造，造成大量水资源浪费，同时也增加了运行管控难度，因此需要对活动导叶端面密封结构进行改造。

2 存在的问题

1~3号机活动导叶上下端面为无密封结构。单面间隙为0.25~0.4 mm，这样的结构会产生较大的导叶漏水量，从而引发诸多问题。

2.1 导叶漏水量超过国家标准

GB/T 15468—2006《水轮机基本技术条件》5.7.1规定，在额定水头下，圆柱式导叶漏水量不应大于水轮机额定流量的3‰。2号机额定流量为240 m³/s，按照国标要求，导叶漏水量应不超过0.72 m³/s，而2号机的导叶漏水量为2.53 m³/s，是规定漏水量的3.5倍。为此，历年安评及各项检查多次对活动导叶漏水量超标的问题提出了整改，但均无法进行整改和闭环。

2.2 机组刹车转速较高

由于活动导叶漏水量超标，在汛期高水位时，机组多次出现停机过程中转速无法下降至停机转速而惰转的情况，不仅严重影响轴承瓦的安全运行，而且导致机组不能完成自动停机流程，需要运行人员现场手动强制刹车停机。为了能够保证自动停机流程的执行，只得将制动器停机刹车转速提高，可是这样又引发了新的问题，一是高速刹车时制动环温度较高，制动环局部产生变形和裂纹；二是刹车时制动器和闸板剧烈摩擦产生大量热量，火星飞溅，火灾安全隐患极大；三是高速刹车时产生的大量粉尘随冷却器系统风循环进入了定、转子内部，造成定、转子污染，绝缘下降。

2.3 影响开机成功率

为了防止机组停机后发生蠕动的情况，在机组完成自动停机流程后需要将制动器一直保持在顶起状态，当机组开机时需要将制动器落下，这样不仅增加了开机、并网的时间，而且由于停机状态对制动器长期顶起受压，部分制动器在落下的过程中发生卡涩无法下落到位，行程开关未动作，从而导致开机流程无法正常执行，影响机组开机成功率。

3 改造方案

针对活动导叶端面密封漏水量超标的问题，对国内多家水轮发电机组生产厂商、设计院及研究院等多家单位进行了调研和技术交流、讨论，并对多套改造方案进行了评估，认为1~3号机活动导叶端面密封漏水量超标的问题可以通过在顶盖及底环加装密封装置的方式进行控制，决定在2021年汛前2号机组大修过程中对活动导叶端面密封进行改造，并根据检修工期及运输条件，确定了就在厂房对活动导叶端面密封槽进行现场加工的改造方案。

活动导叶端面密封采用弹性金属密封结构，见图1。密封装置由金属密封、密封垫块、内密封压板、外密封压板组成。

金属密封材质为ZCuAl9Fe4Ni4Mn2铸造铜合金，具有很高的力学性能，在大气、淡水和海水中

收稿日期：2021-12-22.
作者简介：谭军，贵州遵义人，工程师，从事水电厂水轮发电机组机械维护检修工作.

均有优良的耐蚀性、抗腐蚀性和高耐磨性；金属密封下（上）面垫有密封垫块，材质为 EPDM 三元乙丙橡胶，具有优越的耐氧化、抗侵蚀的能力，其作用是提供密封压紧力，在导叶关闭时导叶压缩金属密封底部的垫块，导叶端面与金属密封贴合紧密，从而起到密封作用；密封压板材质为 0Cr13Ni5Mo，具有良好的强度、韧性和耐磨性，通过螺钉固定在密封槽内，其作用是限制金属密封及垫块在密封槽内运动。

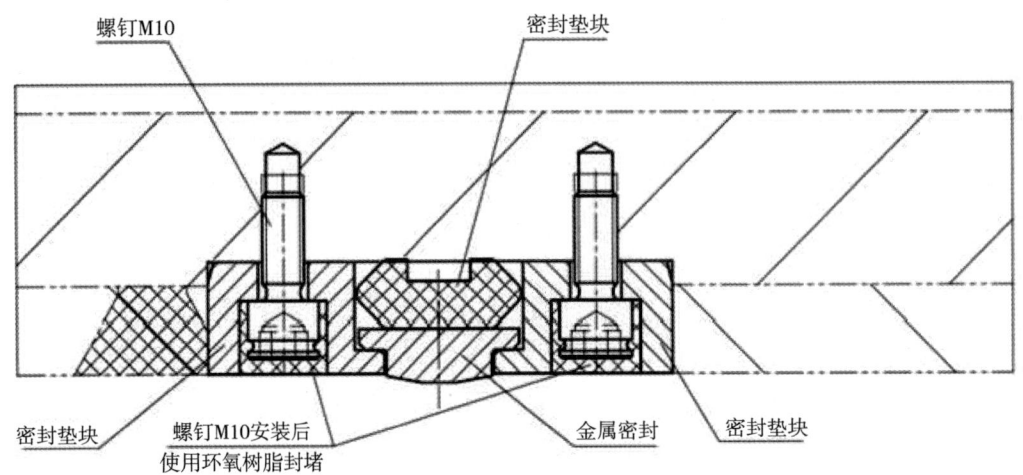

图 1 改造后的活动导叶端面密封结构示意图

4 改造过程

对活动导叶端面密封进行改造，需要在底环与顶盖过流面上加工深 25.7 mm，宽 110 mm 的密封槽，见图 2。然后在密封槽内钻 M10 螺孔用于固定密封压板，并在底环上配焊密封环。

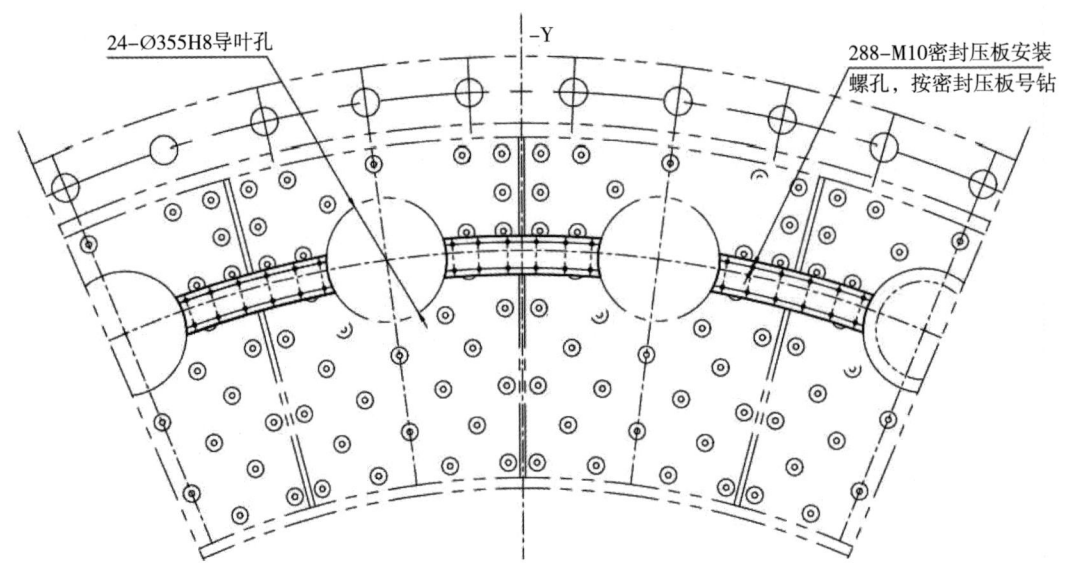

图 2 密封槽加工示意图

4.1 底环加工密封槽的前期准备

由于活动导叶端面密封改造为直线工期，工期只有 10 d，且此类改造方面案例较少、经验不足、不确定因素较多，因此必须争分夺秒，在顶盖吊出后随即开展各项准备工作。本次 2 号机活动导叶端面密封改造加工设备为 15 t 重的立式精加工车床，由中心集成组件、支臂、加强连杆、刀架驱动支撑架等组成，由于部件较多，加上从省外长途运输，所以到货后必须及时进行清点、拼装、上电检查，以免发生设备损坏或遗失而耽搁工期的情况。此外还需准备 1 套工作平台，供操作人员观察加工情况及调整车床用；准备 1 套球心器，在底环开槽时精准定位。

4.2 底环加工密封槽

水轮机转轮吊出后，随即搭设专用平台、用求心器确定加工设备的旋转中心，然后将已拼装的车床，整体吊入底环。

利用垂直调整顶丝、径向调整组件粗调水平、中心后打紧固定螺丝,之后装入刀架驱动组件,安装集电器、电气控制箱并接电。启动机床,重新检查调整机床中心和水平,在刀架滑台水平调整、车刀安装、确定吃刀深度后,开始加工底环平面上的密封槽,并利用深度尺测量加工槽深,用游标卡尺测量尺寸。在后续粗加工、半精加工过程中,根据测量出的加工面的径向水平,微调刀架滑台直至加工面水平达标。

4.3 底环加工压板螺孔、配做密封环

底环密封槽加工完后,利用刀架回转,在底环划出密封压板固定螺孔的分度圆,然后利用磁力钻配钻密封压板螺孔。由于在加工密封槽时,安装活动导叶下轴套 Y 形密封环已被车削掉,因此需要将车削掉的部分用已加工好的 Y 形密封环进行装配、焊接牢固并将各搭接部位及密封面打磨光滑。

4.4 顶盖密封槽加工

顶盖加工密封槽,步骤和底环加工密封槽大体相同,主要的难点在于需要将顶盖翻身,才能安装密封槽加工机床。因为顶盖直径 7.2 m,重量 48 t,高度 1.15 m,要将此庞然大物进行翻身 180°,难度极大;加之厂房左安装间已经摆放了上机架、下机架等拆出设备,翻身只能在安装间进行,但发电机转子已放于右安装间,与顶盖摆放位置最近 1.5 m,因此顶盖翻身风险极大,稍有不慎就会发生顶盖砸伤转子的事故;而且顶盖在翻身过程中存在滑动、翻转的风险,对现场操作人员的人身安全构成了很大的威胁。鉴于此,特制定了 2 号机顶盖翻身方案。

4.4.1 顶盖翻身前的准备

购置 S-BX35-2 卸扣 6 个、35 t 焊接吊耳 4 个、长 2.5 m 荷载 15 t 吊带 2 根、42 mm×3 m 压头钢丝绳 2 根等,并在顶盖中心线+X 方向焊接两吊耳用于翻身,两吊耳平行布置,相距 869 mm,中心距下端面 500 mm。

4.4.2 顶盖第 1 次翻身

第 1 步:通过 300 t 吊钩左右两侧各用双股吊带和卸扣连接翻身用吊耳。

第 2 步:缓慢提升顶盖,且移动桥机保证吊钩始终在吊点正上方。

第 3 步:将顶盖通过钩头竖直吊起,并缓慢将其放置于预先制作的木制支撑上,如图 3。

第 4 步:下移钩头,顶盖由于重心位置会自动进行翻转。

4.4.3 顶盖密封槽加工

顶盖第 1 次翻身完成,即可进行地面防护、防护棚的搭设及加工机床的安装调试,顶盖密封槽加工方法和步骤和底环大致相同。

图 3 顶盖翻身过程

4.4.4 顶盖第 2 次翻身

顶盖密封槽加工完成后,进行压板固定孔钻配、沟槽底部涂铝粉漆、密封安装及压板螺栓浇筑环氧树脂,并进行验收合格后才能进行顶盖第 2 次翻身。顶盖第 2 次翻身方法步骤和第 1 次翻身大致相同,顶盖翻身后将焊接吊耳割除并对焊接处打磨除锈后即可吊入,顶盖密封槽加工结束。

4 改造后的效果

2 号机活动导叶端面密封改造完成,机组投运后在停机状态下监测活动导叶漏水量为 0.6 m³/s,远低于机组检修前的漏水量 2.53 m³/s,并低于国家标准 0.72 m³/s 的要求,达到了改造目的。

由于 2 号机活动导叶漏水量下降了,不会发生停机堕转和停机后蠕动的现象,随即对机组开、停机程序进行修改,停机完成后制动器自动落下,因此在开机时可省略将制动器落下这一步操作,简化了开机流程,节省了开机时间,提高了开机成功率。此外,漏水量的降低可以减少水资源的浪费。

以 2 号机 2020 的运行数据来计算活动导叶端面密封改造后每年能够取得的经济收益,2020 年 2 号机运行小时数 5 637.93 h,耗水率 3.4 m³/kWh,机组在停机时节省的水量为 2 169 万 m³,转换为发电效益为 507 万元。粗略计算,若对 1 号机、3 号机进行改造,3 台机节省的水量每年可带来 1 500 万元左右的经济收入,经济效益巨大。

5 结语

乌江渡发电厂 2 号机活动导叶端面密封改造后运行工况良好,漏水量明显下降,改造取得了成功,为接下来 1 号机、3 号机活动导叶端面密封的改造积累了宝贵经验,对同类型水轮机活动导叶端面密封改造、大中型水轮顶盖翻身、大中型水轮发电机组设备现场加工均具有很好的借鉴意义。

乌江渡发电厂 2 号机工作密封改造

刘芮麟

(贵州乌江水电开发有限责任公司乌江渡发电厂，贵州遵义，563004)

摘要：乌江渡发电厂利用大修机会将旧工作密封更换为新型静压自调式工作密封。经转轮水平调整、保护罩调整安装、抗磨板装配、密封环装配、浮动环安装、导向环预安装、导向环安装（盘车、精定中心结束后）、导杆、导向套、弹簧安装等工艺流程，完成新型工作密封安装。换型改造后，经机组开停机试验，顶盖上基本已无甩水现象，满足设计要求，达到了整体换型改造目的。

关键词：工作密封；安装；调试

0 引言

主轴密封用来密封转轮周围的压力水，使通过止漏环的水流压力减小，但还是有一定的流量和压力。清洁的冷却润滑水被分为两部分，一部分流向上冠，另一部分通过重力排水管排到集水井。乌江渡发电厂 2 号机工作密封由原法国阿尔斯通设计生产，密封形式为老的平面橡胶密封，对水压变化的调节能力差，密封环的材料也是普通橡胶，容易造成过量磨损及烧密封现象。同时，此结构自投运以来可靠性较差，小修过程中如更换密封块后都会存在漏水增大情况，需要进行反复多次处理才能达到效果，且 2004 年机组增容投运至今已有 15 a，密封内外环锈蚀严重，顶盖漏水偏大，严重时 2 台泵还不能满足排水要求，影响机组的安全稳定运行。故须利用机组大修对工作密封进行换型改造。

1 新工作密封工作原理

新工作密封形式为静压自调节式轴向密封，主轴密封在浮动环的重力、均布的几个弹簧的压力及被密封在抗磨板上水压力的共同作用下达到平衡。随着水压在允许范围内变化弹簧可以调整自身拉力确保作用力平衡以确保密封环和抗磨板之间的摩擦表面的润滑水膜厚度，并带走密封上的摩擦热量，减小密封环的磨损量，延长主轴密封的使用寿命。密封环内的水压必须高于上冠上部水的压力。密封环与旋转的不锈钢抗磨板接触，用螺钉紧固在抗磨环上，可以随浮动环轴向平移运动，通过销钉限制其旋转。

2 工作密封安装

2.1 保护罩安装

2.1.1 保护罩装配

用枕木垫于水轮机连轴螺栓顶部，桥机将 4 个分瓣保护罩按序号组合成 2 半后吊入垫好的枕木上部，将保护罩进行组合成一体，组合完毕后检查合缝无错位，表面平整，平行度小于 0.8 mm，垂直度小于 1 mm，最后将组合螺栓点焊做防松处理。

2.1.2 保护罩整体预装

将保护罩吊起后取出枕木，清扫工作面，将保护罩吊装就位，注意保护罩组合筋板位置错开连轴螺栓保证不和连轴螺栓接触。检查就位后测量保护罩和连轴螺栓顶部高度 H 并做好记录，根据高度 H 加工调整垫片厚度 a，加工时每个调整垫片厚度 a 比 H 大 0.01~0.02 mm。加工后垫块安装厚度见表 1。

表 1 加工垫块安装厚度统计

编号	垫块厚度/mm	编号	垫块厚度/mm
1	23.88	10	22.02
2	16.60	11	18.72
3	19.54	12	23.76
4	18.54	13	24.54
5	14.48	14	21.88
6	12.94	15	21.62
7	13.52	16	18.00
8	20.42	17	23.32
9	21.94	18	25.76

2.1.3 保护罩水平调整

将加工的调整垫片按照测量编号放入对应连轴螺栓顶部，将保护罩装入，通过保护罩紧固螺孔检

收稿日期：2021-12-22.
作者简介：刘芮麟，贵州遵义人，工程师，从事水轮机检修工作.

查调整垫片无错位后,将保护罩紧固固定螺栓装入,对称紧固后测量保护罩水平。由于大修时将转轮吊出后放于支墩上,无法保证转轮水平,故在调整保护罩水平时,根据转轮水平进行调整,保证两者水平度一致,调试标准为两者水平度差小于0.1mm。调试过程中,保护罩水平达不到要求时,在垫块与保护罩间加装铜垫。转轮与保护罩水平如图1所示,待水平满足要求后,在保护罩齿口处涂上1596密封胶,紧固螺栓后点焊。

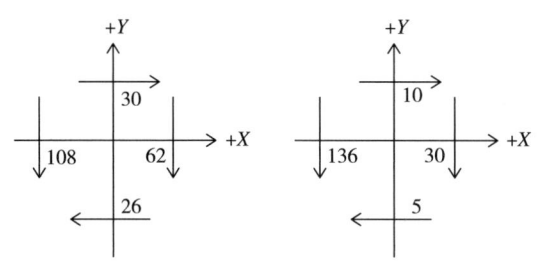

（2）转轮水平　　　（2）保护罩水平

图 1　转轮与保护罩水平要求示意图

2.2 抗磨环装配

清理保护罩上表面高点、毛刺,将抗磨环按照编号在保护罩上进行组合,组合倾斜小于0.1 mm。将组合的抗磨环安装于保护罩并进行紧固,测量水平度满足要求,现场安装时后,进行调整测量,抗磨环水平与保护罩水平度不小于0.1 mm,水平度合格后安装抗磨环,其合缝和保护罩合缝错开300。

2.2.1 浮动环安装

用木板垫在抗磨板上,将浮动环吊入,进行组合。组合完毕将密封环按照装配编号装配于浮动环上,浮动环放置于抗磨环上后两者中心偏差不大于1 mm。

2.2.2 导向环预安装

顶盖吊入机坑顶盖螺栓紧固完成,渗漏试验和水平测量合格后即进行导向环预安装,将导向环吊入进行组合,组合完成用木方垫于顶盖上部,高度高于浮动环高度即可。

2.2.3 密封环装配

测量每块密封环厚度并作记录,如密封环厚度不一致时将密封厚度打磨处理至厚度一致,将厚度合格的密封环放置于抗磨环上组合成一整体,检查尺寸做好标记后取出妥善保管。

2.2.4 导向环安装

待机组盘车合格,机组中心确定后进行导向环安装,按图2装入密封圈,在浮动环1周密封面涂抹润滑脂将导向环装入,调整螺孔位置。调整浮动环与导向环间隙,间隙过大则导致顶盖中的水从该间隙处流出,间隙过小则浮动环动作不灵活,其间隙要求为1 ± 0.25 mm。

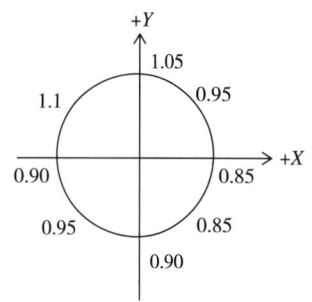

图 2　密封圈安装示意图（单位：mm）

将弹簧垫吊入进行组合后按图安装于浮动环上。导杆和导向套安装

与弹簧压盖不得有摩擦和卡阻现象,弹簧压紧后高度均调整为120 mm。

2.4 浮动环抬升测量

工作密封安装完成后,通入0.3 MPa润滑水,在4个方向架设百分表,测量浮动环抬升量,浮动环抬升量见表3,均小于0.08 mm标准。

表 3　浮动环抬升量测量统计

方向	抬升量/0.01 mm	方向	抬升量/0.01 mm
$+X$	1	$+Y$	2
$-X$	2	$-Y$	4

3　密封改造后运行效果

密封改造后机组试运行,机组开停机后,检查工作密封运行效果良好,顶盖上基本已无甩水现象,现场测量其漏水量为0.22 m³/s,满足不大于0.5 m³/s设计要求,达到了整体换型改造目的,同时该类型工作密封出现缺陷时便于检修人员处理。

4　结语

工作密封是保证水电厂机组安全稳定运行的重要部件,乌江渡发电厂2号机通过对工作密封的换型改造,成功解决了旧密封漏水大、密封易烧毁等难题,为同类型水电机组在解决该问题上积累了宝贵经验。

参考文献：

[1] 蔡仁良.流体密封技术[M].北京.化学工业出版社2013:53-84.

[2] 李玉霞.李双喜.李继和.等.机械密封技术[M].北京：化学工业出版社.2014:211-214.

[3] 张成.葛洲坝电站水轮发电机组改造增容技术[M]北京:中国水利水电出版社.2017:143-146.

[4] GB/T8564－2003《水轮发电机安装技术规范[S].

乌江渡发电厂一号厂发电机空气冷却器结露原因分析

郭秋妮

(贵州乌江水电开发有限责任公司乌江渡发电厂,贵州遵义,563104)

摘要:空气冷却器是冷却发电机的主要部件。为了发电机正常和稳定运行,对乌江渡发电厂一号厂发电机空气冷却器结露情况进行原因分析。

关键词:发电机;空气冷却器;结露;针刺式;穿片式

1 简介

乌江渡发电厂是乌江干流上的第一座大型水电站,是我国岩溶典型发育区修建的一座水电站。乌江渡发电厂一号厂于1970年开始兴建,1982年建成,当时装机3×210 MW。2003—2005年将一号厂3台单机容量机组增容改造为3×250 MW。一号厂发电机型号SF250-40/10350。发电机空气冷却器铜管散热方式采用针刺式和穿片式混合使用,型号分别是KZL300-6×27-2400、KPL290-2400。

2 空气冷却器结露的原因

大气主要是由水蒸气、干空气等组成。在一定的空气压力下,逐渐降低空气的温度,当空气中所含水蒸气达到饱和状态,开始凝结形成水滴时的温度叫作该压力下的露点温度。

导致发电机冷却器结露的原因分析:乌江渡电厂发电机空冷系统由空气冷却器、发电机进风道(冷风)、技术供水管、空气冷却器过滤器,发电机出风道(热风)等组成,通过发电机冷却器冷却过的空气在风洞中循环冷却铁芯和线棒,从而达到降温的作用。发电机空冷系统属于密闭系统,但非完全密闭,外面的大气会进入风洞内。春、冬季由于大气中的水蒸气含量少,经过交换形成的冷却气体水蒸气含量就小,当它经过空气冷却器冷却后,温度高于露点温度,冷却器气体处于过热状态,此时不会结露。相反秋、夏季正值汛期,水轮发电机运行时间长,风洞温度高,大气中的水蒸气含量高,大量的潮湿空气会进入发电机空冷系统,与原来的冷却气体相结合后,水蒸气的含量会增大。热风经过空气冷却器时,由于发电机冷却器中的冷却水温只有20 ℃左右,经过热交换后,热风温度骤然下降,热风中水蒸气吸热便以结露形式凝结出来。周而复始形成水滴附在空气冷却器的外壁上形成水膜,当水滴的张力小于水滴的重力时,水滴就会掉落到地面,从而导致风洞积水。

3 针刺式空气冷却器与穿片式空气冷却器结露情况比较

乌江渡发电厂一号厂采用针刺式冷却管与穿片式空气冷却器混合使用。其中针刺式空气冷却器采用的是直径为22×2.5 T2紫铜管,其单根针刺冷却管试水压1 MPa,冷却整体试水压0.6 MPa,该工艺最大的特点是在同一种材料上通过先进的加工工艺,在加工后冷却铜管的壁厚不小于1.5 mm,它的翅片与铜管是一体,其中间没有通过任何其他介质,因此就不存在传热介质梯度损耗问题,同时翅片形成针刺状,风通过翅片是形成三维扰动,使其充分发挥热交换功能。而穿片式空气冷却器采用片间距为2.5 mm的铜片通过铜管穿连起来,其风阻系数比针刺式空气冷却器要大,另外穿片式空气冷却器由于是通过铜片与铜管胀接在一起,当冷却水与发电机的热风温差大时,铜管与铜片之间由于热胀冷缩的时间增长,容易产生间隙,随后其热交换能力也随之下降。根据日常巡视观察分析,冷却水温低于22 ℃采用针刺式空气冷却器不易结露,冷却水温高于22 ℃穿片式空气冷却器不易结露且冷却效果更好。

4 空气冷却器运行数据对比分析

由于水轮发电机在夏秋季汛期运行时间长,风洞内热风温度高,空气中水蒸气含量高,热风经过空气冷却器,温度骤然下降较多,冷热交换温差大,导致一号厂穿片式空气冷却器外壁表面结露严重,为改善结露情况,对3号发电机空气冷却器冷

收稿日期:2021-11-03.
作者简介:郭秋妮,助理工程师,从事水电厂运行工作.

却水压进行调整，统计对比运行情况见表1。

表1 水压调整前后3号机空冷运行情况对比

空冷编号	水压/MPa		热风温度/℃		冷风温度/℃		结露情况	
	调整前	调整后	调整前	调整后	调整前	调整后	调整前	调整后
1	0.16	0.11	57.3	58.1	29.8	32.2	无	无
2	0.16	0.11	58.6	58.9	32.0	34.5		
3	0.16	0.11	59.5	60.1	32.1	33.6		
4	0.16	0.11	58.7	59.6	27.9	28.1	较严重、右侧比左侧严重	结露明显改善
5	0.16	0.11	57.5	58.4	26.7	27.1		
6	0.16	0.11	57.6	58.7	27.8	28.2		
7	0.16	0.11	56.6	57.7	27.6	28.0		
8	0.16	0.11	57.4	58.6	28.3	28.6		
9	0.16	0.11	58.6	60.3	29.9	33.3	无	无
10	0.16	0.11	58.3	58.5	26.6	26.9	较严重、右侧比左侧严重	结露明显改善
11	0.16	0.11	58.1	59.2	28.8	30.9	无	无
12	0.16	0.11	58.6	59.6	30.1	32.5		

注：1~3、9、11~12号空冷为针刺式，4~8、10号空冷为穿片式，进排水方式均为右进水左出水。

通过数据比对发现水压一致的情况下，穿片式空气冷却器冷却效果较好，但结露比较严重；将3号机空气冷却器供水压力统一由0.16 MPa调整至0.11 MPa，发现针刺式空气冷却器冷却效果变差，穿片式空气冷却器冷却效果受影响不大且结露情况得到明显改善。因此最后采取单调整穿片式空气冷却器供水压力，发现空冷冷风温度和热风温度均正常并未因水压降低受到较大影响，不影响空冷冷却效果，且当穿片式冷却器供水压力下降到0.11 MPa时，结露现象明显改善。原因为当水压从0.16 MPa调整至0.11 MPa时，技术供水中冷却水流速会降低，带走的热量会相应减少。由于针刺冷却器的铜管与翅片是一体，中间没有通过任何其他介质，不存在传热介质梯度损耗问题，其风阻系数也比穿片式低，与风接触面积小。当压力水压减小时，冷却水温度就会增大，与大气中的温度相接近时温差小冷却器表壁结露就会少，自然冷却效果就会下降；相反对于穿片式冷却器来说其风阻系数比针刺式冷却器大，与风的接触面积大，当水压从0.16 MPa调整至0.11 MPa，相应减少0.05 MPa，此时变化量相对来说较小，发电机空气冷却器冷却效果基本不变，而水压降低后冷热交换速度降低，穿片式冷却器上便不易形成大片水滴。就列表中的穿片式冷却器结露情况右侧比左侧严重，其原因分析是由于冷却器右侧进水水压大，流速快，加上流体的沿程损失等原因，导致相应带走热量就比左侧多形成温差，所以冷却器右边的温度低，结露的情况比左侧严重。

5 发电机冷却器结露的预防措施

（1）因冷却系统密封性能差，汛期由于长时间运行风洞内温度较高，加上汛期含有大量水蒸气的空气进入风洞进行热交换导致冷却器结露严重。一方面机组在大小修时处理上风洞盖板和底板密封、风洞进出门密封、防止潮湿空气进入。另一方面在汛期时候可以加装除湿装置进行排潮。

（2）由于乌江渡发电厂采用的是混合空气冷却器，可以采取冬春枯水期，空气中水蒸气含量低时，适当调高冷却水压，提升冷却效果。夏秋季汛期，空气中水蒸气含量高，机组运行时间长，热风温度较高，在保证冷却效果的前提下，安排人员根据结露情况适当调低穿片式空冷水压，从而预防结露。

参考文献：

[1] 黄恩洪.热工基础[M].北京：中国电力出版社，1999.

220 kV GIS 气室 SF₆ 分解产物异常跟踪与处理

廖优林

(贵州乌江水电开发有限责任公司乌江渡发电厂，贵州遵义，563104)

摘要：本文介绍了乌江渡发电厂在发现 220 kV GIS 气室 SF₆ 分解产物异常变化后的跟踪和过程管控，有效避免了一次设备事故的情况，供行业内技术工作者借鉴。

关键词：GIS；六氟化硫；分解；异常；跟踪；处理

1 概述

GIS(气体绝缘金属封闭开关设备)因其集成度高、占地面积小、安全性高、维护工作少等优点，在电力系统建设中得到广泛应用，且大量采用 SF₆ 作为绝缘和灭弧介质。纯净的 SF₆ 无色无味无毒，且在常温下结构稳定，但当温度过高或发生放电时，会导致 SF₆ 分解，同时分解产物与气室内水分等反应，最终气室内产生 HF、SO₂、SOF₂、SOF₄ 等化合物。随着 SF₆ 应用技术的提高，对运行中电气设备内 SF₆ 分解产物进行定期检测，可判断气室内设备结构件的运行状态。

乌江渡发电厂 220 kV GIS 为某合资公司 GIB 型 SF₆ 气体绝缘金属封闭分相组合电器，额定电流为 2 500 A，气室额定压力（20 ℃ 表压）断路器为 0.6 MPa，其他气室为 0.4 MPa。与电缆终端气室连接的 220 kV 电缆为 XLPE 绝缘铜波纹护套单芯电缆，铜芯截面 500 mm²，GIS 侧电缆终端头为硅油/SF₆ 绝缘电缆终端。与电缆回路连接的 5 号主变压器容量为 290 MVA，220 kV 侧额定电流为 692 A，各设备均于 2003 年投运，已安全运行 16 a。

2 GIS 气室 SF₆ 分解产物的发现和过程管控

乌江渡发电厂在对全厂六氟化硫电气设备进行年度例行气体分解产物测试时，发现 220 kV GIS 5 号发变组进线间隔电缆终端气室存在微量 H₂S 和 SO₂(其中：H₂S 为 1.1 μL/L，SO₂ 为 1.3 μL/L)。考虑到其他气室的 H₂S 和 SO₂ 检测值均为 0，决定对虽未达到 DL/T 1359《六氟化硫电气设备故障气体分析和判断方法》规定的非断路器气室注意值(参考注意值：H₂S 为 2~3 μL/L，SO₂ 为 3~5 μL/L)，也要进行复检和跟踪监测。历次检测数据见表 1。

表 1 电缆终端气室 SF₆ 分解产物跟踪检测数据

测量日期	露点/℃	纯度/%	分解物/(μL/L)		
			H₂S	CO	SO₂
2020-10-21	-43.3	99.97	1.1	47.7	1.3
2020-11-10	-44.3	99.54	1.1	52.5	15.3
2020-11-19	-43.9	99.61	1.2	52.4	17.6
2020-11-27	-48.1	99.93	1.1	51.6	18.0

在发现电缆终端气室存在敏感的 H₂S 和 SO₂ 分解产物后，电厂制定了 3 条管控措施：一是立即自行进行在线局放检测；二是请上级电科院到现场开展组分检测和局放检测比对确认；三是在缺陷未明朗情况下，协调调度尽可能减少 5 号机开机运行时间，少带电流负载。

从表 1 所跟踪监测数据看到，11 月 10 日 SO₂ 为 15.3 μL/L，上升明显，之后无明显上升。在测量分解产物时，同步开展超声波局放监测，均未发现明显放电现象。

调阅远程诊断系统记录的 5 号主变高压侧电流曲线图，看到 11 月 5 日后开机非常少。将局放检测未见放电迹象、分解产物前期快速上升后期趋于稳定和机组负载情况对应分析，推断 GIS 内部可能存在电流性故障后，申请停电检修处理。

3 GIS 气室解体检查

G1B 型 GIS 是分相金属封闭式组合电器，3 个不同相的相同部位气室通过小铜管相连共用 1 个密度继电器和充排气接口。12 月 4 日，电缆终端气室停电后，隔离 A、B、C 三相气室复测分解物组分。B 相 SO₂ 含量为 30 μL/L，A、C 相 SO₂ 含量

收稿日期：2021-09-15.

作者简介：廖优林，贵州麻江人，高级工程师，从事水电厂电气一次专业技术管理工作.

显示为0,判断电缆终端B相为故障相。随后对相邻气室进行了降压处理,回收气室气体,拆开电缆终端B相气室盖板后,发现气室内有大量乳白色粉尘,气室内各导体镀银的裸露部位表面发黑,进一步解体发现GIS主导体(铝材镀银)与电缆终端上端头接触面局部熔化,接触面压紧螺丝局部烧损(见图1),B相电缆终端上端头导体与电缆线芯的连接面完好无损。为进行彻底检查、防止类似故障,对A、C相电缆终端气室也进行了解体未见异常。

图1 电缆终端头与GIS主导体接触部位烧损情况

4 故障的分析

调阅设备远程诊断平台中2020年9月1日以来5号主变高压侧电流曲线,最大电流发生在10月2日B相,电流最大值671.8 A,低于电缆和GIS设计额定电流,且三相电流基本平衡。于11月5日后,运行时间较少。查运行记录,了解到最近6个月GIS运行平稳,开关、隔离开关无操作,也无过电压冲击,基本排除外部因素。

4.1 原因分析

解体后看到电缆终端上端头与GIS主导体连接面连接的4颗螺栓存在1组对角螺栓相对完好,另一组对角螺栓垫片处熔化,螺杆烧粘连无法拆卸,且烧损螺丝外观有弹垫为倾斜状态,推断至少有2螺栓未紧固到位。解体后未看到主导体对GIS外壳放电现象,结合运行中超声局放未监测到异常,确认无绝缘击穿故障。

对于主导体上裸露镀银处变黑现象,由于银在高温时可与硫直接化合成黑色Ag_2S:

$$2Ag + S \rightarrow Ag_2S$$

从电缆终端头上部导体照片看到,电缆终端上端头结构件(内外均为镀银)外表面变黑,内表面保持本色,推断本次气室内各导电杆镀银裸露部位黑色物为Ag_2S,系银与分解产物中硫离子反应所致。

4.2 缺陷恶化的时间分析

从表1电缆终端气室SF_6分解产物跟踪检测数据变化趋势看到,10月21日SF_6分解组分检测数据为微量,11月10日后数据未见明显增加,这与电厂11月5日后采取措施减少了机组负载运行实际相吻合。在12月4日,检修停电后试验人员关闭电缆终端气室三相联通的阀门再次分相检测SF_6分解产物,B相SO_2含量显示为30 μL/L,A、C相H_2S和SO_2均为0,即B相SF_6分解产物还未扩散到A、C相。推断是2020年度汛期机组持续高负荷运行,加速了缺陷的暴露。

5 故障气室设备的处理

经与GIS设备生产厂家沟通,因2151隔离刀闸B相靠电缆气室隔离盆子镀银层被腐蚀需更换,现场工装条件和修后试验条件不具备,确定将全部部件返厂修复。其中,2151B相隔离刀闸整体返厂修复,解体全面检查,更换靠电缆气室侧隔离盆子及配套配件,并按出厂试验标准开展出厂试验;故障点附件筒体因热金属颗粒灼伤、主导电杆镀银层硫化变黑返厂修复,更换全新的触子、压簧,更换电缆终端上部烧损的主导体及其均压罩。

电缆终端因环氧绝缘表面被高温金属颗粒灼伤,考虑其已运行了16 a,对终端头进行了改造,采用干式终端头结构。

在GIS修复、电缆终端改造后,通过$1.36 U_0$交流耐压检验,交付系统。

6 结语

本次应用技术监督定期监测手段,及时发现缺陷,并跟踪、控制和处理,有效防止设备事故发生的典型事例,本次事件主要经验如下。

(1)坚持做好SF_6设备分解产物定期检测工作,在新发现有分解产物存在或有明显变化时,均应高度警惕,第一时间加密跟踪监测,并结合现场实际试验、分析,综合判断,及时处置。

(2)在GIS订货时,尽可能避免多气室连接使用1套监测表计和接口,因其会影响测量准确性,不便于及时发现缺陷。

(3)GIS内部装配在安装、检修质量验收时,对导电部位结构件紧固情况、导体插接情况、接触电阻测量情况等均应逐一检查核实到位。

(4)定期预试检测回路电阻不应仅限于断路器主回路,对GIS的其他连接部位,在有条件时也应开展。

基于 Python 实现生产报表的自动生成与发送

朱明星，石建明，胡应权

(贵州乌江水电开发有限责任公司，贵州贵阳，550002)

摘要：为提升办公自动化水平，文章用 Python 语言调用 ibm_db2、Oracle 数据库的生产数据，以列表、字典的形式保存，使用 time 库控制时间，自动判断是否是闰年，使用 pandas 库批量处理原始数据为目标格式，使用 XFStyle 控制单元格格式，通过字符编码格式控制合并单元格的自动换行。使用 xlwings 库读取昨日报表并在第 1 页新建工作表，按一定的算法计算月同比、年同比，循环处理保存的数据，生成新的 Excel 工作簿。定时启动 Windows 计划任务，再用编写的自动化脚本发送工作簿至指定的生产群。

关键词：Python；数据库；生产；报表；计划；任务；自动化

0 引言

乌江集控中心实行 24 h 生产调度值班，每天早上需要制作多份电力生产综合情况报表，内容包含日电量、月电量、年电量、供热量、完成率、蓄能及去年同期对比，涉及贵州电网、流域 9 座水电、公司 5 座火电、9 座光伏电站，以及水情相关信息，要求在 8:00 前发送。生产数据较多，分别来自水调自动化系统、贵州电网发布的电网日报、乌江梯级调度业务系统调度日报、统计的去年电网生产数据表等。

早上是电网负荷快速增长的时间，乌江梯级需要开机提供大量的有功、无功，值班人员安全压力较大，异常事件常常导致不能专心制作报表。使用 Excel 制作步骤较多，且不同的值班员操作熟练程度不同，电网报表格式的变化、制作 Excel 时格式选择有误或者其他相关系统有异常时，因解决问题的能力不同，会导致对应数据出错、报表格式改变或难以制作成功。

随着后续新能源项目逐步投产，乌江集控规模不断扩大，生产过程数据报表多、数据量大的特点愈发凸显，数据处理的难度不断加大，传统数据处理方法将更费时费力[1]。如何避免在制作报表上花费过多时间，如何避免表格被误修改、数据出错，减轻值班人员安全生产压力，是一线生产部门亟待解决的技术与应用难题。

1 概述

依托集控中心各成熟的生产系统，自主学习 Python 语言，历时半年持续攻关，在生产报表的自动化生成与发送、报表的准确性、及时性、可读性方面取得了重要创新成果，从 2021 年投入实际生产应用，产生了显著的效果。

Python 是可以在多数平台上写脚本和快速开发应用的编程语言，被用于独立的、大型项目的开发。Python 有丰富的标准库，提供了适用于各个主要系统平台的源码或机器码。Python 语言及其众多的扩展库所构成的开发环境十分适合工程技术、科研人员处理实验数据、制作图表，甚至开发科学计算应用程序。Python 已经成为最受欢迎的程序设计语言之一。

工作簿是指在 Excel 中用来存储并处理工作数据的文件，在 Excel 中无论是数据还是图表都是以工作表的形式存储在工作簿中的。通常所说的 Excel 文件指的就是工作簿文件。在 Excel 中，1 个工作簿类似 1 本书，其中包含许多工作表，工作表中可以存储不同类型的数据。工作表是 Excel 存储和处理数据的最重要的部分，是显示在工作簿窗口中的表格。工作表是工作簿里的 1 页，工作表由单元格组成。通常把相关的工作表放在 1 个工作簿里。

2 实施方式

2.1 数据的获取

Python 可通过使用 cx_Oracle 模块对 Oracle 数据库进行操作，使用 Ibm_db_dbi 模块对 db2 数据库进行操作。获取原始数据后以列表、字典形式保存，再对列表、字典进行操作，获得年累计、月累计数据。

2.2 数据的处理

今年日数据、月累计、年累计数据、去年同期

收稿日期：2022-04-01.
作者简介：朱明星，河南洛阳人，工程师，本科，从事集控运行调度工作.

的日数据、年累计可方便地通过数据库查询语句获得。去年同期的月累计的处理思路如下：以去年同期的年累计 sum_last_year 减去截至去年同期上个月的年累计 sum2_last_year。查询出截至去年同期的每日数据，按时间顺序排列后形成单个列表，计算出去年同期的天数 t_1，截至去年同期上个月的累计天数 t_2，t_1-t_2 是去年月同比的天数，用 t_2 控制循环次数并作为列表的索引计算出截至去年同期上个月的年累计 sum2_last_year，sum_last_year－sum2_last_year 即可得到去年同期的月累计。

使用 time 库控制时间，自动判断今年是否是闰年，若是闰年则 2 月 29 日无去年同期数据，以去年同期 2 月 28 日数据代替。避免查询去年同期不存在的 2 月 29 日生产数据。

在数据处理时可以使用 pandas 库，将保存在列表中的数据批量处理，减少操作步骤。

2.3 操作表格

Python 操作 excel 主要用到 xlrd 和 xlwt 这 2 个库，xlrd（即 excel read）是读 excel 的库，xlwt（即 excel write）是写 excel 的库。还需要 1 个 xlutils 库，xlutils 库依赖于 xlrd 和 xlwt，它在 xlrd 和 xlwt 之间建立了 1 个管道，从而实现对已存在 excel 文件内容的复制和编辑功能。这几个都是跨平台的库，能够在 windows、linux/unix 等平台上面使用。操作比较方便，流程和平常手动操作 Excel 一样，打开工作簿（Workbook），选择工作表（sheets），然后操作单元格（cell）。

其他一些库如 openpyxl，虽然功能很强大，但是操作起来没有 xlwt 方便。

报表制作流程图如下：

打开前日 Excel 生产报表的工作簿→新建空白 Excel 工作表→获取昨日生产数据→按设定的格式分别填入 Excel 工作表中→设置昨日的工作表为默认打开页→保存 Excel 工作簿。[2]

具体操作如下：

Excel 中新建的 sheet 页默认在最右侧，由于 xlrd 不能在最左侧新建 sheet 页，使用 xlwings 新建第 1 个 sheet 页，确保最新的调度日报在最左侧。

使用 xlwings 库打开以前天日期方式命名的工作簿，并在第 1 页新建空白工作表，以便后面 xlwt 调用，另存为以昨天日期方式命名的工作簿。

用 xlwt 的 XFStyle 函数设置单元格格式，行高、列宽、字体样式及字号、单元格内容对齐方式、背景色、单元格边框粗细、设置文字显示方向，文字适应单元格宽度自动换行。

将数据逐个写入工作表中，用到的函数有以下几个：

xlwt.Borders() 设置边框的类型；

xlwt.Pattern() 设置填充颜色；

xlwt.Font() 设置字体样式及大小、字体颜色；

xlwt.Alignment() 设置单元格对齐方式；

write() 函数写入单元格；

write_merge() 函数合并单元格；

按一定的算法计算月同比、年同比，循环处理，将无效数据剔除，并对有效数据进行保存，将计算结果填入相应的单元格中，生成新的 Excel 表格。保存为以昨日日期命名的工作簿，关闭工作簿，结束 Excel 对象，并释放 Excel 进程。[3]

在每年 1 月 1 日时开始建立新的工作簿，在此工作簿内每天写入新的工作表。在计算去年整个 1 月份月累计时，将截至上个月底的年累计始终置为零，确保月累计等于年累计。

为确保在各种终端显示效果一致，通过代码将 Excel 报表版本转换为最新的 XLSX 格式，打开工作簿后最新的日报表显示在第一页。

2.4 模块化设计

该自动报表采用模块化设计，充分考虑了系统的稳定性和扩展性，每一步骤单独 1 个模块，便于后期扩展[4]。其中发电计划和文本信息保存在单独的文件中。

2.4.1 发电计划的修改

用 CSV 格式的文件单独保存计划电量，其中年计划以嵌套列表的形式保存，便于编辑和维护。读取年计划电量的代码如下：

file_plan = 'annual_plan.csv'

nianjihua = []

with open(file_plan," r",encoding=" utf-8") as f:

reader = csv.reader(f)

for row in reader：

nianjihua.append(row[1])

annual_plan = []

for i in range(len(nianjihua)-1)：

annual_plan.append(float(nianjihua[i+1]))

读取 annual_plan.csv 中计划电量后保存在 nianjihua 列表中，再将字符串类型转换为数字类型，供后续计算调用。跨年后，自动将年计划置为零。计算年计划完成率时使用 try-except 语句，

try—except 语句用来检测 try 语句块中的错误，从而让 except 语句捕获异常信息并处理。由于年计划为 0，出现除零的异常即 ZeroDivisionError，当 try 后的语句执行时发生异常，python 就跳回到 try 并执行第一个匹配该异常的 except 子句，异常处理完毕，流程就通过整个 try 语句，本脚本中使用 except 语句将完成率填为"—"。新年电量计划发布后手动更新 CSV 文件一次，Python 即可以在 try 语句中正常计算计划完成率。

2.4.2 备注等文本内容的修改

提醒信息、备注内容以 TXT 格式保存，TXT 文本文件的格式需要与 Excel 中显示的格式一致。读取后写入一个合并后的单元格中，为防止出现乱码和文字开头空白符的问题，使用"utf－8－sig"格式编码。为确保工作表单元格内的文字和 TXT 文字格式、段落一致，需要逐行读取 TXT 内容并在末尾加上回车符和换行符。备注内容需要修改时人工录入一次即可。

代码展示如下：

```
cont = [ ]
filename = u′remarks.txt′
with open (filename, encoding=′utf－8－sig′, errors=′ignore′) as file_object：
    for line in file_object：
        cont.append (line.rstrip ( )+′\n′)
sheet.write_merge (20，20，3，9，cont，style_bz)
```

2.5 自动发送

综合使用 win32con、win32gui、win32api、win32clipboard、PyQt5 库实现自动发送文件。

PyQt5 是基于图形程序框架 Qt5 的 Python 语言实现，由一组 Python 模块构成。是最强大的 GUI(图形用户接口)库之一。PyQt5 提供了一个设计良好的窗口控件集合，可以构建窗口界面的一系列元素组件，负责实例化应用对象。

其中 win32con、win32gui 是 windows 窗体控制模块，可以激活窗口，使该窗口显示在最前面。如果要发送至 QQ 或者微信，需要单独打开对话框后使用该模块。由 win32api 负责模拟键盘操作，用组合键 Ctrl＋C、Ctrl＋V 可以模拟人为复制、粘贴操作。win32clipboard 实现对 Windows 剪切板的操作，从剪贴板复制、粘贴、删除。

用 PyQt5 将文件复制到剪切板，win32gui 激活发送信息的窗口，由 win32api 模拟键盘的粘贴快捷键，将文件粘贴至窗口内，win32api 模拟程序的发送快捷键 Alt＋S 发送文件。

利用 windows 自带的任务计划程序，创建基本任务，设定每天自动发送的时间和启动的自动化脚本即可发送至指定的生产群。

综上所述，可见从数据采集、制作报表到发送报表的整个流程如图 1 所示[5]。

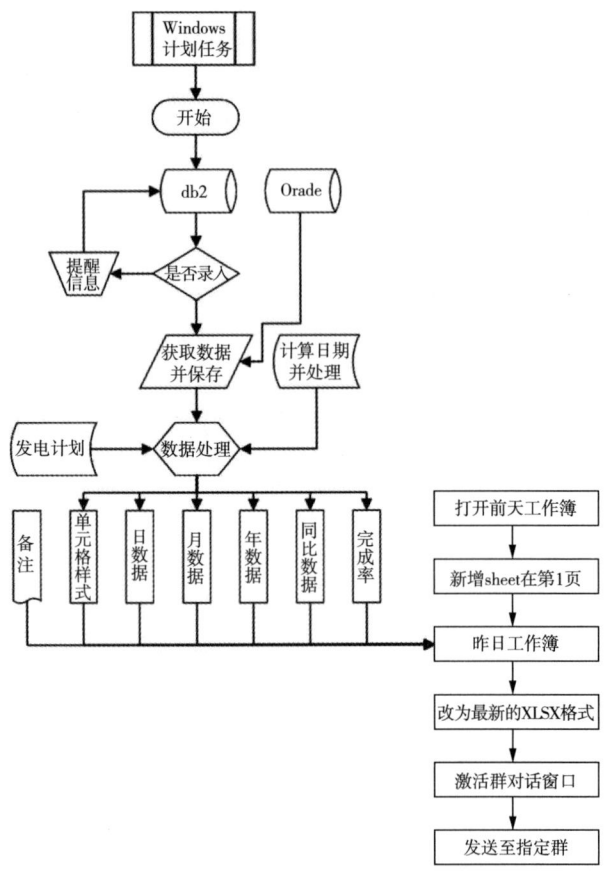

图 1 报表完整流程

启动脚本程序后，判断数据库中是否已录入电网生产数据，若已经录入则启动后续脚本制作报表，若在指定时间时，生产数据尚未录入数据库，按时发送提醒信息，并自动定时检测数据库，有数据时自动生成报表，若无数据则继续发送提醒信息。

由于生产报表需要一定的时效性，便于生产管理人员及时掌握发电形势，故若在下午时仍未录入数据库，则说明昨日电网生产数据可能由于某种原因并未发布，此时发送提醒今日报表未生成，请尽快录入并人工启动脚本发送报表。

3 实现的效果

该项目实现了生产报表的自动化生成与发送，革新了乌江集控中心手工制作报表的传统办公方式。

该项目应用后报表的生成及发送仅需要 10 s 钟左右的时间，对比过去一人制作报表时需要从多个不同的业务系统复制多个表格、再计算数据、调整格式，另一人核对，1份报表需要1 h的时间，减少了2个人的大量劳动。从数据采集、制作报表到发送报表一系列流程的自动化，避免了流程中任何一个环节的人工失误。

切实提升了梯级水电调度的信息化水平，推进集控运行管理工作，提升了管理效率。使值班员更加专注于实时的生产任务，同时激发了员工创优创效的动力，为安全生产提供助力。

4 结语

自动化办公能够把日常电脑端办公的业务操作全部自动化掉，以节省人力成本和提升工作效率，把人从办公流程中解放出来，做更多有价值的事情。该成果正是办公自动化的1个实例，软件投入使用至今一直正常运行，得到了广泛的好评，为更多传统的、格式固定的报表实现自动化提供借鉴。

本项目实现的生产报表的自动化生成与发送的程序语句，在取数和计算阶段可能还有更加简洁、优化的方式实现，但限于作者编程水平，编程语句显得复杂，相信通过进一步的学习实践，可以精炼程序语句，可以在办公中实现更多的自动化。

参考文献：

[1] 吴梦龙,刘福泉,李宗昌.Excel VBA编程在化工生产报表中的应用[J].化工管理,2021(17):68-69.DOI:10.19900/j.cnki.ISSN1008-4800.2021.17.033.

[2] 王玉芳,别必操.某测绘软件与办公自动化Excel相结合在洞室开挖中的应用[J].水利建设与管理,2011,31(4):16-18.

[3] 汤颖.使用Citect编程自动生成烧结生产报表[J].科技信息,2014(5):228,284.

[4] 戚甫锐,靳新卫,李志猛.基于OPC技术的生产报表系统的开发与应用[J].石油化工自动化,2011,47(6):62-64.

[5] 卓吉高,孙忠明,严晓明.基于Python的页岩气井测试报表自动化管理技术[J].油气藏评价与开发,2018,8(6):83-86.DOI:10.13809/j.cnki.cn32-1825/te.2018.06.016.

水轮发电机组开机并网案例分析及日常维护建议

夏祥

(贵州乌江水电开发有限责任公司思林发电厂，贵州思南，565100)

摘要：本文简述了水轮发电机组自动开机条件不满足、开机并网机组处于空转态、空载态以及并网后因电气元器件老化、机械设备串腔、电气采样不准确、计算机监控系统和新增保护功能配合问题导致并网不成功的案例。通过原因分析，总结归纳技术要点，有助于水电厂在水轮发电机组日常维护中针对性开展相关工作，为共同类工作提供经验借鉴。

关键词：水电；机组；开机；并网；案例

1 概述

水力发电运营成本低，水轮发电机组响应迅速，启动快，调节容易，是电网调峰调频时的第一选择，根据电网负荷需求要求水轮机组能快速及时并网，且会频繁启停。近年来，随着水电站安全生产管理日趋严格，机组开机并网成功率列入重要指标进行考核评价，这对于日常维护精准度和精细度提出了更高要求。

2 自动开机并网流程

自动开机并网流程主要由准备工作判断开机条件是否满足开机要求，打开技术供水和轴承冷却辅助系统。启动调速器开机由调速器执行开导叶操作将机组由停机状态转为空转状态，启动励磁系统开机由励磁系统建压将机组由空转状态转为空载状态，启动自动准同期装置判断并网条件满足后自动合上发电机出口开关将机组由空载状态转为并网状态5部分组成。

（1）开机条件判断，投入机组冷却和辅助设备。机组得到开机令后，对机组转子制动器（风闸）状态、主轴密封水压流量、一次设备状态等状态进行检查，判断是否具备开机条件。判断开机条件满足后，打开冷却水，并逐步启动推力外循环、水导外循环等相应的辅助冷却设备。

（2）调速器开机，动作导叶，机组转动达到额定转速。待完全投入机组冷却和辅助设备后，调速器开导叶，水轮发电机组开始转动，调速器控制导叶开度，机组转速逐步达到额定转速，机组处于空转态。

（3）励磁系统开机，向发电机转子输出励磁电压、励磁电流，发电机定子出口部位达到额定电压。机组处于空转态，励磁系统启动，逐步增加励磁，机组电压逐步升压至额定电压后，机组处于空载态。

（4）同期装置选择同期点自动准同期并网。机组处于空载态，根据一次设备状态，选择同期点，启动自动准同期装置检测两侧同期条件满足规定要求同期并网。

3 典型案例过程简述

3.1 开机条件不满足案例

3.1.1 辅助控制系统PLC故障，开机条件不能满足

辅助控制系统是电厂自动控制的重要组成部分，重要辅助系统多采用PLC控制。为保障控制流程顺利执行，在机组进行实质开机前，流程规定对开机的必备条件进行相应的判断，以达到下达开机令后迅速开机的目的。

某次机组开机，上位机报开机条件不满足，流程退出。检查为压油装置PLC死机报故障。重新对PLC控制程序进行刷新后恢复正常，后来该故障现象在机组开机条件判断时频繁发生，判断为模块老化导致故障率升高。为保障安全，更换PLC模块后该故障未再次发生。后续为减少压油装置控制系统其他元器件老化影响，对压油装置控制系统进行了整体改造。

3.1.2 转子制动器位置异常，开机条件不满足

转子制动器，又称为制动风闸，是水轮发电机组的刹车装置，该装置位置不能有效判断，机组可能带刹车开机，造成制动器闸板与转子制动环摩擦起火烧损制动环，严重影响机组安全稳定运行。

转子制动器位置通常采用光电开关进行检测。

收稿日期：2022-03-01.
作者简介：夏祥，贵州遵义人，工程师，从事水电厂生产技术管理工作.

当制动器顶起时，固定在转子制动器闸板托板上随制动器移动的支架下端调整固定与光电开关配套使用的挡板随着制动器向上移动，光电开关接收到光源，判断制动器顶起，并发出信号，此时计算机监控系统程序通过发出的信号来检测转子制动器处于顶起状态。当制动器落下时，制动器光电开关挡板又随着制动器落下向下移动，光电开关光源被遮挡，判断制动器落下到位，并发出信号，计算机监控系统检测转子制动器处于落下状态。

结合现场运维实际，转子制动器位置异常一种情况是转子制动器本身密封不良，存在串腔现象，制动器实际未落下，光电开关相应检测制动器未落下，不满足开机条件。另一种情况是固定在转子制动器闸板托板上随制动器移动的支架断裂，造成与支架配合起来判断转子制动器位置的挡板位置不正确，光电开关不能正确反映转子制动器真实位置，误判制动器未落下，开机条件不满足。

某次计算机监控系统下开机令后，机组报制动风闸未在释放位置，流程退出。经过检查该机组制动器上下腔串腔，造成上腔充气落下制动器时，下腔带压，无法完全落下制动器。经过更换制动器密封，起落制动器正常。但该问题在后续多次发生，原因主要为制动器原密封结构为圆柱型式，在制动器起落时，密封跟随转动，受剪切力造成密封损坏，制动器串腔。经过多次研究，改进密封结构，并在机组检修时进行了更换，后续未再发生制动器因密封造成串腔的问题。

某次计算机监控系统下开机令后，机组报制动风闸未在释放位置，流程退出。向调度申请执行安全措施后对制动器检查无串腔情况，随后仔细检查其他部件，在转子制动器下方的地面上发现一截断裂的支架。更换新支架，并对支架下端挡板与光电开关重新进行配合调试，手动起落制动器，转子制动器信号反馈与实际位置相符。分析原因为制动器支架及挡板结构不合理，增加了斜支撑，使用三角形结构支架并重新调整后，该问题未再发生。

3.2 空转态前开机流程退出案例

3.2.1 外循环油流中断退出开机流程

水轮机根据结构形式不同，设计有推力轴承、上导、下导轴承，水导轴承，负责承受机组运行中轴向水推力、转子总量、径向力等，其中部分轴承采用外循环冷却方式，计算机监控系统通过现地PLC操作控制外循环启泵、轮换和停泵。

某次开机过程中计算机监控系统上位机报水导外循环油流量低动作，开机流程退出。现场检查水导外循环油流流量计死机，分析原因为水导外循环控制系统改造时元器件选用不符合要求。判断油流的流量计由隔离配电器供电，测量油流流量计电压只有8.3 V，由于选择的隔离配电器容量不足，不满足油流流量计电源电压要求，流量计死机。重新选取控制柜内24 V电源后，水导外循环油流流量计供电正常，油流量计示流和信号输送正常。

某次开机过程中，计算机监控系统上位机报水导外循环油流量低动作，开机流程退出。检查计算机监控系统程序、水导外循环控制系统单步程序正常。分别手动启动水导外循环2台泵（正常运行方式为一主一备），在开机流程中设定的10 s时间内油流均不能达到规定值，监控系统判断油流过小，不能满足监控系统开机流程判据要求。检查过程中，切换外循环油过滤器滤网后，分别手动启动水导外循环2台泵，7 s油流达到规定值。拆开水导外循环在故障时使用的油过滤器滤网检查，发现滤网中杂质较多，分析本次油流量低的原因为油中存在杂质，油循环过程中，杂质随着油流到外循环油滤网，造成滤网堵塞，全面清洗滤网后恢复正常。

3.2.2 制动器不满足开机条件流程退出

制动器满足开机条件，主要有制动气源压力正常、制动器下腔无压、制动器上腔有压复归、制动器落下位置。除制动器落下位置信号由光电开关反馈外，其他涉及气压部分均由压力控制器进行反馈。制动器气源压力正常和制动器上腔有压采用表计常开接点，制动器下腔无压采用表计常闭接点。电厂投产时，用于判断各部压力的压力控制器未选择填充硅油，具备防震功能类型控制器。

某次上位机下令开机并网，计算机监控系统上位机报"异常退出"。检查发现该机组转子制动器下腔无压接点复归，风闸位置不满足开机条件动作，开机条件不满足动作造成开机流程退出。

分析原因为制动器下腔无压选取了压力控制器常闭接点，并参与开机流程。由于相邻机组正在振动区开展相关试验，受震动影响，压力控制器的常闭接点偶发断开，控制流程误判下腔有压，导致流程错误判断风闸不满足开机条件退出开机流程。

3.2.3 调速器液压故障退出开机流程

调速器是机组开机的重要辅助设备，主要为建立机组转速。在开机控制程序中，设计原则是要求在规定的时间内，完成机组转速达到额定转速。

某次由于调速器主配压阀主阀芯立面有一定的磨损，导致主阀位置闭环性能变差，主配压阀内部存在泄漏现象，调速器开机速率等有影响，调速器偶发液压故障，计算机监控系统下达调速器开机令后，调速器报液压故障，调速器切机手动，转速未在规定的时间内升至95%N_e,退出开机流程。经过多次调整该主配,效果均不明显,最终通过技术改造完成主配压阀整体换型,后未再发生液压故障,转速达不到95%额定转速的问题。

3.2.4 调速器控制柜内开关电源偶发故障退出开机流程

开关电源主要承担控制系统的IO信号电源。某次机组开机时,调速器收到开机令,但导叶打开速度很慢,甚至未打开,造成流程规定时间内,导叶空载及以上位置未动作,机组开机失败。

检查原因为调速器主令控制器开关电源故障,导致开出继电器无法正常工作,开导叶信号无法准确抵达执行机构,无法开出导叶实际开度置信号,不满足流程要求,退出开机流程。

3.2.5 机组技术供水压力异常退出开机流程

水轮发电机组技术供水为各部轴承提供冷却水源,技术供水对水压和水流量均有要求。

某次机组开机,技术供水压力上升缓慢,造成规定时间内无法达到要求的水压,开机失败。经检查为技术供水减压阀运行正常,减压阀后压力满足要求,但因水质差问题,造成减压阀后总管上压力变送器测量管路堵塞,压力上升缓慢,无法达到要求,误判供水总管供水压力低,不满足机组运行各部用水压力需求,退出开机流程。

3.3 机组建压时流程异常退出案例

某次机组开机并网,上位机报励磁调节PT故障,机端电压未上升至85%,流程退出。检查励磁调节柜A套PT电压采样回路,模拟量总线板至励磁调节柜机端电压端子排连接线间有压差,拆除接线发现A相电压采集二次线端部绝缘护套在端子排处有压接痕迹。

由于二次接线端子选型不当,二次接线鼻子制作不规范,励磁调节器A套机端电压采集线,在励磁调节柜端子处线鼻子端部绝缘护套有压接,接触不良,该相电压测量不准,造成励磁调节器A套PT采样不正确,且机组电压值未达到励磁调节器PT故障切换通道的条件,励磁调节器因PT故障,退出建压流程,开机并网不成功。

3.4 机组并网流程异常退出案例

监控系统与发电机新增逆功率保护配合不好导致并网后异常退出。分析原因为机组并网时未赋有功功率初始值,同时叠加计算机监控系统PID调节周期、监控系统死区的特定条件下,计算机监控系统PID调节计算参数给定调节结果不能躲过逆功率保护时间,导致并网后保护动作条件满足,保护出口开关跳闸,机组由并网态到空转态。

4 日常维护技术要点

综合上述案例,分析影响开机并网主要有开关电源、二次接线、重要表计,二次系统配合,机械油水气压等方面因素,为保证水电机组开机成功率,需结合日常维护定期开展以下工作。

(1) 梳理开机流程,持续优化各阶段顺控流程,确保既可靠又有冗余。将重要表计更换为可靠性更高的耐震表计,或者选取不受影响的节点参与开机流程控制,减小外部影响错误判断,预防同期电压变送器反馈迟缓、延时不够等问题影响开机并网成功率。对单点判断的逻辑流程,增加可相互印证的冗余判断,提高流程执行通过率。

(2) 建立二次开关电源模块使用及更换台账。对运行年限6~8 a以上的开关电源模块及时进行更换。如开关电源模块使用良好,建议8 a也要进行更换。运维过程中也可根据同类型和相似设备发生缺陷的情况,自行评估缩短更换周期,尽可能减小电子元器件老化影响开机并网成功率。

(3) 选择更换可靠性更高的二次端子,利用逢停必检的一切机会,检查紧固二次接线端子。提前协调调度机构,在停机态检查紧固端子完成后申请机组状态转换到空载状态,检查验证调速系统、励磁系统、辅助控制系统正常。检查机组能按照开机指令正常完成停机态到空载态流程。

(4) 针对转子制动器问题。持续跟踪应用新型密封的稳定性,不同结构的制动器应根据实际情况,使用不同型式的密封结构。要冗余配置多套反馈转子制动器位置的检测元件,防止误判。

(5) 针对机械油压水压问题,通过增加技术供水减压阀,程序设计为双减压阀配合使用,确保技术供水压力任何时候都满足要求。油压上除压力变送器外,增加油流示流计冗余判断。

(6) 针对二次系统配合问题。需仔细校核,准确分析系统之间关联参数及其影响,防止出现由于各系统固有或者其他原因,配合上出现异常影响开机并网成功率。

5 结语

电力供应是保证民生的重要支撑点,尤其在新能源占比日益增加的背景下,电网系统对传统水轮发电机组响应性、可靠性提出更高要求,水电厂要扎实做好发电设备日常运维基础工作,从技术上确保开机并网各环节正确可靠,从管理上提高日常维护精准度和精细度,从而提升水电机组安全稳定运行性能。

大型水电机组检修全过程管控

令狐争争，谭军

(贵州乌江水电开发有限责任公司乌江渡发电厂，贵州遵义，563100)

摘要：水电机组检修是一项十分复杂的系统化工程，新时期对电力行业机组检修提出了更高要求。检修间隔不断增加，检修工期不断减少，安全、质量要求也不断提高，在这样的新要求下，水电检修人不得不重新思考怎么管控大型的检修工作。笔者以乌江渡发电厂检修为例，浅谈水电机组检修全过程管控，思考检修开始之初怎么搭建管理体系、过程中怎么管控安全、质量、工期，系统介绍了机组检修管控方法和路径，供同行业机组检修参考。

关键词：机组；检修；要求；管理；体系

0 引言

乌江渡发电厂位于贵州省遵义市播州区乌江镇，于1977年10月建厂，是乌江干流梯级第4级电站，也是乌江流域梯级开发最早的母体电站，是我国在喀斯特岩溶地区自行设计、施工建设的第1座高坝大型水电站，工程设计和施工先后获国家优秀设计奖、国家优质工程奖和国家科技进步一等奖。总装机容量1 280 MW，是以发电为主、兼顾防洪和灌溉的综合利用工程，在贵州电网中担任调峰调频任务。乌江渡发电厂下游修试中心一直负责乌江流域下游1个电厂19台机组大修、小修及事故抢修工作，积累了丰富的检修经验，但近年由于检修要求不断提高，2021年要求下游修试中心在50 d内同时完成300 MW及125 MW机组大修工作，在疫情防控压力下，对如何安全、高效、优质完成检修提出了新挑战。笔者以乌江渡发电厂2号机大修为例介绍机组检修管控方法和路径。

1 建立管控体系

乌江渡发电厂以多年的检修经验，总结出一套全过程规范化、标准化的管控体系。

1.1 党建引领

机组大修项目多、工作量大、工期紧。为充分发挥党员同志的先锋模范作用，提高团队的凝聚力和战斗力，在关键工作和难点工作上迎难而上，勇挑重担，实实在在在保证各项检修工作落到实处，在检修工作中将党组织的科学引领和坚强后盾的作用力扎实体现，在本次项目中除开展大修动员会进行思想、行动动员外，还建立了支部联建+党员突击队的工作模式，以支部为蓄能站，以党员同志为突击队，不断为检修项目注入能量，保持战斗力和持久性，促进检修项目安全、优质、高效。

1.1.1 支部联建

以检修党支部、生产技术党支部进行支部联建，将2个能量站汇成1个能量池，引领检修项目科学推进，为检修项目提供技术保障和能量支持，并在过程中检查督促各项工作完成情况。在"支部联建"攻坚克难，将初心使命落实到行动上，体现到具体工作中。检修后对"支部联建"攻坚克难中优秀党员进行表彰。

1.1.2 成立突击队

成立党员突击队和青年突击队，深入推进"党员突击队"建设活动，体现党员带头、党员突击的作用，勇于承担对急、难、险、重工作任务，更高效地开展项目部各项工作。成立青年突击队，主要以35岁以下青年为核心，发挥青年同志的年轻优势，面对工作任务做到"跑得快"、"响应快"，并结合检修进度开展检修学习专题，利用检修机会，在完成检修项目的同时，开展专题培训与实践，促进青年同志业务技能提升快。

1.2 "双下沉"工作机制

乌江渡发电厂2号机大修中采用了党支部和行政"双下沉"的工作机制，要求支部委员、管理人员多深入一线、多了解基层，带头打仗冲锋。在大修现场，所有职能部门在此期间均在生产现场集中办公、轮流值守，打开绿色通道，为顺利完成此次任务提供有力保障。支部委员、管理人员下沉到一线后，既能及时跟踪检修质量、工艺和进度，又能聆听一线职工的呼声，很多工作不需要请示、汇

收稿日期：2021-12-22.

作者简介：令狐争争，贵州桐梓人，工程师，从事水电厂水轮发电机组机械检修工作.

报,面对面就可以进行现场指导,很多困难和问题在现场也得到了解决,人手紧缺的时候,管理人员还可以"搭把手"。自"双下沉"机制启动以来,跑腿儿的时间少了,办事儿更方便了,有更多的时间投入检修工作中,检修效率得到大大提高。

1.3 以设备主人制为主线,以专业技术专家为中心

乌江渡发电厂根据"以设备主人制为主线,以专业技术专家为中心"的生产技术管理思路,成立了专业技术委员会,以充分发挥各专业技术优势,促进专业融合协调解决生产实际问题,全面提升设备技术管理和管理水平能力。在2号机大修中,机械、一次、二次等专业委员会发挥了专业委员会职责,在检修过程中解决了诸多技术难题和缺陷;在机组冷态联合检查验收中,提出了专业整改意见及更高要求的建议意见,为机组第1次启动起到了关键性作用,保证了检修机组圆满交付系统。在整个检修过程,专委会不但解决专业问题,还指导和培养专业人员,在干中学,在学中干,提高了整体专业的技能水平。

1.4 建立大修全过程规范化、标准化管控体系

乌江渡发电厂从规范化管理及标准化手册两方面建立了大修管控体系,确实保证了大修全过程规范化、标准化开展。

编制了《水电检修准备全过程规范化管理》,对检修程序进行了规范,详细阐述各阶段的工作任务、流程,分别从时间逻辑和专业划分2条路径上制定了各阶段各专业的工作方式和工作任务,实现了制度流程化、清单化。以检修计划管理、检修前准备管理、检修实施管理、检修后管理为主线,构建检修管理规范化体系主体结构,同时以检修工艺顺序为逻辑,聚焦人、机、料、法、环5个要素,向纵深辐射、全面覆盖,制定出各专业检修管理规范,同时完善现场7S管理标准等文明生产体系,提高了现场检修精益化管理水平。

编制了乌江渡发电厂(下游水电修试中心)标准手册7册:《检修管理制度手册》《检修资源配置标准》《检修工艺手册》《技术标准手册》《安全技术管理规范、应急预案》《数据记录规范》《检修现场目视化管理图册》,从7个方面对检修制定了标准,保证了检修标准化开展。

2 安全文明管控

乌江渡发电厂根据中国华电集团公司《电力安全工作规程》《水电企业检修管理办法》(A版)《推进本质安全型企业建设工作指导意见》《发电企业安全双述管理实施办法(2017年版)》和国家能源局综合司、集团公司、乌江公司《关于开展电力安全督查工作的通知》要求,结合实际情况编制了《乌江渡发电厂2号机组大修全过程监管方案》《乌江渡发电厂2号机组大修防人身伤害重点专项措施》《各专业安全管控方案》《2号机大修现场安全警示隔离方案》《7S管理工作方案》,成立了3级安全监督体系,并充分发挥协调会作用、班前会作用、反违章人人要安全活动、7S标准活动等,确保2号机大修安全文明检修。

2.1 充分发挥检修协调会作用

检修期间实行检修协调会制度,每天由生产技术部(信息管理部)组织检修项目协调会,进行安全技术交底及注意事项交待,通报和协调当天检修的质量、进度和安全文明情况。对检修各面安全进行总结评价,提出相应整改措施,确定第2天检修计划及安全注意事项。参加人员包括总指挥、项目部负责人、项目部技术负责人、项目部安全负责人、厂安全监督负责人、维护部负责人、运行部负责人、检修物资供应负责人、后勤保障负责人。

2.2 狠抓检修班前会,严格三讲一落实

电力企业的生产班组有些人认为,班前会和班后会是形式主义,起不到多大作用。其实,这些人只是把班前会和班后会当作"会"来认识,而不是作为落实班组安全管理的工作方法来看待。班前会绝不是"要注意安全"、"做事要小心"之类口号式的交待所能替代的,它需要在布置工作的同时,进行危险点分析,并提出切实可行的防范措施。有很多班组的作业内容每天都相似,于是布置安全工作时,班组长就一味地强调同样的内容,不仅枯燥,而且没有必要。其实,只要班组长留心观察,就会发现绝对没有哪两天的情况完全相同。如果班组长能对当天的具体问题进行具体分析,班前会就会开得比较成功。在班前会中,严格执行三讲一落实:讲任务、讲风险、讲措施、抓落实到人。

2.3 结合反违章,人人要安全

在本次机组检修中,通过开展反违章工作,将班前会落实措施贯穿到每日工作的全过程。"不做好措施,我就是违章"已深入人心,在检修现场以达到人人讲安全,人人要安全,真正从基础保证了现场的检修安全工作。对检修现场安全文明管理借助现场曝光栏进行管理,对表现良好值得推广的行为,通过曝光栏进行表扬,对违章违规的行为同样在曝光栏进行曝光。

2.4 每周总结、学习,统一思想和行为

项目部每周对本周工作进行总结,对安全、质量、工期各方面进行剖析,查找深入原因,进行思

想和行为上的统一。也在每周总结会上进行上级文件、通报等各类学习，提出下周工作要求。通过每周总结、学习、部署，进一步统一了思想，保证了机组安全检修。

2.5 现场7S标准化文明检修

根据编制的《水电机组检修现场7S目视化管理图册》规定，将检修现场标示标牌类、劳动保护类、现场布置类、零部件摆放类、设备零部件防护类等五大方面进行严格规定，使检修现场营造了安全、清洁、有序的检修现场氛围。由于实行检修工作标准化流程管理，有效地避免了物品工作过程的遗漏、混乱等失控现象，提高了工作效率。

3 质量管控

检修的质量控制按照三级验收及质检点控制进行质量管理，质量标准按《质量验收单》及国家相关规范、标准、导则、厂家技术文件要求执行，工作现场挂检修程序卡、三级验收单、质检点签证单和检修记录，现场记录和签证，现场质检员戴袖标上岗。

3.1 厂内检修双签制，双重把好质量关

检修实行双签制，项目部严格履行内部三级验收管理，在项目部外，厂内也按照三级验收制度，履行自身职责。通过检修双签制，进行双重质量把关。通过各负其责，相互促进，最大限度为机组检修质量把关，达到了质量在控的目的。并且在检修任务书中，明确规定了各专业三级验收负责人，这样不但使得检修验收阶段能够保证验收工作高效快捷，而且明确了验收的责任主体，增加了验收负责人的责任感。

3.2 充分发挥专业委员会的作用

在检修过程中，在遇到问题、难题，充分利用专业委员会的专业优势，对提高检修质量有很大的益处。比如在本次大修过程中，在处理定子上端部绝缘盒电晕现象时，充分与机械、一次专业委员会交流、讨论，最后决定对绝缘盒间的粘连腻子进行铲除处理，不但解决了电晕的问题，而且节省了工期和材料，更重要的是能够避免在处理过程中导致的一些风险，如高空作业坠落风险、定子间异物吊入的风险等。

3.3 严把检修物资材料验收关，坚决对不合格产品说"不"

在制动器检修过程中，在对制动器O形密封圈更换时，虽然O形密封圈保存良好，无变形损伤，弹性较好，看上去还可以用，但是出厂日期较长，为了保证制动器在运行过程中不发生漏气现象，坚决重新购置新O形密封圈进行更换。同样，对出厂日期较长的O形密封圈坚决说"不"，予以更换，最大限度保证机组检修后运行过程中不漏油、漏水、漏气。

3.4 严抓工艺纪律，做好细节控制

影响检修质量的因素有许多，但一般说来，能否在检修过程中严格地执行工艺纪律是最重要的因素之一。多次检修质量管理工作的实践证明，所有的质量事故都与执行工艺纪律有关。强化工艺纪律管理是加强检修质量控制的最经济、最有效、最重要的措施。乌江渡发电厂设立工艺纪律自罚箱及展播屏。发现不合格的检修工艺由分管厂领导带领员工进行自罚，并将不良情况在展播上进行轮流播放，供大家学习吸取经验教训，以此提升员工检修技术，狠抓检修质量。除自查自罚外，生产副厂长每日协调会后带领生产技术部对每日所辖工作面进行巡查，发现问题曝光到大修群，并在自罚箱和展播上体现。经过检修现场严抓工艺纪律，各检修面人员严格遵守，保证了2号机大修的检修质量。

4 工期管控

2号机大修工期只有50 d，较以前减少了10 d，而本次与以往不同，大修特殊项目多达28项，其中占直线工期项目就有3个（活动导叶断面密封加装、工作密封改造、定子引出线改造），占直线工期20 d，导致标准检修项目时间缩短。但乌江渡发电厂为优质高效完成大修任务，依然按50 d工期进行管控，过程中创新检修机制、优化检修流程，最终50 d完成2号机大修，按时交付系统。

4.1 创新工期控制模式

在以前的检修工期管理方式为检修前编制工期网络图，按照工期网络图进行工期管控。根据检修经验，网络图管理比较粗放，主要用于关键时间节点管理。但关键节点的控制好与不好，跟每一个项目点开展情况息息相关，为了更进一步严格把控时间，乌江渡发电厂创新了工期控制模式。在检修检修项目开始前，分管厂长与专委会成员针对每一个专业，以天为单位编制出每一项检修工作任务。根据任务清单进行详细部署，细到每一个负责人、每小时段做什么事。在检修过程中，面对每天工作任务，专门设立工期任务表，将任务分配到个人，让检修工人充分准备、提前安排落实，在每天工作后，工作负责人及工作班成员编写每日工作日志，真正达到"今日事今日毕"。

4.2 调整班组组织机构，优化检修管理

本次检修将水机、电机、起重、电焊专业，组合成一个机械组，由组长进行统一安排部署。避免了以前小专业人员只顾小专业，小专业工作完成后，就进行休息的现象。达到了人力资源的充分利用。本次检修按照"专业相对固定、人员灵活调整"的原则，合理安排、有序调配，充分发挥检修人员的主观能动性。在保证安全、质量的前提下，在每天工作计划中，工作量、工作进展情况明细化，目标明确井然有序。在检修过程中，抓住影响安全、质量、工期的关键工作，对重点工序工作加强人力物力的投入，保证了检修进度的推进。

4.3 检修过程中灵活调整，不断进行优化

在对检修任务进行分解的基础上，每天工作安排时再次根据上一日工作完成情况、下一日工作计划人员情况等进行调整，牢牢把握 50 d 工期不变这条工期主线，灵活调动检修一切人力物力资源，在遇到艰难险阻的地方投入重兵，拔掉检修过程中的"钉子"。检修中遇到与计划出入比较大的项目，通过检修人员连续加班及倒班，不断优化及努力，在规定的项目时间点完成各项目内容。

5 结语

水电机组检修是一项十分复杂的系统化工程，需要从各方面进行综合管控才能达到目标。乌江渡发电厂根据多年经验总结一套规范化、标准化的管控方法和路径，确保了多台次的大修工作。在2021年乌江渡发电厂还开发了一套《水轮发电机组数字化检修全过程智能管理系统》，将总结出的管控方法进行固化，在系统中进行管控，将经验数字化，形成智能的管控系统，使机组检修更高效、更简单，达到新形势下的新要求，为机组检修提供保障，确保水电机组安全稳定运行。

机组倒闸操作耗时较长原因分析及处理

郑攀登,施洋,郑元庆,顾天星,范松玲

(贵州乌江水电开发有限责任公司乌江渡发电厂,贵州遵义,563100)

摘要:乌江渡发电厂水电运行人员在进行机组倒闸操作时常常出现耗时较长现象,操作现场管理混乱,工作效率低下,且易对机组检修工期造成影响。本文针对该厂机组倒闸操作过程出现此种现象原因进行分析论证,并采取相应措施,以降低倒闸操作用时,提升人员工作效能。

关键词:水电厂;机组;倒闸操作;操作票;模拟图

1 概述

乌江渡发电厂位于贵州省遵义市境内乌江上游河段,电站正常蓄水位760 m,总库容21.4亿 m^3,电站额定水头116 m,装机容量 $5\times250+30$ MW,在贵州电网中肩负着调峰、黔电送粤潮流调控主力发电厂的重任。

该厂建厂至今已40余年,是乌江流域内设备种类最多、接线方式最复杂的老厂,运行专业人员所面临的设备倒闸操作环境相当复杂,诸多操作属"时间紧,任务重"类型[1]。在杜绝误操作事故发生的前提下,降低机组倒闸操作用时,减少机组检修工期,为贵州电网提供可靠能源意义重大[2]。同时,2020年该厂提出要多措并举,切实提升班组人员技能水平,将机组倒闸操作时长限制在2h之内,避免延误检修工期,提高工作效率。

经过调查生产现场操作数据发现2020年1月至3月机组倒闸操作平均用时为3 h,且影响检修工期频次较高,操作效率具有较大提升空间。

2 机组倒闸操作原则

水轮发电机组运行一定时间之后需要向调度申请将其退出备用,进行检修工作。在检修工作开始前,需要由运行人员布置保证人身安全的一系列技术措施,包括停电、验电、搭设地线和停电、隔离、泄压、通风、悬挂安全警示标志牌及装设警示遮拦[3]。执行这一系列的技术措施称作倒闸操作,通过操作实现机组状态转换,以保证作业人员安全。

3 倒闸操作耗时较长原因分析

机组倒闸操作按照流程可分为操作票[4]填写、工器具准备、模拟操作、执行操作、操作检查及操作汇报6个过程。

3.1 典型操作票库未更新

运行人员在接到操作任务时需填写操作票,根据操作任务按照操作规程规定逐条编写操作项目。因该厂建厂至今已40余年,设备更新换代之后未及时更新典型操作票库,导致在填写操作票时不能直接引用模板票,导致耗时较长。

3.2 操作人员技能水平不足

乌江渡发电厂作为公司梯级电站母体电厂,近些年随着流域水电能源不断开发,大量运行专业技术人才、业务骨干力量被抽调至新建电厂,支援水电建设事业。也正是因此导致该厂运行人员断层现象日趋明显。该厂现有生产运行人员15人,年龄最大59岁,最小24岁,存在老员工因年龄身体等因素,对大型复杂、强度较大的倒闸操作显得较为吃力,而年轻人员因工作年限短,对设备不熟悉,操作经验欠缺,因此在面对机组退出这种大型倒闸操作任务时会发生操作出差错、耗时较长等现象。调查发现,工作年限在5年以上人员参加部门实操考试时平均成绩明显高于新人,因此可以确定人员技能水平不足是导致机组倒闸操作耗时较长的原因之一。

3.3 无操作工器具清单

倒闸操作时需使用设备钥匙、操作手柄、接地线、验电器、绝缘靴、绝缘手套等工器具,操作前若因准备不充分而遗漏某项工具未携带,会导致操作临时中止,间接影响操作时间。经统计操作中因工器具遗漏所造成用时占比见表1。

收稿日期:2022-01-04.

作者简介:郑攀登,河南周口人,助理工程师,从事水电厂水轮发电机组运行巡检工作.

表1 工器具遗漏耗时占比

工器具遗漏增加耗时/min	执行操作耗时/min	占比/%
16.5	78.5	21.1
17.2	82.6	20.8
16.4	79.5	20.6

通过上述分析过程可以看出，操作过程中因工器具遗漏所增加操作耗时占比执行操作流程约为20%，可以确定无操作工器具清单是导致机组倒闸操作耗时较长原因之一。

3.4 设备老化，操作困难

通过调查发现，该厂设备虽然年限长，但相应设备改造，系统更新等方面使设备不断迭代，不存在影响设备正常运行情况。能影响操作耗时的设备设施主要是水轮发电机组钢管取水阀、机旁动力盘开关、机组各轴承冷却水、密封水阀门等，归类分组为阀门、开关隔离刀闸、搭设或拆除接地线。经统计表明因老旧设备延误操作较正常设备平均增加耗时占比约为2%，因此该因素并未对机组倒闸操作耗时造成影响。

4 处理措施

4.1 更新典型操作票库

经查询近5年厂内设备变异、改造通知单，发现机组机旁动力盘、励磁系统、厂变高压侧开关、调速系统等设备均已执行变异，但均未更新操作票库[5]。专业人员将全部操作票更新、补充，共计439份。为验证更新后典型操作票库准确率，随机抽取出10份操作票，全部检验合格。同时，将措施实施前后人员编写操作票用时进行试验对比，数据见表2。

表2 操作票填写耗时对比

人员	编写次数	实施前平均耗时/min	实施后平均耗时/min
肖××	10	57.4	13.2
郑××	10	53.5	15.5
杨××	10	52.5	12.5
郭××	10	56.6	12.6
顾××	10	62.2	14.5
范××	10	59.6	16.8
姚××	10	55.4	15.6
潘××	10	61.5	12.2

从表2数据对比可以看出：更新典型操作票库后人员填写操作票耗时明显减少。

4.2 制作实操模拟图并开展持证上岗

操作模拟图主要有电气操作和机械操作2种，机组倒闸操作所需要用到的有发变组状态转换和手动顶起、落下风闸、手动操作进水口工作闸门至全开或全关位置，结合实际绘制出相应实操模拟图，同时开展理论和实操培训，模拟图见图1。

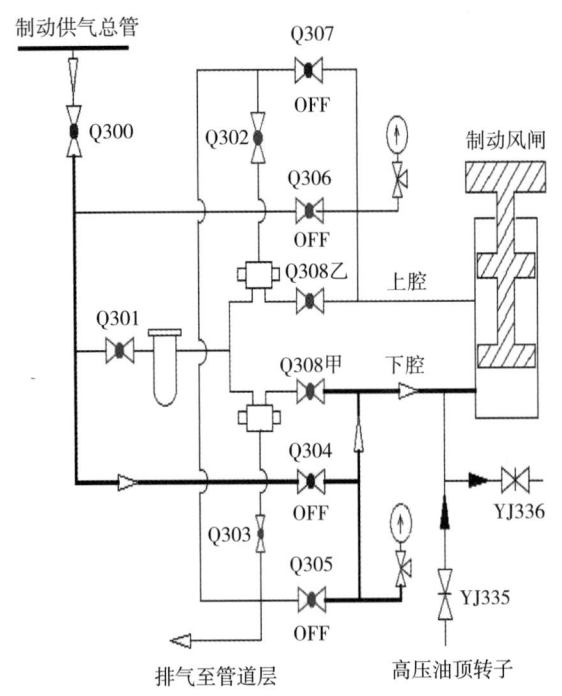
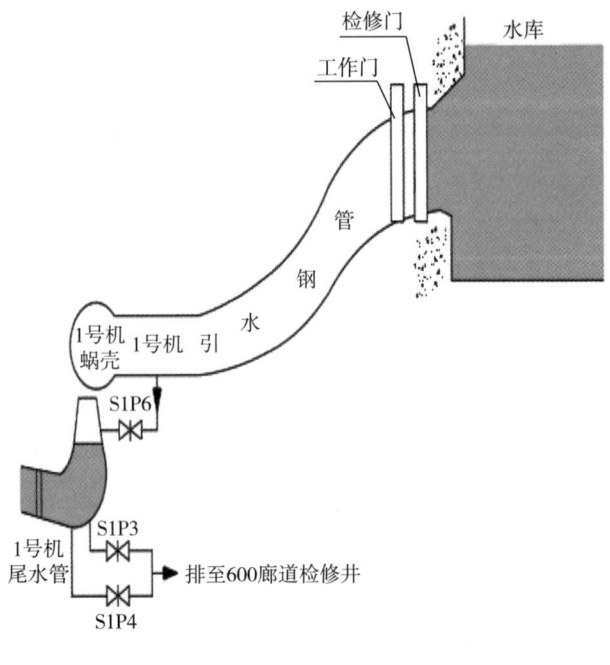

图1 操作模拟图

实操模拟图制作完成后对人员使用情况进行测试,之后开展资格证书持证测试。经调查,参与测试人员均能够正确使用实操模拟图进行操作,并通过持证考试,取得证书,且人员执行操作耗时明显减少。

4.3 建立操作工器具清单

据统计,倒闸操作中所用的工器具[6]种类共有9种,现将操作票中涉及到的安全工器具名称、数量逐项列出,制作出工器具清单见图2。其作用是使人员进行操作任务前,按照此清单将工器具携带完全,避免遗漏工具情况发生。操作任务所需安全工器具清单建立以后,已完全避免遗漏工器具现象。

序号	操作类型	操作任务	验电器	接地线	扳手	操作手柄	绝缘靴	绝缘手套	万用表	操作钥匙	标志牌
1	电气	#1发电机由"热备用"转"检修"状态(电气)	15.75kV验电器	2组接地线	1把活动扳手	机端PT操作手柄	35kV电压等级1双	35kV电压等级1双	无	PT、励磁变柜门钥匙、发电机中性点刀闸钥匙	禁止合闸有人工作13块 已接地2块
2	电气	#1发电机由"检修"转"热备用"状态(电气部分)	无	无	1把活动扳手	机端PT操作手柄	35kV电压等级1双	35kV电压等级1双	1个	PT、励磁变柜门钥匙、发电机中性点刀闸钥匙	无
3	电气	#1主变由"运行"转"冷备用"状态	无	无	无	无	无	无	无	110kV现控柜钥匙	禁止合闸有人工作4块
4	电气	#1主变由"冷备用"转"检修"状态	15.75kV验电器	1组接地线	1把	无	35kV电压等级1双	35kV电压等级1双	无	110kV现控柜钥匙 111开关远近控钥匙	已接地4块
5	水机	#1发电机由"热备用"转"检修"状态	无	无	1把	无	无	无	无	无	禁止操作有人工作25块 禁止合闸有人工作3块
6	水机	#1发电机由"检修"转"热备用"状态(机械部分)	无	无	1把	无	无	无	无	无	无

图 2 操作工器具清单

5 措施实施之后的效果

措施实施后,统计2020年10月至12月机组倒闸操作用时,见表3。

表 3 操作时间

时间	10月	11月	12月
操作用时/min	101	100	99
平均用时/min	100	—	—

从表3中可以看出,措施实施之后机组倒闸操作平均时间为100 min,较措施实施前用时大幅减少,成效显著。节约的操作时间可等效为机组发电时间为企业增加发电收益,经计算每次机组倒闸操作为企业增加发电效益为86 700元。另一方面,机组倒闸操作时间减小,增加了机组可利用小时数,使企业能够为社会提供更多清洁安全高效的电能。

6 结论

机组倒闸操作是水电厂运行基础工作之一,在保证倒闸操作正确率的前提下提高操作效率对运行工作具有重要意义。文章针对机组倒闸操作流程用时较长问题进行逐步分析,提出合理的解决措施,可供同行业运行工作人员作为参考,以提高机组倒闸操作效率,提升运行人员工作效能,为电厂带来经济效益。

参考文献:

[1] 张毓昊.乌江渡发电厂运行操作标准化的深化与应用[J].仪器仪表与分析监测,2020(3):36-42.

[2] 张凤.提高改造后厂用电倒闸操作的效率[J].云南水力发电,2021,37(9):152-154.

[3] 蔡亮.水电站电气设备倒闸操作反违章措施探析[J].中国新技术新产品,2020(10):84-85.

[4] 张栗荣.变电运行倒闸操作的控制方法分析[J].集成电路应用,2021,38(7):176-177.

[5] 杨海林.变电站倒闸操作票数字化管理研究[J].照明电气,2021(5):145-146.

[6] 胡金平.如何写好水电厂电气倒闸操作票[J].云南水力发电,2020,36(2):187-191.

乌江梯级水电站远控模式下孤网运行的几点思考

杨康，陈宇

(贵州乌江水电开发有限责任公司集控中心，贵州贵阳，550002)

摘要：文章以乌江流域远控水电站乌江渡为例，通过还原乌江渡电站孤网运行事故过程，分析了造成水电站孤网运行的事故原因，通过对远程集控乌江渡电厂孤网运行方式下的运行操作特点以及存在的风险进行分析并提出了相应控制措施，为乌江集控中心正确、迅速处理事故理清思路，为提高水电站安全生产水平打下基础。

关键词：孤网；模式；控制；措施；梯级

1 乌江渡电厂运行模式简介

1.1 孤网的概念

孤网运行是指脱离大电网运行的小容量电网，孤网主要可分为以下 2 种情况：网中仅有 1 台机组供电，称为单机带负荷；机组甩负荷自带厂用电，是单机带负荷的一种特例。孤网运行最突出的特点是负荷控制转变为频率控制，以保证在用户负荷变化的情况下自动保持电网频率的稳定，关注的重点应是调整孤网频率，使之维持在规定的频率要求范围之内。

1.2 事故前运行方式

(1) 110 kV 系统。乌江老厂 110 kV Ⅰ、Ⅱ 段母线联络运行，其中 110 kV Ⅰ 段带江新 Ⅰ 回线路、江三牵 Ⅰ 回线路运行，110 kV Ⅱ 段带江新 Ⅱ 回线路、江三牵 Ⅱ 回线路、江罗 Ⅱ 回线路运行，江罗 Ⅰ 回线 106 开关处于冷备用状态(开关机构检修)。

(2) 保护情况。乌江老厂 110 kV 线路保护、110 kV 母线保护 A、B 套、0 号主变保护 A、B 套均正常投入。

(3) 机组。1 号机组带 115 MW 负荷，2 号机组 A 修，3 号机组带 220 MW 负荷，事故前 110 kV 线路及其 1 号机组负荷情况详见表 1。

表 1 110 kV 线路及 1 号机相关数据

项目	线路、机组						
	江新Ⅰ回	江三牵Ⅰ回	江罗Ⅰ回	江新Ⅱ回	江三牵Ⅱ回	江罗Ⅱ回	1号机
有功/MW	0	24.19	停运	0	6.88	19.5	115
频率/Hz	49.98	49.95	—	49.98	49.98	49.98	49.9
电压/kV	116.8	116.8	—	116.87	116.8	116.87	15.5

1.3 事故主要经过

2021 年 3 月 5 日，乌江老厂 110 kV Ⅱ 母 1524PT 内部故障引起乌江老厂 110 kV A、B 套母差保护动作跳乌江老厂 110 kV Ⅰ、Ⅱ 段母线联络 110 开关、0 号主变 110 kV 侧 100 开关、江三牵 Ⅱ 回 105 开关、江新 Ⅱ 102 回开关、江罗 Ⅱ 107 开关，造成 110 kV 罗江变失压，110 kV 三合变部分负荷损失，乌江渡老厂 1 号机带 110 kV Ⅰ 母孤网运行 (供 110 kV 三合变部分负荷和牵引变负荷)，负荷由 115 MW 自动降至 23 MW，损失负荷 93 MW，事故发生后，贵州中调指定乌江老厂为电网第一调频厂，并通过 110 kV 系统运行方式倒换，用乌江老厂 110 kV 江新 Ⅰ 回 101 开关同期合闸，使得乌江老厂通过 110 kV 江新线—110 kV 新场变—110 kV 盘新线—220 kV 盘脚变并入 220 kV 系统，从而解除乌江老厂 110 kV 系统孤网运行的状态。

2 电网侧分析乌江渡机组孤网运行的原因

事故发生前，110 kV 系统接线方式(见图 1)：110 kV 江新双回线正常运行，对侧新场变 102、101 开关在热备用状态，新场变负荷由盘新线供电；110 kV 江三牵双回与三合变、牵引变联络运行，主要承担牵引变负荷及部分三合变部分负荷，三合变与沙土变 110 kV 三沙线开关长期处于断开位置、110 kV 三合变到白城变的三白罗线处在热备用；110 kV 江罗双回线带乌江地区负荷，

收稿日期：2022-06-16.
作者简介：杨康，贵州贵阳人，工程师，本科，从事集控运行调度工作.

110 kV同白罗线在冷备用,由于乌江老厂110 kV Ⅱ母1524PT内部故障引起乌江老厂110 kV A、B套母差保护动作跳乌江老厂110 kV Ⅰ、Ⅱ段母线联络110开关、0号主变110 kV侧100开关、江三牵Ⅱ回105开关、江新Ⅱ102回开关、江罗Ⅱ107开关,造成110 kV罗江变失压(江罗Ⅰ回线冷备用状态进行开关机构检修工作),110 kV三合变部分负荷损失,造成乌江渡老厂1号机带110 kV Ⅰ母孤网运行(供110 kV三合变部分负荷和牵引变负荷)。

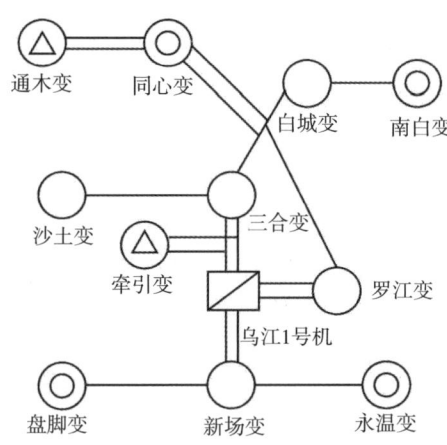

图1 110 kV系统接线方式

3 机组侧分析孤网运行存在的风险点

3.1 设备因素影响

(1)乌江渡老厂作为第一调频厂,1号机带110 kV Ⅰ母孤网运行期间主要承担110 kV三合变区域和牵引变区域的供电任务,负责电网频率控制职责,作为唯一电源点,若1号机组、调速器、励磁系统或变压器故障,将造成供电中断,扩大事故范围。

(2)孤网运行对1号机调速系统的要求较高,因电网频率波动较大,机组调速器会频繁动作调整以保证频率在合格范围内,频繁调整,容易造成机组调速器油压过低,存在机组事故低油压停机的风险。

3.2 人员因素影响

(1)集控中心运行人员对110 kV系统运行方式了解不够,事发时不能第一时间判断乌江老厂110 kV系统已是孤网运行,集控中心以及乌江渡现场运行人员对电网第一调频厂职责认识不够,乌江渡现场人员不能很好调整机组出力,控制好系统频率。

(2)乌江1号机带110 kV Ⅰ母孤网运行,系统薄弱,电网频率、电压变化较大,如果1号机负荷较低,且当负荷变动小于10%Pn且机组频率变化在正负0.36 Hz时,1号机调速器不会切至"负载频率模式",仍保持开度模式,需要人为调整机组负荷,若运行人员调整不当容易造成系统频率波动较大,甚至造成电网失稳,事故扩大。

(3)乌江老厂1号机带110 kV Ⅰ母孤网运行期间,需要人为调整机组出力,确保110 kV江新Ⅰ回、江三牵Ⅰ回(江罗Ⅰ回线106开关处于冷备用状态)功率、电流在合格范围内,若运行人员调整不当容易造成线路过载跳闸,将造成供电中断,导致事故扩大。

4 集控侧孤网运行风险的控制措施

4.1 完善集控中心远程处理水电厂事故的应急预案

为有效防控电网孤网运行的风险,确保远程调度体系的科学性、合理性,在原有的远程调度体系基础上,不断完善集控中心远程处理水电厂事故的应急预案,增加远控电厂孤网运行的应急处理方案,确保调度体系的严谨性。

4.2 制定标准化作业指导书

通过制定《电站远程集控操作标准化流程作业指导书》和《乌江渡0号变跳闸1号机带110 kV系统单网运行处置指导书》等标准化作业指导书,规范了操作及事故处理步骤及流程,确保乌江梯级水电站集中调度和远程集控管理安全、高效。

4.3 加强培训,进一步提高运行人员素质

通过多形式的培训方式,提升运行值班人员专业技术知识,确保安全生产。首先,加强对电网调规、操规学习,提高集控运行人员在梯级流域工作中的地位和专业运行水平;其次,强化集控运行人员对流域电厂负荷送出通道的学习,定期向地调了解系统运行方式,加强主动分析事故的能力,解决孤网运行调度方面存在的问题,加强集控运行人员对相应调频措施和现场孤网运行的应急预案的学习,择机进行一次联合演练,提高集控运行人员安全责任意识和正确处理事故的实战能力,确保设备正常稳定运行。

4.4 做好事故预处理

实时掌握流域水电厂设备健康状态,对孤网运行风险点进行分析和预判,根据运行方式变化,提前开展危险源辨识和运行危险点分析,整合电厂侧、集控侧、电网调度侧对电力安全运行风险管理的要求,制定集控侧和电厂侧对应的防控措施。孤网运行期间集控侧人员应合理安排现场人员开展定期巡视工作,督促现场加强对机组、主变、线路、

母线相关设备的巡检力度,密切监视运行机组调速器系统运行情况,若是本侧设备故障造成的孤网运行,应及时查明原因,缩短设备复电时间,做到有效的风险分离,创造良好的调度环节,集控运行人员必须时刻关注计算机监控信号,对孤网运行设备状况进行分析,从而做好事故预处理。

4.5 加强负荷控制

在孤网运行过程中,为了确保电网负荷变化引起的频率变化数值在标准值范围内波动,作为第一调频厂应对孤网电网负荷量的控制量进行相应的调整,应按要求将频率控制在 50 ± 0.5 Hz 范围内运行,母线电压在额定电压 $110\times(1\pm10\%)$ kV 的范围内运行,单次调整不宜过大,应控制在 3~5 MW 范围内,只有这样才能确保孤网系统有效运行,促使系统运行频率恒定不变。

5 结语

为了加强集控中心与乌江渡水电站的安全稳定运行管理,适应电网对统一集中控制模式下乌江流域水电站孤网事故处理的要求,保证电站正确、迅速处理事故,最大限度地减少因事故停电造成的影响和损失,本文提出了集控中心、流域水电站应对孤网事故处理的一系列的建议和意见,这对孤网运行方式下的运行管理工作有较为突出的指导意义。

大花水、格里桥水库调度策略探讨

冯欢，王俊莉

(贵州乌江水电开发有限责任公司水电站远程集控中心，贵州贵阳，550002)

摘要：文章根据清水河流域大花水、格里桥水库历年运行资料，运用统计分析方法对2座水库在水库调度中的规律性进行分析总结，从两库补偿调度方式、分期水位控制目标、泄流曲线修正、闸门匹配关系等方面开展分析研究，得出了大花水、格里桥水库在优化调度、洪水调度等工作中的调度规律，为清水河流域大花水、格里桥水库联合优化和防洪调度提供了理论和技术支撑。

关键词：梯级；水库；调度；策略；优化

0 引言

近年来，随着流域梯级水库的相继建成，如何科学调度和遵循何种调度规则，以发挥梯级水库的最大效益，已成为迫在眉睫需要解决的问题[1]。目前，乌江流域干流7座梯级水库群优化调度理论和方法均已运用成熟，但针对支流清水河流域大花水、格里桥水库优化调度规则还未进行系统性的探讨，也没有形成相应的调度策略，因此亟须研究清水河流域梯级水库运行特点，挖掘水库调度过程中两库在水库优化调度、洪水调度及闸门调度中的规律性，得到清水河流域梯级水库调度策略。

本文以清水河流域大花水、格里桥水库为研究对象，以历年实际运行数据为基础，从两库补偿调度方式、分期水位控制目标、泄流曲线修正、闸门匹配关系等方面开展分析研究，为清水河流域大花水、格里桥水库联合优化调度提供了理论和技术支撑。

1 梯级水库概况

清水河流域位于贵州省中部，是乌江中游右岸较大的一级支流。流域属于亚热带季风气候区，夏季受太平洋副热带高压控制和西南海洋性暖湿气流影响，流域内暴雨多出现在4—10月，以5—7月为最多。多年平均降水量1 212.4 mm，其中4—10月降水量约占全年的86.4%，支流独木河上游为多雨期，多年平均降雨量为1 200 mm以上[2]。

大花水、格里桥水库位于清水河流域干流的中游，分别是清水河干流水电规划的第3、第4个梯级，大花水电站坝址控制流域面积4 328 km^2，暴雨中心位于支流独木河上游昌明一带，暴雨历时短，雨量集中。坝址多年平均流量75 m^3/s，年径流量23.7亿m^3。电站水库正常蓄水位868.00 m，死水位845.00 m，调节库容1.355亿m^3，电站装机200 MW(2×100 MW)台，水库具有不完全年调节能力，无下游防洪任务。

格里桥电站位于大花水电站下游，与大花水电站首尾相连，距离大花水电站20 km，格里桥区间流域面积407 km^2，降雨与大花水具有同期性，多年平均流量6.6 m^3/s，电站正常高水位719 m，死水位709 m，调节库容0.188 1亿m^3，电站装机150 MW(2×75 MW)，水库属日调节水库，下游无防洪任务。

2 大花水、格里桥水库调度策略探讨

2.1 利用补偿调节作用优化水库运行方式

清水河梯级形成后，下游水库的入库流量主要由上游水库的出库流量和区间来水组成[3]，格里桥水库入库径流绝大部分由上游大花水水库发电水量供给，区间径流较少。大花水水库根据来水情况和库存水量，适时调整向下游补偿水量。来水较多、库水位较高时，要保证两站一条线满发；来水较少时，大花水水库利用库存水量加大出力发电，为下游格里桥水库补偿水量，提高运行水位，降低发电耗水率。通过补偿调节，一是可以提高库存水量的重复利用效率，二是可动态调整格里桥水库运行水位，保持其在较高水位运行，实现梯级水库运行经济效益最大化。

2.2 水库分期水位控制策略

大花水、格里桥水库调度主要按枯水期(11月—次年4月)、汛期(5—10月)2个时期区别开展。

收稿日期：2022-07-08.
作者简介：冯欢，工程师，从事水库调度工作.

枯水期流域来水较少，大花水、格里桥水位可分别控制在865、718 m运行；枯汛交替期，流域降雨后开始有中小洪水发生，但开闸泄洪可能性小（近10年的概率为20%），大花水水库按遭遇10年一遇以下洪水时不泄洪考虑，水位可控制在845～850 m。4月集中腾库后，5月初大花水水位较低，格里桥发电方式与大花水同步。格里桥水库水位控制目标主要基于天气预报动态调整，做到长安排短调整。月初，在预报无降雨天气情况下，按718 m控制，与大花水匹配运行；进入中旬后，视大花水空库容情况，在暴雨或强降雨天气来临前通过满负荷一条线运行降至717 m。若根据气象预报确定后期有持续干旱天气，在干旱天气解除前，可利用大花水水库补偿作用抬高库水位发电，降低发电耗水率。

2.3 水库泄流曲线误差分析

水库的泄流曲线是修建水库时按设计要求根据模型试验得出的理论值，水库建成投运后，泄洪道施工误差、闸门建造误差、水的实际流态与设计流态不同等因素导致实际泄流曲线与设计值往往存在差异[4]。在历年大花水、格里桥洪水调度过程中，一直存在上下游水库出库入库流量过程不平衡情况，影响洪水调度安全。当大花水水库开闸后，大花水—格里桥区间流量会突然加大，两库同时泄洪时，区间流量加大更为明显。以历史洪水调度资料为基础，分两种情况开展泄流曲线经验复核，一是在只有大花水水库开闸时，通过格里桥入库流量经验校正大花水泄流曲线；二是在两库均开闸泄洪时，通过已校正的大花水曲线复核格里桥泄流曲线。以2021年7月洪水调度为例，大花水电站中孔闸门1 m开度时，在考虑实际区间流量10 m³/s的基础上，大花水下泄流量较实际偏小30 m³/s左右，格里桥电站中孔闸门1/8开度时，格里桥下泄流量较实际偏大60 m³/s。洪水调度过程中，泄流曲线偏差引起的水位控制偏差需要高度重视，特别是针对格里桥小库容电站的尾洪调度或关闸调度，洪水调度方案中必须考虑泄流曲线误差，才能拦蓄尾洪至目标控制水位。大花水1 m开度泄洪流量曲线误差见图1。

2.4 洪水联合调度闸门匹配关系分析

在经验复核大花水、格里桥泄流曲线的基础上，以修正曲线为基础开展洪水联合调度，总结出大花水中孔闸门2 m开度时出库流量与格里桥表孔1/8开度时出库流量匹配。洪水调度过程中，大花水、格里桥可同步开闸或调整闸门，尾洪拦蓄时，可根据实际水位情况精确计算上下游闸门启闭时间，确保格里桥水库水位拦蓄至目标水位，同时该匹配关系可有效控制两库闸门操作次数，降低闸门运行故障风险。

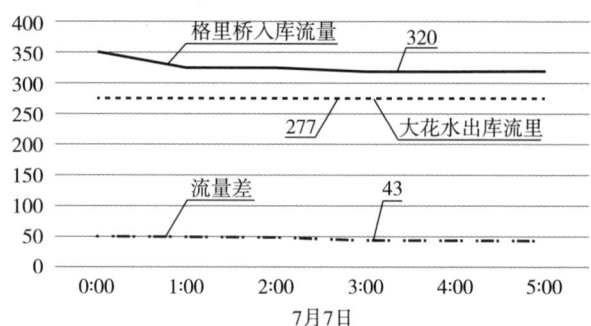

图1 大花水1 m开度泄洪流量曲线误差分析

2.5 水库洪水传播时间分析

大花水水库入库由南明河和独木河汇流组成，南明河段小水电下坝水电站泄洪后传播至大花水水库近坝库区需3 h，独木河河段下湾水文站传播至大花水水库需4 h。大花水与格里桥水库相距较近，洪水传播时间约45 min。准确把握洪水传播时间可有效提高洪水预报精度，为泄洪预警及尾洪拦蓄提供保障。

3 结语

水工程联合调度更能充分发挥流域的整体防洪作用和综合效益[5]。通过对清水河流域梯级水库历史运行资料分析，本文初步探讨了大花水、格里桥两座水库的补偿调度方式及不同时期水位控制策略，研究分析了两库泄流曲线误差及闸门匹配调度关系，得出了大花水、格里桥水库在优化调度、洪水调度以及闸门调度等工作中的调度规律，为清水河流域水库调度提供了技术和理论支撑。

参考文献：

[1] 黄强,高凡,张永永,等.乌江梯级水库群优化调度规律研究[J].水力发电学报,2011,30(4):42-48.

[2] 贵州乌江梯级水库调度手册(2019年版)

[3] 熊金和,汤成友,黄利玲,等.乌江流域梯级水库洪水调度预报模式[J].人民长江,2020,51(11):87-91

[4] 赵振兴,何建京.水力学[M].2版.北京:清华大学出版社,2010.

[5] 尚全民,褚明华,闫永銮,等.2020年全国水库防洪调度实践与思考[J].中国防汛抗旱,2020,30(12):1-4,24.5

乌江流域降水量预报图的自动制作与发送

朱明星,石建明

(贵州乌江水电开发有限责任公司,贵州贵阳,550002)

摘要:文章描述了以快捷准确获取流域降水量预报图为目的,使用 Python 的自动化操作库从中央气象台获取未来 3 天的天气预报图,再使用 Pillow 库对图片处理,添加乌江流域位置图、集控中心星火工作室的标识、修改图片标题,最终实现流域预报的可视化展示目的。管理者可以使用 PyQt5、Pywin32 库将流域降水量预报图定时发送至生产群。该软件运行以来,及时为流域防范小区暴雨和制作发电方式提供了参考,大大减少了值班员劳动量,提高了工作效率。

关键词:Python;降水量;预报图;流域;自动;制作

0 引言

随着移动网络技术的快速发展,通过智能移动终端获取天气预报信息已经成为大量用户掌握气象的方式,该方式快捷、不受时间、地域限制,尤其是对气象信息较为敏感的行业工作者,如农业、电力、水利等。用户使用的智能终端以手机为主流,有专用的气象预报 APP 或者小程序,但对于特殊需求的用户,如流域气象预报仅有文字描述,不能直观展示预报结果。如果在气象台预报图的基础上画出流域轮廓,实现流域预报的可视化展示,既可方便调度人员直观查看预报雨量大小,也可以使非水库调度专业人员快速了解降雨大小,以便及时作出相关防范措施。

Python 是一种解释型、面向对象、动态数据类型的高级程序设计语言。其语法简洁、功能强大、开源,拥有大量的几乎支持所有领域应用开发的成熟扩展库。从 Web 抓取网络信息,批量处理大量图片,发送电子邮件和短信等等,用 Python 都可以轻松完成!Python 对数据执行的操作称为方法。

1 概述

针对乌江流域的天气预报,三峡气象服务中心和贵州省气象台仅提供了文字描述预报,概述了全流域或者某个区间的预测降水量,但在具体的地理位置上仅仅使用语言描述不够详细、直观。中央气象台的受众范围广、预报内容多。但是从全国预报图中查看一个流域的天气预报形势很不方便,只能凭借记忆的流域地理位置,对降水量有个大概印象。需要记住流域的经纬度,流域的轮廓,对人员的专业素质要求较高,时间长了,记忆的位置、轮廓可能会有偏差。若在全国降水量预报图上准确地添加流域位置,则可以很好解决这个问题,能提升天气预报的精细化水平。

Python 通过连接中央气象台图像服务平台可获得未来 1~7 d 全国降水量预报图。天气预报每天都在更新发布,提取 3 d 预报图,即可满足流域洪水调度预见期、满足编制运行方式的需求。再对获取的图片按照需求进行编辑处理、自动发送给生产人员,可以满足生产要求。

2 实施方式

2.1 获取原始预报图

人工查看天气预报图的过程是打开中央气象台网址→打开天气预报→打开降水量预报,即可看到未来 1~7 d 全国降水量预报图。或者直接输入全国降水量预报图这一页的地址再按回车键即可直达。使用 Python 模拟的即是该操作步骤。

2.1.1 使用 Urllib 库

Urllib 库是 Python 自带的标准库,无须安装,可以直接使用,可用于操作网页 URL(网络地址),并对网页的内容进行抓取处理。Urllib 库的 request.urlopen() 模块,是最基本的 HTTP 请求模块,可以模拟浏览器的一个请求发起过程,就像在浏览器里输入网址然后敲击回车一样,只需要给模块传入 URL 参数,就可以模拟实现这个过程,然后像本地文件一样操作远程数据。

以中央气象台某一天发布的全国降水量预报图为例,打开"天气预报_降水量预报"页面后,在单独窗口打开 24 h 预报图,查看图片链接如下:"http://image.nmc.cn/product/2022/05/21/STFC/

收稿日期:2022-06-06.

作者简介:朱明星,河南洛阳人,工程师,从事集控运行调度工作.

medium/SEVP_NMC_STFC_SFER_ER24_ACHN_L88_P9_20220521060002400.JPG? v=1653100011189"。网址有一定的规律,最后一个斜杠后面的代码即是图片的名称,可以看到里面包含日期和时间,"20220521"代表日期,"06000"估计是制作完成的时间,"2400"代表该图是 24 h 预报图,问号后面的一串代码作用不大,删除后依然能够打开预报图。使用 Python 处理时间得到网址里包含的日期、时间格式。使用 Urllib 库生成该网址,并模拟打开网页,获取到该图片,再将图片保存在 1 个变量中。

Python 中保存数据的最简单的方式之一是将其写入到文件中。通过将输出写入文件,即便关闭包含程序输出的终端窗口,这些输出文件也依然存在,可以继续编辑处理。将抓取的图片保存到本地使用 write() 方法。在代码中设置欲保存的图片名称和绝对路径,保存为一个变量,使用 open() 方法打开该变量,将图片使用 write() 方法将先前保存在变量中的图片写入本地。

2.1.2 使用 Webbrowser 和 Pyautogui 库

综合使用 Webbrowser 和 Pyautogui 库同样可以下载降水量预报图的原始图。Webbrowser 是控制浏览器操作的库,是 Python 的内置库,按语法要求编写代码即可使用指定浏览器打开某个页面。中央气象台发布 24 h 预报图的网址链接是 "http://www.nmc.cn/publish/precipitation/1-day.html",基本不变。在该页面的图像格式和大小固定,浏览器打开后图像在屏幕中的位置也是固定的。

再使用 Pyautogui 库,Pyautogui 是一个自动化操作库,可模拟键盘、鼠标在界面上进行操作。打开预报图的页面后,使用该库模拟人工操作:鼠标移至预报图上→右击鼠标→弹出对话框→点击"图像另存为"→弹出对话框→在文件名一栏中输入 weather_forecast_24h.jpg→点击"保存"按钮→弹出对话框要求确认是否覆盖原有文件→点击"Yes"按钮,即可保存预报图至指定文件夹中。

2.1.3 存在问题

中央气象台全国降水量预报图的图片链接并不是一直不变,图片链接中的日期和编码格式不变,对外发布时间不变,但链接中的时间部分每过一段时间就会改变,即链接中的"06000"。此时获取图片失败,为解决这个问题笔者将早上的预报图、晚上的预报图中可能出现的时间部分分别做成时间列表,add_num_morning = ["00000","01000","02000","03000","04000","05000","06000"] 和 add_num_evening = ["12000","13000"],根据程序运行时间判断调用哪个列表,在 for 语句中循环调用列表内容,程序生成的图片链接总有一个和实际链接一致,这样可保证预报图下载成功。若一个链接匹配成功,则不再匹配下一个链接,跳出循环进入下一个时间段预报。

Pyautogui 库在运行时如果窗口弹出较大的其他界面,遮挡了天气预报图网页,就不能保存预报图。

2.1.4 3 种方法组合使用

为避免单一获取图片的方法失败,笔者按照耗费时间、可靠性将 3 种方法依次使用。

每次运行程序时,首先将之前下载、制作的图片删除,避免发送先前的预报图,程序中分 3 次获取图片。首先将时间部分固定,启动 Urllib 库获取预报图;其次检测图片是否下载成功,若成功则开始编辑图片,不成功则再启动 Urllib,调用时间列表,逐个生成链接爬取,此步骤由于链接增加,耗时较长;再次检测图片是否下载成功,若成功则开始编辑图片,不成功则启动 Webbrowser 和 Pyautogui 库模拟人工操作保存图片。

2.2 标注流域位置

2.2.1 制作全流域轮廓图

乌江集控中心有一套水库调度自动化系统,该系统功能强大,可以测报全流域雨水情、制作洪水调度、优化调度方案等。系统为了计算流域降水量使用泰森多边形将全流域分割为若干个子区域,流域图显示的内容丰富。为了获得流域轮廓图需要将内部不相关的信息剔除,笔者使用了 AI 制图软件,截取流域图后,使用该软件在新图层上描画出流域外轮廓,保存为 PNG 格式的图片,该格式支持透明效果,可以为图像定义 256 个透明层次,使得彩色图像的边缘能与任何背景平滑地融合,从而彻底地消除锯齿边缘。

制作出的乌江流域轮廓图是透明的,为沿流域地理分界线绘制。该轮廓图的比例尺大小与中央气象台的预报图比例尺大小一致,空白部分较大,整个图片长宽与中央气象台预报图的长宽一致。除了流域分界线位置显著标示外,图片其余部分为透明。

2.2.2 在预报图上标注流域

Pillow 是 Python 最常用的第三方图像处理库,由于其强大的功能与众多的使用人数,几乎已经被认为是 Python 官方图像处理库了,可在所有主流操作系统上运行。支持大量的图片格式,是图像处理和批处理的最佳选择[4]。

利用 Pillow 库新建 1 张画布,尺寸与预报图一致,将非透明的全国降水量预报图放在底部,上面放1张局部透明的流域位置图。由于从中央气象台下载的图片为"RGB"格式,没有透明度,需要转换为"RGBA"格式才能进行覆盖操作。使用size()方法获取原图片的大小,用图片的长和宽数据设定画布的大小。使用resize()方法设置两张图的大小严格一致,paste()方法将两张图合成一张图片并确保透明的流域位置图在上方,保存后输出为PNG文件。步骤如下:

```
from PIL import Image
# 加载中间透明的图片
base_img = Image.open(r'ly_map.png')
target = Image.new('RGBA', base_img.size,(0,0,0,0))
box = (0, 0, base_img.size[0], base_img.size[1]) # 区域
# 加载气象图
for i in range(0, 49, 24):
    region = Image.open(r'weather_forecast_{:d}h.jpg'.format(24+i))
    # 确保图片是RGBA格式,大小和box区域一样
    region = region.convert("RGBA")
    region = region.resize((box[2]-box[0], box[3]-box[1]))
    # 先将气象图合成到底图上
    target.paste(region, box)
    # 将流域图覆盖上去,透明区域将气象图显示出来。
    target.paste(base_img, (0, 0), base_img)
    target.save('./forecast_{:d}h.png'.format(24+i)) # 保存图片
```

2.3 添加个性标识

2.3.1 修改图片标题

新建1幅画布,将图片粘贴到画布上,画布的尺寸与图片尺寸一致。使用ImageDraw模块擦除原图中的不相关文字,重新设置标题。使用Draw()方法绘制矩形,矩形的边框、内部填充的颜色与图片的底色相同,使用矩形覆盖原文字,和擦除文字的效果一样。text()方法可设置需要显示的文字、字体和文字在画布上的位置。字体一般使用Windows电脑自带的宋体或黑体。实现步骤如下:

```
for i in range(0, 49, 24):
    im = Image.open("forecast_{:d}h.png".format(24+i))
    width, height = im.size
    image = Image.new('RGB', (width, height),(255,255,255))
    box = (0, 0, width, height)
    image.paste(im, box)
    draw = ImageDraw.Draw(image)
    # 绘制矩形
    draw.rectangle((10, 10, 100, 80), 'white', 'white')
    draw.rectangle((260, 50, 600, 90), 'white', 'white')
    draw.rectangle((300, 125, 550, 160), 'white', 'white')
    # 创建一个字体实例
    font1 = ImageFont.truetype('C:\WINDOWS\Fonts\simhei.TTF', 27, index=0) # 黑体
    font2 = ImageFont.truetype('C:\WINDOWS\Fonts\simsun.ttc', 24, index=1) # 宋体
    # 指定字体和颜色(RGB)
    draw.text((300, 60), u'乌江流域降水量预报图', font=font1, fill=(0,0,0))
    draw.text((370, 125), u'星火工作室', font=font2, fill=(0,0,0))
    image.save("NMC{:d}h.png".format(24+i))
```

2.3.2 添加logo

方法同添加流域地理位置图类似,需要首先准备好透明的logo图。大小根据需要而定,也可以使用Python代码修改图片的大小。在原图左上角位置添加特色logo。

至此一幅带有特色logo的乌江流域降水量预报图制作完成,利用Python中的循环语句可以同时制作完成需要的3幅预报图。

3 自动发送

本程序中的自动发送需要Pywin32库和PyQt5库。使用Pywin32库,导入win32con、win32gui、win32api模块。其中win32api模块内定义了常用的一些API函数,win32gui模块内定义了一些有关图形操作的API函数,win32con模块内定义了windows API内的宏。API函数是Windows提供给应用程序与操作系统的接口,通过它们,可以开发各种界面丰富、功能灵活的应用程序。所以API函数也被喻为构筑整个Windows框架的基石,在它的下面是Windows的操作系统

核心，而它的上面则是 Windows 应用程序。PyQt5 是开发 GUI（即图形用户界面）应用程序最强大的库之一，可用于编写各类 GUI 应用程序，包括会计类应用程序或是科学家、工程师所使用的各种可视化工具。

本程序用 PyQt5 将文件复制到 Windows 剪切板，用 win32gui 来调用桌面窗口，获取指定窗口 id（即身份标识码），向 win32gui 函数传递窗口名称，激活该窗口。再由 win32api、win32con 负责模拟人为的键盘操作，在模拟点击功能时分为按下按键、释放按键两步，实现 ctrl＋v 粘贴快捷键，再模拟键盘操作实现 alt＋s 微信发送快捷键。

在发送图片前首先判断生成的降水量预报图是否存在，若存在则启动发送图片的代码，若不存在则发出一条提示信息，便于人员判断是网络还是发送服务器的原因。

利用 Windows 自带的任务计划程序，创建基本任务，设定每天自动发送的时间和启动的自动化脚本即可将流域预报图发送至指定的生产人员。

4　流域天气预报图应用分析

流域天气预报图可直观查看流域各部分的降水量预报，促进了天气预报的精细化管理，为流域水情会商、制作发电计划提供参考信息，为水电站提前防范小区暴雨提供预警信息。同时因为流域天气预报图的自动制作、定时发送，不受值班员状态影响，可靠性较高，自投运以来一直运行正常。工作中可以根据需要设定获取预报图的天数，自动制作出未来 1～7 d 的流域降水量预报图，推送给特定的生产人群。

将流域图、行政区图等添加在气象预报图上，方便相关人员快速了解气象信息，对气象敏感行业具有一定的生产指导作用。

5　结语

本文中涉及的降水量预报图源自中央气象台公开发布的图片，添加了流域位置信息和一些有特点的特征信息。制作成功后受到乌江集控内部好评，为乌江流域天气预报添加了一项工具，成为洪水调度、方式制作人的有力助手。

Python 是一款好用的编程语言和工具，它可以用来构建各种脚本和实用程序，这些脚本和实用程序可以帮助你化繁为简、让很多事情都实现自动化。本文对基于天气预报图的二次创作具有一定的启发意义。

微信自动发送公司运行日报的应用

石建明,朱明星

(贵州乌江水电开发有限责任公司集控中心,贵州贵阳,550002)

摘要:为了及时掌握昨日的工作开展情况和当日的工作计划,使用 Python 编程语言提取公司调度业务管理系统运行日报数据,并将数据进行编辑后以图片的形式定时发送至用户的微信,方便用户查看公司运行日报。本文将介绍如何使用 Python 编程语言实现微信自动发送乌江公司运行日报的方法。

关键词:Python;运行;日报;定时;发送

0 引言

贵州乌江水电开发有限责任公司调度业务管理系统运行日报分 2 部分,第一部分以表格的形式展示梯级各电厂的不可远控时间、远控率、远程开停机次数、不成功次数、远控开停机成功率等运行数据。第二部分由值班人员对前一日的值班记录进行归纳整理,形成远程集控情况,机组、线路、母线及开关检修情况,运行风险管理,缺陷、异常及事故情况,电网断面控制调整,检修申请批复等内容。为了及时掌握前一日的工作开展情况和当日的工作计划,每日早晨需要定时将运行日报第二部分以文字形式通过微信发送至部门员工。

为提高工作人员的工作效率,降低劳动强度,解决值班人员手动发送运行日报的问题,集控中心星火工作室成员使用 Python 语言从数据库提取运行日报数据,并将提取的数据经过处理和计算写入 1 张图片,定时启动 Python 将图片通过微信发送到值班人员,实现微信自动发送运行日报,替代值班人员手动发送,减少值班人员工作量。

1 初步设计

微信自动发送乌江公司运行日报需满足以下要求:能够每日定时自动启动,能够生成文件保存,能够自动发送到指定的微信窗口。同时为保证微信自动发送运行日报内容的完整性,考虑将调度业务管理系统运行日报第一部分的运行数据也纳入发送内容。因运行日报第一部分是以表格形式展示梯级电厂的远控运行数据,最初计划以 Excel 表格的形式生成运行日报。由于手机打开 Excel 表格需要安装软件,手机打开图片更方便、更直观,想要将图片上下移动只需上下滑动手机屏幕,最终决定采用图片的格式生成运行日报。

将运行日报内容生成图片,需要使用 Python 编程语言实现。Python 编程语言能够提供了高效的高级数据结构,还能简单有效地面向对象编程。Python 语法和动态类型,以及解释型语言的本质,使它成为多数平台上写脚本和快速开发应用的编程语言。Python 是一种跨平台的计算机程序设计语言,最初被设计用于编写自动化脚本,随着版本的不断更新和语言新功能的添加,逐渐被用于独立的、大型项目的开发,包括 Web 开发、数据分析、自动化运维等。

2 实现方式

2.1 制作图片和表格

表格的制作需要使用 Python 语言 PIL(Python Image Library)库,PIL 库是 Python 语言的第三方库,支持图像存储、显示和处理,能够处理几乎所有格式的图片。首先用 PIL 库中的 image.new 函数生成 1 张高度为 1 800 像素、宽度为 417 像素的白色图片。Python 语言以图片左上角的顶点为坐标原点,向右为 X 轴正向,向下为 Y 轴正向。选择 1 个坐标点为起点,另一个坐标点为终点,2 个点的 Y 轴坐标相同,用 draw.line 函数在图片作出与 X 轴平行的横线,用相同的方法作出其他横线,每个横线间隔一定的距离。以第 1 条横线的起点为起点,最后一条横线的起点为终点,用 draw.line 函数在图片作出与 Y 轴平行的竖线,用相同的方法作出其他竖线,竖线之间根据内容间隔一定的距离,最后一条竖线以第 1 条横线的终点作为起点,最后一条横线的终点作为终点,形成 1 个与运行日报相同的表格。以下是实现生成图片和

收稿日期:2022-05-06.

作者简介:石建明,甘肃兰州人,工程师,从事集控运行调度工作.

画横线、竖线的一部分代码：

blank=Image.new（"RGB",[417,1800],"white"）#生成图片

draw=ImageDraw.Draw（blank）#打开空白图片

draw.line（[（10,76），（405,76）],fill='black',width=1）#画横线

draw.line（[（10,380），（405,380）],fill='black',width=1）#画横线

draw.line（[（10,76），（10,1780）],fill='black',width=1）#画竖线

draw.line（[（405,76），（405,1780）],fill='black',width=1）#画竖线

2.2 提取数据

提取运行日报数据，需要使用datetime函数和ibm_db_dbi。Datetime函数可以识别并处理与时间相关的元素，如日期、小时、分钟、秒、星期、月份、年份等。它提供了诸如时区和夏令时等很多服务。还可以处理时间戳数据，解析星期几，每月几号，以及从字符串格式化日期和时间等。datetime通过提取当日的时间，并经过一系列的格式转换和计算，将时间计算为前一日的日期进入数据库，使用ibm_db_dbi连接db2数据库，将前一日运行日报数据提取出来，并以数组的形式保存。

2.3 处理数据

运行数据中不可远控时间、远程开停机次数、不成功次数可以直接从数据库中直接提取。远控率和开停机成功率是由不可远控时间、远程开停机次数、不成功次数经过公式计算得到，得到需要的全部数据。根据在图片中的坐标点，用draw.text函数将数据和值班记录写入相应的位置。

2.4 微信发送

微信自动发送需要使用win32api函数，Api函数也被喻为构筑整个Windows框架的基石，在它的下面是Windows的操作系统核心，而它的上面则是Windows应用程序。使用win32api函数查找微信窗口，找到需要发送图片的微信窗口，并将微信窗口置顶和并获取控制，将生成的运行日报图片进行复制并粘贴至微信窗口，最终发送至用户的微信。当微信窗口打开时，直接通过查找微信窗口名称，将微信窗口置顶和控制。当微信窗口最小化时，使用while函数将光标从电脑任务栏左侧移动到右侧，每移动一小段距离，Python语句控制光标单击电脑任务栏一次，将任务栏中最小化的微信窗口打开，实现微信窗口的置顶和控制。

2.5 定时启动

实现定时启动微信推送运行日报，需要电脑自带的任务计划程序。具体设置步骤：打开任务计划程序→右击任务计划程序库→创建基本任务→在名称栏输入运行日报微信自动推送→点击下一步→在触发器中选择每天→设置每天启动任务的开始日期和具体时间→点击下一步→选择启动程序→点击下一步→点击浏览→在程序和脚本中选择写好的Python代码→点击完成。计划任务程序在每天设置的时间自动启动Python语句，完成运行日报的图片生成及自动发送。

3 存在问题和解决方法

因为开停机成功率=（开停机次数－不成功次数）/开停机次数，如果当日该厂没有开停机，计算开停机成功率，Python会判定数据错误无法显示。为了正确显示开停机成功率，在将开停机成功率写入图片的代码中增加了if语句，用于条件判断，当开停机次数为0时，在图片中显示为"－－"，当开停机次数不为0时，将计算结果显示在图片。实现代码如下：

If ktjcs_hjd==0：#开停机次数为0

draw.text（（363,147），'－－',font=ft,fill='black'）

#显示为"－－"

else：#开停机次数不为0

ktjcgcs_hjd=ktjcs_hjd－bcgcs_hjd

ktjcgl_hjd=ktjcgcs_hjd/ktjcs_hjd

draw.text（（342,147），'{0:6.2f}'.format(ktjcgl_hjd*100)+'%',font=ft,fill='black'）

#显示计算结果

数据写入表格时，数据是根据写入位置的坐标确定，所以在图片上以左对齐显示，在显示开停机成功率和远控率等数据时，因为数据位数不相同，导致百分号显示不能够对齐。为了能够让数据显示整齐，在将数据写入时，规定写入数据的位数，当位数不足时，在显示时自动在数据前以空格的形式补足，实现数据显示的右对齐。具体代码如下：

draw.text（（160,147），'{0:6.2f}'.format(ykl_hjd)+'%',font=ft,fill='black'）#数字前以空格补足6字符

运行日报值班记录是整理的公司水电每日的工作开展情况，采用固定长度的图片展示时，当工作记录比较多时，文字就会超出图片的长度，导致显示的内容不完整，当工作记录比较少时，空余的图片比较多。为了解决这个问题，使用len函数对值班记录文字计算字符串长度，通过计算图片宽度每

行能显示的字数，每行占用的像素，以字符串的长度等比例设置图片高度，使生成的图片刚好合适。修改代码如下：

number=len（rows_yes[3][10]）#计算值班记录字符长度

blank=Image.new("RGB",[417,750+int(number*1.25)],"white")#根据值班记录内容调节图片长度

运行日报值班记录内容中，每段记录长度不固定，当记录内容超过图片宽度时，超出图片部分的文字无法显示，导致显示内容不完整。为了完整显示记录内容，根据图片宽度，在 Python 语句中增加了对每行显示内容长度的限制，当写入每行的字符长度超出图片宽度时，自动换至下一行，保证了记录内容的完整。同时，为了突出层次，在同一段内容的行与行之间保持相同的间距，在段与段之间增加一定距离。

实际运行过程中，在微信窗口正常打开时，经常存在微信定时自动推送失败的情况，查看对错误提示的报文，原因为置顶和获取控制微信窗口失败，在 Python 语句中增加一句代码，将光标移动到微信窗口位置，模拟单击鼠标，强制将微信窗口置顶和获取控制后发送正常。具体代码如下：

win32api.SetCursorPos（[930，580]）#鼠标定位到（930，580）微信窗口位置

pyautogui.click（）#完成单击一次

4 自动发送运行日报的特点

经过一段试运行，通过对 Python 语句的改进和完善，微信定时发送运行日报，运行稳定，能够完全替代人工发送。具有以下特点：

将运行日报内各厂不可远控时间、远控率、远程开停机次数、不成功次数、远程开停机成功率等数据增加到微信发送内容，使日报内容更加完整。

生成的图片宽度与手机屏幕宽度一致，高度随运行日报的内容自动调整，保证图片高度的合理，方便用户查看。

增加运行日报段落的间距，使运行日报各项内容显示更加清晰，更有层次。

任务计划程序定时启动 Python 语句，实现数据自动提取，图片的生成及发送，提高了发送内容的准时性、准确性。

微信定时发送运行日报实现方式简单，只需要登录微信，打开发送用户的窗口。当用户发生改变时，可随时增加、删除、修改发送对象，维护方便，便于实施。

5 结语

实现微信定时推送乌江公司运行日报，值班人员可以集中精力专注于其他工作，提高工作效率，保障了安全生产。同时激发同事的学习兴趣，坚定同事创新的决心，并积极运用到解决工作中的实际问题，将对实现其他运行报表的数据提取、自动生成、自动发送提供技术支持，极大地提高办公自动化水平。

乌江流域集控中心全能运行值班员培训初探

胡强蔚

(贵州乌江水电开发有限责任公司,贵州贵阳,550002)

摘要：文章总结了乌江集控中心实施"远程集控，少人维护"以来在运行值班方面的培训经验，在深化运行、提升技能工作中采取的有益措施，旨在探讨培养人才、留住人才，为流域集控中心持续发展提供助力。

关键词：培训；体系；技能；效益

0 概述

乌江集控中心自2015年承担乌江梯级9座电站32台机组远程控制以来，主要分为远程控制、深化运行2个阶段。随着深化运行工作的不断开展，集控运行人员不再只承担远程控制电厂相关工作，同时要承担电网调度业务联系及实时优化调度和运行方式协调等。面对目前电力市场改革，加上公司新能源电站的不断建设和投入运行，公司装机规模不断扩大、发电种类涵盖了火电、水电、光伏，承担的生产调度业务不断增多，急需大量的知识储备支撑，同时也需要强化团队意识建设，融入团队并形成保持活力，不断加强电力市场及新能源相关知识的培训，提高电力市场竞争力。对运行人员来说仅有基础知识是远远不够的，培训高素质、全能型集控运行人才显得尤为重要。经过一段时间的摸索尝试，集控中心逐渐成立了一套有特色的人才培训体系。

1 现阶段问题

1.1 运行人员储备不足

一方面因乌江集控与梯级各电厂人事关系相互独立，而乌江集控运行人员主要来自梯级各电厂，电厂在实现远程集控后，在运行人员培养方面只考虑本厂生产需要，未站在公司新业态发展及集控中心角度考虑；另一方面公司对梯级各电厂和乌江集控中心的定岗定员存在一定影响，自梯级各电厂远程集控以后，新进运行人员减少，运行人员存在断层现象。最终导致乌江梯级运行人员储备不足。

1.2 公司新规划对运行人员技能水平提出更高要求

公司要实现"十四五"期间，清洁能源装机达到2 000万kW，对梯级各电厂及乌江集控运行人员技能水平提出更高要求，针对调度业务联系、执行规程制度管理不到位、运行相关业务技能不足等，特别是规范化不足，需进一步将业务技能培训从标准统一化、专业规范化出发，对乌江集控运行人员专业知识掌握的深度、宽度提出了更高要求。

1.3 运行人员对电力市场改革掌握不充分

随着"两个细则"持续向电力市场深化运用，不仅为开展梯级电力优化调度及站内经济运行提供了条件；同时，也对当前形势下梯级水电调度运行工作的提出新的要求，尤其是新能源装机在电网发电设备中的规模越来越高。运行人员对"两个细则"的掌握及运行不充分，在实际工作中导致个人的主动服务意识及分析协调能力不足，将造成优化调度的被动局面。

2 建立集控全能运行值班员培训机制

在"深化运行"工作管理模式的持续推动下，对运行值班人员整体业务能力水平提出更高的要求，必须进一步深化人员的各方面的能力。一是从学习状态上强化自觉主动，部门首先形成了"被动学"转为"主动学"的良好学习氛围，并制定了《集控中心运行部值班人员岗位动态管理工作方案》，明确了相应的约束和激励机制，提高运行人员学习的积极性和主动性；二是学习节奏上强化及时跟进，随着电力系统辅助服务市场不断推进的现状，运行部快速反应，针对"两个细则"中的并网运行管理考核与辅助服务补偿学习研究，明确其中的各项重点、要求及方法，并通过外出培训、部门集中授课、各值学习研讨等方式，在调度运行工作中发挥了显著的作用；三是学习方式上强化联系实际，部门努力通过月考、考问讲解、专业技术讲课、能力提升小课堂等多种渠道提高运行人员的技术水平和业务技能，围绕专业理论、各类规章、制

收稿日期：2022-05-25.

作者简介：胡强蔚，工程师，从事集控运行调度工作.

度以及技术规程、规范、标准作为培训的着力点，坚持以实际工作的问题导向，提高了专业技术学习的实效性。

2.1 开展考问讲解

每值交接班结束后，由值长组织值内人员开展生产知识考问讲解，同时对一些事故处理方式以及实际工作中遇到的问题、难点展开讨论并得出结论。在扎实掌握各项专业技术本领的基础上，营造了积极学习的浓厚氛围。

2.2 成立运行培训小组

充分利用内部人才资源，发挥"传帮带"作用。运行部是集控工作一线，值班人员的能力高低直接关系梯级电站的安全稳定、优化效益。培训内容涉及电网、电站设备、远程控制、水库调度知识、电网知识、多能互补理论知识等。讲解过程中，授课人员就参会人员提出的具体问题进行答疑，又实时对听课人员进行提问，调动了大家的积极性。

2.3 每月定期开展考试

考试内容涵盖电网、电站、远程控制、电力运行、日常工作等多方面的知识点，通过"学考结合，以考促学"的方式，并结合答题情况对难点进行解析，进一步提升了运行部人员的业务技能。

3 集控与电站建立培训体系

3.1 集控运行人员必须掌握现场设备动态

实施"远程集控，少人维护"过程中，因现场设备不断改造、更新，为避免对现场设备生疏，制定了相应的管理办法，安排集控运行人员定期轮换到现场对集控所管辖设备的变更及运行情况、控制逻辑、执行流程、运行方式的薄弱环节、设备差异以及现场人员配置、应急响应时间进行了解学习，并对现场提出的运行建议进行交流。学习结束后制定培训课件，对其余值班人员进行授课，通过考试来检验培训效果，并采用适当的考核措施激励员工的学习积极性，为值班人员搭建和谐、向上的成才平台。

3.2 建立电站运行人员轮训机制

乌江梯级各电厂根据需求，制定运行人员培训计划，时刻保证电厂有一名运行备员，并做好运行人员转岗或输送计划。乌江梯级各电厂根据乌江集控提出的培训要求对运行备员进行"模块化、标准化、专业化、系统化"的培训。通过梯级水电运行专业人员融合培训，把电厂、集控中心的运行专业人员作为一个整体统筹进行学习、培训，让电站运行人员到集控中心进行轮岗培训锻炼，实现全公司水电运行专业整体提升并持续保障，做优水电站安全、优化调度工作，完善"远程集控、少人维护"管控模式，建立运行发电专业培训长效机制，实现运行发电专业人才持续保障，既解决集控运行增加值班人员问题，又实现了整体技能提升，保障梯级运行发电专业人资储备。

集控中心运行人员轮岗至集控电厂，经过短时间培训、现场熟悉就可以上岗，从事电厂运行工作，而电厂运行人员要轮岗至集控中心时，短时间很难上岗，必须经过长达半年的集控中心培训。因此持续与梯级各电厂点对点开展远程控制工作技术交流，并建立常态化工作交流机制，从电力调度、远程控制、检修申请等方面开展工作，重点加强对电网调度管理规程宣贯，把调度纪律说深、说透，严肃调度纪律，与梯级各电厂共同营造良好的安全生产氛围。基于此，开展乌江流域运行人员资格认证机制，有利于公司运行人员培养和发展，即取得电网调度受令资格认证的运行人员都可以参加由乌江集控牵头组织的集控运行人员资格认证考试、答辩，经考核合格者进入乌江集控运行人才库，从而强化乌江流域调度运行技能水平和调度意识。

3.3 规程培训常态化

由于运行工作实时性强，调度纪律要求严格，违反规程就有可能造成不良后果，轻则被考核、重则可能危及人身和设备安全。规程既是规范化管理的基石、又是业务技能的指导原则。熟练运用规程是运行值班工作的基本要求，但规程随着电网的发展不断地修改更新，人的记忆有一条遗忘曲线，需要定期巩固。

集控中心同时接受南方电网总调、贵州电网中调、地调三级调度机构的调度指挥，集控运行人员必须严格遵守调度纪律、规范调度联系，定期邀请电网专家对运行值班人员进行电网知识学习讲课，主要内容为《贵州电网系统概况》《贵州电网调度运行操作管理规定》《贵州电网调度操作票使用规范》《贵州电网电力调度管理规程》《调度纪律管理》以及贵州电网运行、操作、异常及事故处理的有关要求、流程等内容。培训过程中，学员与授课专家就工作中遇到的问题如夜间低谷消缺、水位协调时机等多种疑问进行沟通、交流。通过培训，进一步规范了调度术语的应用，强化对调度规程的理解与掌握，提升了集控运行人员的业务技能和安全意识，为中心深化远程控制、优化调度工作的安全稳定开展奠定了良好基础。

3.4 吸纳国内先进经验

结合实际情况轮流分批安排运行值班人员外出调研、学习，把先进的生产技术和管理经验带回来，将调研、学习成果结合集控工作要求和实际"内化于心"，对集控运行人员开展内部分享培训。

通过"引进来、走出去"的这种开放式培训方法，避免了知识老化固化，乏善可陈，有利于突破瓶颈，汲新纳善，博众家之长，补己之短，不失为提升能力素质的上上策。

4 下一阶段的工作及展望

4.1 强化调度运行专业基础

一是加大与梯级各水电厂点对点开展调度运行工作技术交流力度，并建立常态化工作交流机制，从电力调度、远程集控、检修申请等方面开展交流。二是全方面狠抓基础管理工作，强化乌江梯级调度运行管理水平，持续推进梯级水电运行人员调度业务工作评价管理工作。三是发挥集控运行专业的技术和管理优势，全面、系统地做好梯级电站设备运行分析工作，为梯级机电设备安全运行做贡献。

4.2 抓好远程集控标准化管理

一是严肃调度纪律，加大调度运行各相关专业的培训力度，严格执行调度指令，集控中心与流域各电厂共同维护良好的调度运行秩序。二是持续加强运行管理，规范运行工作，从人员水平、规程制度和技术支持等方面着手，不断强化人员调度业务能力及综合素质能力，进一步规范工作流程。三是强化运行专业培训，通过多形式的培训方式，提升运行值班人员专业技术知识，确保安全生产。

4.3 适应电力市场化改革

一是加强专业知识储备，随着生产调度业务不断增多，业务的扩展需要大量的知识储备才能支撑，不断加强电力市场方面相关知识的培训，提高公司在市场中的竞争力。二是辅助服务调频市场已正式启动，各涉网专业等联动更加紧密，集控加强与各电厂信息沟通、交流和协调，协同配合乌江流域各电厂开展市场策略研究。三是提高主动服务意识，结合"数字流域规划"建设，积极开展乌江流域电力市场竞报价策略研究，探索合理的运行方式，实现经济效益最大化，助力公司"提质增效"的管理目标。在电力行业发展的新时代、调度运行工作面临更高标准、更高要求。面对电力市场改革、流域生态调度、能源保供等多重挑战。运行部结合岗位需求展开分析研究，针对部门各岗位人员出现的能力不匹配、作风跟不上、落实有差距的情况开展"能力作风建设年"专项行动。构建深化运行管理新模式、建立全员培训常态化新机制。

能钻一门业务：随着电力市场产品持续推出和新版"两个细则"发布，运行人员仅仅掌握电力调度规程已不再满足当前工作需求。不断组织学习电力市场新规则和"两个细则"新要求，加大培训力度，学用结合，形成常态化、全覆盖的培训机制，不断提高运行队伍技能水平。

能攻一道难题：组织开展区域调频辅助服务市场试运行阶段的总结分析，有效应对电力市场改革。针对流域部分电厂AGC功能控制策略上的不足，与流域各电厂成立攻坚小组，查找问题、分析原因、制定对策，共同攻坚克难，优化AGC功能控制策略，确保水电厂在电力市场改革中获取更大效益。

能出一项成果：坚持学以致用，为梯级电厂适应电力市场改革献计献策。加强总体研判，结合梯级电厂优化调度提出技术措施，提高梯级电厂在辅助服务区域调频市场中的竞争力。进一步提升中心运行专业管理能力，在电力市场化改革发展中提升经济效益。

5 成效分析

深化运行工作开展以来，远程控制、优化调度逐步融入日常工作中。运用新知识、掌握新技能。每个值内互相检查日常值班工作中存在的不足，讨论专业技能，以每次调度联系和实际发生的故障、异常检验培训效果，力图使每个值班员在实际工作中能应对各种突发事件，在工作中检验培训效果。

实施全能运行值班员人才培训以来，集控运行值班员承担了梯级远程控制、运行风险管理、方式实时协调、运行监视工作。需要全面掌握梯级电站的实时运行情况，得益于值班员专业综合能力的提升，安全基础更有保证，优化调度效益更加显著。

6 结语

综上所述，新型集控全能运行值班员的技术水平，直接决定机组能否安全稳定、经济高效运行。只有做好集控运行人员培训、调动其积极性，才能及时跟上电力技术发展的步伐，培训出高素质、全能型集控运行人才，创造出安全效益与优化效益。下一步我们将对全能运行值班员体系工作进行总结提炼形成一套符合乌江梯级运行人才的培养标准和模式，为后续的集控运行人才的培养工作奠定基础。

大中型水电厂构建智能巡检系统的设计与应用

张举世

(贵州乌江水电开发有限责任公司东风发电厂,贵州贵阳,551408)

摘要：东风发电厂设计和构建了一种基于无人机、机器人等智能设备的水电厂智能巡检系统,具备实时监控、智能识别、智能分析、巡检结果交互等功能。其巡检工作实现由智能化设备和智能巡检系统自主完成,为数字电厂建设提供数据支撑和实践经验,其技术路径、方法可供类似水电厂借鉴。

关键词：水电厂；智能；巡检；结构；模型；规则

0 引言

贵州乌江水电开发有限责任公司东风发电厂位于贵州省清镇市和黔西县交界处乌江干流鸭池河上游,是乌江流域开发的第2级电站,也是贵州电力系统主要电厂之一,电厂总装机容量695 MW（3×190 MW+1×125 MW）。

近年来,东风发电厂利用现代先进技术对水电典型设备开展智能巡检进行了探索和实践,取得了较好成果。本文结合东风发电厂构建智能巡检系统设计与实践应用情况进行总结、分析,为其他水电站开展设备智能巡检建设提供借鉴。

1 智能巡检系统设计

1.1 系统硬件架构

智能巡检应用系统新建在安全 III 区,以高级功能应用模块形式部署在数字电厂统一数据平台上,通过统一数据服务总线实现数据存储、访问、监视和预警。智能巡检应用系统与电厂现有监控系统、状态监测系统等已有生产系统无缝对接,具备实时监控、智能识别、智能分析、巡检结果交互等功能。智能巡检系统硬件架构图见图1。

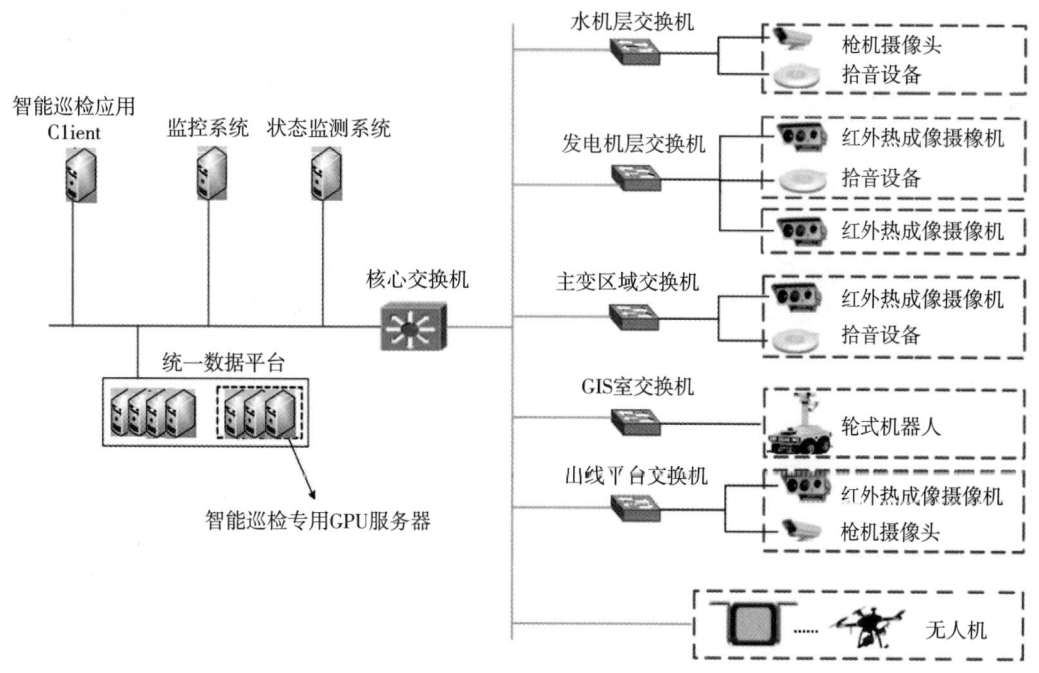

图1 智能巡检硬件结构

针对拟开展智能巡检区域或拟巡检的对象,采用现场布置定点传感器、室内机器人、室外无人机等智能感知设备进行巡检数据采集,在巡检专用GPU服务器上部署识别软件,对前端采集的图像、

收稿日期：2022-08-15.
作者简介：张举世,贵州贵阳人,工程师,从事水电厂设备运行维护及生产管理工作.

音频、热成像等数据进行识别,将识别结果存储"数字电厂统一数据平台"。在"数字电厂统一数据平台"上部署"巡检引擎软件""智能巡检规则""智能巡检页面",对被巡检设备进行巡检,同时将巡检结果数据存储"数字电厂统一数据平台"以及结果展示。

1.2 软件架构

如图 2 所示,智能巡检应用系统软件根据其特点分为数据层、应用层和界面层 3 个层次,其中界面层采用 Web 架构和移动 APP 展示,应用于 Web 程序,数据层和应用层为公共数据应用。

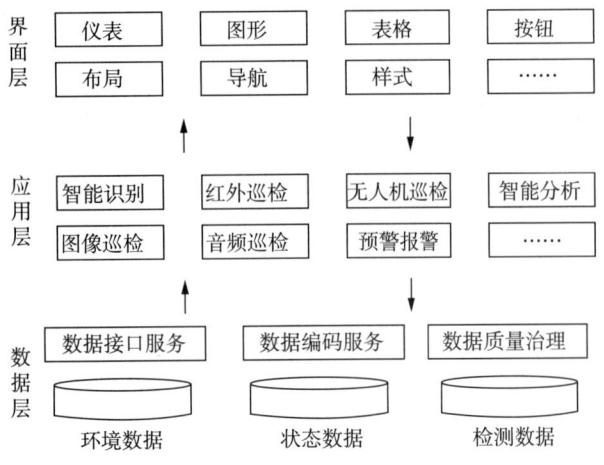

图 2 系统软件架构

2 智能巡检主要功能

东风发电厂在智能巡检探索和实践中,智能巡检应用模块开发了实时监控、智能识别、智能分析、巡检结果交互等功能模块。

2.1 实时监控

实时监控模块展示巡检对象的状态、信息、数值和异常情况,实现巡检对象的视频云台控制、画面分割、画面转图等功能。

2.2 智能识别

智能识别模块对各种传感器(含巡检机器人、无人机等)采集的图像、音频、测温数据进行识别。

2.3 智能分析

智能分析模块包括趋势预警分析、对比分析、关联分析等功能。其中趋势预警分析是基于设备历史数据,实现巡检数据趋势的预测分析,对设备巡检的隐形故障和趋势性故障进行判断;对比分析是通过图片、热成像图进行异常情况的对比分析;关联分析是将巡检数据与设备相关运行工况、相邻设备进行关联,实现多数据的过程分析、统计和对比分析。

2.4 巡检结果交互

巡检结果人机交互主要包括结果展示、报表管理和历史查询等。其中结果展示包含分级目录展示总体、局部区域或设备的巡检结果,可确认、修正、查询、导入导出巡检结果。巡检结果以数值表、图像、过程图、曲线等形式展示,结果查询可按对象、时间、故障等类型查询。报表管理包含提供报表配置组态工具,可按对象、时间、故障类型设置、编辑、生成巡检报表模板。历史查询包含可选择巡检对象、起始时间、报警类型查询设备告警、告警数据、告警录像,可查询历史数据的曲线图和历史数据列表等。

3 智能巡检模型

3.1 图像巡检模型

如图 3 所示,图像巡检的实现技术路径:首先确定巡检场景,对反映正常状态的巡检场景进行图像采集(给定巡检区域图像),由图像算法专家在训练平台上对给定巡检区域图像的特征要素进行识别,构建给定巡检区域图像的"正常特征数据",并将"正常特征数据"存放至"智能巡检专用 GPU 服务器"中;其次,通过智能巡检专用 GPU 服务器部署的"巡检服务引擎软件"对现场图像传感器实时采集图像进行识别,提取"实时特征数据";在智能巡检专用 GPU 服务器中,开发和部署巡检服务引擎软件,巡检服务引擎软件按照一定计算时间间隔将实时图像("实时特征数据")与给定巡检区域图像("正常特征数据")进行匹配比较,实时图像与给定巡检区域图像相同时,则巡检设备处于正常状态,反之则为异常状态。

以指针表示数智能读取为例,图像巡检工作过程,通过摄像头拍摄表计,在拍摄的视频中识别目标图像,经过训练识别指针位置和代表数值的关系,识别出表计数值。

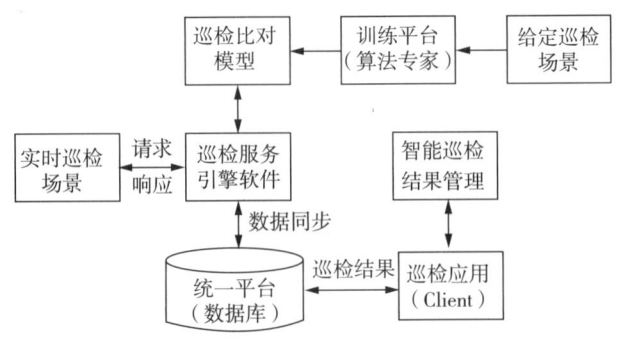

图 3 智能巡检路径

3.2 音频巡检模型

音频巡检的实现技术路径：首先对现场采集的历史音频进行检测，利用端点检测技术（对音频分段截取）对设备运转过程中各阶段的音频区段进行智能切割，利用数字滤波技术自动对音频进行降噪，建立起关键区域或者设备的正常声音比对模型（"正常音频频谱"）；现场拾音传感器的实时音频，通过数字滤波技术降噪后，得到现场巡检音频（"巡检音频频谱"）；通过智能巡检专用 GPU 服务器部署的"巡检服务引擎软件"自动将"巡检音频频谱"与"正常音频频谱"进行比对和匹配。从而完成反映设备正常、异常状态的音频巡检。

3.3 红外巡检模型

红外测温巡检技术路径：算法服务器利用端点检测技术切割历史红外测温图像（温度与颜色的关系），并不断迭代学习，构建和修正反映设备正常、异常状态的红外测温巡检比对模型。巡检服务引擎软件按照时间间隔将实时的红外测温图像与红外测温巡检比对模型进行比对和匹配，从而完成反映设备正常、异常状态的红外测温巡检，得出设备是否处于正常状态或异常状态，发现问题进行报警。

3.4 无人机巡检

无人机巡检是以无人机为载体，通过无人机挂载相应的采集前端（传感器吊舱），经后端软件平台智能计算后完成图像、温度的巡检，其识别原理与通过摄像头、红外热成像设备采集原理相同。无人机巡检中针对大坝上下游库岸边坡滑坡、落石的识别并配备喊话器。因此，无人机除正常对水工建筑物的智能巡检外，还具有地质灾害信息采集和预警功能，以及防汛信息播报和防汛报警等功能。

3.5 机器人巡检

机器人是以机器人为载体，通过机器人挂载相应的采集前端（摄像头、红外测温灯），经后端软件平台智能计算后完成图像、温度的巡检，其识别原理与通过摄像头、红外热成像设备采集原理相同。

4 智能巡检规则

东风发电厂在智能巡检探索和实践中，以"拟人巡检"的思路建设"智能巡检应用模块"，使之成为电厂巡检管理的"千里眼、顺风耳、智能脑"。因此，在各智能巡检模型的基础上，结合人的巡检经验开发智能巡检规则，实现设备巡检的综合性判断，使智能巡检的结果更加可靠。

5 成效与思考

5.1 成效

与水电厂传统巡检相比，东风发电厂开展智能巡检建设探索和实践后，取得的成果如下。

（1）通过具备实时监控、智能分析、巡检结果展示、前端采集设备管理等功能的智能巡检系统，可将常规定时人工巡检与全天候在线智能巡检系统相结合，有效提高了巡检质量，实现常规"人工巡检"逐步向在线"智能巡检"过渡。

（2）从设备可靠性角度，实施智能巡检区域可提升巡检频次、实施关键设备关键参数实时监控，提升设备巡检可靠性，提前发现隐形缺陷和异常，设备设施的健康安全水平得到极大的提升。

（3）从安全和管理成本角度，实施智能巡检的区域将减少人工巡检，基本消除人员巡检不到位、漏检现象；可有效避免人员巡检过程中安全风险和违章风险，巡检管理成本将有效降低。

（4）从人的角度，实施智能巡检的区域将有效降低人员巡检工作强度，提升员工幸福感。

5.2 思考

（1）鉴于东风发电厂现场环境，针对反光、设备外观与环境同色等影响造成对智能识别不够准确。今后开展类似环境巡检对象的智能识别还需继续研究和完善智能巡检识别算法，消除环境影响。

（2）部分设备的巡检策略仅考虑设备运行数据和与之关联设备的运行数据，还需要从历史数据上进行巡检分析，得出设备运行趋势，指导设备运行。

6 结语

东风发电厂以 1 号机组、1 号主变、GIS 室、220 kV 出线平台、大坝上下游库岸的水电典型设备作为智能巡检对象，采用"拟人巡检"思路探索试点建设"智能巡检"，使之成为电厂巡检管理的"千里眼、顺风耳、智能脑"，有效解决常规巡检工作存在漏检、错检以及难发现趋势故障等问题。在水电典型设备智能巡检试点建设过程中，所采用的技术路径、方法，可为其他水电站开展设备智能巡检提供借鉴意义。

格里桥电站水轮发电机转子动态接地故障排查及处理

杨杰，黄磊

（贵州乌江清水河水电开发有限公司，贵州贵阳，550008）

摘要：对格里桥电站水轮发电机运行中转子动态接地的问题进行了原因分析，介绍了该站针对这些问题的处理方法及实施效果等。

关键词：格里桥电站；转子；动态；接地

1 简述

格里桥水电站位于贵州省贵阳市开阳县与黔南州瓮安县交界，丑岩河至马路小河之间的清水河干流上，是清水河干流的第4个梯级水电站。电站总装机容量150 MW（2×75MW），多年平均电量5.08亿 kW·h，于2010年2月正式投产发电。

水轮发电机由天津市天发重型水电设备制造有限公司生产，发电机型号SF75－28/7300，转子磁极28个，额定励磁电压185 V。发电机保护采用了南自厂生产的DGT－801C系列数字式发电机变压器组保护装置，同时装有WL2CA－S2型发电机转子绝缘在线监测和接地定位装置。

2 问题的提出

格里桥电站2号机组开机过程中，发电机保护装置报"转子一点接地"故障信号，通过对转子绝缘监测及定位装置记忆数据核查，转子绝缘有瞬时下降现象。随着机组的持续运行，转子绝缘波动较大，跳变明显，有时已低于标准值0.5 MΩ，给机组安全运行带来了隐患。

电站专业人员利用低谷期间停机对2号发电机转子励磁电缆、碳刷架、滑环、转子引线、保护装置回路等进行全面清扫检查，绝缘均合格，对转子励磁回路用1 000 V摇表进行绝缘检测，结果为230 MΩ，绝缘合格。

开机进行零起升压试验，从0 V开始按照5%的励磁电压递增加压，转子绝缘出现下降趋势，励磁电压越高，转子绝缘值越低。

通过试验结果分析判断，2号发电机转子存在动态绝缘薄弱故障点，当转子旋转时，受旋转离心力、振动、摆度的影响，绝缘薄弱点间歇性接地。但机组停机后，绝缘恢复正常，这种"动态软故障"给故障排查带来了很大的难度。

3 原因分析

根据格里桥电站发电机转子结构特点，形成转子接地故障的可能部位主要有：

（1）在发电机集电环和碳刷间，由于碳粉的积累造成集电环对地绝缘部分爬电形成的接地故障；

（2）励磁引线与滑环连接处因碳粉污垢造成绝缘降低。

（3）单号磁极连接线外包绝缘破损，形成与磁轭压紧螺杆间的金属性接地故障。

（4）磁极连接引固定螺栓与磁极连接引线之间绝缘护套破损或护套内有金属粉末形成爬电造成接地故障。

（5）磁极本体绝缘故障，导致绕组对铁芯放电。

结合故障现象分析，2号发电机转子接地故障极可能发生在转子本体、转子引线及滑环等开机运行中旋转动态的部位。

4 制定方案

针对2号发电机转子动态接地的问题，查阅设计、安装相关资料文件，咨询厂家和相关方面的专家，并根据电站转子装配、运行的实际情况作了具体的原因分析，在机组检修中采用"分段动态加压击穿"的排除处理方案。

（1）分段。将转子磁极引线接头解开，并做好可靠隔离，将转子磁极分断隔离排查。

收稿日期：2022-08-11.
作者简介：杨杰，从事水电厂设备运行维护及管理工作.

(2)动态。即将机组手动开机,由零递转速增至100%。在机组旋转状态下,用低电压表从灭磁开关下端分别检测两段转子磁极绝缘情况;若低电压等级检测两段绝缘均合格,则将摇表电压递增,继续检测。

(3)加压击穿。意为发电机转子在旋转状态下,通过对转子回路用摇表递增加压(250、500、1 000 V,最高电压结合预试规程及厂家相关技术报告),击穿动态绝缘最薄弱部位,将其变为永久接地故障点,以便准确排查、处理。

5 方案实施及处理结果

(1)手动开机递增转速,同时利用100 V摇表进行动态转子绝缘检测,在15~18 $Ne\%$、31~35 $Ne\%$、72~77 $Ne\%$下绝缘值有跳变现象,变化范围为0.35 MΩ至10.78 MΩ。其余转速阶段绝缘值>110 MΩ。

(2)将转子绝缘检测及定位装置切换把手切至"只投机组保护装置",进行零起升压试验,机组保护装置绝缘值有跳变现象,最低显示值为66 kΩ,定位为0,判断监测装置工作正常。

(3)外加直流焊机加压,递增转速监测转子绝缘及接地点分布情况。

(4)拆下所有挡风板,检查磁极引线与转子铁芯拉紧螺帽无接触,间距满足要求。

(5)利用外加焊机加压,开机监测绝缘情况,绝缘值有跳变,最低为0.66 MΩ。

(6)手动开机,递增转速,同时利用500 V摇表监测转子动态绝缘。

(7)空转状态下,利用焊机外加电源,进行绝缘及定位测试。

(8)停机后用500 V摇表监测绝艳,阻值为1140 MΩ,判断故障部位在磁极本体上,需分段逐一进行排查。

(9)根据试验结果,拆开转子♯15－♯16、♯23－♯24引线接头,将转子回路分成3段:正极♯1－♯15磁极、负极♯24－♯28、空甩段♯16－♯23。

(10)开机空转,用500 V摇表分别检测正极、负极绝缘,结果均大于1000 MΩ;正、负极短接后监测绝缘,阻值为983 MΩ。

(11)将♯15－♯16磁极引线接头连接后,用500 V摇表监测正极(♯1－♯23)段绝缘,开机后绝缘下降至30 kΩ,初步判断♯16－♯23段磁极有绝缘薄弱点;负极(♯24－♯28)绝缘1 400 MΩ。

(12)将所有磁极短接,用500 V摇表监测,绝缘为2 300 MΩ;用1 000 V摇表检测,绝缘值为0.075 MΩ。

(13)解开♯20－♯21磁极引线接头,用1 000 V摇表分别检测正极(♯1－♯20)、负极(♯21－♯28)绝缘情况,结果正极为1 200 MΩ;负极为0.43 MΩ,判断负极接地。

(14)逐一解开负极磁极引线,采用负极递减磁极方式逐一检查,当解开♯21磁极后,负极(♯22－♯28)绝缘为1 960 MΩ;对♯21磁极用1 000 V摇表进行绝缘监测,结果为0.056 kΩ,判断故障点为♯21磁极。

(15)用跨接线连接♯20和♯23磁极(甩开♯21磁极),用1 000 V摇表对转子整体进行静态绝缘检测,结果为1 860 MΩ。

(16)开机递加转速,同时1 000 V摇表检测绝缘,绝缘值为4 200 MΩ。

(17)恢复绝缘监测及定位装置接线,开机空转、零起升压,绝缘监测装置绝缘显示正常(大于5 MΩ);利用外加直流焊机加压检测,绝缘正常(大于5 MΩ)。

(18)拔出♯21磁极,发现磁极线圈第1层对磁极托板放电。通过解体检查发现,放电部位磁极线圈内衬绝缘隔板尺寸低于线圈高度(正常时内衬绝缘隔板应与线圈高度平齐),线圈与铁芯有间隙,封口不严,安装期间或运行中粉尘、金属粉末堆积在托板与线圈之间,随着机组运转形成动态导电桥路,导致接地故障发生。

(19)利用新线圈更换后,装复磁极、引线及挡风板,开机空转、零起升压,利用1 000 V摇表检测转子整体绝缘,结果为834 MΩ;开机并网,机组在空转、空载、发电各工况下运行,绝缘监测装置绝缘值均正常(大于5 MΩ)。

6 防范措施

(1)严格装配、检修质量工艺,做好设备的安装、检修的过程管理,在组装时务必对现场环境及转子部件、绝缘材料等进行清扫清洁后方可装复。

（2）做好设备定期清扫检查，防止粉尘遗留在风洞内部，随着机组旋转进入磁极内部，造成接地或短路。

7 结语

在此次故障处理中，专业人员打破常规思路，针对在旋转态下转子即有较稳定故障接地的情况，利用绝缘击穿发生在绝缘最薄弱部位的原理，采用"分段动态加压击穿"的方法，模拟机组旋转运行状态，将绝缘薄弱故障点加压击穿形成永久接地故障点，顺利排查出了动态接地顽固性缺陷隐患，对于处理同类型发电机组相似故障具有一定的借鉴意义。

水轮发电机推力瓦温异常升高原因分析及防范措施

王贤发

(贵州黔源电力股份有限公司,贵州贵阳,550002)

摘要:文章针对普定水电站1号水轮发电机组推力瓦温度异常升高的故障,详细介绍了故障前系统设备运行方式和故障发生过程。对所有推力瓦进行全面检查,发现8块推力瓦中部出现磨损划痕,个别推力瓦表面嵌有金属粉末,推力轴承镜板多处有轻微划痕。对推力瓦进行更换,推力轴承镜板进行研磨,故障得到解决。事后深入分析事故原因,发现电站在设备安装、管理和技术方面存在不足,并给出了处理及预防此类故障的措施和建议,为其他厂(站)提供了参考借鉴,降低类似故障发生的概率,保证机组安全、可靠运行。

关键词:水轮发电机;推力瓦;磨损;原因;措施

0 引言

普定水电站位于乌江上游南源三岔河的中游、贵州省普定县境内,距贵阳市131 km。电站装机3台,原单机容量28 MW。2016—2019年电站利用枯水期对3台水轮发电机进行了增容改造,单机容量增加至29 MW,将发电机8块推力瓦由原巴氏合金金属瓦更换成了金属塑料瓦。保证出力1.39 MW,年平均发电量3.16亿 kWh,年利用小时4 213 h,主要满足普定、织金等地区用电。水库面积19.25 km^2,水库总库容4.013 7亿 m^3,为不完全年调节水库。

普定发电公司1号机组增容改造于2018年10月22日正式开工,2019年3月28日正式并网发电。2019年7月6日22:40分,电站1号发电机组推力瓦温突然异常升高,为防止推力瓦温度升高发生烧瓦损坏,申请停机对推力瓦进行全面检查,后经解体检查发现8块推力塑料瓦面有轻微划痕,推力轴承镜板有轻微划痕。

1 故障及处理经过

1.1 故障前运行方式

110 kV系统合环运行,35 kV系统由3号主变供电,Ⅰ、Ⅱ段联络运行,10.5 kV Ⅰ、Ⅱ段分段运行,400 V Ⅰ、Ⅱ段分段运行。

负荷情况:3台发电机组并网运行,总负荷为84 MW,其中1号机为28 MW。

库水位:1135.72 m。

1.2 故障情况

2019年7月6日22:06运行值班人员接调度令开1号机并网带负荷28 MW,机组各项运行参数正常,初始推力瓦温为37 ℃。22:22运行人员发现推力瓦温升高到45 ℃,高于日常运行的稳定温度42 ℃,推力瓦存在烧瓦风险,从而威胁机组的安全稳定运行。22:45,1号机各推力瓦温度升高到49 ℃左右,温度升高趋势趋于平缓,温度维持在50 ℃左右,持续时间约1 h;对技术供水、油位、振动、摆度检查均无异常。23:40,调取推力瓦运行曲线发现1号机各推力瓦温度升高趋势加快,立即调减负荷,检查技术供水、油位、振动、摆度正常,但温度仍持续上升接近报警值(52 ℃),立即向中调申请停机。7月7日0:06 1号机解列。

7月7日00:10维护人员对机组上导油槽油色、油位及冷却水压力检查无异常;01:11—01:16开1号机至空载态检查各项参数正常,推力瓦温为45 ℃。01:36向中调申请将1号机带负荷检查,01:37 1号机并列,带负荷27 MW,10 min后推力瓦温度呈上升趋势,随即对机组工况进行调整至27 MW、25 MW、22 MW,但机组推力瓦温度仍存上升趋势,02:05温度上升至51 ℃,立即向中调申请停机;02:06 1号机解列停机。

1.3 故障处理情况

7月7日上午,普定发电公司立即组织安装单位和厂家相关技术人员进行初步原因分析判断,对1号机组技术供水系统进行反冲检查以判断管道是否存在堵塞现象,并对1号机进行顶转子,使推力瓦与镜板建立有效的油膜。下午15:52—18:44机组开机至空转、空载态运行,推力瓦温稳定在44 ℃,18:45—19:54带28 MW负荷运行,推力瓦温由44 ℃升至51 ℃,立即向中调申请停机,

---

收稿日期:2022-08-18.

作者简介:王贤发,高级工程师。从事电力系统及其自动化方面的研究及生产技术管理工作.

19：56 1号机解列。21：06 向中调申请将1号机组由热备用状态转至检修状态，开始对机组推力轴承进行检查。

7月8—9日吊出上导油槽冷却器检查无异常后，将8块推力瓦全部抽出检查，检查发现，推力瓦中部均存在1/3瓦面有划痕，最大深度达20 μm，个别推力瓦表面嵌有金属粉末，推力轴承镜板多处有轻微划痕。

检查结果出来后，组织安装单位、设备生产厂家、监理单位、电厂相关人员开会研究确定处理方案，采取人员每班12 h倒班抢修，现场清理油槽，研磨镜板，更换备用推力瓦，重新调整机组中心及推力瓦受力的方式进行抢修。安排人员24 h过滤透平油，9日上午送检合格。

7月9—10日对推力头镜板采用金相砂布及1200目油石进行研磨处理。镜板是水轮发电机组推力轴承的关键部件，它的质量直接关系着水轮发电机组的安全运行，对其粗糙度、光洁度、表面硬度和波浪度都有非常严格的技术要求。在发电机组的返修过程中，需要对发电机组推力轴承的镜板表面实施研磨和抛光处理。研磨时安排专人负责检查镜板表面光洁度与附近完好部分无明显区别，保证镜板光洁度不下降，用刀尺检查划痕位置无凸出点、检查镜板表面无毛刺，使用油石检查在镜板任意位置均能够形成油膜且吸附在镜板表面克服自生重力不掉落。

9日晚11：00，研磨完成后更换全部推力瓦并将机组高程、中心恢复至拆机前位置，推力瓦受力调整合格；10日2：15机组导轴承及推力轴承全部安装结束。3：40—10：45分开机空转、空载运行，检查推力瓦温稳定在40 ℃。11：02向调度申请机组恢复备用，13：10分并网递升带负荷至额定负荷29 MW，推力瓦温稳定在43 ℃。

2 原因分析

2.1 直接原因

油膜温度、压力、厚度3项参数影响着推力轴承性能，油膜的存在和最小油膜厚度的保持是推力轴承运行稳定性的关键。由于推力瓦与镜板之间存在细小金属粉末及少量黑色坚硬杂质，机组运行时导致8块推力瓦均出现1/3面积损伤，因为损伤部位不能建立有效油膜，其余部位推力瓦单位面积推力负荷增加，导致推力轴承温度异常升高。

2.2 主要原因

（1）机组安装工艺质量差。检查推力瓦测温计和吊装孔、上导油槽盖板螺孔加工工艺质量不够精细，存在金属粉末及其他杂质。安装单位在安装过程中未仔细对上述孔洞进行清洗和吹扫，毛刺或粉末未彻底清除，致使在安装上导油槽盖板时，螺杆带出毛刺落入油槽及瓦孔里面的粉末被油淘出。

（2）设备制造工艺差。检查各螺纹孔存在毛刺，说明加工工艺控制不严，落空毛糙、铁屑等杂质遗留在孔内，螺丝紧固时会带出铁屑等杂质。

（3）管理原因。履行设备主体责任落实不到位，关键点验收环节虽组织了三方验收，但在验收过程中对危险点分析把控不到位，没有全覆盖，对停工待检点设置及执行不到位。在检修、技改管理上还存在不足，主要是验收标准不完善，没有对应检查、验收的项目全覆盖，存在漏洞。

3 暴露问题

3.1 安装质量管理存在不足

塑料瓦相比金属瓦具有承载能力强、绝缘性能好等优点，但塑料瓦在安装时需严格执行其安装工艺，运行时要加强巡视，这给运行单位提出了更高要求。而施工单位对关键节点的安装工艺质量控制不严，安装检查存在死角，对产品工艺及安装环节可能产生的后果预见性不足，危险点分析不到位，未能发现推力瓦吊装孔及上导瓦架螺孔存在金属粉末等隐患。

3.2 过程质量监督存在薄弱环节

监理方未认真履行监督职责，关键节点过程监督不到位，质量验收把关不严。普定发电公司对"设备主人制"认识不充分，设备主体责任落实不到位，验收过程未认真核实核对，危险点分析不到位，存在工作不细的现象，造成对过程质量监督不到位，未及时发现推力瓦吊装孔及油槽盖板螺孔存在细小金属颗粒，给异常事件的发生埋下隐患，导致推力瓦异常升温，影响机组正常运行。

4 防范措施及重点要求

本次事件，暴露出普定发电公司对外委施工单位安全生产质量管理存在不足，设备管理手段措施不强，技术质量管理深度不够等问题。要高度重视安全生产工作，牢固树立设备主人主体责任观念，切实采取有力措施，严防设备事件发生，确保安全生产。

4.1 深刻吸取教训

要深刻吸取普定发电公司1号机组推力瓦温异常升高不安全事件教训，举一反三，严格执行相关外委工程安全管理制度，切实做好外委施工安全管理，加强人员思想和技术培训，让员工深入了解质量控制标准，细化落实验收流程管理，提高设备主人制思想意识，杜绝其他不安全事件的再次发生。

4.2 加强设备检修、技改管理

一是认真梳理检修、技改等相关管理制度、标准，认真开展危险点分析，完善检修、技改验收标准，做到验收标准可操作、全覆盖。尽力做到在线扁平化的安全隐患排查治理，从源头治理安全事故，降低水电工程的事故率，推进安全文化的形成。二是强化责任落实，加强检修、技改工作的全过程管理，细化签字验收等质量管理环节，实行责任追溯制。严格执行公司检修、技改管理办法，从修前策划准备、检修过程监督、检修验收等环节落实各级责任、工作标准。

针对专项工作，组织编制设备投运质量管控节点及关键工序质量管控手册并严格执行，要加强制度执行的刚性考核，确保检修、技改及新建设备不留隐患。

4.3 加强设备技术管理

各级安全管理人员工作行动的准则就是安全生产责任制度，部门负责人、专职安全员、一线工作人员都要明确自己的安全职责。一是加强设备运维管理，认真落实设备主人制，强化点检工作，定期对设备运行状态进行分析，加强隐患排查，及时消缺，提高设备可靠性。二是结合机组检修对三台机组所有轴瓦进行全面检查处理，对所有油槽进行全面清理。三是抓紧修复划伤的推力瓦。四是制定修复方案，结合1号机组检修修复推力镜板。

4.4 加强各级人员专业技能培训

要加强全员专业技能培训。各级人员的专业技能培训，要有针对性，要明确提升重点，把握培训方向，坚持"实用实效"的导向，立足本单位长远发展和现实检修维护需求，找准员工素质短板，按照岗位规范要求，制定专业队伍技能提升计划，将培训计划落实到专业、班组和个人，全面提高人员检修维护技能。

4.5 加强"反措"管理

认真落实二十五项反措要求，进一步加强检修、技改和技术监督工作。建立隐患、违章量化管理及事故化考核。规范工作流程，强化现场监督管理、严把质量验收关，彻底排除安全隐患。

GNSS 系统在水电站高危边坡安全监测中的应用

麻国，杨先艾，李太清

(贵州乌江水电开发有限责任公司索风营发电厂，贵州贵阳，550215)

摘要：为了及时消除水电站枢纽工程安全监测自动化系统存在运行稳定性差、故障率高的重大安全隐患，通过对监测仪器及监测自动化系统进行现状排查，文章提出升级改造方法，结合高危边坡安全监测实际创新引进 GNSS 系统，安全高效完成了枢纽安全监测自动化系统升级改造，消除了安全隐患。自升级改造运行以来，提高了水电站枢纽工程安全监测自动化水平，应用了 GNSS 系统在高危边坡安全监测，提高了监测数据准确率，降低了人工巡查监测过程安全风险，为类似工程提供借鉴。

关键词：GNSS 系统；边坡；安全；监测

0 引言

索风营电站枢纽工程安全监测设施齐全，测点分布较广，监测仪器种类多，监测仪器于 2003 年 3 月开始埋设，随着时间的推移，各部位的监测仪器均有不同程度的损坏和失效，永久观测仪器完好率为 76.93%，不能满足规范要求。自动化系统于 2015 年建成投运，测量成果精度下降，测量数据稳定性差，测量成果可信度不高。外观主要通过人工进行监测，测量精度不高，监测数据不连续，不能实时掌握建筑物和边坡外观变形等隐患。

按照"可行性、必要性、可靠性"原则对电站枢纽工程安全监测自动化系统进行升级改造，永久监测项目完好率为 92.88%，Dr2 危岩体及下家寨外观采用 GNSS 进入自动化系统，达到了实用、经济改造目的，提高了监测自动化水平，降低了人员到高危边坡作业安全风险，通过升级改造监测系统，为工程技术人员提供了准确、快速、稳定、连续、全面的各项监测数据，能实时掌控水电站枢纽工程安全。

1 监测系统概况

电站安全监测包括仪器监测和人工巡视检测两大类，按照现行《混凝土坝安全监测技术规范》(DL/T 5178—2016)设定监测项目。大坝布置的监测项目有变形监测、渗流监测、应力应变及温度监测；专项监测项目有边坡监测、灌浆帷幕监测、水力学监测、Dr2 危岩体监测等。监测内容包含水平位移、竖向位移、倾斜、接触缝、裂缝开合度渗漏量、渗透压力、应力应变、温度、掺气浓度、水流压力等。主要的监测手段有视准线法和前方交会法、坝顶的水准线路和真空激光准直线路、坝体内的正倒垂线、静力水准线路、诱导缝和接触缝的测缝计、量水堰、埋入式渗压计、测压管及扬压力计、测温光缆、应变计、无应力计、温度计等。

电站枢纽监测仪器于 2003 年 3 月开始埋设，随着时间的推移，各部位的监测仪器均有不同程度的损坏和失效。经过 3 次对整个监测系统进行鉴定和筛选：大坝、引水隧洞、尾水隧洞、地下厂房、边坡、危岩体和堆积体等部位共埋设各类观测仪器 1 626 支仪器，其中施工期观测仪器有 308 支、永久观测仪器有 1 318 支。当前合格永久观测仪器有 956 支，失效永久观测仪器有 362 支(58 支需要修复)，永久观测仪器完好率 72.53%，修复后永久观测仪器完好率为 76.93%。

电站枢纽工程现有安全监测自动化系统工程于 2012 年 4 月 1 日正式开工，2015 年 10 月正式通过验收。自动化系统由 701 支监测仪器、27 个自动化采集模块、1 个中心测站和 10 个现场测站组成。受雷击和潮湿等外部环境条件影响，现有自动化监测系统的设备经常损坏，由于设备更新换代，损坏的设备找不到合适的备品备件替代，造成运行期间故障率较高，稳定性及可靠性较差。未损坏的采集系统，因长期在潮湿环境下运行，目前测量成果精度下降，测量数据稳定性差，测量成果可信度不高(尤其是弦式模块)。自动化系统的服务器和工作计算机运行年限较长，系统缓慢。通讯系统的光端机稳定性差，双模光纤传输距离短，造成自动化系统网络运行不稳定。

收稿日期：2022-05-17.
作者简介：麻国，贵州遵义人，高级技师、高级工程师，从事电力安全生产管理工作．

2 升级改造方法

监测自动化系统改造应遵循全面性、实用性、实时性、先进性、稳定性、可扩展性、兼容性、安全性、规范性、开放性的主要原则。

2.1 进入自动化系统仪器选择原则

（1）永久监测项目合格内观仪器都进入自动化系统。共有 892 支仪器进入自动化系统，其中差阻式 143 支，电阻式 24 支，弦式 707 支，光电式 18 台。

（2）具备修复条件的不合格和已损坏的永久监测项目内观仪器，修复后都进入自动化系统。共有 58 支选入自动化系统的仪器已坏，属于关键部位的关键仪器，且具有修复条件，所以将这部分仪器传感器和电缆更换后再进入自动化系统。

（3）考虑到 Dr2 危岩体及卞家寨稳定安全的重要性，对其外观采用 GNSS 改造，改造后的 GNSS 观测都进入自动化系统。

（4）未进入自动化系统仪器处理。测值可靠或基本可靠的施工期监测仪器设备作封存处理。测值不可信或已损坏的施工期监测仪器设备、测值不可信或已损坏的无法修复的永久监测项目仪器设备作报废处理。坝顶表面观测墩、测斜孔等未进入自动化系统的外观设备，采用人工进行观测，将人工观测数据导入自动化系统。坝顶真空激光准直系统作为自动化的子系统，数据进入自动化服务器统一管理。

2.2 DR2 危岩体和卞家寨外观设计

基于实现数字化电站自动化发展的需要。通过对工程重要部位、关键部位的自动化监控逐渐发展到工程全部位自动化建设，逐步完善工程整体自动化控制系统的建设，最终实现电站无人值班、少人值守的运行方式。

2.2.1 外观自动化监测选定

目前外部平面变形自动化监测方法应用较多的主要有基于全球卫星定位技术的 GNSS 系统和基于测量机器人的自动化系统 2 种方法。测量机器人虽然测量精度达到 1 mm+1 ppmm，但是费用较高且受雨雪雾恶劣天气影响较大，卞家寨堆积体和 DR2 危岩体均处于野外边坡，无法避免恶劣天气，使用测量机器人受限较大；GNSS 系统测量精度相对低（水平位移测量精度≤3.0 mm、竖直位移≤3.5 mm），但费用相对便宜，最主要缺点是受地形影响较大，需在开阔的场地才能有更好的接收信号。卞家寨堆积体和 DR2 危岩体场地开阔，四周无遮挡，具有较好的卫星信号接收条件，采用 GNSS 系统既能节约成本，亦可避免受地形影响的显示。因此，卞家寨堆积和 DR2 危岩体平面变形自动化监测最终采取 GNSS 系统的方法。

2.2.2 GNSS 系统简介

GNSS 系统是利用卫星在全球范围内实时进行定位、导航的系统，为全球导航卫星系统（Global Navigation Satellite System，简称 GNSS）。具有全方位、全天候、全时段、高精度的卫星导航系统，能为全球用户提供低成本、高精度的三维位置、速度和精确定时等导航信息，是卫星通信技术在导航领域的应用典范，它极大地提高了地球社会的信息化水平，有力地推动了数字经济的发展。

GNSS 监测系统是综合利用 GNSS 接收机，卫星定位、基线结算、差分定位等技术，依托移动互联网等现代通信手段，实时稳定进行数据传输，及时掌握边坡的变形演化过程，也为滑坡稳定性判断和发展趋势预测提供依据。

（1）接收信号。能够同时跟踪美国 GPS 及中国北斗卫星信号，通道数 555。

（2）精度。≤3 mm+0.5 ppm。

（3）数据采样率 10 Hz，载波相位测量精度优于 0.5 mm，静态观测精度天线相位中心稳定性≤1.0 mm，噪声小于 2.0 dBi。初始化时间：典型 6 s。低信噪比稳定跟踪，抗粗差和多路径。

（4）工作环境。−40～65 ℃，环境湿度 100%，符合 IP67 防水防尘国际标准。

（5）功耗 2.0 W，电源一体化端口，4800～230400 波特率，12 V 直流供应。

2.2.3 外观自动化监测设计

监测项目包括安装 11 套 GNSS 接收机设备，对 Dr2 危岩体和卞家寨堆积体进行 24 h 自动监测。GNSS 接收机不受气候因素的影响，也无须人工再架着仪器翻山越岭去测量，采用无线通讯技术和太阳能供电，实时稳定的数据传输，及时掌握 Dr2 危岩体和卞家寨堆积体的变形演化过程，也为滑坡稳定性判断和发展趋势预测提供依据。

2.2.3.1 DR2 危岩体 GNSS 自动化监测设计

根据 DR2 危岩体地形地质条件，结合 GNSS 系统布置的要点，GNSS 系统基准点布置在 DR2 危岩体顶部；测点依次分布在 L1 裂隙后缘、L1 和 L2 裂隙之间以及 L2 和 L3 裂隙之间，结合已有的表面观测墩 HP3、HP5、HP6、HP7、HP8 布置测点。基准点和测点布置在 DR2 危岩体顶部不仅有利于接收卫星信号，而且方便观测墩和设备的安装施工；另外，基点和测点结合在已有的人工观测墩附近布置还可以起到数据对比的作用。共布置 1 个基准点（GNSS−1）、4 个测点（GNSSA1−2、

GNSS1-2)。

2.2.3.2 卞家寨 GNSS 自动化监测设计

卞家寨堆积体下部基岩面存在较大的缓坡平台且层状变位岩体区有较好的稳定性，堆积体整体稳定。但由于卞家寨堆积体前缘较陡，物质组成粒径相对较小，结构较松散，自稳性差，易产生滑塌变形现象，水库蓄水后，堆积体前缘土体受库水的浸泡后容重增加，抗剪强度降低，在重力作用下使坡体产生滑动，导致堆积体前缘发生了开裂变形。根据滑坡体主滑方向的不同分为3个区，从上游至下游分别为Ⅰ区、Ⅱ区、Ⅲ区。其中Ⅰ区、Ⅱ区方量较小，滑坡规模相对较小，其剪出口位于正常蓄水位附近；Ⅲ区方量大，Ⅲ区滑坡规模较大且地表较陡，其剪出口位于原河床附近，由于滑坡Ⅲ区一带河床较窄，且Ⅲ区方量较大，一旦失稳将可能堵塞河床，影响通航，影响水库行洪安全并危及电站水工建筑物的安全。

卞家寨堆积体以堆积体前缘的滑坡体为监测对象，同时将滑坡体中的滑坡Ⅲ区选为重点监测部位，Ⅰ区、Ⅱ区作为整体变形兼顾对象，具体布置如下：在滑坡Ⅲ区中间部位选择1个监测断面 A—A 作为主要监测断面，Ⅰ区、Ⅱ区也分别选取1个监测断面 B—B、C—C 作为整体兼顾监测断面。

根据卞家寨堆积体地形地质条件可知，该堆积体分为变形Ⅰ区、Ⅱ区、Ⅲ区，分别在这3个变形区的后缘、L1 裂缝前方布置1个测点，另外，在堆积体的外面、靠近堆积体后缘布置1个基准点，通过 GNSS 系统进行平面变形自动化监测。共布置1个基准点（GNSS-1），5个测点（GNSS-2~4）。

2.2.4 GNSS 监测系统在索风营的应用

索风营发电厂在高危边坡 Dr2 危岩体和卞家寨堆积体实施了智能监测系统，系统采用手机网络方式传输。在每个 GNSS 站点接上1个4G路由器，内置1张流量卡，在服务器上装上1个网口通软件，这样服务器和接收机就组成了1个虚拟局域网，进行通讯传输。

在监控中心设置1台服务器，安装 GNSS Spider 软件、GeoMoS 软件、通讯软件，计算机能上网。系统可以实现数据观测采集、数据解算处理、整编分析、预警、报警、数据库管理、报表（图形）输出、设备管理等功能的自动化。所有数据进入大坝安全监测平台 FWC3000 系统，在厂内办公区网上展示。

2.2.4.1 GNSS 工作方式

GNSS 监测系统主要由现场基准点及测点的户外工作和右岸中心站室内的工作等2部分组成。现场户外的各个基准点和测点通过卫星信号实时采集数据，通过无线专用通讯卡传输至右岸中心管理站工控机，在右岸中心管理站内对数据进行相关的坐标转换、解算和处理等，处理后的数据在安全监测信息管理系统层面实现集中统一管理和综合分析。GNSS 监测系统采用24 h 实时在线工作方式。

2.2.4.2 GNSS 技术适应性

优点：GNSS 监测系统几乎不受环境因素影响，具有全天候、不间断进行监测、数据传输等特点，对测点改造工序简单、工作量小、工期短，后期观测、维护方便。

水平位移测量精度≤3.0 mm、竖直位移≤3.5 mm，精度可满足 DR2 危岩体及卞家寨堆积体外观变形监测的要求。

2.2.4.3 GNSS 系统构成

GNSS 监测系统主要由空间部分（人造地球卫星）、地面监控部分（分布在地球赤道上的若干个卫星监控站、注入站和主控站）和用户部分（用于接收卫星信号的设备）三部分组成。

GNSS 监测系统主要包括天线、接收机、通讯系统及相关解算、坐标转换及分析处理软件等组成部分。接收信号主要为中国的北斗。

2.2.4.4 GNSS 系统组网、通讯及供电方式

GNSS 监测系统网络采用以太网的星型结构，所有基准点、监测点均采用无线通讯方式，供电方式为太阳能供电。

2.2.4.5 GNSS 系统防雷与接地要求

由于 GNSS 系统均处于室外，因此其防雷与接地尤显重要，主要从防直接雷和感应雷2个方面进行设计。该系统除直接利用枢纽工程的防雷和接地设施外，还应满足如下要求：

（1）GNSS 设备的直击雷防护，应设置避雷针和接地系统，接地电阻小于10 Ω。

（2）GNSS 设备的感应避雷防护，应设置天线馈线和电源线的感应避雷器，避雷器必须接地良好，接地电阻小于4 Ω。

（3）各测点需单独设置接地网。

（4）避雷针针尖高度应高过 GNSS 天线2.5 m以上。

（5）接地网采用角钢和扁铁制作，地极埋地深度≥1 m，引下线应该采取必要的防腐和绝缘措施，并且距离 GNSS 设备和电缆30 cm 以上；避雷针基座成网形布置，并与接地网焊。

3 实施效果

GNSS 监测系统在索风营水电站 DR2 危岩体

顶面和卞家寨堆积体运行以来，工况良好，取得了以下效果：

（1）实现全天候监测，在暴雨、大雪、沙尘暴等极端恶劣的环境下，也能实现全自动监测，无须人工干预，真正做到采集和计算全自动。

（2）数据100%确保真实，黑盒子程序无任何人工修改的可能，计算全过程数据不落地，确保最终结果真实可靠可信。

（3）数据精度高于传统的监测方法如对标监测，可达到±3mm，且数据缺失率仅有0.1%，高于规范规定的3%。

（4）实现了将分散的监测数据集成化，由管理人员进行统一管理，减降低了监测人员的人身安全风险。

（5）GNSS自动化监测系统在乌江流域水电站属于首次应用，其应用价值可推广至全流域各水电站的重要边坡监测。

（6）太阳能供电。本次监测自动化系统改造，在Dr2危岩体顶部新增1个测站，将危岩体顶部散布的监测仪器纳入自动化系统。考虑到Dr2危岩体顶部与坝顶的高差较大，从中控室架设交流电线路至危岩体顶部难度大，而且容易造成感应雷破坏，危岩体顶部测站采用太阳能电池板供电。

4 结语

从排查、设计、选型、购置、施工全过程进行了创新管理，升级改造取得了圆满的结果。提高了水电站枢纽工程安全监测自动化水平，更为重要的是应用了GNSS系统在高危边坡安全监测，提高了监测数据准确率，大大降低了人工巡查监测过程安全风险。

GNSS自动化变形监测系统已在国内外桥梁、铁路、水电站大坝等各行业普遍应用，水平位移测量精度≤3.0 mm、竖直位移≤3.5 mm。近年来，随着我国北斗卫星系统中的卫星数量不断增多，组网逐步完善，同时，科技工作人员研发出了GNSS多频多星接收机，提高了GNSS系统自动化监测的可靠性和稳定性，基于GNSS多频多星接收机的自动化监测系统在水电工程大坝、高边坡自动化监测中已逐步使用。

水电运行现场值守与远程集控重要性分析

王国兵

(贵州西源发电有限责任公司,贵州贵阳,550002)

摘要：文章通过对现场值守工作重要性分析，首先肯定了现场值守的重要性；随着自动化水平的提高，远程集控成为水电站发展的必然趋势，在建立和发挥远程集控上，文章再对其重要性进行了分析，并就如何全面实现远程集控提出了自己的观点。

关键词：现场；远程；集控；重要性；分析

1 现场值守与远程集控概述

1.1 现场值守工作概况

在单个受控电站或电厂内，水电运行现场值班人员主要对现场主辅设备进行巡视检查和信号确认复位，根据计算机监控自动化系统监测数据，对其运行参数数据和报文信息进行监视、分析和研判，按照调度或者集控调令直接通过上位机或者下位机对电厂内一、二次设备进行相应调节、操作、事故和异常处理，确保主辅设备安全稳定运行。

1.2 远程集控工作概况

远程集控属于异地值班，对单个或多个无人值班(或少人值守)水电厂的一、二次设备进行远程集中管理，行使流域梯级水电站的调度权，接受调度命令，向下下达调度命令，负责对控制范围内水电厂进行集中运行监视、遥控、遥调操作及设备运行管理。

现场值守与远程集控监视和操作流程方框图见图1。

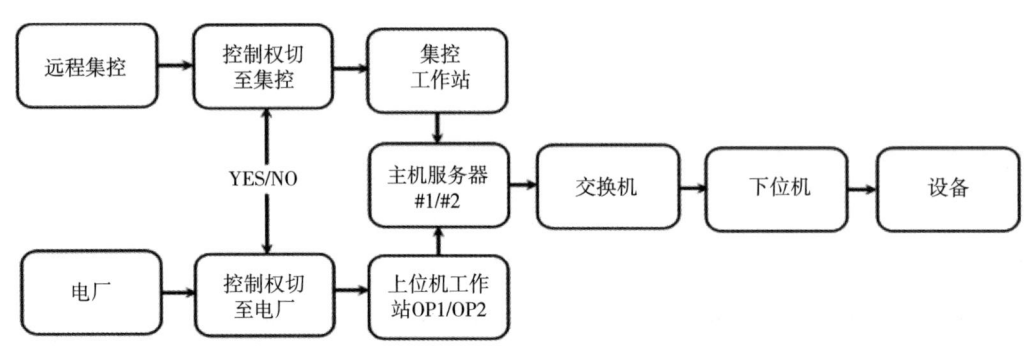

图1 现场值守与远程集控监视和操作流程方框图

2 水电运行值班的职责及地位

2.1 电厂运行值班的职责及地位

水电运行现场值班是水电安全生产稳定运行的前沿阵地，是生产数据的重要出口，是设备的主要执行主体，是设备故障和事故处理的责任主体，值班人员要全面掌握并熟悉电厂一、二次设备运行方式、运行工况和运行技术数据，负责本厂站主辅设备的运行监视、巡检和操作，做好值班危险点分析和事故预想工作，编制事故应急处置措施和事故应急预案，汛前组织开展反事故演练，包括全厂失压黑启动一键开机带厂用电运行演练工作；负责执行中调调令或集控调令，对本厂一、二次设备进行倒闸操作，优化机组间功率分配，合理调水调荷，按规定开展日常巡检。

2.2 远程集控运行值班的职责及地位

远程集控运行值班员要熟悉流域梯级各个受控

收稿日期：2022-04-12.
作者简介：王国兵，贵州兴义人，工程师，从事水电厂运行维护检修工作.

电厂一、二次设备运行方式和运行技术数据，负责与调度机构进行调度业务联系，执行调度机构值班调度员下达的调度指令，向电厂运行值班员下达指令，指挥电厂进行倒闸操作。控制权限在远程集控时，负责管辖范围内一、二次设备的操作，包括机组开停机、出力调整和 AGC 和 AVC 投退等操作。远程集控运行值班是实施远程控制的责任主体，作为公司调度运行系统的最高机构，代表公司行使流域梯级电厂的调度权，与电厂在调度业务活动中属于上下级关系，电厂运行值班必须服从统一调度指挥。

3 重要性分析

3.1 现场值守重要性分析

3.1.1 设备运行监视点全面，有利于机组安全稳定运行

电厂一、二次设备的运行监控点有开关量、模拟量和温度量等电气量与非电气量，包括机组在线状态监测振摆点，这些运行参数数据涵盖面广，运行监视点多。现场值班可滚动页面全面详细检查不留空隙，对设备运行技术数据点进行浏览和监视，全面实时掌握设备的运行工况。当设备运行发生越上上限或越下下限等异常情况时，可及时根据光字、简报等报文信息，结合对应历史曲线进行综合分析研判，对异常部位危险点进行维护或隔离，确认现场设备工况，确保机组处于可靠运行状态。

3.1.2 可有效避免机组"非计划"停机

进入汛期后，为了多发电、不弃水，水电机组长期处于满负荷运行，使机组安全生产隐患和其他关键部位缺陷易暴露出来，如机组振摆度偏大，轴线偏移，轴承瓦温度升高或跃变，冷却水中断等情况。对于水电运行现场值班遇见这类故障现象，如何及时采取措施进行防控避免非计划停机就显得尤为重要。一般情况下，如遇冷却水中断，可手动开启电动阀；振摆度偏大，可结合水位，及时调整出力；轴承瓦温度升高或跃变，可手动调整水压或有条件的可紧急联系调度转移负荷；机组油压越下限且备泵未启动，可手动启动油泵建压等措施，及时缩小设备事故范围，规避风险，避免机组"非计划"停机，确保了机组安全稳定运行。

3.1.3 现场及时发现设备缺陷并处理规避风险产生的经济效益

3.1.3.1 直接经济效益

以某电厂在 2019 年避免机组发生非停事件其中之一产生经济效益为例，该例为 1 号机组推力及上导轴承油槽油位计处油渗漏重大隐患，若不及时发现和处理，产生的经济损失如下：

（1）1 号机组推力及上导轴承油槽渗油量按 1 m³ 计算，按照 GB/T 1884，L－TSA46♯ 透平油密度为 871 kg/m³，结合市场均价 3 000 元/桶，170 kg/桶，则每公斤 L－TSA46♯ 透平油约为 3 000÷170≈17.65 元，1 m³ 渗油量为 871 kg，折合人民币 871×17.65＝15 373.15 元。

（2）由于 1 号机组运行，若机组推力及上导轴承油槽油位计上端盖松动螺栓振脱，刮伤定转子绕组绝缘，甚至造成短路事故。发电机定子条形线棒按 10 根计算，根据合同价 2 500 元/根，折合人民币 2 500×10＝25 000 元；发电机转子磁极线圈按 1 个折算，根据合同价 90 000/个，折合人民币 90 000元，人民币共计 115 000 元。

（3）若推力轴承瓦和上导瓦因油槽油量降低而干摩擦致使温度升高烧坏，按照采购合同价，推力轴承瓦 100 000 元/套，上导轴承瓦 3 2000 元/套，人民币共计 132 000 元；若设备损坏，就要对机组进行抢修，更坏及加工设备各部件，机组抢修工期需要 15 d，抢修费用约为 200 000 元。

综合以上各方面分析可以得出，产生的直接经济效益为15 373.15＋115 000＋132 000＋200 000＝46 万元。

3.1.3.2 间接经济效益

（1）1 号机组失备抢修时间约 15 d，相当于 360 h，损失电量 9×360＝3 240 万 kWh，折合人民币为 3 240×0.292 4＝947 万元；1 号机组失备期间，弃水前 1 d 的入库水量为：(250－104)×3 600×24＝1 261 万 m³，其弃水前调节库容为 7 758（水位 885 m 对应库容）－6 362＝1 396 万 m³，弃水的天数约为 1 396÷1 261≈1 d，1 d 后大坝开闸泄洪，弃水量为(15－1)×1 261＝17 654 万 m³，折合人民币为：17 654÷4（全年平均耗水率）×0.292 4＝1 291 万元。

（2）按照《两个细则》相关条款，1 号机组发生非计划停运，应纳入当月非计划停运考核，2019

年7月正值汛期,1号机组可满负荷运行,当月等效停运时间可忽略不计,由于本次1号机组非计划临时停运15 d(约360 h),大于当月当次纳入考核的实际临时停运时间300 h限值,应按300 h计算,则当月非计划停运考核电量$Q=135$万kWh,折合人民币为$135×0.292\ 4=39$万元。

综合以上分析可以得出,产生的间接经济效益为$947+1\ 291+39=2\ 277$万元。综合产生的直接和间接经济效益,故总经济效益为$46+2\ 277=2\ 323$万元。

3.2 远程集控重要性分析

3.2.1 实现机组经济运行调度

远程集控对已受控电站管理实行"统一指挥、集中调控、分级管理、各负其责"的基本原则,可远程对已控电站机组进行调控,包括在正常状态下的开停机、机组有功和无功出力调整和AGC和AVC投退操作等。根据流域梯级水电站装机容量和大坝来水入库流量,按照调度下发日发电负荷曲线图,合理调配各厂站间机组,确定厂站间机组开机优先级,优化开机台数,提高设备运行效率,创新并网机组有功出力负荷效益最大化,实现机组发电量安全生产经营目标。

远程调控可确保机组主辅设备运行在可控范围内,充分运用主辅设备,最大限度发挥主辅设备潜能,创造发电效益最大化。受控厂站机组在集控的调配和监控下,能综合统筹机组资源,优化机组发电调度,实现机组稳发满发超发电量,让机组发电综合指标优化提升,使发电设备生产和综合损耗控制在目标值范围内,满足生产厂用和综合厂用电率生产要求,同时设备消缺达标率为100%,保证了主辅设备健康稳定运行。

3.2.2 流域水库远程集中调控,实现了水库汛期防洪优化调度与发电并举

某电站处于北盘江流域干流上游河段,2015年3台机组相继投产并网发电,2018年投入远程集控调控。通过建立上下游水电站间的联防联控调度机制,实时跟踪流域来水情况和气象预报,加强联防协调等多措并举,统筹流域水库水能资源优化调度,合理调配枯汛期水能资源,提高水能利用提高率,降低机组发电耗水率,实现不同可发电流量的最优发电和机组分配,以及不同可发电出力目标的最优发电分配,创造可再增发电量效益。

该电站属于日调节水库,在投入远程调控以来,汛期闸门年均操作次数降至65次,最低闸门操作次数为46次,一定程度上既减轻了汛期防洪压力,保证了汛期防洪主辅设备的安全,又解放了劳动生产力,弥补了运维人员不足问题,使运维人力资源得到充分调配。

3.2.3 远程集控运行的成功典型案例为全面实施做好了铺垫

某电厂有1台5.5 MW生态机组安装于生态厂房,该台生态机组于2015年5月投产并入贵州电网运行,到目前为止已近8 a,该厂房在设计、开挖建设和机组安装到并网投产时,就严格按照"关门"和"无人值守"厂房执行,为今后电厂在全面实现远程集控、水电城市化、电厂车间化奠定了基础,提供了经验。

生态机组出口电压为10.5 kV,经过主变压器3B升为35 kV接入大厂房主变压器2B中压侧,再经过中压侧升为220 kV并入电网运行。正常情况下在大厂房中控室执行开停机及调节有功功率和无功功率,依托TN8000机组状态在线监测系统、远程诊断平台和工业电视监测系统等智能化信息技术手段,实现远程监视监控诊断,机组运行效率大幅提升。投运8 a以来,该台生态机组在2020年运行效率最高,年累计运行小时达到了8 172 h,有功负荷为3 923万kWh,为投产并网以来的最大生产效益值。

4 实现远程集控运管的方针和策略

4.1 实现远程集控运管的基本原则

坚持以"设计先行、抓紧试点、因地制宜、循序渐进"的基本原则,以点带面,总结经验,逐步推广并全面实现远程集控对水电站的控制和监视。

4.2 建立远程集控组织领导,加强支撑保障

按照电厂十四五规划中早日实现水电城市化、电厂车间化、功能中心化、智能信息化等目标要求,推动全面实现远程集控运管目标进程,设立远程集控工作组织领导机构,下设主辅设备倒闸操作组,设备运行巡检组和设备异常、检修、技改等维护组,领导组负责总体协调、组织和推动远程集控工作,各小组服从统一安排和部署,对各所辖工作履职正确性负责。

4.3 运用互联网+信息技术,构建安全生产远程监管监测防控系统

全面实现远程集控运管目标,就要依托互联网+信息技术手段,完善以提升电厂主辅设备安全生产和安全监管信息化水平,构建全覆盖强有力的计